U0296485

油气管道地质灾害风险评价理论与实践应用丛书

地质灾害下油气管道安全可靠性

张　鹏　冼国栋　伍　颖　马剑林
王　庆　贾永海　张　林　胡泽铭 等 著

科学出版社

北　京

内 容 简 介

本书是一本以研究油气管道在遭受滑坡、水毁、崩塌、泥石流等地质灾害下的力学行为为主的专著。本书的研究工作为确保我国油气长输管道安全运行提供了理论依据和科学手段，是保障埋地管线可以安全运营的前提和基础，并可为工程人员提供一种可直接参考的指标。利用该指标与地质灾害实际工况进行对比，可较为准确地评估管道的安全可靠性。

本书可供油气储运工程、城市燃气工程等专业及其相关领域的技术人员、研究人员、大专院校的教师、研究生和高年级大学生参考使用。

图书在版编目（CIP）数据

地质灾害下油气管道安全可靠性 / 张鹏等著. —北京：科学出版社，2019.3

ISBN 978-7-03-059961-2

Ⅰ.①地… Ⅱ.①张… Ⅲ.①地质灾害-影响-油气运输-管道工程-安全可靠性 Ⅳ.①TE973 ②P694

中国版本图书馆 CIP 数据核字（2018）第 279239 号

责任编辑：罗 莉 / 责任校对：彭 映
责任印制：罗 科 / 封面设计：陈 敬

科 学 出 版 社 出版

北京东黄城根北街 16 号
邮政编码：100717
http://www.sciencep.com

四川煤田地质制图印刷厂印刷

科学出版社发行 各地新华书店经销

*

2019 年 3 月第 一 版 开本：787×1092 1/16
2019 年 3 月第一次印刷 印张：23 1/4
字数：550 000

定价：248.00 元

（如有印装质量问题，我社负责调换）

"油气管道地质灾害风险评价理论与实践应用丛书"
编著委员会

主　任：邹永胜　　安世泽

副主任：刘奎荣　　冼国栋　　张　鹏

　　　　时建辰　　钱江澎　　刘宗祥

委　员：苏灵波　　王向东　　周　广　　潘国耀

　　　　余东亮　　张　林　　王成锋　　谭　超

　　　　伍　颖　　陈渠波　　唐　侨　　吴　森

　　　　辜寄蓉　　袁　伟　　张　恒　　陈国辉

　　　　邓　晶　　刘文涛

《地质灾害下油气管道安全可靠性》作者名单

张　鹏　冼国栋　伍　颖　马剑林

王　庆　贾永海　张　林　吴　森

王　潘　张　敏　胡泽铭　邹金赤

序

  管道作为油气的主要运输手段，承载着我国 70%的原油和 90%的天然气运输的重任，助力我国经济的发展。长输油气管道分布范围广，不可避免要穿越山高谷深、地形陡峻、地震及活动断裂发育的地带，面临滑坡、崩塌、泥石流、山洪等灾害风险。

  位于我国的兰（州）—成（都）—渝（重庆）成品油、兰（州）—郑（州）—长（沙）成品油、兰（州）—成（都）原油、中（卫）—贵（阳）天然气、中缅原油及天然气等重要能源管道建成运营以来，为了加大管道沿线风险预控，中石油西南管道公司协同四川省地质工程勘察院、西南石油大学先后完成了地质灾害风险评级体系与评价模型研究、地质灾害风险性图形库建设、地质灾害监测预警系统开发等相关课题，形成了国内首批针对油气管道地质灾害方面的系统性研究成果。以《地质灾害危险性评估规范》（DZ/T 0286—2015）、《滑坡崩塌泥石流灾害调查规范（1∶50000）》（DZ/T0261—2014）等技术规范为基础，结合《油气田及管道岩土工程勘察规范》（GB 50568—2010）、《油气管道地质灾害风险管理技术规范》（SY/T 6828—2017）等技术规范，首次系统地构建了管道沿线地质灾害风险评级体系与评价模型，建立了地质环境风险性图形库，为管道沿线地质灾害风险防控规范评价体系的确立提供了参考；结合管道地质灾害特点，研发针对管道地质灾害的监测预警方法，填补了油气管道地质灾害防治领域的诸多空白。

  为了总结油气管道地质灾害防治系统性研究成果，为科研、设计、运营管理、领导决策提供参考依据，中石油西南管道公司组织专家学者和科研人员共计 100 余人，历时两年编撰了"油气管道地质灾害风险评价理论与实践应用"丛书，该系列共有 4 个专题分册，分别为：《地质灾害下油气管道安全可靠性》《油气管道地质灾害风险性评价原理与方法》《油气管道沿线地质灾害风险管控平台建设与应用》《油气管道地质灾害防治与监测技术》。其中：《地质灾害下油气管道安全可靠性》系统研究油气管道在遭受滑坡、水毁、崩塌、泥石流等地质灾害下的力学行为；《油气管道地质灾害风险性评价原理与方法》系统总结油气管道地质灾害风险性评价原理与方法；《油气管道沿线地质灾害风险管控平台建设与应用》系统介绍管道沿线地质环境风险管控平台建设与应用;《油气管道地质灾害防治与监测技术》系统阐述油气管道地质灾害防治与监测技术。

这套技术丛书,既是对油气管道地质灾害系统性研究成果的提炼总结,也是对未来油气管道地质灾害防治工作的展望。希冀此套丛书成为地灾风险防控工作的新起点,为管道安全运行提供支撑和保障。

殷跃平研究员

国际滑坡协会主席

自然资源部地质灾害防治技术指导中心首席科学家

前　言

石油、天然气一直以来都是国家最重要的能源之一。近年，在国家的大力扶持下，中国油气管线建设有了长足的发展。当今所面临的问题不仅是油气的开发问题，更需要关注油气运输的问题。管道是石油、天然气的主要运输方式，据调查，超过一半以上的石油、天然气是由管道运输。中国油气需求量越来越大，中国油气管道运输呈现出大口径运输、长距离运输、多功能运输的发展趋势。中国的管道运输面临着大口径、高压力大型管道的建设问题。再者，由于管道长距离运输和运输水平低下的原因，使得当今中国管道运输行业面临着管道沿线安全问题。因此，研究管道运输沿线中的各种安全问题显得尤为重要。

我国幅员辽阔，地形多样，地貌复杂，地质灾害频发。而油气管道埋于地下，可以避免地表小规模的地质灾害，却无法避免诸如滑坡、水毁、塌陷、崩塌、泥石流等大规模的地质灾害。众所周知，油气管道会穿越各类复杂地质地形环境，长输管线面临着沿线地质灾害的威胁，同时管道网络布置广泛却又布局不均，导致很难预测管道发生破坏、泄漏的可能性。因此，研究地质灾害作用下的管道安全可靠性显得尤为重要。

本书是一本以研究油气管道在遭受滑坡、水毁、崩塌、泥石流等地质灾害下的力学行为为主的专著。基于现有的科研资料，对油气管道在地质灾害作用下的力学行为与失效形式进行分析；基于有限元模拟，计算不同管道在不同工况下的极限承载能力，建立在各类地质灾害下的可靠性极限状态方程；总结各项因素对受灾管道的影响规律以及薄弱环节，并在此基础上提出治理自然灾害和加固油气管道的措施。同时，基于管道事故特点及原因，对管道失效概率进行计算，分析管道失效影响因素，对管道进行易损性分析，得出易损性曲线和易损性矩阵，预测、预防事故的发生，将失效概率降低在管理者容许的范围之内；针对管道失效因素的不确定性，分析管道的可靠性发展规律，确定管道初期的可靠性以及管道的设计可靠性，对管道耐久性进行综合评价。同时，可将管道易损性和耐久性分析方法推广到地质灾害作用下的油气管道研究中。

本书的研究工作为确保我国油气长输管道安全运行提供了理论依据和科学手段，是保障埋地管线可以安全运营的前提和基础，并可为工程人员提供一种可直接参考的指标。利用该指标与地质灾害实际工况进行对比，可较为准确地评估管道的安全可靠性。

值此书出版之际，感谢本专著参与者做出的贡献。书中内容若有疏漏或不妥之处，诚恳地欢迎读者批评指正！

张　鹏

2018 年 6 月 20 日

目　　录

1 管道地质灾害研究概况

地质灾害是指由自然因素或人为活动引发的危害人民生命和财产安全的山体滑坡、水毁、崩塌、地面塌陷、泥石流、地裂缝、地面沉降等与地质作用有关的灾害。这些灾害对油气管道施工与安全运营已构成严重威胁。国内外对地质灾害的研究历史久远，但将地质灾害危险性评估作为灾害研究领域中的一项新的内容，仅是近几十年来随着灾害损失的日益严重和相关学科理论与技术的迅速发展而兴起的。20世纪70年代以前，地质灾害研究主要局限于对地质灾害分布规律、形成机理、趋势预测等方面分析，基本依赖于水文地质、工程地质的勘察和研究；70年代以后，地质灾害研究开始突破传统的研究模式，研究理论不断提高、研究内容日益丰富，迅速向新的独立学科发展，伴随这种趋势，评估工作开始起步。

目前，地质灾害评估尚未形成完整的理论与方法，但不可否认，地质灾害危险性评估已取得了重要进展，不但在抗灾减灾防灾中发挥了重要作用，而且为地质灾害危险性评估逐步走向成熟奠定了基础，具有为政府决策提供依据和指导工程建设单位防治地质灾害提供依据的现实意义，并逐步成为国内外灾害科学研究的热点之一。

1.1 滑　　坡

滑坡灾害在所有地质灾害中发生频率较高，几乎在全国各地均有发生，其中以西南与西北地区最为频繁。长输管道滑坡发生的条件主要与管线周边的地形、土质岩性、降雨、河流冲刷以及人为破坏斜坡稳定条件等因素有关，而我国西部山区和黄土地区受地势起伏、沟壑纵横的地貌特征以及土质特性的影响，滑坡灾害十分常见。然而，新建管道与在役长输管道大部分都穿越了这类地质条件复杂的区域，其中相当部分在役原油长输管道运行时间达20年以上，这些管道因超期服役而严重老化[1]。因此，长输管道遭受滑坡灾害不可避免。同时，研究表明管道的运营安全已受到滑坡灾害的严重威胁[2, 3]。如今，现代化工业及日常生活都离不开油气能源的支持，而长距离输送埋地管道承担着主要的油气输送任务，可见避免滑坡灾害或采取防护措施的重要性。众多滑坡灾害引发的长输管道事故表明，滑坡一旦发生，管道通常都会遭到不同程度的损坏。轻则管道外露、悬空或局部变形，增加管道不安全风险或影响管道后期检测；重则发生输送介质泄漏、爆炸及环境污染等，后果十分严重；更有甚者，长输管道运营过程中油气输送遭受滑坡灾害而中断，后果极其严重。为确保长输管道的运营安全，必须加强管道运营管理和灾害防治力度。

为应对滑坡灾害造成管道损害这一严峻的现实问题，近年来，国内外有关滑坡作用管道的研究得到不断发展，且已在管-土相互作用、管道受力理论计算、可靠性评价、预测预报及防治方面取得一定成效。目前，管道的相关研究可分为三种类型：管道滑坡分类及力学分析；监测与防治；油气管道腐蚀。

1.1.1　管道滑坡分类及力学分析

根据滑坡特征与油气管道敷设特点，林冬等对油气管道滑坡进行了细致的分类，建立起管道与滑坡的相应分类体系[4]。管道滑坡被细分为 19 种类型，其中按滑坡特征分为 11 种，按管道敷设特点分为 8 种，如图 1-1 所示。

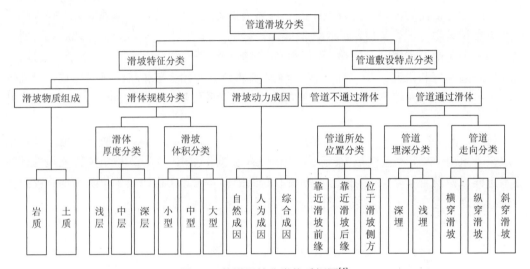

图 1-1　管道滑坡分类体系框图[4]

由于滑坡过程中管道与周围土体之间的相互作用十分复杂，现阶段大部分研究都进行了一定的简化。其中，对管道横向受力作用、轴向受力作用以及环向受力作用的研究依次呈递减关系。随着相关研究的不断深入，对于滑坡作用管道的研究将更加完善，贴近工程应用的研究将日趋增多。

1.1.1.1　解析解法

由于具有容易计算和运用等优点，解析法一直受到工程人员和科研工作者的喜爱。20 世纪 60 年代，Newmark 等[5]已开始对纵向荷载作用下的埋地管道进行力学特性和振动特性的相关研究。Parmelee 等[6]对其进一步完善，发展为半弹性空间模型分析法。70 年代初，日本学者对管-土相互作用进行理论分析研究，并发展出弹性地基梁模型分析法。1991 年，我国学者梁政[7]采用纵横弯曲弹性地基梁理论对横穿滑坡作用下埋地管线的受力情况进行理论推导，得出较为简化的理论公式。1995 年，国外学者 Rajani 等[8]对横穿滑坡作用管道的力学响应进行分析，但未考虑管道与土体的相互作用，对管道也只进行了线弹性假设。同年，O'Rourke 等[9]对山体滑坡作用下管道的力学响应进行研究。该研究对钢质管道采用 Ramberg-Osgood 硬化模型，涉及横穿滑坡与纵穿滑坡两种类型，较 Rajani 等的预测精度更加准确，但该模型未考虑到管道与土体的相对滑动。关于横穿滑坡作用下的管道变形及内力研究，邓道明等[10]将管道视为半无限长梁，同时考虑滑坡体内管道内力以及变形的连续性，得出管线内力与位移的计算公式，并且提出两种情况下的判别式。2001 年，张东臣等[11]在邓道明等研究基础上，对滑坡作用力与管轴线成某种角度情况下管线的受力情况进行理论分析，确定受力管段应力最大点位置。2008 年，刘慧[12]基于地基梁原理，在未考虑管道屈服后的强化条件下，用土弹簧模型代替管-土接触非线性，推导出滑坡作用下管线变形方程的广义解，预测结果较为保守。2012 年，郝建斌等[13]假定滑坡作用下管道后部会形成刚性楔体，利用挡土墙受力平衡原理推导出管道受横向滑坡作用的推力计算公式，其合理性也通过有限元模拟验证。同年，谢强等[14]对牵引与推移两类滑坡作用埋地排水管的纵向受力进行了分析。

1.1.1.2　数值解法

随着计算机技术的进步，数值解法因高效、经济等优点受到越来越多研究者的青睐。1999 年，Chan[15]在 O'Rourke 等研究的基础上，采用土弹簧模拟管道与土体之间的接触，并假定管道上的力是管道和滑坡体之间相对位移的函数，得出横穿与纵穿滑坡作用下管道应变分布。2003 年，王沪毅[16]在 Ranken 土压力理论的基础上，采用有限元分析技术对黄土地区横穿滑坡作用下管道的力学反应进行分析，讨论斜坡角度与滑坡长度对管道最大 Von Mises 应力的影响，并建议管道灾害防治可采取的措施。同年，Challamel 等[17]对管道与三维土之间的相互作用进行简化分析。2004 年，Yatabe 等[18]采用 ABAQUS 软件对遭受地面大变形作用的弯管线进行受力反应分析。同年 Evans[19]通过有限元管道模型分析，提出采用三维有限元模型分析管-土相互作用，可以更好地观察管线变形区域及变形程度。然而，在王沪毅、Yatabe、Evans 等的研究中，管-土之间均采用共用节点技术来传递作用力，不能很好地描述管道与土体之间的相对滑动。2010 年，Liu 等[20]在参考断层相关研究的基础上，提出位移荷载沿管轴线方向抛物线分布作用的有限元计算方法，该研究中建立的模型对材料及管道几何非线性皆有考虑，对山体滑坡区域的管道极限抗偏移能力能较准确地预测。2012 年，Kunert 等[21]同样运用位移荷载，并采用管道线弹性力学模型对滑坡作用管道进行力学响应分析。同年，学者李华等[22]采用有限元分析方法，建立管道横穿滑坡作用下的土弹簧分析模型，推导出可便于工程应用的管道强度失效拟合公式。2013 年，张伯君[23]采用位移荷载控制方法，对山体滑坡区域长输管道强度进行有限元模拟研究，分析不同偏移程度下管道的应力反应状态。2014 年，练章富等[24]对滑坡沿管道纵向作用时的力学强度进行相关分析，得出纵穿滑坡作用下斜坡坡脚与管道安全长度的建议值。2015 年，张铄等[25]利用深层圆弧滑坡理论及有限元方法，建立深层圆弧滑坡作用管道的数值模型，研究各相关参数对管道应力的影响，分析各相关参数对应力的影响程度；并提出在滑坡灾害多发区域，应增加管道壁厚和降低管压至 10MPa 以下。该研究结果能够为山区油气管道的建设与设计提供一定的参考，具有一定的现实意义。

1.1.1.3 实验研究

科学技术的进步与社会经济的发展，为实验研究提供了必要的技术支撑和经济支持，从而使实验研究得到快速的发展。2004 年，Calvetti 等[26]忽略土壤对管道的轴向摩擦作用，采用下沉土箱法模拟山体滑坡偏移过程，该研究通过利用滑轮系统向管道施加缓慢的横向作用力类模拟管道轴力。对于遭受横向地面变形的埋地管道的力学性状，Karimian[27]在 2006 年采用一种新的物理模拟装置进行研究，通过实验模拟分析对管道产生影响的重要因素。2009 年，Wijewickreme 等[28]采用数值模拟与实验手段对土体相对于埋地管道轴向运动，管线侧向土压力系数进行分析。2011 年，林冬等[29]建立管道全尺寸滑坡实验模型，对管道梁式弯曲破坏下管道应力最大值的位置进行了分析。2012 年，Magura 等[30]通过实验研究与数值模拟方法，对横穿滑坡和纵穿滑坡作用下的埋地管道进行研究分析，提出两类滑坡灾害下管道应力的计算方法。同年，刘金涛[31]建立研究管道横穿滑坡相互作用的大尺度模型，对滑坡体、管道铺设以及土体填筑等的实施过程进行了系统阐述，获得实验不同阶段时滑坡的变形破坏特点，管道应力特征，并将实际大尺寸模型建立 FLAC3D 三维模型计算后与试验结果对比，得出具有一致性的规律。2015 年，牛文庆等[32]采用模型试验研究管道横穿滑坡前部、中部以及后部时的受力反应情况，分析出管道应力在滑坡整个阶段的变化特点：滑坡前期和后期，埋设于不同位置的管道受力不同，即前期滑坡体后部管道受力最大，中部次之，前部最小，后期顺序恰好相反。当实验研究条件日趋成熟后，更多实验研究成果会大量涌现。

1.1.2 监测与防治

目前，为了有效应对滑坡灾害对管道损害，往往需要把滑坡监测与管道监测的方法和结论结合起来。20 世纪 80 年代，美国曾对该国西北部山区滑坡地段采用测斜仪和变形仪监测，对管道轴向采用振动钢弦式应变仪监测，从而对管道进行开挖维护，此次联合监测相当成功。如今，对于滑坡地表变形可以通过卫星定位服务系统，进行实时监测即通过 GPS 数据采集端与计算机的联合运用，借助计算机对数据的准确高效处理，从而达到对滑坡体或管道位移的监测和预警目的。相对于国外，我国在滑坡灾害作用管道的监测与防治研究方面则起步较晚。

在监测研究方面，我国学者荆宏远等[33]于 2009 年提出滑坡灾害作用下应对滑坡体和管道进行联合监测，且推导出管道监测截面上任意点应力的计算方法，并在兰成渝成品油管线羊木山滑坡中成功应用。同年，马云宾[34]将光纤光栅传感器运用于二郎庙管道滑坡监测中，取得良好的效果。2010 年，陈朋超等[35]在管道滑坡监测中运用光纤光栅传感器时，发现管体光纤光栅应变传感器容易损坏。同年，陈珍等[36]根据忠武输气管道受灾特点对该管线遭受地质灾害时的监测运用多种监测方法，制定了综合方案来监测长输油气管线地质灾害。2011 年，陈珍等[37]在该研究的基础上专门研究 GPS 对滑坡的监测，指出 GPS 能有效监测地质状况复杂的区域。

在管道防治研究方面，王小俊等[38]于 2006 年结合边坡稳定性判断的理论综合分析边坡失稳的机理后，提出滑坡及崩塌的防治措施：避让、排水、卸载、支挡、反压、设置锚杆及避免敷设管道产生的扰动因素等。其后，孙书伟等[39]于 2008 年对黄土区管线的填土边坡滑坡灾害机理进行研究，并根据边坡情况使用锚管构架、锚索地梁和反向坡排水等措施进行边坡治理，效果良好。2010 年，林冬等[40]在滑坡段管道受力分析的基础上，针对性地提出管线滑坡灾害的防治措施，并通过工程治理实例作了检验说明。2011 年，鲁瑞林等[41]提出滑坡灾害下管道的抢险措施和长期措施。2012 年，吴文平等[42]针对成品油管道受到的山地灾害类型，提出了防护对策。同年，贺剑君等[43]论证滑坡作用下管道应变监测及其分析技术的适用性和可靠性，得出基于应变监测可以定量地获得滑坡灾害条件下管道本身的即时应变数据，据以及时预警并正确指导，从而及时而有效地采取防治措施。2014 年，庞伟军等[44]总结山区管道地质灾害的主要类型，探讨在滑坡、崩塌及水毁等作用下，管道的危害特征以及变形破坏行为，提出了针对该类灾害的管道保护措施。同年，唐正浩等[45]运用数值模拟的方法对遭受横穿和纵穿滑坡作用管道进行受力分析，得出管道容易破坏的位置，并提出相应的防护措施。

1.1.3 油气管道腐蚀

油气管道缺陷通常包括焊接缺陷、凹痕缺陷和腐蚀缺陷。对于金属油气管道，腐蚀缺陷十分常见。根据腐蚀缺陷出现部位的不同，即管道内表面或外表面，可以把它划分为内腐蚀缺陷和外腐蚀缺陷两类。目前，内腐蚀已经成为管道老化重要因素之一，它所引发的事故后果通常也较为严重。文献[4][46]表明，内腐蚀事故已经在管道失效事故中占据较大比例，成为威胁管道安全的又一重要因素。国外对于腐蚀缺陷的关注及研究相对较早，较为完整的腐蚀缺陷管道评价标准如 API 579 评价标准和 ASME B31G 评价标准皆由美国制订，而我国则在"九五"期间才对含缺陷的压力管道展开研究，从而涉及腐蚀缺陷。

目前，关于内腐蚀的相关研究包括：检测研究、承载力研究、防护研究、预测评价研究等。为了收集内腐蚀缺陷的相关数据，我国较为广泛地采用漏磁缺陷无损检测技术来检测管道内缺陷，有时也采用超声波缺陷无损检测技术。我国采用最多的就是前者，因其速度较快，精度较高，结果较可靠，能为管道缺陷剩余强度的定量评价提供可靠的缺陷数据[47,48]。2008 年，李锐[49]对管道漏磁检测技术进行论述，探讨了管道裂纹和孔洞两类缺陷的漏磁信号特征之间的区别。同年，刘慧芳等[50]对油气输送管道的内腐蚀检测技术的发展状况进行总结，指出管道内腐蚀检测技术发展的趋向。其后，张鹏等[51]在分析油气管道腐蚀因素的基础上建立相应的失效故障树，该研究肯定贝叶斯可靠性评价结果可以用于指导管道系统维护和维修工作，从而降低管道运行的风险。2010 年，何洁等[52]采用有限元分析方法对含局部减薄缺陷管道的极限荷载进行分析，认为缺陷尺寸较小时，分析结果与 API 579 准则评价结果吻合，而尺寸较大时，则差异较大。2011 年，陈严飞等[53]对含腐蚀缺陷管道在弯矩、轴力及内压作用下的极限承载能力作出简析推导。2013 年，沈光霁等[54]对管道涂层的应用现状进行分析，把防护输油管道内腐蚀的方法归纳为添加化学药剂、内涂衬里和阴极保护技术等。2014 年，潘一等[55]分析输水、输油和输气管道的腐蚀因素，综述防护技术及腐蚀检测的方法，比较相关的防腐技术，进而建议防腐技术的研究方向。同年，王桦龙等[56]考虑到当前内腐蚀监测技术较难针对所有管道精确定量分析，在对各类方法进行调研后，指出基于流场分析的管道内腐蚀预测评价技术发展前景广阔。杨茜[57]采用有限元法对含腐蚀缺陷的管道进行较为全面的非线性分析，得出许多较为有益的结论。金忠礼等[58]于 2014 年对腐蚀缺陷位于管道内壁和外壁时管道能承受的极限压力进行对比，指出两者中的沟槽腐蚀缺陷的长度对极限压力的影响较大。同年，才博[59]采用有限元分析方法对方形腐蚀缺陷与圆形缺陷进行建模分析，得出腐蚀缺陷尺寸与管道等效应力之间的响应规律，以及对管道承载能力的影响规律。2015 年，杨辉等[60]对含点蚀缺陷和轴向槽状腐蚀缺陷的油气管道进行有限元分析，得出管道失效压力随载荷及腐蚀缺陷各参数变化而变化的规律。对于含有内腐蚀缺陷的高强输气钢管，崔钺[61]考虑管输介质流体的影响，并对该类输气管的重点位置内腐蚀缺陷进行评价研究，提出能较快、较全面地评价含内部腐蚀缺陷的高强钢质输气管线剩余强度方法以及腐蚀速率模型。代佳赟[62]根据内部检测报告对我国西二线天然气管道内腐蚀缺陷情况进行分析，并对该管线的剩余寿命进行评估。

综上，管线滑坡分类已较为细致，能将管线滑坡研究进行明确区分。解析法计算、运用方便的特点使得其在管线滑坡研究中运用较广，产出大量研究成果。由于某些现实条件很难完全用解析法求解，因此，它更适合较简单的理论研究，这在一定程度上限制了它的使用范围。数值法高效、经济的优势使其成为一种重要的研究手段，其研究成果相对可靠，因而受到研究者青睐。有限元分析模拟法就是其重要的组成部分，它能较真实地模拟分析滑坡管线受力的实际情况，从而得出较为可靠的结论。实验研究的进步，虽能更真实地模拟滑坡作用管线过程中的受力及变形特征，但是由于实验研究的花费通常较大，且涉及模型的相似性，因此采用该方法进行研究的条件还有待进一步的提高。如果实验研究条件更加成熟，必会促进滑坡管线的研究成果。滑坡稳定性及管线安全评价方面，传统理论与新型方法相结合将是未来滑坡管线研究的发展方向，具有极大的活力。监测及防护研究成果表明，滑坡变形监测与管道监测同时进行会相得益彰。在已有的防护措施基础上，通过筛选合适的防护方法加以改进，可以有效地防止滑坡产生或对管道起到良好的防护作用。油气管道腐蚀研究的发展，不仅促进了管道腐蚀缺陷检测技术的发展，而且为后续研究提供了可靠的基础研究数据。因此，在以上研究成果的基础上，结合理论推导采用数值模拟方法，同时考虑内腐蚀缺陷和滑坡对管道的作用条件下，展开埋地管道承受滑坡作用长度的研究，不仅具有极强的现实意义，而且可行性较高。

1.2　水　　毁

可造成油气管道悬空的灾害有很多，除水毁、黄土湿陷外，滑坡、崩塌和采空塌陷等均有可能导致悬管的出现。从目前国内外的研究情况来看，对于悬空管道的研究大都集中在管道悬空这一结果上，更多地关注管道本身和管-土的相互作用，但对灾害的特点考虑较少。而针对具体某一类灾害时又着重研究灾害的诱发因素、特点以及防治。研究的关注点不同，专门性强，因此将国内外研究概况分为灾害造成管道悬空的研究、管道水毁灾害的研究、管道黄土湿陷灾害的研究和基于桥梁设计的悬空管道治理措施研究。

1.2.1 管道悬空

各类灾害对管道的作用方式和发育过程各不相同，针对地质灾害对管道的影响研究，目前大部分的研究都集中在对灾害结果的研究，如灾害造成管道悬空的研究和灾害发生后对灾害发生原因和灾害治理措施的研究。其中直接分析埋地管道部分管段悬空下管道的力学反应可定量、清楚地展示灾害作用可能对管道产生的影响，对灾害的防护和治理提供科学依据，具有指导意义。从目前国内外针对管道悬空的研究历程来看，这是一个由大量简化到考虑更多更接近现实情况的参数、由纯理论推导分析到数值模拟与试验对比分析并行的过程。

管道建设在国外起步早，相关研究也较国内要早很多。Fyfe 和 Reed 早在 1986 年就研究了风荷载对悬空管道的影响[63]。Wuryatmo 等[64]根据悬管问题对管道悬空模型系统进行了研究。在研究灾害导致管道局部悬空的管土相互作用和理论推导分析方面，研究灾害造成管道悬空和地面沉陷对管道影响的基本模型是通用的，只是在受力上有所不同，因此可以同等看待。Peng 和 Luo 在 1988 年推导计算了因长壁开采引起的地基沉降下薄壁管道的应力分布，并开发了计算程序[65]。Wagner 等[66]在 1989 年提出了管土相互作用模型。Rajani 等[67]则研究了土体纵横向移动下管道的简化设计方法。

王沪毅在其 2003 年的硕士论文中对坍塌和冲沟下有固定墩和无固定墩的管道做了理论分析求解和 ABAQUS 软件的有限元分析[68]。其中无固定墩管道的力学模型为罗金恒等人所采用，他们针对地质灾害造成的管道悬空，使用这种理论模型分析后利用 ABAQUS 软件分析了一端固定、一端对称约束，土壤约束通过反力施加的悬空管道模型，考虑了悬管上方无土层和有土层时不同的悬空长度[69]。在这些研究的基础上，王小龙和姚安林等基于 Winkler 假设的弹性地基梁理论，建立局部悬空管土相互作用力学模型，得出挠度和内力计算公式，与有限元结果比较，并进一步从局部悬空埋地油气管道的实际运行情况出发，分析管道的应力状态，得到埋地油气管道局部悬空时的强度和轴向稳定性的验算公式，以及在满足强度、稳定性下的最大悬空长度[70, 71]。前面的研究都是建立在弹性地基梁基础上，尚尔京在其硕士论文中首先采用有限元方法研究了地面塌陷的形成原因及影响因素，然后分别基于 Winkler 假设的弹性地基模型和理想弹塑性地基模型推导了考虑和不考虑轴力下因地层塌陷和土壤液化导致管道悬空的管道应力和变形并对比，得到了很多有价值的结论[72]。王同涛等采用相同的纯解析方法，以某穿越湿陷黄土地段的管道为例，利用 Visual Basic 编制计算程序分别计算考虑轴向载荷和不考虑轴向载荷下基于弹塑性地基和 Winkler 地基模型的悬空管道的受力和变形结果，并与实测值进行对比，还考虑了土弹簧刚度的影响。结果表明弹塑性地基管道力学模型更接近实测值，轴向荷载不能忽略[73]。高贤成也引用了其中基于 Winkler 假定的弹性地基梁模型，并建立梁-土弹簧 ANSYS 有限元模型计算分析了煤矿采空区悬空管道的应力和变形并对比，结果误差满足精度要求，但认为理论推导复杂，有限元方法更利于工程应用[74]。

从管土力学模型的理论研究可以看出，早期的研究模型作了大量的简化，随着研究的不断深入，学者们认识到简化模型的局限性，开始考虑更复杂更精确的模型，而有限元数值模拟作为一种直观、有效，且能考虑更多因素的计算分析手段，逐渐得到了广泛应用。随着计算机技术和有限元软件的发展，传统理论推导难以考虑和实现的高仿真、大模型分析在有限元软件中可以轻松做到，为很多工程实际提供了有价值的参考。尤其是在灾害导致管道悬空的研究中，有限元分析在近几年发挥了越来越大的作用。

杜景水等以地质灾害造成兰成渝管道悬空为背景，基于小挠度理论建立力学模型，然后计算了悬空管道受到的主要荷载，在 ANSYS 软件中建立管道模型，通过直接定义边界条件和施加荷载模拟管道悬空受力模型[75]。同样以兰成渝输油管道石亭江水毁灾害为背景，马廷霞等指出按照弹性理论计算管道最大悬空长度的局限，利用有限元软件模拟得到了管道在不同悬空长度下的内力、变形和极限悬空长度，并与试验进行了对比，结果非常接近，表明有限元模拟计算可以准确且充分地反映管道悬空下的状态[76]。孙健通过单向拉伸试验得到 X65 管材的应力-应变曲线，利用 ABAQUS 软件建立管土力学模型分析不同悬空长度下悬空管道计算结果，并结合克乌线成品油管道进行具体分析，最后分析了参数变化的影响[77]。前面的分析都没有考虑管道缺陷，于东升和宋汉成针对油气管道悬空沉降变形问题，首先根据力学模型给出理论公式，然后在 ANSYS 软件中分析了有缺陷管道和无缺陷管道的应力，最后通过悬空管道试验测量不同悬空长度下管道应力应变并与有限元结果对比，验证了有限元方法的可行性[78]。除大型有限元软件外，近年来专业的管道应力分析软件也得到了应用。Wu Xiaonan 等使用 CAESAR II 软件分析了管道悬空状态下的应力和位移[79]。

从研究现状来看，管材的本构关系和基于应变的失效准则是研究的一个趋势，同时含缺陷悬空管道的分析和管道悬空受力、悬空管道动力响应分析、变形计算结果与应力检测结果的结合及针对性的治理对策也开始受到关注。高建等认为基于应变的管道安全性准则更合理，并针对设计应变、应变极限确定方法作了阐述，并利用 ANSYS 软件计算悬空管道的应变分布及变化规律，基于应变对其进行安全评估[80]。朱亚明等研究了 X65 管线钢的本构关系并进行了修正，在 ABAQUS 软件中建立悬空管道力学模型并进行了基于应变的悬空管道长度分析，且考虑了内压和壁厚的影响[81]。同时朱亚明还在其硕士论文中对比了 X52、X60、X70 管材基于 Ramberg-Osgood 本构模型的应力-应变曲线与试验所得应力-应变曲线，在 ABAQUS 软件中建立含错边缺陷、无缺陷、含腐蚀缺陷的悬空管道三维模型，分析了缺陷位置、大小及管道参数的影响[82]。王海兰等对 X80 钢材进行了拉伸试验，选取典型 σ-ε 曲线作为计算依据；根据 Winkler 假定对悬空管道力学模型进行了分析；根据管道沿线地区等级，以需要进行工程临界评价及满足材料其他附加要求的应变失效判据，采用 ABAQUS 软件对悬空管道进行仿真模拟，且考虑了不同径厚比的影响。研究认为基于应变准则的失效判据可充分发挥现代管道抗大变形的能力，减小管径比可提供悬空管道的安全性[83]。

在这些静力研究的基础上，有学者开始进行悬空管道的动力响应分析。赵潇等从管道振动原因和振动控制指标出发，采用 ABAQUS 软件对悬空管道进行模态分析和响应谱分析，分析了 7 级和 8 级地震对悬空管道的影响，并提出了抗震措施[84]。与工程实际的结合越来越受到重视,杨毅等分析悬空管道力学模型,给出了弯矩和拉应力的计算公式,结合管道水毁灾害实例,采用第一强度理论和规范相关要求对其进行强度校核,并通过应力检测数据分析该段悬空管道的应力分布,组后根据现场调研分析了水流冲击对管道的影响。结果表明该悬空管段拉应力满足第一强度理论,但不符合规范规定,应清空管内存油。应力测试数据表明最危险点处于土壤区内[85]。也有学者创新性地将新兴材料利用到悬空管道加固中。张鹏等针对冲沟造成的管道悬空,分别通过理论解析表达式和有限元模型进行分析,在有限元分析时还考虑了悬空长度和壁厚的影响,最后提出采用碳纤维加固的延寿对策[86]。此外,还有学者在分析灾害造成管道悬空时考虑了灾害的发展过程,不仅仅只针对最终后果。如吴张中等按采空塌陷过程不同阶段土体与管道的相互作用分为土体下塌蠕变、管体局部暗悬、管体完全悬空和土体突发沉陷四个阶段,在 FLAC3D 中对 Ramberg-Osgood 本构关系进行了二次开发,模拟计算不同土体下沉量下管道和地表土体相互作用及变形关系,验证了相互作用的四个阶段[87]。

纵观以上针对管道悬空的研究,可发现如下几个特点:

(1)基本上都是针对灾害造成管道悬空这种结果进行分析,鲜有对灾害发育、管道逐渐悬空这一过程进行研究。

(2)有限元分析能够很好地贴合现实情况,且比理论分析简便,有利于工程应用。

(3)暂未发现有从可靠性的角度出发,分析参数变化下悬空管道的力学反应,并建立极限状态方程的研究。

(4)所分析的悬空管道基本上都是水平横向敷设,几乎没有考虑管道倾斜敷设这种情况。

(5)针对悬空管道仅分析其力学状态,很少提出有针对性的适合于工程应急的治理措施,并分析其加固治理效果,以应用于工程实际。

1.2.2 管道水毁

对管道水毁灾害的研究是随着管道的建设运营,水毁灾害的不断发生并造成巨大损失而逐渐受到重视和发展的,研究深度从结合实际发生的灾害到对可能发生的水毁灾害进行评估,主要包含以下三个方面:

(1)针对具体管道水毁灾害实例的研究,找出致灾因素并提出针对性的治理措施。

(2)管道水毁灾害的风险评价。

(3)漂浮管道和海底管道受水流冲刷的静动力分析。

从研究的起始时间来看,国外对管道水毁灾害研究较国内要早很多。俄罗斯早在 1959 年就开始了针对泥石流的研究,取得了丰富的研究成果,形成了一套完善的体系。欧洲国家水系发达,水毁灾害多,在这方面的研究工作开展早,有着很多的研究成果。美国早在 1897 年就有相关的研究报道,但更多的研究是从 20 世纪 60 年代开始。日本在 1966 年也开始对泥石流进行了观测和相关研究[88]。加拿大的 BGC 公司从 20 世纪 90 年代开始逐渐建立起管道水毁评价方法,是较早开展管道水毁灾害评价研究的公司。GE PII 公司也开发了管道水毁评价方法,但相比 BGC 的要简单一些[89]。Alix T. Moncada-M 和 Julián

Aguirre-Pe 对管道在河沟道中的冲刷进行了试验观测[90]。Hugh W. O'Donnell 系统调查分析了 San Jacinto 河下游洪水导致的管道破坏[91]。Jorge Alejandro Avendaño 和 Manuel Garcia López 分析了哥伦比亚几条河流河岸侵蚀、河道深切和河流改道问题及对该区域埋地油气管道的影响，并针对开挖沟渠敷设穿河管道和定向穿越管道提出一些在设计和施工上的考虑[92]。Priscila Pereira Teixeira 等采用间接手段（地质雷达、无线电检测）和直接手段（潜水拍摄），以及水深测量，检查了穿越 Atibaia 河的一条光缆和四根管道，发现有不同程度的裸露悬空情况。在分析调查结果和采用先清理河道，后使用灌装沙、水泥的土工织物袋支撑，最后再由充混凝土的土工织物毯覆盖的稳定加固措施，效果很好但工期长，包含大量的水下作业。他们也提到了诸如采用另外的管道进行定向钻穿越或支撑悬空跨越的方法[93]。

在国内，20 世纪 70 年代早期我国的管道主要集中在东北平原，水毁灾害少，研究工作也比较少。70 年代末建立的马惠宁管道在运营中遭受了严重的水毁问题，催生了管道水毁灾害的相关研究。黄金池等在 1998 年对管道穿河工程水毁灾害现象及原因进行了分析，提出了针对性的措施，认为局部打桩稳管是一种经济有效的保护措施[94]。梅云新总结了马惠宁管道沿线自然环境和水毁灾害情况，指出水工保护应注意的问题。张博分析了涩宁兰管线黄土高原段的自然环境和典型的水毁灾害实例，并对塌陷回填、沟道防护、边坡支护排水等工程治理措施作了描述。李旦杰针对西南成品油管道水毁灾害，提出了以水土保持为关键，辅以截排水系统、各种防护工程的防治措施。李亮亮等结合管道河沟道水毁现状，分析了河沟道水毁对管道的作用方式及可能产生的危害类型，以此提出针对性的工程防护结构，并通过简明结构图的方式展示[95]。郭存杰等分析了陕京输气管道在黄土嵝岘地区的水毁灾害机理，提出了修筑截排水工程和护坡、挡土墙等治理措施[96]。任国志分析了戈壁、荒漠区管道水毁灾害，并提出过水路面、导流堤等治理措施[97]。在管道水毁灾害风险评价方面，专家学者们在考虑随机性和模糊性、变权综合评价、定性和半定量风险评价及基于可拓理论等方面都有很多的评价研究成果[98-102]。管道受水流冲刷悬空或漂浮的研究包括对海底管道和河沟道管道的相关研究，其中尤以海底管道的冲刷问题研究居多。陆地上水流对漂浮管道的冲击主要有王晓霖、帅健的静力简化分析模型[103]，还有一些学者考虑流体作用，从流固耦合的角度分析水流冲击悬空管道下管道的力学反应[104, 105]。

由管道水毁灾害的研究现状看出：①管道水毁灾害的表现形式有很多种，不同水毁灾害下的治理措施有所异同，大多数都集中在以水土保持为出发点的防护上；②考虑水流对埋地管道的冲刷过程和流体性质是研究管道水毁灾害的一大趋势。

1.2.3 黄土湿陷

黄土湿陷灾害在灾害发育前期（土体内部产生陷穴）是一种隐蔽性灾害，只有灾害发育到一定规模、土体产生明显沉降或塌落致灾时才会被发现而进行相关的研究和治理，因此目前针对黄土湿陷下管道力学行为的研究比较少，主要也集中在灾害特征分析和灾害治理方面。其他原因导致的土体塌陷或沉陷对管道的影响与管道黄土湿陷类似，相关研究值得借鉴。

　　日本神户大学的高田至郎早在 1985 年就对土沉陷时聚氯乙烯管道的力学性能进行了试验研究，并基于弹性地基上的连续梁模型得到了受沉降作用的埋地管道的简化分析公式，提出了一些在工程实际中得到应用的重要概念[106, 107]。在此基础上，高惠瑛和冯启民等以穿越沉陷区和非沉陷区的管道为研究对象，用三次曲线模拟沉陷区管道变形，非沉陷区管道按弹性地基梁模型考虑，根据变形及力学协调条件推导计算不均匀沉陷下管道的内力和变形，通过算例变化参数并同他人试验结果对比，误差很小，据此推出该情况下管道破坏准则，他们是国内进行理论解析推导最早的一批人[108, 109]。基于此，关惠平等分析了采空塌陷区地表变形和管道受力的基本特征，建立力学模型通过理论公式推导计算了不同塌陷长度、不同沉降量下管道最大应力，并对计算结果进行了统计分析[110]。Alawaji 等针对泄露引起的埋地管道下方湿陷性土壤沉降问题，采用非线性有限元软件 Z-Soil 2007 分土层细致地分析了从开挖埋管到湿陷扩展对埋地高密度聚乙烯管的影响，其中通过改变土体本构模型中的弹性模量、容重、内摩擦角和黏聚力等参数实现[111]。

　　在沉陷或塌陷对管道影响的有限元模拟方面，Wang Xiaolin 等基于采空塌陷区土体位移预测计算结果，在 ABAQUS 软件中分析了采空塌陷对埋地管道的影响[112]。王峰会等在 ABAQUS 软件中建立管道黄土湿陷悬空有限元模型，黄土湿陷下土体作用直接按力的方式施加，分析了不同坍塌长度的影响[113]。一些学者通过直接在管土三维非线性接触模型底部施加位移模拟沉陷，分析参数变化的影响[114-116]。一些学者在 ANSYS 软件中建立直接在塌陷导致的管道悬空段施加力的简化模型，分析土体塌陷范围、管道埋深和管道壁厚的影响[117, 118]。也有一些学者在 ANSYS 软件中通过直接挖空的方式建立管土三维接触模型模拟土体沉陷，并分析参数变化的影响[119, 120]。还有一些研究人员进行了 PE 管地基塌陷室内模型箱试验或大型土工槽试验，再在 ANSYS 软件中通过生死单元技术模拟土体塌陷扩大过程，对比结果进行参数影响分析[121-123]。王联伟在其博士论文中针对采空区沉降对管道的影响分别采用了理论分析和数值模拟并对比，其中管土相互作用和土体位移通过土弹簧实现[124]。沉陷导致的埋地管道屈曲也引起了关注，金浏等建立沉陷作用下管土相互作用模型，对钢管和 PE 管的屈曲稳定性及影响因素进行了分析[125]。

　　在黄土湿陷灾害的分析、治理和评价方面，文献[126]从黄土陷穴形成和扩展的机理出发，认为黄土湿陷性是产生陷穴的原因，分析了黄土陷穴对陕京输气管道的危害并提出预防处理措施。尚小卫等结合实例分析了不同地段黄土湿陷对天然气长输管道的影响[127]。张博对涩宁兰输气管道沿线地理、地质环境和黄土湿陷灾害做了分析，研究其防治措施。雒林林等分析了黄土陷穴对长输管道建设的危害和相应的防治手段[128]。张学明对黄土区油气管道灾害预防治理、环境保护进行了研究[129]。文献[130]对黄土湿陷的机理、我国湿陷性黄土的特点和黄土湿陷灾害对管道的影响做了分析，然后对管道湿陷性黄土灾害进行了风险评价。王巍通过对黄土暗穴的调查，认为采用钻孔灌注水泥土浆法处理在技术和经济两方面效果都好[131]。

　　从上述管道土体塌陷或黄土湿陷的研究可以看出：

　　（1）国外的研究较早，且通常是针对某一具体事件进行的较为细致的研究，比如分阶段考虑过程。

（2）土体塌陷或沉陷下管道的力学分析大多是通过施加力、施加位移或挖空等人为可控制的简化措施进行操作，与实际情况有所不符，不足以真实反映灾害发育过程。

（3）通过改变有限元软件中土体本构模型参数，可以很好地模拟土体沉陷。

（4）既有的管道黄土湿陷治理措施主要是针对黄土的防护，对于灾害造成管道完全悬空的情况不一定适用。

1.2.4　管道治理加固

在对灾害造成的悬空管道进行应急处理时，有时由于灾害发展太快，管道悬空段长度迅速增加，掩埋覆盖等应急措施通常难以实现或效果不佳，此时我们可以参照斜拉桥体系，通过施加拉索的方式辅助管道受力，减小管道悬空变形。在灾后对悬空管道进行加固治理时，当河床下切严重或其他原因导致管道悬空高度过高，想要将悬空管道重新回填覆盖或沉管埋置可能无法做到，此时通过梁桥设计的思想，将悬空管道改为管道跨越。这些都是悬空管道的桥梁型治理加固对策，在一些工程实际中已经有过先例。

杨峰等针对穿越洛河段输气管道水毁灾害，提出定向钻穿越法、灌注桩加固、防冲墙水工保护和沉管法等几种加固治理方案，其中灌注桩加固法工程造价最低[132]。种红文结合靖西天然气长输管道水害问题，分别提出治理措施，其中针对马家沟穿越管段因水毁导致的长距离露管采用了将其改为梁式跨越的措施[133]。牛小虎对靖西管道陕北段河流穿越段因水毁造成的悬管总结的治理方法中提到采用钻孔混凝土灌注桩稳管或单管多跨连续梁式管桥跨越[134]。童华等对坍塌和冲沟作用造成的管道悬空分别进行了理论分析推导和CAESAR II 软件分析并对比结果，最后建议在不到危险悬空长度时可通过添加固定墩的方式稳固[135]。丁鹏等针对某穿越黄河管道因水流冲刷导致的悬空问题，因其位于黄河水道上，无法采用传统的打桩加固，提出通过施加两条拉索的治理措施，并对比分析了治理前后的应力和振动，认为可以有效防止强度破坏，但不能显著缓解振动引起的疲劳失效[136]。

通过这些灾害导致管道悬空的工程实际加固方案的应用来看，采用基于桥梁设计的桥梁型治理加固措施是可行的，针对悬空管道加固治理的特点，可以考虑设计出便于施工且效果好的加固体系。而从利于工程实际运用的角度，可以对这些措施进行力学上的分析，研究不同桥型治理加固方案的适用范围，同时针对某一类具体的桥梁加固方案研究其不同布置方式下的治理效果，以进行优化设计。

1.3　崩　　塌

崩塌通常是指位于坡度较大的斜坡上的岩石和土块等崩塌体，在外力扰动或是重力作用下发生脱离母体斜坡的突然的坠落或是倾落运动。构成崩塌体的物质有多种，其中由土块构成崩塌体的称为土崩，由体积较大岩块构成崩塌体的称为岩崩，而大规模的岩崩称之为山崩。崩塌体与斜坡的分离面称之为主控结构面，主控结构面的坡度角可大可小，但是其地貌特征表现为岩体松散居多，且存在较多裂隙，通常会呈现出层理结构等。崩塌体在沿崩塌斜坡的运动方式有多种，当崩塌结构较为松散，灾害发生后还会在坡脚处形成崩塌倒石锥。崩塌倒石锥一般会呈现出堆积状，结构松散而杂乱、含有较多孔隙，通常不表现出层理，有时也会对管-土结构产生一定的横向推力作用。

崩塌灾害发生时，崩塌危岩体在斜坡上的运动形式可能会呈现多种样式，包括跳、滑、滚以及滚动和滑动相结合的方式等。当管道敷设在受到崩塌灾害威胁的地区时，根据危岩所在斜坡坡度 θ 的不同，将灾害对管道产生的工程危害程度主要可以分为下面四个级别：

（1）当危岩体位于缓坡地带（$0<\theta\leq27°$），由于斜坡坡度很小，危岩体的运动方式以滑动运动为主，崩塌危岩体的大部分动能和势能都通过摩擦阻力的作用转化为危岩体和山体的内能了。并且危岩体在斜坡上运动加速度较小，对管道几乎没有破坏作用。

（2）当危岩体位于较陡坡地带（$27°<\theta\leq40°$），崩塌体沿坡面的运动方式可能呈现为滚动方式，即使危岩体的初始势能和动能比较大，但是运动距离一般比较长，加速度较小，速度变化较慢，危岩体会从管道上方覆土滚过，对管道的产生的冲击作用较小，对管道不会造成较大危害。

（3）当危岩体位于陡坡地带（$40°<\theta\leq60°$），危岩体可能会以跳跃式运动坠落，危岩体坠落加速度较大，速度增长很快，会产生较大的动能，对管土结构产生较大的冲击力，造成管道产生较大的应力，发生变形失稳甚至可能导致管道断裂。

（4）当危岩体位于陡峻地带（$60°<\theta\leq90°$），自重较大的危岩体呈悬空状态，受到外力侵扰，导致危岩体脱离母体山坡，在重力作用下以自由落体方式运动，其巨大的势能大部分转化为动能，对管土结构产生巨大的冲击力，直接砸坏管道或使其产生变形破坏。

1.3.1 力学行为

埋地管道受到崩塌危岩体作用时，首先管道覆土承受冲击力作用，冲击力再通过土体传递给管道，导致管道的应力应变发生变化。在崩塌荷载作用下，土体不仅是力传递的介质，也起着约束管道变形的作用。所以在研究崩塌灾害对埋地管道的工作机理时，需要将管道周围一定范围内的覆土和管道视为同一个系统，并且崩塌危岩体对管道的作用要视为危岩体对该系统的冲击，这就要求研究工作先从管道在土体中的变形机理展开。

崩塌灾害作用埋地管道，从力学模型进行简化分析，即是冲击荷载作用于管土结构体系。国内学者在研究埋地管道受冲击荷载作用时，在研究方向的选择上是宽广多样的，包括地震荷载、爆炸冲击荷载作用下埋地管道的力学行为分析。魏韡建立了空气和土体耦合介质环境中埋地油气管道受爆炸冲击的仿真模型，并使用 VB 建立了管道受爆炸作用的安全评价程序[137]；李立云等通过 ABAQUS 有限元软件模拟了地震荷载作用下埋地管道的应变响应分析[138]。而对崩塌体冲击荷载的研究部分还集中于建筑物崩落体，孙新坡等[139]采用了离散元法（discrete element method，DEM）对崩塌堆积体的形成过程进行了数值模拟；罗艾民等[140]总结并对比了基于 Hertz 碰撞理论和能量守恒理论得出的建筑物崩塌体冲击力计算方法。但是研究崩塌危岩对埋地管道的作用也可借鉴海底管道的类似研究工作。杨秀娟等[141]采用非线性动态有限元法模拟了坠物撞击海底管道的过程，而海底管道和海床之间的相互作用也是其研究的重点；在面对近底床海管的有限元模型建立问题上，曹玉龙等考虑底床对海管的弹性触碰，以 ANSYS 软件为平台建立起便于计算的仿真模型[142]。

从已收集到的文献资料，发现针对崩塌灾害的研究最初是应用于公路、铁路、矿山、水利水电工程等，而目前国内外学者对崩塌落石灾害作用下埋地管道的动力响应问题的研究相对较少，这也是由于公路、铁路工程的发展早于管道工程，而且铁路和公路路线通常也需要穿越山区、高地等地形地貌复杂的地区，沿途的崩塌灾害会对道路甚至列车产生潜在威胁。

其中通过解析法研究崩塌灾害的难点之一是如何计算危岩冲击力，这是进行崩塌灾害威胁区埋地管道被动防治结构设计的主要荷载。国内可参照的有《公路路基设计规范》[143]和《铁路工程设计技术手册》（路基）[144]上有关崩塌地段路基设计规范提出的计算方法，杨其新和关宝树[145]使用试验方法计算落石冲击力大小。但是国内几种落石冲击力计算结果差异较大，叶四桥等对这几种方法进行了比较研究，发现其计算结果比实际工程中落石冲击力小得多[146]。

相比于交通部门，埋地管道在崩塌落石冲击下的响应问题更加复杂，因为崩塌危岩体首先冲击的是埋地管道的覆土部分，土体的变形才导致了埋地管道的应力应变变化。土体结构在此处既要保护管道，以阻止管道发生大位移形变，又要充当管道受力的直接施加者。随着三峡工程的建成运营，针对崩塌灾害的研究开始从三峡链子崖危岩处开始展开。当前，随着川气东送工程、西气东输各干线的投入运营，川渝地区主要城市带、渤海湾城市群以及长三角城镇等地城乡的燃气供应链基本完成，加快推动了埋地管道受崩塌危岩灾害影响的研究，学者们分别从理论分析、实验研究和数值模拟三个方向对崩塌灾害展开了广泛研究。王洪波等提出了冲击荷载作用下的最大应变计算方法来研究其对管道的危害[147]。李渊博等[148]应用竖向变形量设计理念来判断落石冲击荷载作用下管道是否失效。李海胜等[149]通过室外现场实验模拟，得出了落石冲击管道的相关数据，不过实验管道是裸露管道，和埋地管道还是存在差别。20 世纪 70 年代后，随着计算机技术的发展，有限元方法开始走入广大学者的视线，数值模拟成为研究崩塌灾害的主要手段，刘卫国等[150]、黄振海等[151]分别研究了含有裂纹初始缺陷和存在局部凹陷缺陷管道在冲击荷载作用下的力学行为，得出了初始缺陷的存在会大大降低管道承载能力的结论；李昕等采用二维有限元方法对管-土相互作用进行了时程反应分析，研究了地震波动效应对连续直埋管道的影响，并得出了输入波频率、输入波幅值以及管道埋深、管土参数等因素对埋管动力反应的影响[152]；2007 年，荆宏远[153]通过对落石的运动学和动力学分析，得出了落石冲击力的数学模型，在此基础上以 ANSYS/LS-DYAN 软件为平台建立了落石冲击作用浅埋管道动力有限元模型，并对有限元计算结果进行了分析，得到了落石冲击力与管道的等效应力成正比的结论；聂肖虎等[154]以管道的极限应来判断管道是否发生强度破坏，对通过 ABAQUS软件建立落石作用下大口径埋地管道的有限元模型，并对计算其结果进行分析，得出一系列规律性结论，并对灾害的防治提出了部分建议；丁凤凤等[155]在冲击荷载作用埋地管道的数值模拟中侧重于力作用的时间历程，得出了冲击荷载作用的时间为 $10^{-3} \sim 10^{-2}$ s。

国外常用基于落石现场冲击力试验的半经验半理论算法：Kawahara 等[156]通过实验研究了砂垫层厚度和密度对落石冲击力的影响，基于赫兹弹性碰撞理论，引入了拉梅常数来计算落石冲击力；瑞士学者 Labiouse 等[157]的落石冲击力的经验算法是通过现场的落石冲击试验得到的，公式中引入现场试验得出的缓冲土层变形模量 Me；P. Ruta 和 A. Szydlo 通过落锤实验研究了砂垫层对落锤的缓冲作用，得出落锤在弹性半空间地基模型上的落锤冲击力[158]。

在落石冲击埋地管道的数值模拟研究工作中，澳大利亚学者 Pichler 等[159]以冲击时间以及无量纲穿透深度等识别参数来判断管道是否失效，并对钢管以及土体的材料模型选择做了细致分析。

这些地震冲击荷载和爆炸冲击荷载对埋地管道的作用、崩塌落石灾害对公路、铁路的影响研究以及冲击荷载作用下的管道力学行为研究，为研究危岩落石对埋地管道的影响提供了借鉴思路。

1.3.2 可靠性

埋地管道在崩塌灾害作用下发生失效破坏，按照油气管道的失效性质可将其归为事故极限状态[160]。通过传统的油气管道设计方法，管道的等效应力超过管道的许用应力（管材的最小屈服应力乘以管道设计系数）就可以认定管道失效。但是这种方法没有考虑到影响管道应力参数的随机变化特性，在判断之初就认定了这些参数都是定常量，这是传统判断方法的缺陷所在。基于可靠性理论，考虑崩塌危岩参数、管道参数的随机性特征，可以建立油气管道事故极限状态方程。

目前国内在管道可靠性分析和研究方向主要集中于天然气管道系统和含腐蚀缺陷的管道的可靠性研究，包括站场结构设备以及管道本体的可靠性评价研究，以及海底管线的安全评价研究。随着可靠性技术的研究和发展，我国已将其列为"关系石油工业可持续发展的关键技术之一"[161]。

汪涛和张鹏[162, 163]基于可靠性理论，对城市天然气管网的运行进行了分析，提出了城市天然气管网可靠性运行模糊风险评价技术，并编制了相关的评价软件。温凯等[164]基于可靠性设计与评价（reliability-based design assessment，RBDA）方法理论研究了管道可靠性的分析过程并且给出了极限状态方程蒙特卡罗模拟算法，用管道可靠度计算软件框架对管道的管理和设计提出了可行性建议。李文涛[165]基于效用函数理论建立了腐蚀缺陷管道的失效概率模型，对管道的剩余强度以及剩余寿命进行了分析和预测，帮助管理部门确定更换缺陷管道的最佳时间。代玥[166]在分析天然气输送管网系统故障工况下拓扑结构的基础上，进行了故障管网的水力工况计算，完成了天然气管网系统的供气可靠性的研究。丁鹏[167]和韩文海[168]都从可靠度理论的角度系统地研究了含有腐蚀缺陷的海底管道的模型，并且丁鹏对海底管道悬跨段还进行了抗震可靠性研究。

但是我国在崩塌灾害作用下埋地管道的可靠性研究还有所欠缺，大部分研究工作都集中于对崩塌危岩体的可靠性上。许强等[169]以四川省丹巴县某一崩塌危岩体为例，依据蒙特卡罗法的基本原理和方法，编制了危岩体的稳定性可靠性分析程序并计算了危岩体在不同工况下失稳概率。王林峰等[170]基于断裂力学和最优化理论提出危岩稳定可靠性的优化算法，并得到了危岩结构面贯通长度标准差和危岩结构面倾角对危岩稳定性影响最为显著的结论。张硕等[171]基于可靠性基本理论，建立了坠落式危岩体稳定性的极限状态方程，并分析了方程中随机变量的均值、变形性以及分布形态，确定了各变量的敏感性程度。

国外早在第二次世界大战期间就将可靠性理论应用于军工领域了[172]。从 20 世纪 60 年代开始，国外就已经将可靠性理论应用于管道剩余强度评价等管道方面的研究，并且制定了相应的评价标准。其中挪威船级社（Det Norske Veritas，DNV）就针对海底腐蚀管道建立一套评估其剩余强度的准则[173]，美国机械工程师协会的 B31G 标准现在也已经被应用到各地的管道工业中[174]。Pandey[175]在 1997 年基于可靠性极限状态方程，分析了缺陷尺寸、腐蚀速率、管材参数以及外部荷载对管道可靠性的影响，并得出了满足管道目标可靠度的最佳检测周期和维修方法。

1.3.3　防治减灾

随着我国经济的高速发展，崩塌灾害日益凸显，除了管道沿线的崩塌灾害，铁路、公路及矿山等工程项目往往都伴随着崩塌自然灾害的发生。崩塌灾害的发生具有诸多不确定性的特点，包括灾害规模的不确定性、灾害发生时间的不确定性等，不仅给我国的经济带来巨大损失，严重时甚至会对威胁到人民的人身安全，因此对山体危岩的崩塌灾害进行防治减灾研究具有重要的意义。

忠县—武汉输气管道工程作为我国西气东输工程的重要组成部分之一，中国地质大学的邓清禄教授积极开展对该条管线上自然灾害防治的研究工作。其中，刘斌等[176]通过分析忠武管线的地质灾害的空间数据结构，总结了忠武管线沿线地质灾害的基本发育特征及其灾害发生的基本规律；荆宏远[177]结合"七里沟"滑坡的地质特性，对其进行了稳定性分析及评价，并提出了使用抗滑桩和挡土墙的组合治理措施。

随着地质灾害研究的发展，针对崩塌灾害的研究已经成为地质灾害研究领域的一个热点问题，国内外许多机构和专家学者都在这方面进行了有益的探索。陈家兴等[178]以林州市石板岩镇西湾村山体崩塌为例，分析了山体危岩崩塌的稳定性及成灾机制；同时，黄河等[179]发明了一种危岩崩塌监测预警系统，通过图像采集器对整个危岩体的变形情况进行采集分析，并分析出缓慢变形数值发送到云端服务器，可提前向工作人员发出警报信息；刘运涛[180]使用 ANSYS/LS-DYNA 软件对危岩落石冲击柔性防护网进行了仿真模拟，并分别从能量、轴力、变形量等方面对有限元计算结果进行了对比分析，得出了钢丝绳和拉锚绳的吸能规律以及落石冲击防护网不同部位的动态响应规律等；何思明等[181]也以 LS-DYNA 软件为平台，建立了滚石冲击彻底关大桥桥墩的动态有限元模型，并对有无防护措施的有限元计算结果进行了对比分析，揭示了该防护结构对滚石灾害确有一定的缓冲和吸能作用；张进超[182]对鄂西后山湾的山体崩塌灾害进行了系统的研究，通过对山体崩塌的基本特征及变形机理描述，给出了崩塌山体稳定性的定量评价，并提出了治理措施。

国外学者 Sasiharan 等[183]通过对落石保护系统——柔性防护网进行数值模拟，发现岩石与网线之间的摩擦系数是影响被动防护网稳定性的主要因素，而且使用刚度比其分配应力高得多的竖向绳索可以显著改善顶部的水平网格线应力集中现象，这是非常有利于降低安装成本并改善系统性能的。

综合国内外科研资料,可以发现我国在土与结构之间响应的简化模拟上以及埋地管道的动力响应的研究上都基本实现了与国外科研水平的接轨。自三峡工程开始到汶川地震发生之后,我国学者已经开始在地质灾害下埋地管道的内力及变形等方向开展了部分研究工作,但是对崩塌灾害作用下埋地管道的影响研究还是有所欠缺,特别是在对崩塌灾害作用下埋地管道的可靠性极限状态方程的研究上还几乎处于空白。而对治理威胁管道安全的崩塌灾害上同样需要借鉴我国在交通、采矿行业的工程实践经验。

1.4 泥 石 流

泥石流是一种固液两相重力流体,它产生于山区、沟谷等狭小空间内,或者地质地貌险峻的沟谷、坡地等地区,也是一种饱和泥沙与岩石相融合或者说巨石和水相结合的流体。

泥石流通常发生在陡峭的山区内或坡上,其浆体的流速可达到 10m/s,甚至达到 10m/s 以上,而在管道的实际工程中,常遇见的泥石流流速是 6~8m/s。泥石流中的固体颗粒从最小的毫米级颗粒到直径达 1m 以上的巨石,分布很广泛。这导致了泥石流运动的复杂性,也是研究泥石流运动特性的重要阻碍。现有研究表明,通常泥石流中的大块石是造成管道破坏的主要因素,但是要注意的是,泥石流中细小颗粒($d < 0.05\text{mm}$)也是有着不可忽视的作用。因为它和水相结合,形成黏性较大的浆体,这就导致了泥石流中部分浆体由阻力较大的推移状态转入到阻力较小的悬移状态。

1.4.1 冲击作用

先是泥石流冲击作用的国外研究现状。

Valentino 等[184]进行了颗粒流水槽实验,记录了颗粒流的形成和流动,并做了理论计算,得到了泥石流的冲击频谱特征,这是泥石流特征研究中很重要的一步。

Yang 等[185]在水槽实验的过程中,研究分析了泥石流流速与冲击力之间的特性关系,得到了泥石流中的表层流速和冲击力的关系。

Wang 等[186]进行了黏性泥石流流变特性研究,发现了泥石流的运动能量与泥石流所裹挟的固体颗粒大小有关,这也显示了泥石流是一种黏性的弹性流体,具有可补充性和可变化性。

Scheidl 等[187]做了泥石流冲击特性模型实验的研究,分析计算了泥石流的最大冲击力。

日本学者石川芳治[188]研究了泥石流防护材料,对于防护材料下冲击力破坏情况做了调查,为泥石流的防护工程材料提供了依据。

Tang 等[189]研究了泥石流的运动机制,并进行了试验后得出,泥石流发生的主导原因是山区内的琐屑物质和暴雨的存在。

Liu 等[190]对比了泥石流发生前后的地形地貌差异,通过对地震前后的泥石流运动过程描述,得出了这样的结论:山谷的长度和坡角,水源地的形成域的坡角和体积是泥石流流域的形成原因。

再是泥石流冲击作用的国内研究现状。

20 世纪七八十年代，我国科学家对云南蒋家沟泥石流进行了持续多年的观测研究，得到了泥石流冲击力的现场数据[191]。后来学者在蒋家沟进行了不间断的现场观测，通过数据记录以及分析，得到了泥石流的运动数据与特性。在云南蒋家沟的泥石流的现场监测，为以后的泥石流研究提供了许多可靠的实测数据[192]。

通过科学统计发现，黏性泥石流活动时间占到了整个泥石流运动过程的 70%，发生的概率是很大的，特别是在西南地区内水土较为丰富的地区，相对来说黏性泥石流是最为活跃的。泥石流发生的持久时间也各不相同，持续时间从几秒到几十秒，这就导致了泥石流观测的难度。吴积善等通过对现场的泥石流进行研究，根据现场测量数据，以及所查阅的现有泥石流的资料，黏性泥石流冲击荷载呈现出三类脉冲形式，即锯齿形、矩形、尖峰形。

20 世纪末，基于受泥石流流体运动特征的研究限制，朱鹏程[193]研究分析了蒋家沟观测站的泥石流冲击力数据和频谱的特征，通过对紊动水流能谱的研究，解释了泥石流流体中的动力与泥石流内部之间的时间空间关系，并得出了泥石流的冲击规律。

刘雷激等[194]通过对泥石流的现场数据观测，得到了泥石流冲击频谱特征曲线。通过曲线能够得到泥石流的冲击力的计算公式，进行一定的推演。

21 世纪以来，随着科学技术的发展、观测手段的进步、实验器材的升级，王兆印[195]模拟了泥石流的固液两相形态，分析了泥石流的形成过程和运动机理，基于泥石流龙头运动的能量理论，推导了泥石流的平均运动速度的计算公式。

张宇等[196]在前人研究泥石流防护结构措施的基础上，通过对蒋家沟泥石流灾害的实地调查，针对泥石流造成的破坏情况，主要调查研究了泥石流冲击力下的结构破坏情况，通过调查数据和理论模型的对比，提出有效防护泥石流的手段，为减轻泥石流破坏程度提供了许多有针对性的方法，也减小了泥石流冲击作用。

易静等[197]研究了位于汶川的在地震发生后的磨子沟泥石流的特征。通过对泥石流的实地考察、场观测，对泥石流发生所携带的固体物质做了说明，同样也调查了泥石流的特性，分析研究了泥石流的流速、块石速度、泥石流流量和容量等参数，对其影响泥石流的作用进行了分析测定。

何思明等[198]采用静力加载的方式来模拟泥石流冲击力的作用，简化防撞过程，发现泥石流冲击力与泥石流流速的关系呈线性关系。

王强等[199]根据理想弹塑性接触理论，进了泥石流冲击试验模型的研究，推导了泥石流中大石块冲击力的公式。

泥石流的冲击作用是泥石流的主要作用，作为一种重要的工程参数，研究泥石流的冲击力不仅为工程实际提供了依据，也为理论计算提供了方法来源，同时也可以为泥石流防护结构的设置提供依据[200]。

1.4.2　数值模拟

苟印祥研究了泥石流流场，用 ANSYS 软件进行了有限元计算，对泥石流与挡坝之间进行了固液两相存在形式的耦合计算，结合泥石流的流场条件，提出条件模型[201]。

陈宇棠数值模拟了涌浪漫溢型溃决泥石流的发育和形成情况，并采用数学手段描述了沿程泥石流的发育情况的特征。通过对泥石流的发育规模的研究和预测，得到泥石流危害范围和程度的预估方法[202]。

陈力等[203]研究了带源项的方程组 Saint-Venant 方程，通过推导研究与泥石流主要流动相无关的方程新形式，得到了泥石流运动时的坡面表层的运动基本方程。

唐川[204]根据有限元流体的质量守恒原理和动量原理，分别对泥石流连续方程进行了研究，最终分别得到了二维流体的连续方程和动量方程，基于此并建立了二维 Navier-Stokes 方程的简化式。

方亚泉等[205]研究了三维自由渗流模型的渗流阈值问题，利用重正化群方法，解决了阈值问题，并提出了具有三维相似性质的渗流模型。

陈日东等[206]的研究简化了主河水流域和泥石流发生域之间的关系，采用有限元的算法，最终建立起了堆积体汇集于泥石流沟口的数学模型。

陈春光[207]使用 MAC 法和 PIC 对泥石流流场的实验数据进行采集和分析，建立了能描述泥石流混合流场的局部耦合方程。

罗元华等[208]将泥石流沟口的堆积运动视为二维流体的扩散流动方式，根据质量守恒和动能守恒两大守恒定律，推导出泥石流的运动控制方程和连续控制方程，用以描述了泥石流堆积作用和泥石流运动特性，并与实验结果对比拟合得很好。

从泥石流的数值模拟的研究来看，模拟中的参数确定是比较困难的，很多情况下泥石流的边界条件、平衡方程和连续方程都存在不同程度的简化，这种简化是以最低限度的损伤模拟精度为代价，而得到相对较高的数值模型准确性，使其模型尽可能地接近实际状况，符合工程上的要求。因此，泥石流的这种模拟现状使得在针对研究泥石流冲击管道的数值模拟过程中，也要依据现场实际情况，根据分清主次的原则，来建立起泥石流冲击作用下管道的模型。

参 考 文 献

[1]　袁智. 原油长输管道安全评价技术探讨[J]. 安全，2014，35（7）：1-2.

[2]　孟国忠. 山区油气管道地质灾害防治研究[M]. 北京：中国大地出版社，2008：1-3.

[3]　薛辉，杨学青. 中缅管道途经典型地质灾害影响区域的设计与建设[J]. 油气储运，2013，32（12）：1320-1324.

[4]　林冬，许可方，黄润秋，等. 油气管道滑坡的分类[J]. 焊接，2009，32（12）：66-68.

[5]　Newmark N M，Hall W J. Pipeline design to resist large fault displacement[C]//Proceeding of the US National Conference on Earthquake Engineering，Jnne 18-20，1975，Ann Arbor，Michigan：EEKI，C1975：35-41.

[6]　Parmelee R A，Ludtke C A. Seismic soil-structure interaction of buried pipelines[C]//Proceedings of the US National Conference on Earthquake Engineering，June 18-20，1975，Ann Arbor，Michigam：EERI，C1975：35-41.

[7]　梁政. 滑坡地区管线应力和位移的分析[J]. 天然气工业，1991，11（3）：55-59.

[8]　Rajani B B，Robertson P K，Morgenstern N R. Simplified design methods for pipelines subject to transverse and longitudinal soil movements[J]. Canadian Geotechnical Journal，1995，32（2）：309-323.

[9]　O'Rourke M J，Liu X，Flores-Berrones R. Steel pipe wrinkling due to longitudinal permanent ground deformation[J]. Journal of Transportation Engineering，1995，121（5）：443-451.

[10]　邓道明，周新海，申玉平. 横向滑坡过程中管道的内力和变形计算[J]. 油气储运，1998，17（7）：18-22.

[11]　张东臣，Быков Л И. 滑坡条件下埋地管道受力分析[J]. 石油规划设计，2001，12（6）：1-3.

[12] 刘慧. 滑坡作用下埋地管线响应分析[D]. 大连：大连理工大学，2008.

[13] 郝建斌，刘建平，荆宏远，等. 横穿状态下滑坡对管道推力的计算[J]. 石油学报，2012，33（6）：1093-1097.

[14] 谢强，王雄，张建华，等. 不同滑坡形式下埋地管的纵向受力分析[J]. 地下空间与工程学报，2012，8（3）：505-510.

[15] Chan P D S. Soil-Pipeline Interaction in Slopes[M]. Calgary：University of Calgary，1999.

[16] 王沪毅. 输气管线在地质灾害中的力学行为研究[D]. 西安：西北工业大学，2003.

[17] Challamel N，de Buhan P. Mixed modelling applied to soil-pipe interaction[J]. Computers and Geotechnics，2003，30（3）：205-216.

[18] Yatabe H，Fukuda N，Masuda T，et al. Analytical study of appropriate design for high-grade induction bend pipes subjected to large ground deformation[J]. Journal of Offshore Mechanics and Arctic Engineering，2004，126（4）：376-383.

[19] Evans A J. Three-dimensional Finite Element Analysis of Longitudinal Support in Buried Pipes[M]. Utah State University，2004.

[20] Liu P F，Zheng J Y，Zhang B J，et al. Failure analysis of natural gas buried X65 steel pipeline under deflection load using finite element method[J]. Materials & Design，2010，31（3）：1384-1391.

[21] Kunert H G，Otegui J L，Marquez A. Nonlinear FEM strategies for modeling pipe-soil interaction[J]. Engineering Failure Analysis，2012，24：46-56.

[22] 李华，徐震，杨永和，等. 滑坡作用下的埋地管道强度失效分析[J]. 化工设备与管道，2012，49（6）：54-57.

[23] 张伯君. 山体滑坡区域内长输埋地油气管道强度研究[D]. 杭州：浙江大学，2013.

[24] 练章富，李风雷. 滑坡带埋地管道力学强度分析[J]. 西南石油大学学报，2014，36（2）：165-170.

[25] 张铄，吴明，牛冉，等. 深层圆弧形滑坡作用下长输地输气管道响应[J]. 中国安全生产科学技术，2015，11（11）：29-34.

[26] Calvetti F，Di Prisco C，Nova R. Experimental and numerical analysis of soil-pipe interaction[J]. Journal of Geotechnical and Geo-environmental Engineering，2004，130（12）：1292-1299.

[27] Karimian S A. Response of buried steel pipelines subjected to longitudinal and transverse ground movement[J]. Dissertation Abstracts International，2006，67（12）.

[28] Wijewickreme D，Karimian H，Honegger D. Response of buried steel pipelines subjected to relative axial soil movement[J]. Canadian Geotechnical Journal，2009，46（7）：735-752.

[29] 林冬，雷宇，许可方，等. 横向滑坡对管道的影响试验[J]. 石油学报，2011，32（4）：728-732.

[30] Magura M，Brodniansky J. Experimental research of buried pipelines[J]. Procedia Engineering，2012，40：50-55.

[31] 刘金涛. 管道横穿滑坡相互作用大尺度模型试验研究[D]. 成都：成都理工大学，2012.

[32] 牛文庆，郑静，吴红刚，等. 管道受横向滑坡影响的模型试验研究[J]. 铁道建筑，2015，（6）：117-120.

[33] 荆宏远，郝建斌，陈开智，等. 在役输油气管道沿线滑坡灾害监测预警技术及应用[J]. 中国地质灾害与防治学报，2009，20（4）：124-129.

[34] 马云宾. 光纤光栅传感技术在管道滑坡监测中的应用研究[D]. 西安：长安大学，2009.

[35] 陈朋超，刘建平，李俊，等. 光纤光栅埋地管道滑坡区监测技术及应用[J]. 岩土工程学报，2010，32（6）：897-902.

[36] 陈珍，徐景田. 忠武输气管道沿线地质灾害监测方法研究[J]. 工程勘察，2010（2）：79-83.

[37] 陈珍，胡敏章. 长距离输气（油）管道沿线地质灾害监测技术研究[J]. 大地测量与地球动力学，2011，31（Supp.）：114-117.

[38] 王小俊，邓梓玲，侯来夫. 油气输送管道敷设的滑坡防治措施与应用[J]. 长江大学学报（自然科学版）：理工卷，2006，3（10）：116-118.

[39] 孙书伟，朱本珍，谭冬生. 黄土地区管道沿线填土边坡滑坡发生机理和防治对策[J]. 中国铁道科学，2008，29（4）：8-13.

[40] 林冬，许可方，黄润秋，等. 油气输送管道沿线滑坡灾害的防治[J]. 焊管，2010，33（9）：57-60.

[41] 鲁瑞林，张永兴，王桂林. 基于管道保护的工程滑坡监测及处理措施[J]. 中国地质灾害与防治学报，2011，22（4）：32-35.

[42] 吴文平，黄鹏，赵杰伟，等. 山地灾害对成品油管道的危害及其防护对策[J]. 土工基础，2012，26（4）：72-75.

[43] 贺剑君，冯伟，刘畅. 基于管道应变监测的滑坡灾害预警与防治[J]. 天然气工业，2011，31（1）：100-103.

[44] 庞伟军，邓清禄. 地质灾害对输气管道的危害及防护措施[J]. 中国地质灾害与防治学报，2014，25（3）：114-120.

[45] 唐正浩，邓清禄，万飞，等. 滑坡作用下埋地管道的受力分析与防护对策[J]. 人民长江，2014，45（3）：36-39.

[46] 罗鹏，张一玲，蔡陪陪，等. 长输天然气管道内腐蚀事故调查分析与对策[J]. 全面腐蚀控制，2010，24（6）：16-21.

[47] Philip J，Rao C B，Jayakumar T，et al. A new optical technique for detection of defects in ferromagnetic materials and components[J]. NDT & E International，2000，33（5）：289-295.

[48] Hearn G L. Electrostatic ignition hazards from flexible intermediate bulk containers（FIBCs）with materials of minimum ignition energies down to 0. 12 mJ[J]. Industry Applications IEEE Transactions on，2001，37（3）：730-734.

[49] 李锐. 管道缺陷类型判别和参数分析的研究[D]. 合肥：合肥工业大学，2008.

[50] 刘慧芳，张鹏，周俊杰，等. 油气管道内腐蚀检测技术的现状与发展趋势[J]. 管道技术与设备，2008（5）：46-48.

[51] 张鹏，彭星煜，胡明. 油气管道腐蚀可靠性的贝叶斯评价法[J]. 中国安全科学学报，2008，18（12）：133-139.

[52] 何洁，刘永寿，苟兵旺，等. 含局部减薄缺陷管道的极限载荷分析[J]. 机械科学与技术，2010（4）：451-454.

[53] 陈严飞，李昕，周晶. 组合荷载作用下腐蚀缺陷管道的极限承载力[J]. 计算力学学报，2011，28（1）：132-139.

[54] 沈光霁，陈洪源，薛致远，等. 管道涂层应用现状分析[J]. 腐蚀科学与防护技术，2013，25（3）：246-249.

[55] 潘一，孙林，杨双春，等. 国内外管道腐蚀与防护研究进展[J]. 腐蚀科学与防护技术，2014，26（1）：77-80.

[56] 王桦龙，苏奎. 油气管道内腐蚀预测评价方法研究[J]. 化学工程与装备，2014（3）：71-73.

[57] 杨茜. 压力管道腐蚀缺陷的非线性有限元分析[D]. 西安：西安石油大学，2014.

[58] 金忠礼，帅健，刘德绪，等. 含内外壁缺陷油气管道的极限压力[J]. 油气储运，2014，33（11）：1218-1221.

[59] 才博. 腐蚀对油气管道承载压力影响的研究[D]. 沈阳：沈阳工业大学，2015.

[60] 杨辉，汤怡，陈健，等. 油气管道体积型腐蚀缺陷有限元分析[J]. 油气储运，2015，34（1）：37-41.

[61] 崔钺. 含内腐蚀缺陷高强钢输气管道剩余强度的评估方法研究[D]. 北京：北京交通大学，2015.

[62] 代佳赟. 西二线天然气管道内腐蚀状况及剩余强度评估[D]. 成都：西南石油大学，2015.

[63] Fyfe A J，Reed K. Forces on a rough，suspended pipeline under storm conditions[J]. British Maritime Technology，1986，113-118.

[64] Wuryatmo C B，Pamyu H，Jabar A. A Suspended-Pipeline Problem[C].//Report on Research Workshop in Mathematics for Industry，April 18-20，1996，Bandung，Indonsia：ITB，C1996：70-77.

[65] Peng S S，Luo Y. Determination of Stress Field in Buried Thin Pipelines Resulting From Ground Subsidence Due to Longwall Mining[J]. Mining Science and Technology，1988，6（2）：205-216.

[66] Wagner D A，Murff J D，Brennodden H，et al. Pipe-soil interaction model[J]. Journal of Waterway，Port，Coastal and Ocean Engineering，1989，115（2）：205-220.

[67] Rajani B B，Robertson P K，Morgenstern N R. Simplified design methods for pipelines subject to transverse and longitudinal soil movements[J]. Canadian Geotechnical Journal，1995，32（2）：309-323.

[68] 王沪毅. 输气管线在地质灾害中的力学行为研究[D]. 西安：西北工业大学，2003.

[69] 罗金恒，赵新伟，王峰会，等. 地质灾害下悬空管道的应力分析及计算[J]. 压力容器，2006，23（6）：23-26.

[70] 王小龙，姚安林，等. 埋地钢管局部悬空的挠度和内力分析[J]. 工程力学，2008，25（8）：218-222.

[71] 王小龙，姚安林，沈小伟，等. 埋地油气管道局部悬空的强度和稳定性验算[J]. 油气田地面工程，2008，27（1）：21-24.

[72] 尚尔京. 川气东送工程中地层塌陷及土壤液化区段管道安全评估[D]. 北京：中国石油大学，2009.

[73] 王同涛，闫相祯，杨秀娟，等. 基于弹塑性地基模型的湿陷性黄土地段悬空管道受力分析[J]. 中国石油大学学报（自然科学版），2010，34（4）：113-118.

[74] 高贤成. 煤矿采空塌陷区埋地管道力学分析[J]. 中州煤炭，2011，（9）：38-42.

[75] 杜景水，马廷霞，王维斌，等. 基于小挠度理论的悬空管道力学分析[J]. 油气储运，2009，28（1）：16-18.

[76] 马廷霞，吴锦强，唐愚，等. 成品油管道的极限悬空长度研究[J]. 西南石油大学学报（自然科学版），2012，34（4）：165-173.

[77] 孙健. 管道悬空的 ABAQUS 仿真分析[J]. 内蒙古石油化工，2014，40（14）：64-67.

[78]　于东升，宋汉成. 油气管道悬空沉降变形失效评估[J]. 油气储运，2012，31（9）：670-673，677.

[79]　Wu X N，Lu H F，Peng X，et al. Suspended Oil Pipeline Stress Sensitivity Analysis[C]//Geo-Hubei 2014 International Conference on Sustainable Civil Infrastructure，July 20-22，2014，Yichang，Hubei，China. United States：ASCE，2014：69-77.

[80]　高建，王德国，何仁洋，等. 基于应变的悬空管道性能分析[J]. 管道技术与设备，2011，（6）：13-15.

[81]　朱亚明，马廷霞，张朋飞，等. 基于应变的 X65 悬空压力管道失效长度分析[J]. 石油工业技术监督，2014，30（4）：37-40.

[82]　朱亚明. 含缺陷悬空压力管道的静力学分析研究[D]. 成都：西南石油大学，2014.

[83]　王海兰，马廷霞，徐洪敏，等.X80 输气管线悬空状态下的安全评价[J]. 科学技术与工程，2014，14（34）：174-179.

[84]　赵潇，马廷霞，谢娜娜，等. 地震波动下悬空管道的动力响应分析[J]. 石油机械，2014，42（3）：110-114.

[85]　杨毅，闫宝东，廖柯熹，等. 输油管道悬空管段应力计算[J]. 石油学报，2011，32（5）：911-914.

[86]　张鹏，魏韡，崔立伟，等. 地表冲沟条件下悬空管道的力学模型与延寿分析[J]. 天然气工业，2014，34（4）：142-148.

[87]　吴张中，郝建斌，谭东杰，等. 采空塌陷区管土相互作用特征分析[J]. 中国地质灾害与防治学报，2010，21（3）：77-81.

[88]　余雷. 输气管道水毁灾害的分析研究[J]. 商，2015，（20）：60-62.

[89]　李莉. 油气管道水工保护工程效能评价研究[D]. 天津：天津大学，2010：11.

[90]　Moncada-M A T，Aguirre-Pe J. Scour Below Pipeline in River Crossings[J]. Journal of Hydraulic Engineering，1999，125（9）：953-958.

[91]　O'Donnell H W. Investigation of Flood induced Pipeline Failures on Lower San Jacinto River[C]//Pipelines Division Specialty Conference 2005，Houston，Texas，United States，2005：451-463.

[92]　Avendaño J A，López M G. Analysis of Undermining and Lateral Erosion to Maximize Designs of River Crossing of Pipelines[C]//Proceedings of the ASME 2013 International Pipeline Geotechnical Conference，July 24-26，2013，Bogota，Colombia. ASME，2013.

[93]　Teixeira P P，Russo Jr. W C，Quintana J L T，et al. Protection of Pipelines Uncovered in Crossing River-A Case Study[C]//Proceedings of the ASME 2013 International Pipeline Geotechnical Conference. American Society of Mechanical Engineers，July 24-26，2013，Bogota，Colombia. ASME，2013.

[94]　黄金池，孟国忠，等. 管道穿河工程水毁灾害分析[J]. 泥沙研究，1998，（2）：42-49.

[95]　李亮亮，邓清禄，余伟，等. 长输油气管道河沟段水毁危害特征与防护结构[J]. 油气储运，2012，31（12）：945-949.

[96]　郭存杰，张来斌，梁伟，等. 陕京输气管道黄土嵋岘水毁机理与防治措施[J]. 石油工程建设，2014，40（5）：31-34.

[97]　任国志. 戈壁荒漠区洪水灾害对输油气管道的影响分析[J]. 甘肃水利水电技术，2015，51（6）：43-46.

[98]　郑青川，姚安林，关惠平，等. 基于云模型的油气管道坡面水毁安全评价[J]. 安全与环境学报，2012，12（4）：234-238.

[99]　郭磊，刘凯，姚安林，等. 西气东输管道坡面水毁风险变权综合评价[J]. 油气田地面工程，2011，30（11）：1-4.

[100]　许卫豪. 轮南—鄯善段油气管线水毁灾害发育特征与风险评价[D]. 天津：天津城建大学，2014.

[101]　孙志忠，王生新，张满银，等. 基于可拓理论的管道河沟道水毁危险性评价[J]. 科学技术与工程，2015，15（29）：204-210.

[102]　蒋常春，李灿，周福刚，等. 基于熵权物元理论的管道坡面水毁失效可能性评价[J]. 石油工业技术监督，2015，31（6）：47-50.

[103]　王晓霖，帅健. 洪水中漂浮管道的应力分析[J]. 工程力学，2011，28（2）：212-216.

[104]　姚安林，徐涛龙，郑健，等. 河流穿越高压输气管道临界悬空长度的数值模拟研究[J]. 工程力学，2012，30（3）：152-158.

[105]　徐涛龙，曾祥国，姚安林，等. 河流穿越高压输气管道悬空长度的动态演变过程及临界状态的数值方法研究[J]. 四川大学学报（工程科学版），2012，44（6）：79-85.

[106]　高田至郎. 土沉陷时聚氯乙烯管道力学性能的实验研究. 候忠良译. 地下管线抗震[M]. 北京：学术书刊出版社，1990：204-214.

[107]　高田至郎. 受地基沉降影响的地下管线的设计公式及应用. 候忠良译. 地下管线抗震[M]. 北京：学术书刊出版社，1990：374-389.

[108] 高惠瑛，冯启民，等. 场地沉陷埋地管道反应分析方法[J]. 地震工程与工程振动，1997，17（1）：68-75.

[109] 冯启民，高惠瑛，等. 受沉陷作用埋地管道破坏判别方法[J]. 地震工程与工程振动，1997，17（2）：59-66.

[110] 关惠平，姚安林，谢飞鸿，等. 采空塌陷区管道最大轴向应力计算及统计分析[J]. 天然气工业，2009，29（11）：100-103.

[111] Alawaji H A, Asce M. Leak Induced Settlement of Buried Pipelines in Collapsible Soil[C]// International Pipelines Conference 2008，July 22-27，2008，Atlanta，Georgia，United States. United States：ASCE，2008.

[112] Wang X L，Shuai J，Ye Y X，et al. Investigating the Effects of Mining Subsidence on Buried Pipeline Using Finite Element Modeling[C]//7th International Pipeline Conference，September 29-October 3，2008，Calgary，Alberta，Canada. United States of America：ASME，2008.

[113] 王峰会，赵新伟，王沪毅，等. 高压管道黄土塌陷情况下的力学分析与计算[J]. 油气储运，2004，23（4）：6-8.

[114] Liu C G，Zhang S B. The Response Analysis for Buried Pipelines in Nuclear Power Plant Subjected to the Subsidence[C]// Sixth China-Japan-US Trilateral Symposium on Lifeline Earthquake Engineering，May 28-June 1，2013，Chengdu，China. United States of America：ASCE，2014.

[115] 史永霞. 埋地管线在沉陷情况下的响应分析[D]. 大连：大连理工大学，2007.

[116] 柳春光，史永霞，等. 沉陷区域埋地管线数值模拟分析[J]. 地震工程与工程振动，2008，28（4）：178-183.

[117] 耿亭亭，齐婷，等. 土体塌陷范围对埋地管线影响的研究[J]. 供水技术，2013，7（5）：6-8.

[118] 韩腾飞，赵子皓，等. 土体塌陷各参数对埋地管线的影响[J]. 科学技术与工程，2013，13（25）：7588-7590.

[119] 王联伟，张雷，董绍华，等. 管土接触作用下管道沉陷复杂应力分析[J]. 油气储运，2013，32（11）：1179-1182.

[120] 胡煜文. 场地震陷对地下管线影响研究[D]. 北京：中国地震局工程力学研究所，2008.

[121] 杨朝娜，白晓红，等. 地基塌陷过程中埋地管线的有限元分析[J]. 科学技术与工程，2014，14（33）：266-271.

[122] 巨玉文，吴际渊，贺武斌，等. 地面塌陷对城市地埋管线影响的试验研究及数值分析[J]. 太原理工大学学报，2015，46（1）：64-68.

[123] 吴际渊. 地基塌陷对城市地埋管线影响的试验研究及数值分析[D]. 太原：太原理工大学，2013.

[124] 王联伟. 几种在役管道典型地质灾害评价方法研究[D]. 北京：北京科技大学，2014.

[125] 金浏，王苏，杜修力，等. 场地沉陷作用下埋地管道屈曲反应分析[J]. 世界地震工程，2011，27（2）：142-147.

[126] 蔡柏松，朱建华，杨晓宁，等. 黄土陷穴对陕京输气管道的危害及处理[J]. 油气储运，2002，21（4）：35-36.

[127] 尚小卫，谷令强，杨进录，等. 黄土湿陷性对天然气长输管道的影响分析[J]. 西部探矿工程，2012，（4）：104-106.

[128] 雒林林，张超，等. 黄土陷穴对长输管道建设的危害与防治[J]. 油气田地面工程，2013，32（9）：137-137.

[129] 张学明. 黄土湿陷区油气化工管道地质灾害预防及环境保护研究[J]. 广州化工，2014，42（11）：161-163.

[130] 杨德彪. 管道湿陷性黄土灾害风险评价技术研究[D]. 成都：西南石油大学，2014.

[131] 王巍. 湿陷性黄土暗穴处理案例分析[J]. 工程建设与设计，2015，（5）：57-59.

[132] 杨峰，胡楠，张宏伟，等. 穿越洛河段输气管道的加固[J]. 煤气与热力，2008，28（4）：11-14.

[133] 种红文. 靖西天然气长输管道水害及综合治理措施[J]. 天然气技术，2007，1（1）：81-85.

[134] 牛小虎. 靖西管道陕北段安全运营中的问题及对策[J]. 天然气技术，2007，1（4）：69-71.

[135] 童华，祝效华，练章华，等. 坍塌和冲沟作用下埋地管道大变形分析[J]. 石油机械，2007，35（11）：29-32.

[136] 丁鹏，张敏，等. 对穿越黄河管道悬空段治理措施的分析[J]. 石油工程建设，2012，38（2）：79-80. 李朝，陈向新，杨益均. 管道线路工程中的水工保护[J]. 油气储运. 1999，18（2）：37-40.

[137] 魏韡. 爆炸冲击荷载下油气管道的动态响应分析与安全评价[D]. 成都：西南石油大学，2014.

[138] 李立云，刘晓晓，杜修力，等. 埋地管道地震响应的数值仿真模型分析[J]. 地震工程与工程振动，2015，（6）：106-113.

[139] 孙新坡，廖卫东. 崩塌体对构筑物的冲击分析[J]. 山西建筑，2015，（01）：59-61.

[140] 罗艾民，林大能，潘国斌. 建筑物塌落体触地冲击力计算方法研究[J]. 西安科技学院学报，2002，（3）：268-271.

[141] 杨秀娟，闫涛，修宗祥，等. 海底管道受坠物撞击时的弹塑性有限元分析[J]. 工程力学，2011，28（6）：189-194.

[142] 曹玉龙，林缅. 基于 ANSYS 的近底床悬跨海管建模技术研究[J]. 力学与实践，2010，（06）：64-68.

[143] 中华人民共和国交通运输部. 公路路基设计规范：JTG D30—2015 [S]. 北京：人民交通出版社股份有限公司，2015.

[144] 铁道部第一勘测设计院. 铁路工程设计技术手册——路基[S]. 北京：中国铁道出版社，1998.

[145] 杨其新, 关宝树. 落石冲击力计算方法的实验研究[J]. 铁道学报, 1996 (01): 101-106.

[146] 叶四桥, 陈洪凯, 唐红梅. 落石冲击力计算方法的比较研究[J]. 水文地质工程地质, 2010 (02): 59-64.

[147] 王洪波, 张学增, 王鹏, 等. 冲击荷载作用下埋地管道基于应变的力学分析[J]. 石油工程建设, 2009 (05): 1-4.

[148] 李渊博, 王建华, 张国涛, 等. 岩土崩塌冲击作用下埋地管道应力与变形分析[J]. 后勤工程学院学报, 2010 (06): 31-35, 65.

[149] 李海胜, 刘东欢, 尚新春. 浅埋输气管道落石冲击响应的数值模拟与实验研究[C]//北京力学会. 北京力学会第 19 届学术年会论文集: 2013 年卷. 北京: 北京力学会, 2013: 569-570.

[150] 刘卫国, 姚安林, 李又绿, 等. 冲击载荷作用下含裂纹高压埋地输气管道的安全性评定[J]. 固体力学学报, 2010, 31 (S1): 109-114.

[151] 黄振海, 毛华群, 欧阳海华, 等. 冲击载荷作用下管道局部凹陷应力分析[C]//中国压力容器学会. 中国压力容器学会管道委员会第三届全国管道技术学术会议压力管道技术研究进展精选集: 2006 年卷. 合肥: 机械工业出版社, 2006: 84-86.

[152] 李昕, 周晶, 陈健云. 考虑土体非线性特性的直埋管道-土体系统的动力反应分析[J]. 计算力学学报, 2001 (02): 167-172.

[153] 荆宏远. 落石冲击下浅埋管道动力学响应分析与模拟[D]. 北京: 中国地质大学, 2007.

[154] 聂肖虎, 刘传奇, 朱秀星. 落石冲击载荷作用下大口径埋地管道应变规律研究[J]. 石油化工设备技术, 2011 (05): 26-30.

[155] 丁凤凤, 石豫川, 冯文凯. 埋地管道在落石冲击作用下的数值模拟[J]. 山西建筑, 2009 (30): 87-88.

[156] Kawahara S, Muro T. Effects of dry density and thickness of sandy soil on impact response due to rockfall[J]. Journal of Terramechanics, 2006 (03): 329-340.

[157] Labiouse V, Descoeudres F, Montani S. Experimental study of rock sheds impacted by rock blocks[J]. Structural Engineering International, 1996 (03): 171-176.

[158] Ruta P, Szydlo A. Drop-weight test based identification of elastic half-space model parameters[J]. Journal of Sound and Vibration, 2005 (01-02): 411-427.

[159] Pichler B, Hellmich C, Mang H A, et al. Loading of a gravel-buried steel pipe subjected to rockfall[J]. Journal of Geotechnical and Geoenvironmental Engineering, 2006 (11): 1465-1473.

[160] 帅健. 油气管道可靠性的极限状态设计方法[J]. 石油规划设计, 2002 (01): 18-21.

[161] 国家经济贸易委员会. 中国石油工业"十五"规划[J]. 国际石油经济, 2001 (07): 5-10.

[162] 汪涛, 张鹏, 刘刚. 城市天然气管网运行的可靠性分析[J]. 油气储运 2003 (03): 15-18, 61.

[163] 汪涛. 城市天然气管网运行模糊风险评价技术方法研究[D]. 南充: 西南石油学院, 2003.

[164] 温凯, 张文伟, 宫敬, 等. 天然气管道可靠性的计算方法[J]. 油气储运, 2014 (07): 729-733.

[165] 李文涛. 基于效用函数天然气管道可靠性研究[D]. 西安: 西安建筑科技大学, 2015.

[166] 代玥. 基于水力工况的天然气干线管网供气可靠性研究[D]. 成都: 西南石油大学, 2015.

[167] 丁鹏. 海底管线安全可靠性及风险评价技术研究[D]. 北京: 中国石油大学, 2008.

[168] 韩文海. 腐蚀海底管道可靠性分析[D]. 大连: 大连理工大学, 2015.

[169] 许强, 陈伟. 单体危岩崩塌灾害风险评价方法——以四川省丹巴县危岩崩塌体为例[J]. 地质通报, 2008(08): 1039-1046.

[170] 王林峰, 陈洪凯, 唐红梅. 基于断裂力学和最优化理论的危岩稳定可靠性时效计算方法[J]. 武汉理工大学学报, 2013 (04): 68-72.

[171] 张硕, 陆军富, 裴向军, 等. 坠落式危岩体稳定性可靠度判定及参数敏感性分析[J]. 工程地质学报, 2015 (03): 429-437.

[172] Lekka C, Sugden C. The successes and challenges of implementing high reliability principles[J]. Process Safety and Environmental Protection, 2011 (02): 443-451.

[173] DNV-1981. Rules for Submarine Pipeline Systems[S]. DNV, 1981.

[174] ASME B31G-1991. Manual for Determining the Remaining Strength of Corroded Pipelines[S]. ASME, 1991.

[175] Pandey M D. Probabilistic models for condition assessment of oil and gas pipelines[J]. NDT&E International, 1998 (15): 349-358.

[176] 刘斌, 邓清禄, 殷坤龙. 忠武输气管道地质灾害数据库管理系统[J]. 武汉理工大学学报, 2009 (24): 124-127.

[177] 荆宏远. 忠武输气管道七里沟滑坡特征及防治设计[J]. 山西建筑, 2006, (04): 102-103.

[178] 陈家兴，周倍锐，黄开勇. 山体危岩崩塌成灾机制及稳定性分析[J]. 施工技术，2015（S1）：630-632.

[179] 黄河，阎宗岭，李海平，等. 崩塌危岩监测预警系统及方法 201510168049. 2[P]. 2015-04-10[2015-07-01].

[180] 刘运涛. 危岩落石被动防护数值仿真分析[D]. 成都：西南交通大学，2011.

[181] 何思明，庄卫林，张雄，等. 都汶公路彻底关大桥桥墩抗滚石冲击防护研究[J]. 岩石力学与工程学报，2011，（S2）：3421-3427.

[182] 张进超. 鄂西后山湾山体崩塌及防治工程研究[D]. 武汉：武汉工程大学，2014.

[183] Sasiharan N，Muhunthan B，Badger T C，et al. Numerical analysis of the performance of wire mesh and cable net rockfall protection systems[J]. Engineering Geology，2006，（1-2）：12-132.

[184] Valentino R，Barla G，Montrasio L. Experimental analysis and micromechanical modeling of dry granular flow and impacts in laboratory flume tests[J]. Rock Mechanics and Rock Engineering，2008，42（1）：153-177.

[185] Yang H J，Wei F G，Hu K H，et al. Measuring the internal velocity of debris flows using impact pressure detecting in the flum experiment[J]. Journal of Mountain Science，2011（8）：109-116.

[186] Wang Y Y，Tan R Z，Hu K H，et al. Experimental study on the viscoelastic behaviors of debris flow slurry[J]. Journal of Mountain Science，2009，（9）：501-210.

[187] Scheidl C，Chiari M，Kaitna R，et al. Analysing debris-flow impact models，based on a small scale modelling approach[J]. Surv Geophys，2012，（12）：199-204.

[188] 石川芳治，吴永璞. 关于分离泥石流格栅材料的冲击荷载的试验[J]. 水土保持科技情报，1996，（3）：57-60.

[189] Tang C，Zhu J，Li W L，et al. Rainfall-triggered debris-flows following the wen chuan earthquake[J]. Bull Eng Geol Environ，2009，68：187-194.

[190] Liu C N，Huang H F，Dong J J. Impacts of September 21. 1999 Chi-Chi earthquake on the characteristics of gully-type debris flows in central Taiwan[J]. National Hazards，2008，（47）：349-368.

[191] 吴积善. 云南蒋家沟泥石流观测研究[M]. 北京：科学出版社，1990，64-100.

[192] 杨仁文，叶明富，陈精日. 云南蒋家沟泥石流运动要素观测数据整编[J]. 山地研究，1998，16（4）：83-86.

[193] 朱鹏程. 泥石流冲击力谱及地声谱的透视[J]. 泥沙研究，1993，（3）：59-65.

[194] 刘雷激，魏华. 泥石流冲击力研究[J]. 四川联合大学学报（工程科学版），1997，1（2）：101-104.

[195] 王兆印. 泥石流龙头运动的实验研究及能量理论[J]. 水利学报，2001，（3）：18-26.

[196] 张宇，韦方强，崔鹏. 砖混建筑在泥石流冲击作用下的破坏形态模拟[J]. 自然灾害报，2005，14（5）：64-71.

[197] 易静，熊德清，曹屹东. 5. 12 汶川地震后理县甘堡乡磨子沟泥石流特征分析[J]. 环境科学与管理，2010，35（3）：137-140.

[198] 何思明，吴永，沈均. 泥石流大块石冲击力的简化计算[J]. 自然灾害学报，2009，18（5）：51-56.

[199] 王强，何思明，张俊云. 泥石流防撞墩冲击力理论计算方法[J]. 防灾减灾工程学报，2009，29（4）：423-427.

[200] 李培振，高宇，郭沫君. 泥石流冲击力的研究现状[J]. 结构工程师，2015，31（1）：200-206.

[201] 苟印祥. 泥石流动力特性的数值模拟研究[D]. 重庆：重庆大学，2012.

[202] 陈宇棠. 喜马拉雅山冰湖溃决型泥石流灾害链研究[D]. 长春：吉林大学，2008.

[203] 陈力，刘青泉. 坡面流运动方程和有支流入汇时的一维明渠流方程形式[J]. 力学与实践，2001，（4）：21-23.

[204] 唐川. 平面二维泥石流数值模拟方法的探讨[J]. 水文地质工程地质，1994，（5）：9-12.

[205] 方亚泉，艾南山，李后强，等. 泥石流在两河交汇处堵江后坝体渗流模型的研究[J]. 灾害学，2000，1（15）：8-11.

[206] 陈日东，刘兴年，曹叔尤，等. 泥石流与主河汇流堆积的数值模拟[J]. 中国科学：技术科学，2011，10（41）：1304-1314.

[207] 陈春光. 泥石流与主河水流交汇模型及耦合计算方法[D]. 成都：西南交通大学，2004.

[208] 罗元华，陈崇希. 泥石流堆积过程数值模拟及防灾效益评估方法[J]. 现代地质，2000，14（4）：484-488.

2 滑　坡

滑坡灾害常会毁坏耕地、破坏建筑、阻断交通运输、损毁生命线工程，甚至掩埋生命。通常，滑坡呈现的最大特征是滑坡体的运动沿一定的剪切面发生水平位移大于垂直位移。斜坡上的土体或岩体，由于自然或人为因素的影响，在重力作用下，沿一定的软弱带或软弱面贯通，发生以水平位移为主的整体或分散顺坡剪切滑移的现象。长输管道，常遭受各类地质灾害的作用，其中滑坡灾害是比较常见的一种。当内外因素改变时，稳定的自然斜坡或边坡可能演变为滑坡灾害，已经治理的滑坡或老滑坡也可能发生新的滑动现象。滑坡一旦产生，会发生较大的位移，产生较大的推力作用于管道上，从而使管道产生大的位移及变形。这一过程，轻则使管道发生变形影响管道监测，增加不安全风险因素，重则使管道剪断破裂，或拉伸压缩破裂，发生管输介质泄漏甚至爆炸。滑坡灾害导致的管道事故一旦发生，通常会迫使管道运输中断，扰乱正常的社会秩序。此外，还会对周围环境产生不良影响，甚至可能产生人员伤亡。因此，滑坡灾害对管道的危害是十分严重的，会给企业、国家及整个社会造成巨大的经济损失。

2.1　滑坡管道力学分析

2.1.1　滑坡

为合理推断滑坡发生的可能性和滑坡规模，有必要简要介绍滑坡灾害的相关特征及稳定性评价方法。在各种自然地质灾害中，滑坡是一种常见的类型，它常由暴雨或者人为扰动引发。关于滑坡的准确定义，目前已经基本形成，2006 年出版的《中国水利百科全书》（第二版）以及 2010 年出版的《地质灾害预防》等书已经给出较为科学的滑坡定义[1, 2]。通常，滑坡呈现的最大特征是滑坡体的运动沿一定的剪切面发生水平位移大于垂直位移。因此可以将滑坡的定义总结为：斜坡上的土体或岩体，由于自然或人为因素的影响，在重力作用下，沿一定的软弱带或软弱面贯通，发生以水平位移为主的整体或分散顺坡剪切滑移的现象。

2.1.1.1　特征

通常，滑坡包含滑坡体、滑动面和滑坡床三个部分，但是一个较为完整的滑坡还可能包括滑坡壁、滑坡舌、滑坡周界、滑坡裂缝、滑坡台阶、封闭洼地（容易在滑坡壁与滑坡台阶之间形成）等诸要素。滑坡地貌特征如图 2-1 所示。

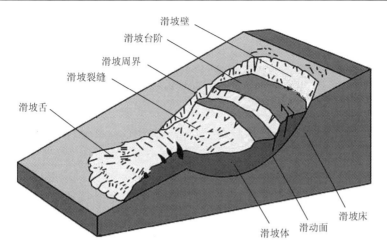

图 2-1　滑坡地貌特征

　　滑坡体就是脱离自然斜坡向下滑动的岩土体,其表面高低不平,裂缝较多,土石松动破碎,容易形成凹陷的积水之地。其上建筑物通常会倾斜开裂,植物受到下部土体滑动的影响常呈现出醉汉林、马刀树等自然现象。在滑坡体上及未滑动的自然斜坡体周围分布的裂缝统称为滑坡裂缝,位于滑坡体上高低不等的平台称为滑坡台阶,凹陷的积水之地成为洼地,而滑坡体下部前缘的舌状部分称为滑坡舌。通常,我们可以根据滑坡体的体积大小,将滑坡分为小型、中型、大型和巨型滑坡[3]四类。滑动面有时又被称为滑动带底面,它是滑坡体向下滑动时与下覆不动体之间形成的交界面。位于滑动面下的不动体称为滑坡床。由于滑坡体的滑动,会在滑动面以上产生数厘米至数米的滑动扰动带,常被称为滑动带。由于滑坡的滑动,原有的水力关系遭到破坏,在滑体前缘可能溢出片状或泉状地下水。较新的滑坡溢出的地下水常常混浊,而老滑坡溢出的地下水则相对清澈。在溢流处下游多有泥沙沉积,可能还会形成湿地或沼泽。滑坡壁通常是在滑坡体发生一定的滑移量后,在它原来与自然斜坡体结合处露出部分,平面形状上多呈圈椅型或马蹄型,倾斜坡度大多为30°~70°。滑坡体与周围的未滑动部分岩土体之间常存在一条岩土体扰动松散、层位及产状不连续的分界线,这条分界线就是我们常说的滑坡周界,一般比较明显。通常,可以通过圈定滑坡周界来确定滑坡的范围。对于滑坡的方向,可以通过滑坡体上各处的变形速度来确定。一般情况下,可以确定出滑坡体上滑动速度最快的一条主线(直线、曲线或折线),它代表滑坡体的滑动方向。

　　通过以上特征,可以对滑坡情况作大致的判断,但是要准确判断一个滑坡情况,还需要根据经验综合判断。在实际情况中,各类型滑坡所呈现出的特征有一定差异,并不一定能够涵盖上述全部特征;即使存在上述部分特征的斜坡也还需综合判断,才能最终确定是否属于滑坡。

2.1.1.2　形成

　　通常,斜坡的滑动需要一定的基本条件,自然斜坡或边坡在满足滑坡发生的条件时,才可能产生滑坡地质灾害。空间方面，在其前缘要有滑动所需的临空面，而两侧有相应的切割面；物质组成方面，包含抗剪强度低而且易变形的松散土层、碎石土、风化或半风化岩土等；降雨量方面，大量雨水向下渗透，使得岩土层含水量饱和，或积于隔水夹层中，降低岩土抗剪强度，增加岩土自重；偶然因素方面，常见就是地震动。地震动会改变斜坡体内部应力的分布状态，破坏原有的应力路径，使原有岩土结构产生断裂，降低岩土体强度。基本条件中，空间条件和物质组成条件是滑坡发生的必需条件。除基本条件外，促使滑坡形成的因素还包括外部条件和内部条件。岩土类型、地质构造、地形地貌和水文地质条件都属于滑坡产生的内部条件，而雨雪、地表水作用以及地震和不合理的人为活动等属于滑坡产生的外部条件。岩土的类型决定其本身的承载能力和抗剪强度；地质构造决定岩土的节理、裂隙、层理、岩性界面以及断层的发育状况等；地形地貌决定滑坡的可能性、破坏强度及规模；水文地质条件决定地下水的活动状况，对滑坡的形成具有重要作用。雨雪、地表水作用以及地震可能会改变斜坡内部本身的应力状况，降低岩土体内部抗剪强度；不合理的人为活动如坡脚开挖、管沟开挖、堆填土、采矿、爆破以及水渠（池）蓄排水等都可能会破坏斜坡原有的稳定，促使滑坡的发生。总之，在满足滑坡形成的基本条件下，引发滑坡地质灾害的条件较多。

2.1.2　管道

对于钢质管道，其相关性能决定了其抵抗外在荷载的能力。在有限元建模中，合理的管道参数取值能够保证计算的准确性，有效的失效准则是判定管道安全与否不可或缺的依据。因此，有必要对管道作简要概述。

2.1.2.1　性能参数

钢质管道常用的性能参数有弹性模量、泊松比、伸长率、屈服强度、抗拉强度、屈强比。下面就相应参数简要介绍。

（1）弹性模量。弹性模量 E，是指理想材料发生小变形时的应力与应变之比。通常用其衡量材料发生弹性变形的难易程度，亦即抵抗弹性变形的能力指标。其在不同温度下取值一般不同，反映了该温度下材料弹性限度内应力与应变的线性关系。弹性模量除与温度有关外，还与材料的化学成分有关，由于钢质管道化学成分差别较小，因而各种级别钢的弹性模量差别不大。弹性模量与温度的关系可用公式（2-1）表达。

$$E_T = E_0[1 - (T / 945)^2] \tag{2-1}$$

式中，E_0——常温下的弹性模量（MPa）；

　　　E_T——温度为 T 时的弹性模量（MPa）。

（2）泊松比及伸长率。泊松比 ν，是指材料受单向拉伸或压缩时，横向应变 ε_1 与轴向应变 ε 绝对值之比。其属于无量纲常量，在材料弹性变形范围内，是反映材料横向变形的常数。泊松比 ν 与弹性模量 E 以及剪切模量 G 之间的关系可以用公式（2-2）表达，对于各向同性的理想材料该公式中三个参数，只有两个是独立的。通常，材料的泊松比需通过实验测定。

$$G = \frac{E}{2(1+\nu)} \tag{2-2}$$

伸长率是材料发生塑性断裂后，对塑性的度量。钢材伸长率是指钢材在拉伸实验中断裂，最终标距长度与初始标距值之间的百分比。其常与钢材屈服强度有关，反映了钢材的塑性性能。通常屈服强度越低，伸长率越大，钢材塑性越好。

（3）屈服强度、抗拉强度与屈强比。当钢质材料内应力超过弹性极限后，材料应力应变关系中会有一段应变增加较快，而应力在小范围内波动的平缓阶段。该阶段不仅产生弹性变形，还产生塑性变形。平缓阶段的最大应力与最小应力被称为上屈服点和下屈服点，两者相差较小，通常取下屈服点作为材料的抗力指标即屈服强度。当钢质材料屈服到一定量之后，抵抗变形的能力重新提高，此时应力随着应变相应增加，呈非线性关系。应力达到最大值后，钢材应变急剧增加，应力变化较小，从而引发材料薄弱位置发生较大塑性破坏，其中应力最大值就是材料的抗拉强度。通常钢质材料的屈服强度与抗拉强度受钢材的化学成分以及轧制工艺所影响。工程应用中常考虑屈服强度与抗拉强度的比例关系（称为屈强比），选用屈强比小于0.85的钢质管材。因为即便同一种钢材，屈服强度满足相关要求，但最大抗拉强度不同时，管材性质差异较大。如抗拉强度超过标准规定值太多，钢的韧性会降低，延伸率会下降，从而影响管材焊接性能和质量。

2.1.2.2　失效准则

对于受内外荷载作用的管道，通常需要对它的承载能力作出判断，即失效判断。目前，用于判定管道失效的准则除了基本的强度理论外，还包括应变失效准则和从强度理论延伸出的强度失效准则。目前，国外已有根据经验给出的山体滑坡作用下埋地管道失效准则标准，如欧盟的 EN1594 和美国的 ASME B31.8。

1. 强度理论

材料的强度理论常被作为判断管材破坏失效的基础依据。在工程实际中，受力材料的危险部位往往处于十分复杂的应力状态，对其进行试验不太现实。为判断材料在复杂应力状态下的破坏原因，往往需要依据部分实验结果，采用推理判断方法，提出合理的强度假说。目前，根据材料破坏方式以及不同的假设，不同学者提出了不同的强度理论。这些理论可分为两类：一类是解释材料断裂破坏的，如最大拉应力理论和最大伸长线应变理论；另一类为解释材料塑性变形的如最大剪应力和形状改变比能理论。工程材料普遍受到三个相互垂直的主应力 σ_1、σ_2、σ_3 作用，其中 $\sigma_1 > \sigma_2 > \sigma_3$。对于管道而言，$\sigma_1$ 即为管道受到的环向应力，σ_2 为管道受到的轴向应力，σ_3 为管道径向应力。对于管道第一主应力即管道受到的环向应力可用公式（2-3）计算，第二主应力即管道轴向应力可用公式（2-4）计算，第三主应力即管道的径向应力可以忽略不计。

$$\sigma_1 = \frac{Pd_o}{2\delta} \tag{2-3}$$

$$\sigma_2 = \frac{Pd_o}{4\delta} \tag{2-4}$$

式中，P——管道内压（MPa）；

$\quad\quad d_o$——管道直径（mm）；

$\quad\quad \delta$——管道壁厚（mm）。

下面简要介绍常用的强度理论。

（1）第一强度理论——最大拉应力理论。该理论认为材料发生脆性断裂的原因都是危险部位的最大拉应力 σ_1 达到单向拉伸时的极限值。其强度条件可用公式 $\sigma_1 \leqslant [\sigma]$ 表达，其中，$[\sigma]$ 为材料许用应力。

（2）第二强度理论——最大拉伸应变理论。该理论认为材料发生脆性断裂的原因都是危险部位处最大拉伸线应变 ε_{max} 达到单向拉伸时的极限值。最大拉伸应变理论可用公式（2-5）表达。

$$\varepsilon_{max} = \frac{\sigma_1 - \nu(\sigma_2 - \sigma_3)}{E} \tag{2-5}$$

式中，ε_{max}——最大拉伸应变；

$\quad\quad \nu$——材料泊松比；

$\quad\quad E$——材料弹性模量（MPa）。

该强度条件又可用式（2-6）表达：

$$\sigma_1 - \nu(\sigma_2 - \sigma_3) \leqslant [\sigma] \tag{2-6}$$

（3）第三强度理论——最大切应力理论。该理论又称屈雷斯加屈服准则或 Tresca 准则，由法国科学家屈雷斯加（Tresca）于 1864 年提出。该理论认为材料发生屈服的本质都是最大切应力 τ_{max} 达到单向拉伸剪切应力极限。最大切应力按式（2-7）计算：

$$\tau_{max} = \frac{\sigma_1 - \sigma_3}{2} \tag{2-7}$$

式中，τ_{max}——最大切应力（MPa）。

该强度条件又可用式（2-8）表达。

$$\sigma_1 - \sigma_3 \leqslant [\sigma] \tag{2-8}$$

（4）第四强度理论——形状改变比能理论。该准则又称米赛斯屈服准则或 Mises 准则，由德国科学家冯·米赛斯（Von Mises）于 1913 年提出。他认为，材料无论处于何种应力状态下，材料产生屈服的原因都是危险处形状改变比能 μ_{max} 达到单向拉伸时的极限值。其强度条件计算公式如式（2-9）所示。

$$\sqrt{\frac{(\sigma_1 - \sigma_2)^2 + (\sigma_2 - \sigma_3)^2 + (\sigma_1 - \sigma_3)^2}{2}} \leqslant [\sigma] \tag{2-9}$$

（5）第五强度理论——修正的最大切应力理论。莫尔在总结了脆性和塑性材料破坏的实验结果后，提出了适用于两类材料的强度理论。他认为，对于脆性材料和塑性材料，最大切应力 τ_{max} 都是引起材料破坏的主要因素。考虑到脆性材料的抗拉强度小于抗压强度，塑性材料的抗拉强度等于抗压强度，该强度条件用式（2-10）、式（2-11）与式（2-12）表达。

$$\tau_{\max} \leqslant \frac{\sigma_1 - \kappa\sigma_3}{2} \tag{2-10}$$

$$\sigma_1 - \kappa\sigma_3 \leqslant [\sigma] \tag{2-11}$$

$$\kappa = \frac{\sigma_b}{\sigma_y} \tag{2-12}$$

式中，κ ——修正系数（对于脆性材料，$\kappa < 1$；对于塑性材料，$\kappa = 1$）；

σ_b ——材料的抗拉强度（MPa）；

σ_y ——材料的抗压强度（MPa）。

2. 强度失效准则

滑坡作用下埋地管道所受到的应力主要沿管道轴线方向，即管道轴向拉伸应力和轴向压缩应力。对于浅埋管道，土体在管道环线方向产生的应力变化很小。滑坡作用下管道轴向应力可用式（2-13）表达。

$$\sigma_a = \sigma_P + \sigma_T + \sigma_L = \nu\sigma_h + E\alpha(T_1 - T_2) + \sigma_L \tag{2-13}$$

式中，σ_P ——管道内压引起的轴向应力；

σ_T ——温度改变导致的轴向应力；

σ_L ——滑坡作用引起的轴向应力；

σ_h ——管道内压作用产生的环向应力；

ν ——泊松比，对受土体约束的管道取 0.3；

E ——钢材的弹性模量取 $2.1 \times 10^5 \mathrm{MPa}$；

α ——材料的线膨胀系数取 $12 \times 10^{-6} / ℃$；

T_1 ——施工时管道闭合的温度；

T_2 ——管道运行时温度。

在《输油管道工程设计规范》[4]中，对于管道许用应力计算公式采用式（2-14）表示。其中，K 为强度设计系数，Φ 为埋地管焊接影响参数，一般取 1.0，σ_s 为管材屈服强度。

$$[\sigma] = K\Phi\sigma_s \tag{2-14}$$

对于输气管道（一类地区）或输油管道，环向设计应力 $\sigma_h = [\sigma] = 0.72\sigma_s$。《输油管道工程设计规范》中规定"管道及管件由永久荷载、可变荷载所产生的纵向应力之和，不应超过钢管的最低屈服强度的 80%，但不得将地震作用和风荷载同时计入"。由于滑坡荷载可归为可变荷载，因此管道轴向应力应小于管道许用应力，即可用公式（2-15）表达。

$$\sigma_a \leqslant [\sigma] = 0.8\sigma_s \tag{2-15}$$

可以将其作为滑坡作用管道失效的一个判断准则。公式（2-15）主要针对的是拉伸应力校核，对于压缩应力校核，参考《输油管道工程设计规范》和欧盟的 EN1594 标准后，推荐以第三强度理论为基础（最大剪应力理论）的公式（2-16）作为校核依据[5]。部分国家如加拿大、日本等则采用第四强度理论为基础的校核公式（2-17）。公式（2-16）与公式（2-17）均考虑了塑性流动的强度理论，能很好地反映管道材料的实际应力状态，前者较后者偏于安全。可以将二者之一作为滑坡作用下管道失效的另一准则。

$$\sigma_h - \sigma_a \leqslant 0.9\sigma_s \tag{2-16}$$

$$\sigma_h^2 - \sigma_h\sigma_a + \sigma_a^2 \leqslant 0.9\sigma_s \tag{2-17}$$

3. 应变失效准则

据美国 ASME B31.8 相关内容[6]，可将滑坡作用下管道失效准则表示为公式（2-18）。采用该准则，对于管道进入大变形阶段后的失效判定会较应力准则更有优势。因为当管道进入塑性或应变软化阶段后，应变增加，应力增长较缓慢。

$$MPS \leqslant [\varepsilon] \tag{2-18}$$

式中，MPS——管道应变集中处的最大主应变；

   $[\varepsilon]$——各种管道材料的许用应变，对于无缺陷管道取 2%。

对于滑坡作用下，管道常用的应变设计准则公式[7-10]如（2-19）。

$$\varepsilon \leqslant [\varepsilon] = \varepsilon_s / F \tag{2-19}$$

式中，F——安全系数，$\geqslant 1$；

   ε_s——管道极限应变；

   $[\varepsilon]$——容许应变；

   ε——轴向设计应变。

管道遭受滑坡大变形条件下，采用 CSA-Z662-2007 中给出的管道压缩和拉伸破坏的极限应变经验值和计算公式[11]，即公式（2-20）与公式（2-21）。

$$\varepsilon_t^{crit} \leqslant 0.0025 \tag{2-20}$$

$$\varepsilon_c^{crit} = 0.5\frac{\delta}{d_o} - 0.0025 + 3000\left[\frac{(P_i - P_e)d_o}{2\delta E_s}\right]^2, \quad \left(\frac{d_o}{\delta} \leqslant 45, P_i \geqslant P_e\right) \tag{2-21}$$

式中，δ——管道壁厚（mm）；

   d_o——管道直径（mm）；

   ε_t^{crit}——管道临界拉伸应变；

   ε_c^{crit}——管道临界压缩应变；

   E_s——管道弹性模量（MPa）；

   P_i——管道最大设计压力（MPa）；

   P_e——管道外部最小静水压力（MPa）。

2.1.2.3　破坏形式

对于长输管道，在外荷载作用下，管道的破坏形式主要包含以下三种：韧性破坏、脆性破坏和疲劳破坏。当外部荷载作用引起的管道应力达到材料的强度极限时，管道会产生过度变形而断裂。在该过程中，管道会经历三种变形阶段，即弹性变形阶段、弹塑性变形阶段和断裂破坏阶段，最终发生明显的塑性变形。韧性破坏产生的断口通常不平且呈现纤维状，色泽灰暗，断面有剪切唇等特征。由此可知，韧性破坏形式是由于管道强度不足造成的。对于管道的脆性破坏，通常无明显塑性变形，断口相对韧性破坏较平整。钢质管道常因温度降低而转向脆性破坏，此外，焊接也可能导致焊缝极热影响区管道脆化而断裂。管道的脆性破坏具有突然性，其最大应力通常低于强度极限。在长期运营中，管内压力波动会引发管道疲劳。对于钢质管道，其承受的交变应力与交变次数成反比。交变的内压荷载作用容易使管道在应力集中的地方发生爆破或泄漏。在滑坡作用中，管道通常发生剪切破坏或者受拉受压破坏。这类破坏形式属于上述管道韧性破坏和脆性破坏形式。

2.1.3　管道作用力分析

对于埋地油气输送管道，通常受到多种荷载的作用，主要包括输送介质内压产生的管道应力，上覆土体自重的压应力，温度变化引起的温度应力，生产、运输及埋管过程中造成的残余应力，地震或运营中管道振动产生的振动应力以及其他偶然荷载等。下面仅简要介绍滑坡作用下管道通常须考虑的作用类型。

2.1.3.1　介质作用

在运营过程中，长输油气管道都具有较高的内压。随着科学技术与社会经济的发展，长输管道的运营压力还将不断提高。管道营运内压使管道产生环向应力，但是由于泊松效应的影响，管道轴线方向同时会产生轴向应力与径向应力。径向应力按圆柱薄壳理论，可以忽略不计。当无其他外部荷载作用下，管道内压是影响管道应力最主要的因素，在确定管道壁厚这一重要几何参数时，起到关键性的作用。

1. 环向应力

管道受到的环向应力如图 2-2 所示。

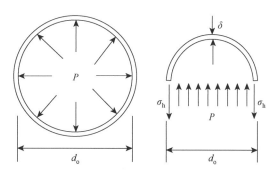

图 2-2　环向应力平衡图

当管道内压为 P，管径为 d_0，壁厚为 δ 时，通常选取单位长度营运管道来计算环向应力。假定内压作用在管道水平剖切面的垂直合力近似为 Pd_0，管道受到环向应力为 σ_h，由力平衡条件容易得出 $Pd_o = 2\delta\sigma_h$，从而推出环向应力公式（2-22），已知管道环向应力，可以使用该公式于对管道壁厚进行设计。

$$\sigma_h = \frac{Pd_o}{2\delta} \tag{2-22}$$

由于上式没有考虑到实际营运中管道焊缝系数的影响，因此在工程运用中常采用修正的公式（2-23）进行计算。

$$\sigma_h = \frac{Pd_o}{2\delta\eta} \tag{2-23}$$

式中，η ——表示焊缝系数（无缝钢管取 1，直缝管取 0.8，螺旋焊缝管道当采用埋弧焊时，双面焊取 0.9，而单面焊取 0.7）。

2. 轴向应力

（1）泊松效应与温度改变产生的管道轴向应力。正常工况下埋地管道的变形除受温度变化影响外，还受环向应力泊松效应的影响。环向应力泊松效应会在管道轴向产生压缩应变 ε_P，其应变计算式可由式（2-24）表达。

$$\varepsilon_P = -\nu\frac{\sigma_h}{E} \tag{2-24}$$

式中，ν ——管道泊松比；

E——管道弹性模量。

实际营运中，管道由于温度变化引起的轴向应变 ε_T 表示为公式（2-25）。

$$\varepsilon_T = \frac{\Delta L_T}{L} = \alpha\Delta T \tag{2-25}$$

式中，α ——管道线膨胀系数；

L——管道原有长度；

ΔL_T ——管道由于温差引起的长度改变量；

ΔT ——管道工作温度与安装温度之差。

由式（2-24）及式（2-25）可以表达管道轴向总应变如式（2-26）：

$$\varepsilon_L = \varepsilon_P + \varepsilon_T = -\nu\frac{\sigma_h}{E} + \alpha\Delta T \tag{2-26}$$

由此，可以推出管道受到完全约束时温度和环向泊松效应所产生的轴向应力 σ_{a1}，用公式（2-27）表达。

$$\sigma_{a1} = \nu\frac{Pd_o}{2\delta} - E\alpha\Delta T \tag{2-27}$$

（2）管输介质产生的轴向应力。长输管道在营运时，其管体中具有一定的输送压力，输送过程中，管道处于相对封闭状态。其轴向受力情况如图 2-3 所示。管道内压于管端的纵向合力近似为 $F_s \approx P\pi d_o^2 / 4$，由此产生的管道横截面上的轴向应力 σ_{a2} 可表示为式（2-28），其中横截面面积 $A = \pi d_o\delta$。

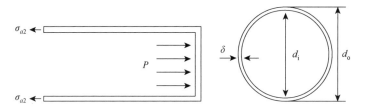

图 2-3　轴向应力平衡图

$$\sigma_{a2} = \frac{F}{A} \approx \frac{P\pi d_{\mathrm{o}}^2}{4A} = \frac{P\pi d_{\mathrm{o}}^2}{4\pi d_{\mathrm{o}}\delta} = \frac{Pd_{\mathrm{o}}}{4\delta} \qquad (2\text{-}28)$$

由于该式是以管端的纵向合力近似计算的，因而偏于保守。如果需要更精确的轴向应力，可采用式（2-29）进行计算。

$$\sigma_{a2} = \frac{F}{A} = \frac{P\pi d_{\mathrm{i}}^2 / 4}{\pi(d_{\mathrm{o}}^2 - d_{\mathrm{i}}^2)/4} = \frac{Pd_{\mathrm{i}}^2}{d_{\mathrm{o}}^2 - d_{\mathrm{i}}^2} \qquad (2\text{-}29)$$

2.1.3.2　上覆土压力

　　土压力作为管道主要的荷载作用，是研究埋地管道正常工况受力的基础。目前，埋地管道土压力计算研究已经形成了几种典型的计算模型。我国学者周正峰将其归为基于极限平衡理论的土柱滑动面模型，基于变形条件的弹性地基梁模型，经验土压力集中系数模型以及土柱法模型[12]。但是这些计算方法主要是针对刚性管道如混凝土涵管，假定土压力作用下管道断面变形量可以忽略，且利用朗肯土压力公式计算管道侧向土压力。然而对于薄壁油气管道，该种土压力计算不够准确。有鉴于此，2011 年周正峰等对输油管道的土压力进行有限元模拟分析，得出输油管道在管径范围内的竖直土压力分布和水平土压力大致呈抛物线分布如图 2-4 所示。

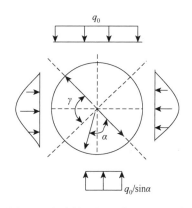

图 2-4　考虑管土相互作用时土压力
分布示意图

　　周正峰等得出的土压力系数与 Marston 理论计算公式计算结果存在一定差异：较 Marston 计算竖向土压力系数小，水平向土压力系数大[12]。该研究从侧面表明，有限元模拟计算较传统的理论公式更具优势。在工程实践中，传统理论公式虽然具有一定的局限性，但理论计算公式仍然必不可少。

　　长输油气管道，多采用沟埋式，即先开挖管沟再埋设油气管道并回填。其计算公式参见王明春[13]的沟埋式管单位长度上受到的竖向土荷载 q_0，可采用下式（2-30）计算；而水平向土荷载 q_1 采用式（2-33）计算。

$$q_0 = C_{\mathrm{d}} \gamma_{\mathrm{s}} d_{\mathrm{o}} B \qquad (2\text{-}30)$$

$$C_{\mathrm{d}} = \frac{1 - \mathrm{e}^{-2f\eta_i \frac{H}{B}}}{2\eta_i f} \qquad (2\text{-}31)$$

$$\eta_i = \tan^2\left(45° - \frac{\varphi}{2}\right) \tag{2-32}$$

$$q_1 = \frac{1}{3}\gamma_s d_o(H + d_o/2) \tag{2-33}$$

式中，q_0——单位管长上作用的垂直土荷载（kN/m）；

B——管顶处的管沟宽度（m）；

d_o——管道外径（m）；

φ——土壤的内摩擦角（rad）；

γ_s——土壤容重（kN/m）

C_d——载荷系数；

H——管顶至地表高度（m）；

f——回填土与沟壁之间的摩擦系数，等于或小于回填土的内摩擦系数；

η_i——主动侧向单位土压力与竖向单位土压力之比。

当土壤物理力学性能资料缺乏时，可以根据我国石油天然气总公司编制的《石油地面工程设计手册》[14]中的荷载系数曲线取值。

2.1.3.3　土壤嵌固力

由于埋地管道安装和运营时往往存在温差，温差会在管道中产生热应力。热应力会使得管道膨胀或收缩，从而在管道与周围土壤之间产生摩擦限制管道横向位移。虽然，对管道轴向受土壤的嵌固力作用理论分析表明管道横向位移会受到一定程度的影响，但是这种影响在实际计算中往往被忽略。对于软弱地基中的管道，土体的嵌固力对管道横向位移的影响较为明显。温差引起的轴向嵌固力如图 2-5 所示[15]。

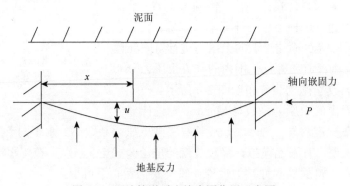

图 2-5　埋地管道受土壤嵌固作用示意图

假定管道地基满足温克尔地基模型，地基反力表示为 $P(x) = ku$，其中，k 为地基弹簧系数。将管道平均分成 n 段，第 i 个节点位置受到横向嵌固力作用产生的横向位移，可用王明春推出的有限差分式[13]表达如公式（2-34）：

$$u_{i-2} - \left(4 - \frac{PL^2}{EI}\right)u_{i-1} + \left(6 + \frac{kL^4}{EI} - 2\frac{PL^2}{EI}\right)u_i - \left(4 - \frac{PL^2}{EI}\right)u_{i+1} + u_{i-2} = \frac{qL^4}{EI} \tag{2-34}$$

式中，L——为选取管道长度；

　　　E——杨氏弹性模量；

　　　u——管道的横向位移；

　　　I——管道横截面关于中性轴的惯性矩；

　　　q——管道的均布载荷，由土压力、管道自重及管内介质重量产生；

　　　P——土壤轴向嵌固力，当温差为 ΔT 时可表达为 $P = EA\alpha\Delta T$，其中 A 为管道横截面积。

由式（2-34）分析可知，系数 k 越小，y_i 越大，所以地基弹性系数越小，轴向的嵌固作用对埋地管道横向位移影响越大。

2.1.4　管-土作用模型

埋地管道受上覆土压作用时，管道上下壁趋向扁平，侧壁趋向外凸，从而挤压周围土体。土体受到挤压后会对管道产生沿挤压方向相反的约束力，该约束作用可以增强管道的承载刚度，因此，研究管-土相互作用十分必要。常用的管-土作用模型有地基梁模型、土弹簧模型以及非线性接触模型。

2.1.4.1　弹性地基梁

弹性地基梁是指布置于具有弹性性质地基上的梁体，具有一定长度和刚度。在实际计算中，当梁的刚度相对于地基的刚度在一定范围时，可以将梁视为刚性梁，误差较小。当梁的长度大于一定值后，往往将其视为无限或半无限长梁，计算偏差也较小。工程中经常使用的弹性地基模型包括局部弹性地基梁和半无限体弹性地基梁模型两类。当然，实际上地基反力也会随着梁与地基相对刚度变化而发生一定的改变[16]，因而理论模型与实际有一定差距。

（1）局部弹性地基梁。温克尔在对地基进行分析时，假定地基表面上某处的沉降量与该处单位面积上所受的压力成正比。该假设相当于利用一系列独立的弹簧近似模拟地基，如图 2-6 所示。

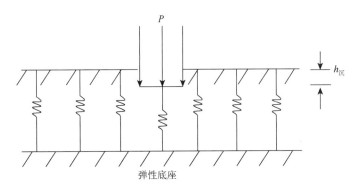

图 2-6　局部弹性地基梁模型

当某处局部产生沉陷时，其他地方不受相应的影响。该假定被称为温克尔假定，温克尔假定可用公式（2-35）表达，满足温克尔假定的地基统称为温克尔地基。

$$h_沉 = \frac{P}{k_0} \tag{2-35}$$

式中，P——地基单位面积所受压力（kPa）；

　　k_0——地基弹性抗力系数（kN/m³）；

　　$h_沉$——地基单位面积沉降量（m）。

虽然温克尔地基梁模型考虑了梁体的刚度，却忽略了地基受力后土壤变形的连续性，因此，该模型对反映实际地基梁的变形有一定偏差。但是对于上部土层较薄、下部岩石较坚硬的地基，该理论计算引起的误差较小。为消除其不利特点，后来学者提出了半无限体弹性地基模型。

（2）半无限体弹性地基模型。该模型将地基视为连续均匀的半无限弹性体，假定外荷载作用下，梁底与地基表面始终紧密贴合，地基反力与接触面处处垂直，变形符合平截面假设，可以采用材料力学中关于梁变形及内力计算结论。该模型能够反映地基变形的连续性，但是不能反映土壤的非弹性性质和不均匀的特点，以及地基的分层特性。不仅如此，该模型求解时还会面临复杂的数学问题。半无限体弹性地基梁受力如图 2-7 所示。

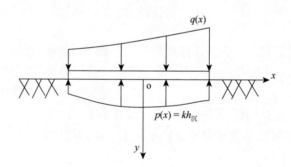

图 2-7　弹性地基梁受力图

由弹性地基梁力平衡微分方程可对等截面梁受力公式作如下推导：

$$\frac{\mathrm{d}^2 M}{\mathrm{d}x^2} = q(x) - kh_沉 \tag{2-36}$$

$$\frac{\mathrm{d}^2}{\mathrm{d}x^2}\left(EI\frac{\mathrm{d}^2 h_沉}{\mathrm{d}x^2} \right) = q(x) - kh_沉 \tag{2-37}$$

$$EI\frac{\mathrm{d}^4 h_沉}{\mathrm{d}x^4} + kh_沉 = q(x) \tag{2-38}$$

式中，EI——梁的抗弯刚度；

　　$q(x)$——梁上荷载集度；

　　M——弹性地基梁所受弯矩；

　　k——单位长度上地基弹性抗力系数，等于 k_0 与梁底宽的乘积。

当梁边界条件已知，可由公式（2-38）计算梁体变形及受力情况。

2.1.4.2　土弹簧

　　管道周围土体的性质以及管道本身的特性是影响埋地管道承载上覆土压力的重要因素。在进行埋地管道力学特性分析时，有必要将管道周边一定范围的土壤与管道一同分析，即将该部分土体视为管道结构的一部分。当管道与土体相对运动时，可将其运动形式分为垂直管轴线方向和平行于管线轴向两种形式。将管道与土体元素之间的相互作用在单元节点处通过弹簧连接，以模拟管道轴向的摩擦力以及水平和竖向的土压力作用，当地面位移较大时，还要考虑弹簧的非线性，通常将该方法称为土弹簧模型。即在土弹簧模型中，管-土之间的相互作用采用方向与空间直角坐标系中各主轴平行的非线性弹簧模拟[17]，如图2-8所示。

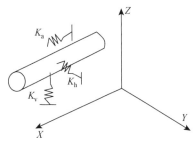

图2-8　土弹簧模型

　　该方法能够考虑管-土之间沿三个方向的变形，且算法简单使用方便，当管-土相对位移较小时，采用该计算方法能够得到较好的结果。当管-土相对位移比较大时，管-土之间会形成十分复杂的非线性接触状态，造成确定土弹簧参数困难。在通常情况下，土弹簧参数变化范围较大，可参考刘爱文[18]的研究取值。在实际工程中，特别是重大工程中，应采用现场测定土壤参数。

　　在埋地油气输送管道中应用土弹簧时，管土相互作用可采用美国ASCE（The American Society of Civil Engineers，美国土木工程师协会）生命线工程技术规程协会提出的简化土弹簧单元模型。该简化模型中土弹簧应力应变关系的理性弹塑性曲线如图2-9所示。图中横轴代表变形，纵轴代表应力，虚线对应的两个参数分别为最大弹性变形和屈服应力。

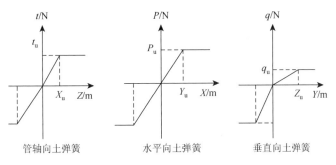

图2-9　土弹簧理性弹塑性应力应变关系

　　由于地表属于自由面，在管-土相互作用时，管道上覆土与下部地基的刚度并不一致[19]，这使得向上与向下的位移产生不同的地反力，因而将土弹簧垂直方向分为上下两部分。在管土相对位移小于最大弹性变形时，管土作用视为弹性土弹簧受力，此时管道相当于弹性地基梁[20]。关于土弹簧三个方向上屈服应力与最大弹性变形值的计算以及与有限元中土弹簧的对应关系，可以参见刘慧[21]的研究。

2.1.4.3 非线性接触

对于未遭受地面大位移作用的正常工况管段，采用弹性地基梁和土弹簧模型来解决实际工程问题较为稳妥；采用土弹簧处理场地大变形条件下的工程问题也能基本获得较好的结果。然而，实际中的埋地管与周围土壤处于一种接触状态，土体变形及孔隙水压等多种因素会影响土壤的性质，因而前两种简化模型均不能完全真实地反映所研究管段的管-土相互作用的特性。

固体力学接触理论的发展，为管-土相互作用研究提供了更加精确的算法。由于非线性接触理论有限元法能够较为真实与准确地反映管-土相互作用的特性，因此获得越来越多研究者的青睐。当滑坡发生时，管道与土体接触面上的接触状态会随着管道位移的变化而改变，这种变化是非线性的。体现在管土相对滑移与黏着状态的复杂转变，接触面弹塑性变化，边界条件不断变化等。目前，非线性有限元方法是解决该问题的有效方法之一。因此，在进行管-土接触有限元分析时，需要考虑初始穿透、接触面、摩擦模式以及计算收敛等问题。在大多数管-土接触分析中，常取用经验摩擦系数。常见土体与管道之间的摩擦系数如表 2-1 所示。

表 2-1　管道与土体之间经验摩擦系数

土质	黏土	粉质黏土	砂土
摩擦系数	0.60～0.25	0.70～0.40	0.70～0.40

2.2　横向滑坡作用下管道数值计算模型

2.2.1　非缺陷管道

为探究横穿滑坡灾害作用下长距离输送非缺陷油气管道能承受的滑坡作用长度，并将该参考长度作为防灾减灾工程中预测及防治指标，从兰成渝成品油管道、兰郑长成品油管道、兰成原油管道、中贵天然气管道、中缅天然气管道等五条管线中选择部分型号管道，对其进行有限元模拟分析。横穿滑坡现场照片及示意图如图 2-10 所示。

据油气管道参数表 2-2 确定管道结构的几何参数及内压，其物理力学性能参数按表 2-3 取值，管材应力-应变关系采用双线性随动强化弹塑性模型，如图 2-11 所示。滑坡区域及非滑坡区域土壤按黏土相关参数参考取值，如表 2-4。

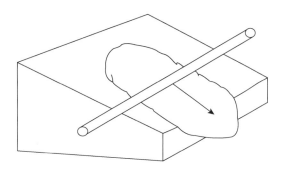

图 2-10 横穿滑坡

表 2-2 各型油气输送管道参数

型号	X52	X60			X65	X65	X80	X70	X80
外径/mm	323.9	323.9	457	508	610	610	1016	1016	
壁厚/mm	9.5	7.9	11.1	12.7	7.9	9.5	15.3	18.2	
内压/MPa	14.7	14.7			10	10	10	10	

表 2-3 各管材物理力学参数

管材	密度/kg·m^{-3}	弹性模量/GPa	泊松比	σ_1/MPa	E_2/MPa	屈服强度/MPa
X52	7850	207	0.3	407	711	360~525
X60	7850	207	0.3	465	1485	415~565
X65	7850	207	0.3	474	1518	450~570
X70	7850	207	0.3	503	2246	485~605
X80	7850	207	0.3	544	6210	555~675

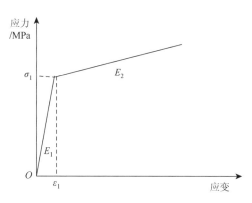

图 2-11 管材应力-应变模型

表 2-4 土壤参数

岩土参数	弹性模量 E/MPa	泊松比	土壤容重 γ_s/kN·m^{-3}	土壤内摩擦角 φ/(°)	黏聚力 c/kPa
滑坡区域	32.5	0.4	20	10	15
非滑坡区域	32.5	0.35	20	25	20

分析采用大型有限元通用软件 ANSYS 作为辅助工具，建立简化模型进行数值分析研究。建立半对称有限元模型如图 2-12 所示。

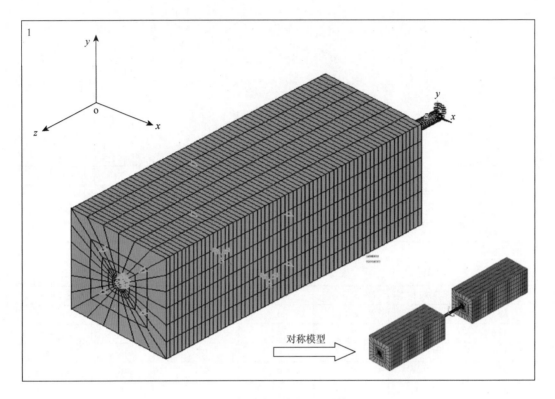

图 2-12　横穿滑坡有限元模型

排除建模时模型尺寸对计算结果的影响，确定模型的尺寸：非滑坡区域沿管横向 12 倍管径，沿管轴向 4 倍滑坡半长，管道长取 5 倍滑坡作用半长。采用 SOLID185 固体单元模拟岩土，壳单元 SHELL181 模拟油气管道。滑坡区域内土壤对管道的作用采用荷载作用施加于管道上。非滑动区管-土相互作用采用非线性面-面接触模型模拟，其中目标面单元采用 TARGE170 单元，接触面单元采用 CONTA174 单元，接触面行为视具体情形定义。依据冲沟下管道悬空埋地段弹塑性分析，将非滑动区土壤视为弹性。该模型两端非滑体部分土壤上表面和滑坡区域端面为自由面，滑坡区域远端面沿管道轴线方向约束，土壤部分前后面沿前后垂直端面约束，土壤底面全部约束，管道端部只沿管道轴向进行约束。

横向滑坡作用下管道除受到滑坡推力外还受到以下作用：自身重力，输送介质重力（按等效密度计算叠加到管道密度中），以及非滑体端管-土相互作用力。由于滑坡体内管-土摩擦力对于整个计算结果影响较小，故忽略不计。管道横穿滑坡体时，将滑坡区域部分管道受到的作用力简化为抛物线分布作用力。其受力示意图如图 2-13 所示。

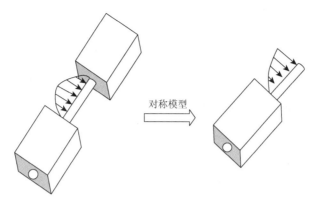

图 2-13　横穿滑坡作用示意图

2.2.2　带腐蚀管道

在运营过程中，油气管道会受到各种因素的影响，从而在管道内外壁产生腐蚀缺陷，严重影响管道的使用寿命，增加管道不安全的风险因素。通常油气管道运行年限越长，老化程度越高，腐蚀缺陷对于管道的安全运营的威胁也就越大。当管道内壁受到腐蚀时，在自然灾害作用下油气管道很容易发生破坏并泄漏，不仅会造成直接的经济损失，还会影响周边环境，甚至造成灾难性的后果。

滑坡作用下，对于未检测过的在役油气管道，内腐蚀缺陷处于滑坡作用段的相对位置具有很大的随机性，我们无法准确判断。即使是受过专业监测的管道，知道腐蚀缺陷位于管道上特定的位置，但由于滑坡产生的随机性，也会使得缺陷相对于滑坡作用位置具有随机性。油气管道在运营过程中，由于管输介质受重力的作用，常常在管道轴向底部正中产生凹槽状腐蚀缺陷，如图 2-14 所示。

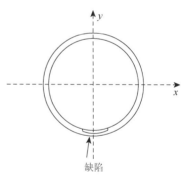

图 2-14　凹槽腐蚀形状

因此，研究中将管道内腐蚀的位置假设位于滑坡作用管段的正中下部。李健健[22]等研究表明，内腐蚀缺陷宽度对管道失效压力影响较小，当腐蚀缺陷长度大于 150mm 时，失效压力基本不受管道缺陷长度的影响。在处理工程实际问题过程中，往往可忽略缺陷宽度的影响，只考虑腐蚀缺陷长度小于 150mm 的情况。将李健健的研究成果结合文献中天然气管道内腐蚀检测状况，下文研究中腐蚀深度按等深度腐蚀壁厚 10% 考虑，腐蚀宽度取 3cm，腐蚀长度按 5cm、10cm、15cm 考虑，埋管处滑向与水平面夹角取 15° 计算。考虑到小管径管道本身尺寸及承载能力，将其中管径低于 610mm 管道仅考虑腐蚀长度为 5cm 的情况，而对于管径为 1016mm 的管道考虑腐蚀长度按 5cm、10cm、15cm 考虑。

研究中管道建模方法及参数取值与 2.2.1 节方法相同，其中缺陷管道建模采用分层划分单元方法建立：将管壁划分为两个层次，各层厚度分别为管道壁厚的 10% 与 90%，建立有限元模型如图 2-15 所示。其中，腐蚀缺陷位于管道滑坡作用长度中部，即中部对称位置。

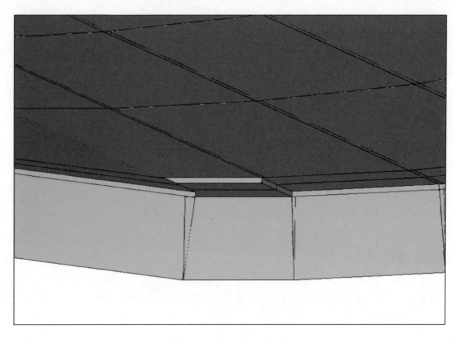

图 2-15　凹槽缺陷模型

2.3　非缺陷管道承受滑坡作用长度分析

以兰成渝成品油管道 X52 和中贵天然气管道 X80 横穿滑坡有限元分析为例，分析横穿滑坡作用。管道埋深按 1m、2m、3m 考虑，管道所在位置土体滑动方向与水平面夹角 β 按 0°、15°、30°、45°、60°、75° 考虑，通过计算确定滑坡作用时管道达最低屈服强度值时滑坡作用管道长度。举例管材参数及土壤参数如表 2-2、表 2-3、表 2-4 所示。

2.3.1　兰成渝成品油管道 X52 横穿滑坡

（1）埋深 1m，管道有压情形下，滑坡作用管道长度 8m、10m、12m 时，计算结果如图 2-16 所示。

从 β-Mises 应力图可知，在相同滑坡作用长度下，随着 β 角度的增加，管道 Von Mises 应力逐渐降低。在滑坡作用管道长度 8m 情况下，Von Mises 应力均未超出其屈服应力强度 360MPa，可以认为该情况下管道是安全的；在滑坡作用管道长度 10m，12m 情况下，管道 Von Mises 应力达到管材屈服强度，管道是不安全的。在运营过程中，X52 管埋管处滑坡厚度超过 1m 时，滑坡作用管道长度越长，即管道受到的滑坡推力作用范围越大，相对更加危险。因此，在有压工况下，埋深 1m 时，可以取 8～10m 的值作为该管道能承受滑坡作用管道长度即 8.5m。从拟合曲线还可知，当滑坡作用长度为 8m、10m 时，管道应力与 β 成二次方关系，而 12m 时，二次项拟合程度不高。

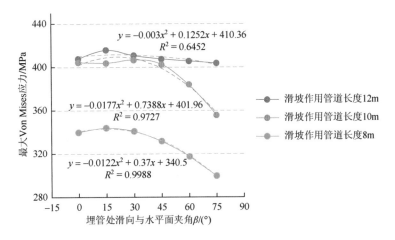

图 2-16 X52 管材埋深 1m 时不同滑坡作用长度下 β-Mises 应力图

随着滑坡作用管道长度的增加,管道趋向破坏方式由管道迎坡面中部受压转为滑坡边界剪切,且不同滑坡作用管道长度的应力,位移以及应变图在计算结果的有限元分析结果图中可以明显地观察到相应变化。此处取 β 角为 15°(靠近管材最低屈服应力强度 360MPa)时的有限元分析结果图为例,对相应的变化作直观说明,当然其他 β 角度亦可,如图 2-17、图 2-18、图 2-19 所示。

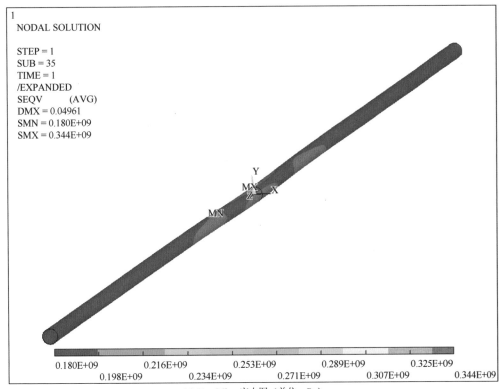

(a) Von Mises 应力图(单位:Pa)

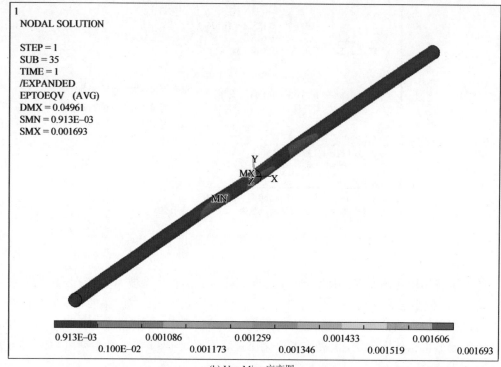

(b) Von Mises应变图

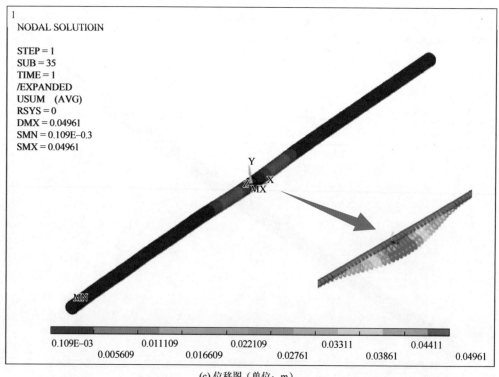

(c) 位移图（单位：m）

图 2-17　滑坡作用管道长度 8m、β 角为 15°时管道 Von Mises 应力，Von Mises 应变，位移图

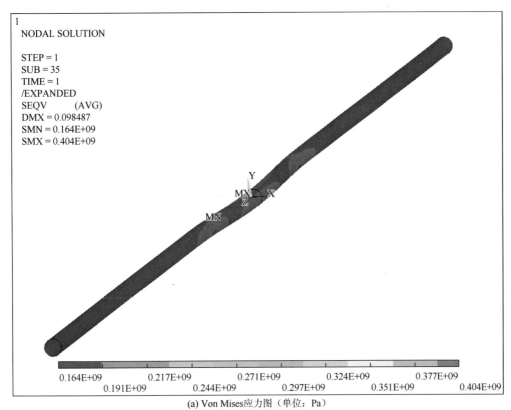

(a) Von Mises应力图（单位：Pa）

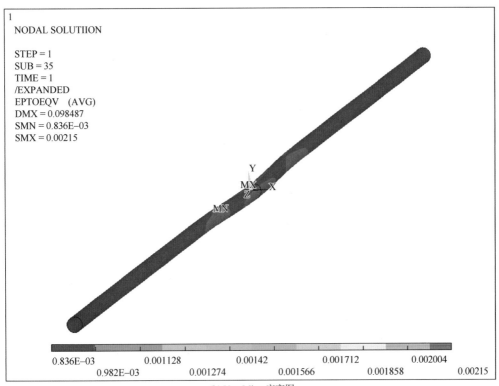

(b) Von Mises应变图

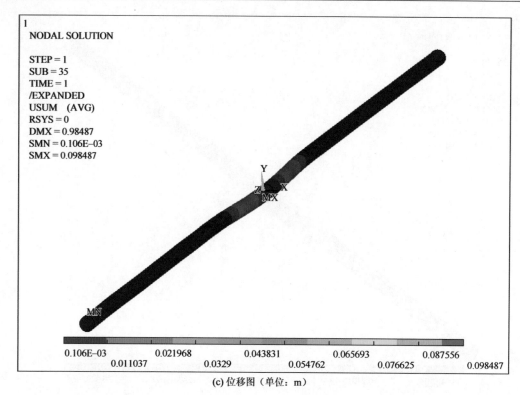

图 2-18　滑坡作用管道长度 10m、β 角为 15°时管道 Von Mises 应力，Von Mises 应变，位移图

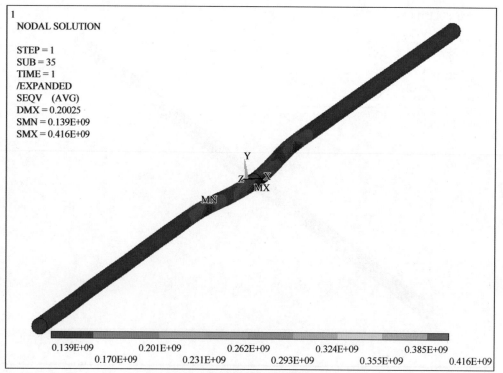

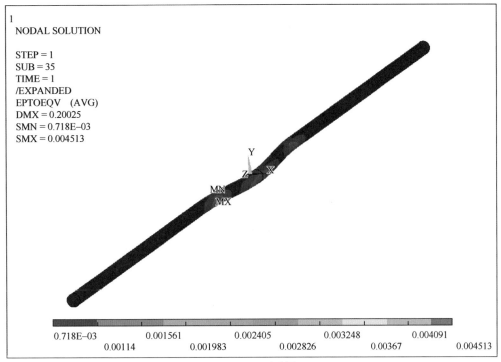

(b) Von Mises应变图

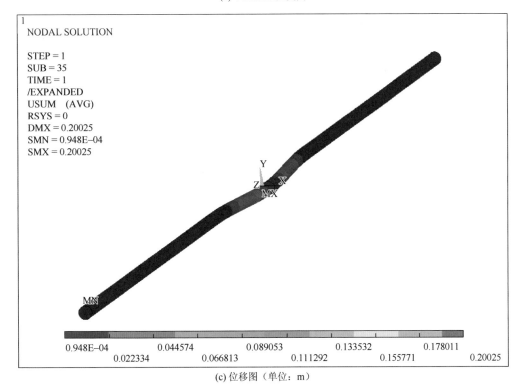

(c) 位移图（单位：m）

图 2-19　滑坡作用管道长度 12m、β 角为 15°时管道 Von Mises 应力，Von Mises 应变，位移图

从这些图中可以得出管道中有三处应力比较集中的位置，分别位于滑坡管道中部，滑坡左右作用交界处。应力比较集中处可能较先达到管材的最低屈服强度，因此这些位置破坏的可能性较大。随着滑坡作用长度的增加，应力最大处也从中部转移至滑坡作用交界处。从应力图中还可以得出，与应力最大位置对应处相应的应变和位移也最大，其位移矢量表现为抛弧线形式对称分布（通过 ANSYS 软件的结果 vector plot 显示方式选择实现），这些结果对于工程实践具有参考作用。

（2）埋深 2m，管道有压情形下，滑坡作用管道长度 7m、8m 时，计算结果如图 2-20 所示。

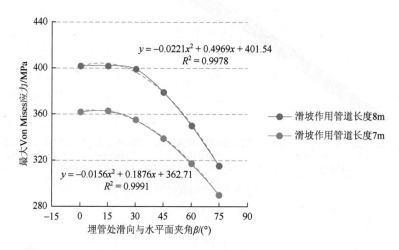

$$y = -0.0221x^2 + 0.4969x + 401.54$$
$$R^2 = 0.9978$$

$$y = -0.0156x^2 + 0.1876x + 362.71$$
$$R^2 = 0.9991$$

滑坡作用管道长度8m
滑坡作用管道长度7m

图 2-20　X52 管材埋深 2m 时不同滑坡作用长度下 β-Mises 应力图

根据 β-Mises 应力图可以得出，随着 β 角度的增加，Von Mises 应力逐渐降低。在滑坡作用管道长度为 8m 情况下，Von Mises 应力大部分超出其屈服应力强度 360MPa，可以认为该情况下管道是不安全的；在滑坡作用管道长度 7m 情况下，管道 Von Mises 最大应力超过管材屈服强度约 0.8%，管道相对安全。在内压情况下，X52 管材埋管处管道滑坡厚度超过 2m 时，滑坡作用管道长度越长，即其受到的滑坡推力范围越大，则相对更加危险。因此，可以保守认为，在有压工况下，埋深 2m 时，该管道能承受作用管道长度为 7m 的滑坡。从拟合曲线图 2-20 可知，相同滑坡作用长度下，管道应力与 β 角度之间呈良好的二次方关系。

当滑坡作用管道长度增加时，管道趋向破坏的方式仍然是由管道迎坡面中部受压转向滑坡边界剪切。虽然该结果未反映出来，但模拟与埋深 1m 类似，鉴于此处主要为找出滑坡能承受滑坡作用管道长度，所以不作过多说明。其不同滑坡作用管道长度应力，位移及应变图与埋深 1m 时有限元分析结果图表现形式十分相似，故略去。

（3）埋深 3m，管道有压情形下，滑坡作用管道长度 6m、7m 时计算结果如图 2-21 所示。

根据图 2-21 可得，随着 β 角度的增加，Von Mises 应力逐渐降低。滑坡作用管道长度 7m 时，管材 Von Mises 应力超出其屈服应力强度 360MPa，可以认为该情况下管道是不安

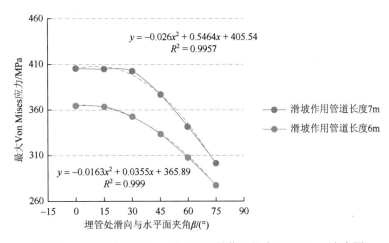

图 2-21　X52 管材埋深 3m 时不同滑坡作用长度下 β-Mises 应力图

全的；在滑坡作用管道长度 6m 情况下，管道 Von Mises 最大应力超过管材屈服强度约 1.4%，管道是安全的。可见在内压情况下，埋管处滑坡深度超过 3m 时，对于 X52 管材，滑坡作用管道长度越长，受到的滑坡推力就越大，相对更加危险。因此，可以保守认为，在运营工况下，埋深 3m 时，该管道能承受滑坡作用管道长度为 6m 的滑坡。然而，滑坡作用管道长度不同时管道趋向破坏方式与埋深 2m 时类似，不再赘述。图 2-21 中的曲线拟合也较好的符合二次曲线形式。

通过埋深 1m、2m、3m 情况下不同滑坡作用长度的结算结果可以得出，在滑坡深度（厚度）超过管道埋深的情况下，随着管道的埋深增加，滑坡发生时，管道遭受的滑坡作用更强，应力、应变、位移都相应增加，其能承受的滑坡作用长度将减小。从曲线的拟合程度来看，当滑坡作用长度在管材上产生的最大应力不大于屈服应力 40MPa 范围内时，相同滑坡作用长度下，管道应力与 β 角度符合二次曲线关系。

2.3.2　中贵天然气管道 X80 横穿滑坡

由上述计算结果曲线图可知，β 角度为 0°、15°时，管道最大应力比较接近。故对中贵天然气管道，其 β 角省略 0°计算。管材的相关参数见 2.2.1 节。

（1）埋深 1m，管道有压情形下，对滑坡作用管道长度为 30m、32m 时进行计算，并绘曲线如图 2-22 所示。

依据图 2-22，同样可知随着 β 角度的增加，Von Mises 应力逐渐降低。在滑坡作用管道长度 32m 情况下，Von Mises 应力几乎全部超出其屈服应力强度 555MPa，认为该情况下管道是不安全的；在滑坡作用管道长度 30m 情况下，管道 Von Mises 应力超出管材屈服强度 0.5%，管道仍然安全。同样，在管道运营中，埋管处滑坡厚度超过 1m 时，对于中贵天然气管道 X80 管材，滑坡作用管道长度越大，受到的滑坡推力作用范围越大，相对更加危险。可以认为，在有压工况下，埋深 1m 时，该管道能承受滑坡作用管道长度为 30m 的滑坡。曲线图中反映出管道最大 Von Mises 应力仍然与埋管处土壤滑动方向与水平面夹角 β 成二次曲线关系。

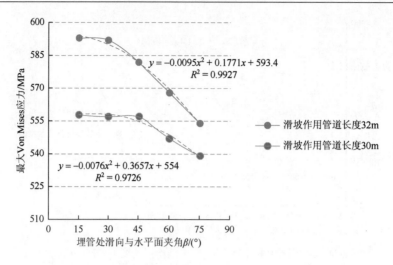

图 2-22　X80 管材埋深 1m 时不同滑坡作用长度下 β-Mises 应力图

　　滑坡作用管道长度不同时，管道趋向破坏方式为滑坡边界剪切。从计算结果中有限元分析结果图可以明显观察到，不同滑坡作用管道长度时，管道应力、位移以及应变相应变化趋势。取 β 角为 30°时的有限元应力结果图为例（其他 β 角度亦可），如图 2-23、图 2-24 所示。

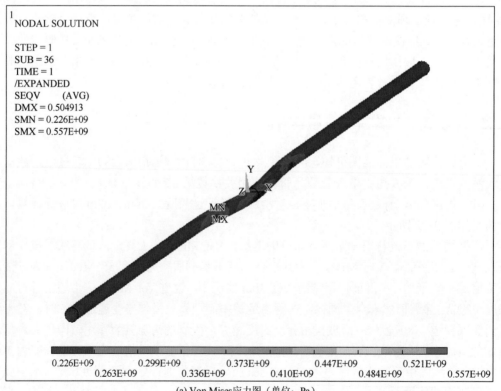

(a) Von Mises应力图（单位：Pa）

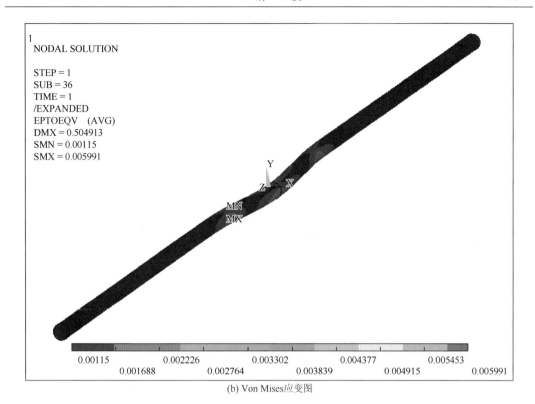

(b) Von Mises应变图

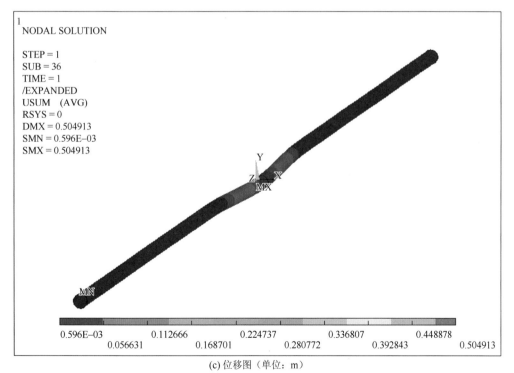

(c) 位移图（单位：m）

图 2-23　滑坡作用管道长度 30m、β 角为 30°时管道 Von Mises 应力，Von Mises 应变，位移图

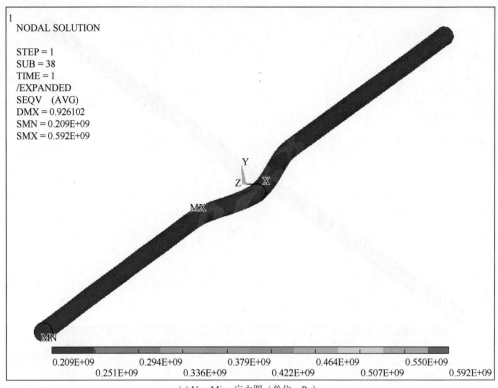

(a) Von Mises应力图（单位：Pa）

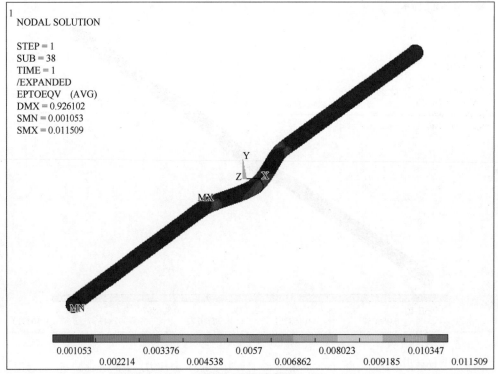

(b) Von Mises应变图

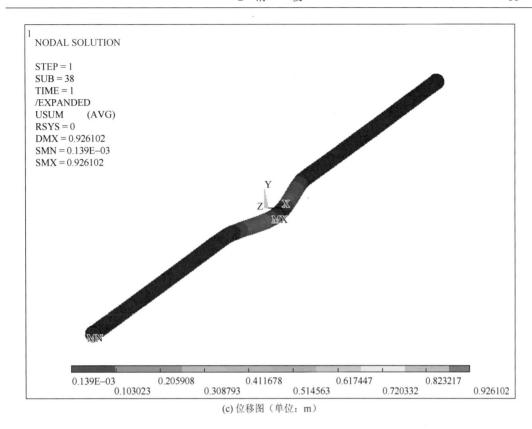

(c) 位移图（单位：m）

图 2-24　滑坡作用管道长度 32m、β 角为 30°时管道 Von Mises 应力，Von Mises 应变，位移图

从图 2-23、图 2-24 中清晰可见管道中仍然有三处应力比较集中的位置，即滑坡作用管道中部，滑坡左右作用交界处。相应处可能较先达到管道最低屈服强度，发生破坏的可能性较大，而且与该处对应的应变和位移也最大。其管道位移也呈抛弧线形对称分布，这与兰成渝成品油 X52 管道结果类似。

（2）埋深 2m，管道有压情形下，对滑坡作用管道长度为 27m、29m 时进行计算，并绘曲线如图 2-25 所示。

从计算结果可知，β 角度与 Von Mises 应力关系与埋深 1m 时相似，随 β 角的增加而逐渐降低。在滑坡作用管道长度 29m 情况下，管道 Von Mises 应力几乎全部超出其屈服应力强度 555MPa，可以认为该情况下管道是不安全的；在滑坡作用管道长度 27m 情况下，管道 Von Mises 应力部分达到管材屈服强度，其最大应力值超过屈服应力约 2%，管道相对安全。在内压情况下，埋管处滑坡深度超过 2m 时，对于 X80 管材，滑坡作用管道长度越长，受到的滑坡推力作用范围越大，相对更加危险。因此，在有压工况下，埋深 2m 时，该管道能承受作用管道长度为 27m 的滑坡。滑坡作用下 β 角度与 Von Mises 应力关系符合二次曲线关系。

该埋深下，滑坡作用长度不同时，管道趋向破坏方式与埋深 1m 时情况基本相同，为滑坡边界剪切，其不同滑坡作用管道长度的应力，位移以及应变图与埋深 1m 时有限元分析结果图类似，不再赘述。

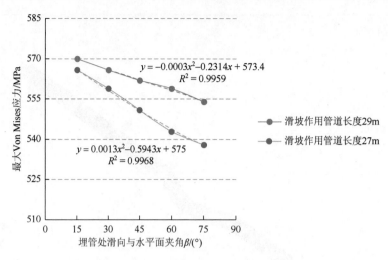

图 2-25　X80 管材埋深 2m 时不同滑坡作用长度下 β-Mises 应力图

（3）埋深 3m，管道运营状况下，滑坡作用长度 24m、26m 时，计算结果如图 2-26 所示。

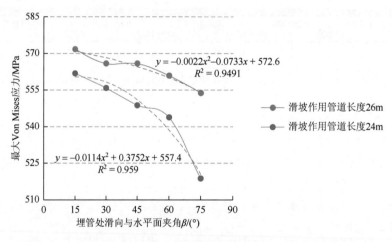

图 2-26　X80 管材埋深 3m 时不同滑坡作用长度下 β-Mises 应力图

由结果可得，随着 β 角度的增加，管道 Von Mises 应力逐渐降低。在滑坡作用长度 26m 情况下，Von Mises 应力几乎全部超出其屈服应力强度 555MPa，可以认为该情况下管道是不安全的；在滑坡作用管道长度 24m 情况下，仍有部分管道 Von Mises 应力达到管材屈服强度，其中应力最大值超屈服应力 1.3%，管道相对安全。对于中贵天然气管道 X80 管材在有内压情况下，埋管处滑坡深度超过 3m 时，滑坡作用管道长度越长即受到的滑坡推力作用范围越大，相对更加危险。因此，在有压工况下，埋深 3m 时，该管道能承受作用管道长度为 24m 的滑坡。其中，β 角度与 Von Mises 应力关系曲线仍然符合二次关系。

滑坡作用管道长度不同时管道趋向破坏方式亦与埋深 1m 时情况基本相同，为滑坡边界剪切，其不同滑坡作用管道长度的应力，位移以及应变图与埋深 1m 时有限元分析结果类似。

通过埋深 1m、2m、3m 情况下不同滑坡作用长度的结算结果，可以得出与兰成渝成品油管 X52 相同的规律，即埋管处滑坡深度超过管道埋深的情况下，随着管道的埋深增加，管道遭受的滑坡作用更强，且应力、应变与位移都相应增加，管道能承受的滑坡作用长度减小。

通过兰成渝成品油管道 X52 和中贵天然气管道 X80 计算分析可知，对于特定埋深管道能承受的滑坡作用长度，可以通过埋管处滑坡滑向与水平面交角 β 为 15°、30°、45°时，管道能承受的滑坡作用长度值大致决定。因此，在后续分析中，β 取以上三值进行模拟分析。

2.4　径厚比和管材对管道承受滑坡长度影响

2.4.1　不同径厚比与不同管材

表 2-5 中管材，壁厚 δ 不同，屈服强度为 360MPa 的 X52 管材与屈服强度为 415MPa 的 X60 管材，其径厚比 d_o / δ 分别为 34.0947 和 41，两者于不同埋深下的径厚比较大者的承载能力稍微降低。该表可以说明在径厚比升高时，可以通过提高管材强度从而弥补管道因径厚比提升所导致的管道承载力降低的缺陷。

表 2-5　管材、壁厚不同管道能承受滑坡作用长度

管材	设计压力 P/MPa	管径 d_o/mm	壁厚 δ/mm	管道能承受的滑坡作用长度 L/m		
				埋深 1m	埋深 2m	埋深 3m
X52	14.7	323.9	9.5	8.5	7	6
X60			7.9	8	6.5	5.5

2.4.2　不同径厚比与相同管材

不同径厚比时，管道能承载的滑坡作用长度与埋深关系如图 2-27～图 2-29 所示。其中图 2-27 表示管径分别为 323.9mm、457mm、508mm，壁厚分别为 7.9mm、11.1mm、12.7mm，径厚比分别为 41、41.1712、40 的 X60 管材；图 2-28 表示管径相同，壁厚分别为 9.5mm、7.9mm 的 X65 管材，径厚比分别为 64.2105、77.2152；图 2-29 表示管径相同，壁厚分别为 18.2mm、15.3mm 的 X80 管材，径厚比分别为 55.8242、66.4052。通过曲线图可知，管道强度相同情况下径厚比越低，其承受滑坡作用的能力越强，即承受滑坡作用长度增加，实践中可以通过降低径厚比，达到管道承载能力提高的目的。

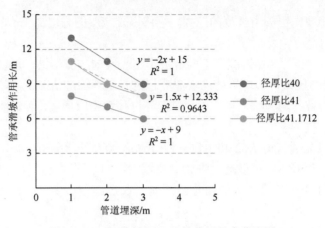

图 2-27　X60 管材埋深-滑坡作用长度曲线图

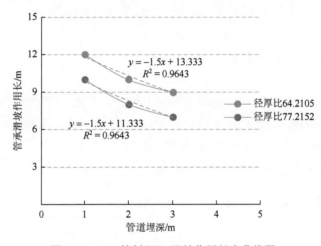

图 2-28　X65 管材埋深-滑坡作用长度曲线图

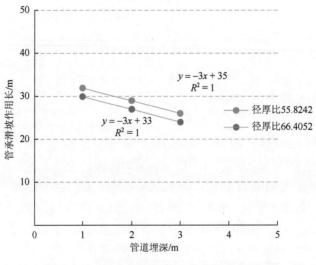

图 2-29　X80 管材埋深-滑坡作用长度曲线图

2.4.3 相同径厚比与不同管材

在内压、径厚比均相同的情况下，不同管材能承受的滑坡作用长度也不同。其关系图如图 2-30 所示。由图可知，提高管材屈服强度，管材承载能力相应提高，承受滑坡作用长度增加。

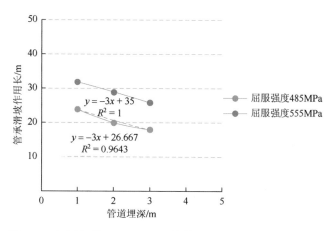

图 2-30 相同条件下 X80、X70 管材埋深-滑坡作用长度曲线图

综合图 2-27、图 2-28、图 2-29、图 2-30 可知，管承滑坡作用长度与管道埋深呈线性下降关系。

对有限元结果分析，可得出如下结论：

（1）横穿滑坡灾害作用下，管道能承受的滑坡作用长度与埋深、管材、管径、壁厚等因素有关，还与滑坡在管道处的滑动方向有关。

（2）管材强度越高，径厚比越小，其承受的滑坡作用管道长度越大。

（3）相同滑坡作用长度条件下，管道应力与埋管处土壤滑动方向和水平面夹角 β 成二次曲线关系，且随该角度增加而降低。

（4）滑坡灾害作用下，横穿滑坡管道受力最大处位于管道中部或滑坡交界处，相应处位移及应变也较大，即管道容易以上位置发生破坏；在滑坡深度大于 3m 时，埋深越浅，受到的滑坡推力越小，相应能承受的滑坡作用管道长度越大。

2.5 带腐蚀缺陷管道承受横穿滑坡作用长度分析

2.5.1 输油管道

（1）对于 X52 型管材，根据计算结果可知，当埋深 1m 时，管道承受滑坡作用长度为 8m 时，其最大应力为 357MPa，接近屈服强度 360MPa，可取该长度为管道能承受的滑坡作用长度值。当埋深 2m 时，计算结果介于屈服强度左右，取其两者平均值作为此时管道能承受的滑坡作用长度即 6.5m。埋深 3m 时，当管道承受滑坡作用长度为 5.5m 时，其最大应力为 363MPa，取此长度作为管道在埋深 3m 时能承受的滑坡作用长度值。与完整管道滑坡作用下能承受的长度比较发现，各埋深下依次减小 0.5m、0.5m、0.5m。

各埋深下，管道应力反应较相似，仅以埋深 1m 时为例作简要说明。管道未受滑坡作用时，管道缺陷处应力最大为 273MPa，低于管道屈服应力，如图 2-31 所示。当受到滑坡作用时，其应力图如图 2-32 所示。

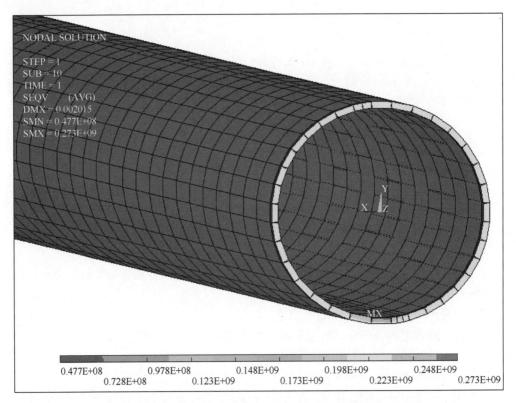

图 2-31　未受滑坡作用管道应力图（单位：Pa）

观察发现，滑坡作用时，管道应力最大处位于滑坡作用管道后方中部位置，管道在该滑坡作用长度下可能中部受压破坏。

（2）对于 X60 型管材，可分为三种不同壁厚情况。

对于壁厚 7.9mm 的 X60 管材，由计算结果可知，当埋深 1m 时，滑坡作用长度 7m 和 8m 时管道屈服强度为 415MPa 左右，取其两者平均值作为此时管道能承受的滑坡作用长度即 7.5m。同理，当埋深 2m 时，管道能承受的滑坡作用长度取 6.5m。类似，当埋深 3m 时，管道能承受的滑坡作用长度值为 5.5m。与完整管道滑坡作用下能承受的长度比较发现，各埋深下依次减小 0.5m、0m、0m。

对于壁厚 11.1mm 的 X60 管材，同上分析埋深 1m、2m、3m 时，管道能承受的滑坡作用长度分别为 9.5m、8m、6.5m。完整管道滑坡作用下能承受的长度比较发现，各埋深下依次减小 1.5m、1m、1.5m。

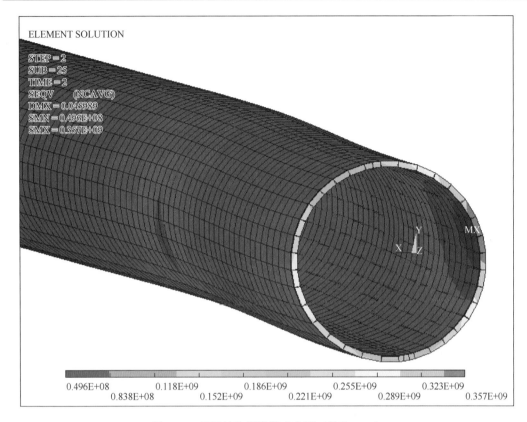

图 2-32　受滑坡作用管道应力图（单位：Pa）

类似，壁厚为 12.7mm 的 X60 管材，在各埋深下能承受的滑坡作用长度值分别为 10.5m、8.5m、7.5m。同样与完整管道滑坡作用下能承受的长度比较发现，各埋深下依次减小 2.5m、2m、1.5m。

管道在未受滑坡作用时，设计压力下，同管径管道各埋深下管道最大应力位于缺陷处分别为 328MPa、330MPa、322MPa，低于管道屈服强度，不影响管道运营。当受滑坡作用时，其应力与 X52 埋深 1m 时反应相似。观察发现，滑坡作用下，管道应力最大处仍然位于滑坡作用管道后中部位置，这说明滑坡与腐蚀缺陷共同影响下，管道最大应力位置主要受滑坡作用影响，但是管道承受滑坡作用长度会降低，在该滑坡作用长度下可能中部受压破坏。

（3）对于 X65 型管材，分为两种不同壁厚情况。

对于壁厚为 7.9mm 的 X65 管材，由计算结果可知，当埋深 1m 管道承受滑坡作用长度为 7m 时，其最大应力为 459MPa，接近屈服强度 450MPa，可取该长度为管道能承受的滑坡作用长度值。同理，当埋深分别为 2m、3m 时，根据计算结果分别取 5m、4m 时作为管道能承受的滑坡作用长度值。与完整管道滑坡作用下能承受的长度比较发现，各埋深下依次减小 3m，3m，3m。

对于壁厚为 9.5mm 的 X65 管材，根据计算结果取屈服强度相近数据平均值，可得各埋深下管道能承受的滑坡作用长度分别为 9.5m、7.5m、6.5m。相对完整管道滑坡作用下能承受的长度减小 2.5m、2.5m、2.5m。

管道在未受滑坡作用时，设计压力下，同管径管道各埋深下管道最大应力位于缺陷处分别为 416MPa、348MPa，低于管道屈服强度，不影响管道运营。当受滑坡作用时，其应力也与 X52 埋深 1m 时反应相似，滑坡作用长度下可能中部受压破坏。

2.5.2　输气管道

（1）对于 X70 型管材，其缺陷长度分为 5cm、10cm、15cm 三种情况。

由计算结果可知，当缺陷长度为 5cm 埋深分别为 1m、2m、3m 时，管道能承受的滑坡作用长度分别为 17m、15m、13m。与完整管道滑坡作用下能承受的长度比较发现，各埋深下依次下降 7m、5m、5m。

当管道缺陷长度为 10cm 埋深分别为 1m、2m、3m 时，管道能承受的滑坡作用长度分别为 19m、16m、15m。受缺陷影响，各埋深下管道能承受的滑坡作用长度依次下降 5m、4m、3m。

当滑坡缺陷长度为 15cm 管道能承受的滑坡作用长度取值为分别为 20m、17m、15m 时，管道能承受的滑坡作用长度依次降低 4m、3m、3m。

管道在未受滑坡作用，设计压力作用下，腐蚀长度分别为 5cm、10cm、15cm 时，管道各埋深下管道最大应力位于缺陷处分别为 316MPa、325MPa、337MPa，皆低于管道屈服强度，不影响管道运营。当受滑坡作用时，其应力也与 X52 埋深 1m 时反应相似，滑坡作用长度下可能中部受压破坏或剪切破坏。

（2）对于 X80 型管材，分为两种管径情况，可分为缺陷长度分为 5cm、10cm、15cm 三种情况。

由计算结果可知，壁厚 15.3mm 管缺陷长度为 5cm 时，管道埋深 1m、2m、3m 情况下，管道能承受的滑坡作用长度分别为 18m、16m、14m。受缺陷影响，管道承受滑坡作用长度减小 12m、11m、10m。壁厚 18.2mm 管缺陷长度为 5cm 时，同理，可得各埋深下管道能承受的滑坡作用长度分别为 22m、19m、16m，相应减小 11m、11m、10m。

由计算结果可知，壁厚 15.3mm 管缺陷长度为 10cm 时，管道埋深 1m、2m、3m 情况下，管道能承受的滑坡作用长度分别为 20m、18m、16m；壁厚 18.2mm 管缺陷长度为 10cm 时，可得各埋深下管道能承受的滑坡作用长度分别为 23m、20m、18m。相对完整管道，以上两种情况管道承载滑坡作用长度分别减小 10m、9m、8m 与 7m、7m、6m。

由计算结果可知，壁厚 15.3mm 管缺陷长度为 15cm 时，管道埋深 1m、2m、3m 情况下，管道能承受的滑坡作用长度分别为 20m、18m、16m；壁厚 18.2mm 管缺陷长度为 15cm 时，可得各埋深下管道能承受的滑坡作用长度分别为 24m、21m、19m。相对完整管道在管缺陷长度为 15cm 时，壁厚分别为 15.3m 和 18.2m 的 X80 管能承受滑坡作用长度减少 10m、9m、8m 与 9m、9m、7m。

2.5.3　数值拟合

经过分析，汇总缺陷管道能承受的滑坡作用长度。通过计算结果可知，随着缺陷长度的增加,管道承载能力有所回升,可见小尺寸缺陷容易引起管道应力集中,降低承载能力。将各管道受缺陷影响程度按承载的滑坡作用长度降低值与完整管道能承受的滑坡作用长度对比。小尺寸缺陷对于油气管道的承载能力都有影响,但影响程度不同。对于 323.9mm 管径的输油管道,缺陷长度为 5cm 时,其影响程度普遍较低,可以忽略缺陷对承载长度的影响;当管径为 1016mm,而壁厚较小时,影响程度高达 41%。由此可见,小缺陷尺寸容易在高压大管径管道中产生不良影响,且对天然气管道承载滑坡作用长度的影响较大。比较不同埋深下管道承载滑坡作用长度的变化情况,发现埋深越深,腐蚀缺陷对管道承载滑坡长度的影响越大。

若将设计压力 P,管材最低屈服强度 σ_s,埋深 h,以及腐蚀缺陷长度 L_e 组合为一个无量纲变量如 $Ph/L_e\sigma_s$;将管径 d_o,管道壁厚 δ,组合为一个无量纲变量 d_o/δ;将影响程度即受影响减少量 ΔL 与管道能承受的滑坡作用长度 L 比值视为因变量 η。作拟合后,得拟合公式(2-39):

$$\eta = \frac{\Delta L}{L} = -338.18 - 0.1\frac{Ph}{L_e\sigma_s} + 0.52\left(\frac{Ph}{L_e\sigma_s}\right)^2 - 0.5\left(\frac{Ph}{L_e\sigma_s}\right)^3 + 0.189\left(\frac{Ph}{L_e\sigma_s}\right)^4 - 0.02\left(\frac{Ph}{L_e\sigma_s}\right)^5$$

$$+33.6\frac{d_o}{\delta} - 1.3\left(\frac{d_o}{\delta}\right)^2 + 0.025\left(\frac{d_o}{\delta}\right)^3 - 2.3\times10^{-4}\left(\frac{d_o}{\delta}\right)^4 + 8.3\times10^{-7}\left(\frac{d_o}{\delta}\right)^5$$

$$(2-39)$$

该拟合公式的相关系数 R^2 为 0.896 约为 0.9,相关性较好。通过该公式可以近似求出腐蚀缺陷长度对管道承受滑坡作用长度值的影响程度。

2.6　管道可靠性极限状态方程

在长输管道安全管理工程中,评价油气管道遭受地质灾害作用下的安全可靠性是一项十分重要的任务。影响管道承载能力的各因素可视为随机变量,可利用数学方法对其进行计算,进而建立功能函数即极限状态方程模型。如此,管道在地质灾害作用下的可靠性方能得以较准确的评价。本研究以管材屈服强度为失效判据,将管道承受横穿滑坡作用长度作为相关影响因素的函数,通过其与滑坡实际作用长度进行比较,从而建立功能函数的极限状态方程,通过该方程可对滑坡作用管道能否正常运营和是否失效进行判断。

2.6.1　结构可靠性及功能函数

在正常状态下,结构具有良好的工作性能和耐久性能,能够抵抗一定偶然事件的作用,在一定期限内具有规定的承载能力,且能完成规定的功能。但结构的这种状态有时会遭到改变,这种改变往往使得结构的工作性能、承载能力或完成规定功能的性能丧失。通常,将结构在“规定时间”“规定条件”下,完成“预定功能”的能力定义为结构的可靠性。在管道结构的研究中,我们需要研究各因素作用下结构能否满足安全运营的条件。其实,该问题本质属于管道结构可靠性问题。为评价结构的可靠性,往往需要建立满足结构某一功能的函数，因此，建立横穿滑坡作用下管道的功能函数十分必要，该功能函数需要满足埋地管道抵抗横穿滑坡作用的功能。

现实情况中，决定管道在横穿滑坡作用下失效的因素较多，通常需要计算可靠度概率，从而计算不确定性因素。管道进行可靠性分析中，首先需要对管道结构安全与失效的分界加以界定。横穿滑坡作用下，管道所受滑坡作用长度是一个受多因素影响的随机变量值。若用 n 个基本变量的集合 $X = (x_1, x_2, x_3, \cdots, x_n)$ 表示影响管道承受横穿滑坡作用长度失效的变量，则横穿滑坡作用下管道结构的功能函数可以定义为

$$Z = g(x_1, x_2, x_3, \cdots, x_n) \tag{2-40}$$

在斜坡中若用抗滑力与下滑力之差值函数，即 $Z = F_R - F_S$ 来判断斜坡稳定性，那么，$Z > 0$ 时，斜坡稳定；$Z = 0$ 时，斜坡处于极限平衡状态；$Z < 0$ 时，斜坡处于不稳定状态，可能产生滑坡。借用该表达法，用 $L_R(r_1, r_2, r_3, \cdots, r_n)$ 表达滑坡作用下各种管道能承受的滑坡作用长度，用 $L_S(s_1, s_2, s_3, \cdots, s_n)$ 表示滑坡发生时管道可能受到的作用长度，其中 $r_1, r_2, \cdots, r_n$，$s_1, s_2, \cdots, s_n$ 为相关影响因素。则横穿滑坡作用下管道结构功能函数可用下面的函数表达：

$$Z(x_1, x_2, \cdots, x_n) = L_R(r_1, r_2, r_3, \cdots, r_n) - L_S(s_1, s_2, s_3, \cdots, s_n) \tag{2-41}$$

该函数将管道结构状态分为三种：当 $Z > 0$ 时，可认为管道能够承受自然条件下横穿滑坡的作用，管道不会破坏；当 $Z = 0$ 时，可认为管道处于承受横穿滑坡作用长度的极限状态；当 $Z < 0$ 时，可认为管道不能承受自然状态下横穿滑坡所作用在管道上的长度，即管道将处于不安全状态，可能会破坏失效。

如果已知影响管道承受横穿滑坡作用功能函数的基本变量 X 的联合概率密度函数 $f(X)$，则管道在横穿滑坡作用下的失效概率 P_f 可通过公式（2-42）计算获得。

$$P_f = \int_{g(X)} f(X) \mathrm{d}X \tag{2-42}$$

通常，基本变量 X 的联合概率密度需要大量数据作统计分析获得，因而不作为本研究的主要内容，不详述，仅列出其表达式。

2.6.2　变量随机性

从前述章节的分析可知，影响管道承受横穿滑坡作用长度指标的因素包括管道直径 d_0、壁厚 δ、埋深 h、管道内压 P、管材类型（屈服强度 σ_s 表示），以及管道受到的单宽推力值 q 等。在实际工况中，该系列参数与理论值之间是存在一定差异的。

对于管道本身的相关参数如直径 d_0、壁厚 δ，以及管材类型（屈服强度 σ_s 表示）在生产过程中本身就会有一定的误差，具有一定的随机性。此外，管材在运营过程中，受到各种因素的影响，如屈服强度也可能降低，具有一定的随机性。这种有关管材、管径、壁厚之间的分布形态往往需要生产企业或研究机构的大量统计数据获取。不仅如此，管道运营过程中屈服强度会也会在服役过程中逐渐降低。据《石油天然气工业 管道输送系统-基于可靠性的极限状态方法》描述，管材的屈服强度是一个正态分布随机变量[23]，具体参数如表 2-6。

表 2-6　管材屈服强度分布形态表

变量	分布	特征值 x_c	归一化的变量	相关系数	$(\mu - x_c)/\sigma$
屈服强度	正态	SMYS	$X_y = \sigma_y/\sigma_{SMYS}$	2%～6%	1～4

管道的埋深 h，受施工因素的影响，在埋设过程中部分区段埋深也可能存在一定的误差，呈随机变量分布。对于整个管线而言，当穿越不同地质土壤时，埋深并不完全一致，无疑管道埋深是一个随机变量。因此，关于管道埋深的概率分布，需要通过各管道运营公司实际勘测数据统计分析获得。

在运营过程中，管道内部压力并不完全是一个定值。因为在运营过程中，管压受各调压站和其他因素的影响，处于一个不断波动的状态，为不断变化的随机变量。其概率分布形态同样需要大量数据统计获得。

管道受到的滑坡推力是以下参数的函数：管道直径 d_o，管道埋深 h，管道壁厚 δ，埋管处滑坡土体滑动方向与水平面夹角 β，土壤黏聚力 c，土壤内摩擦角 φ，土壤容重 γ_s（即密度与重力加速度乘积 ρg），γ_p 管体材料容重，γ_i 管输介质容重。前面已对管道的直径、壁厚、埋深本身的随机性作分析，这里不再赘述。土壤本身具有的不均匀性，使得同一管段的土壤参数可能具有差异。此外，管线长距离的敷设方式，必然使其穿越各类地质条件不同的土壤区域，因而土壤参数具有较大的随机性。受滑坡处土壤地层岩性及地貌特征的影响，埋管处土壤的滑动方向也具有一定的差异，即具有一定的随机性。对于管道容重以及管输介质的容重，由于生产工艺的影响，可能存在一定的差异，具有一定的随机性。由于以上参数皆具有一定的随机性，现实情况中，不能完全准确地获得其概率分布形态，因此，常采用统计规律中的统计平均值加以替代。

综合可知，横穿滑坡作用下，管道能承受的横穿滑坡作用长度是一个由多因素影响的随机变量。其概率分布与影响它的相关参数的联合概率密度函数有关。

2.6.3　非缺陷管承受横穿滑坡作用长度公式

决定管道能承受的横穿滑坡作用长度 L_R 的因素主要与以下理论值有关：管道直径 d_o，壁厚 δ，埋深 h，管道内压 P，管材类型（屈服强度 σ_s 表示）以及管道受到的单宽推力值 q 等。因而，管道能承受的横穿滑坡作用长度 L_R 是以上参数的函数，可表示为公式（2-43）：

$$L_R = L_R(d_o, \delta, h, P, \sigma_s, q) \tag{2-43}$$

σ_s 的提高能够增加管道抵抗横穿滑坡的作用长度，埋深会减小其承受的滑坡作用长度，d_o/δ 的提高会降低管道承载能力等。但是这些分析都是定性分析。如果能够较准确获得或估计滑坡作用下管道能够承受的滑坡作用长度值，将有利于工程实践灾害预判及措施处理以及为设计提供参考。为获得工程可用的拟合公式，首先需要对相关参数进行整合，将 $(q + \sigma_s h)/P$ 作为影响管道 L_R 的一个因变量，将 $d_o h/\delta$ 作为影响 L_R 另一个因变量，将单位量纲统一为长度单位后，L_R 可表达为下式：

$$L_R = L_R\left(\frac{q + \sigma_s h}{P}, \frac{d_o h}{\delta}\right) \tag{2-44}$$

公式（2-44），包含影响管道承受滑坡作用长度的多种参数，由于滑坡推力受到土壤参数以及地质地貌条件，管输介质及管材密度尺寸的影响。将各变量在公式中表达，则该式可写为下式：

$$L_R = L_R\left(\frac{q + \sigma_s h}{P}, \frac{d_o h}{\delta}\right) = L_R(d_o, \delta, h, P, \sigma_s, \beta, c, \varphi, \gamma_s, \gamma_P, \gamma_i) \tag{2-45}$$

该式清晰地表达出管道承受横穿滑坡作用长度值所受到的相关参数影响，现实情况中，这些相关参数都具有一定随机性，因而具有一定概率分布，从而使管承横穿滑坡作用长度具有一定随机性。在理论上，利用 2.3 节所得参数及滑坡推力的计算值可计算上述关于 $(q + \sigma_s h)/P$ 与 $d_o h/\delta$ 的两个因变量，并拟合出 L_R 的计算公式（2-46）。如果不考虑相关参数的随机性，当相关参数赋定值时，可通过该公式近似计算某条特定管线能承受的滑坡作用长度值，从而为工程实践提供指导。在实践中，对于未受腐蚀缺陷损害的或腐蚀缺陷损害不严重（腐蚀深度低于 10%）的在役管道，可以考虑使用该公式计算管道能承受的滑坡作用长度。

$$L_R\left(\frac{q + \sigma_s h}{P}, \frac{d_o h}{t}\right) = \frac{\begin{array}{c} 12.2\left(\dfrac{q + \sigma_s h}{P}\right) - 0.26\left(\dfrac{q + \sigma_s h}{P}\right)^2 + 0.002\left(\dfrac{q + \sigma_s h}{P}\right)^3 \\ -5.8\left(\dfrac{d_o h}{\delta}\right) + 0.045\left(\dfrac{d_o h}{\delta}\right)^2 - 7.44 \end{array}}{0.006\left(\dfrac{q + \sigma_s h}{P}\right) + 0.2\left(\dfrac{d_o h}{\delta}\right) - 0.0075\left(\dfrac{d_o h}{\delta}\right)^2 + 6.28\left(\dfrac{d_o h}{\delta}\right)^3 \times 10^{-5} + 1}$$

$$\tag{2-46}$$

该公式表达了滑坡推力、管道内压、屈服强度、管道埋深、壁厚及管径对横穿滑坡作用下管道承受横穿滑坡作用长度的影响，是以上参数的函数。该公式拟合程度图如图 2-33 所示，拟合公式相关系数 R^2 为 0.87，由此可见，该公式拟合程度较高，基本能满足工程需要。

2.6.4　缺陷管道承受横穿滑坡作用长度公式

从 2.5 节分析结果可知，除与非缺陷管道影响因素相同部分外，管道能承受的横穿滑坡作用长度 L_R 的决定因素还包括腐蚀缺陷的尺寸。由于此次研究未考虑缺陷宽度以及缺陷深度变化的影响，仅考虑缺陷长度的影响，因而内腐蚀缺陷管道能承受的横穿滑坡作用长度 L_R 将包含缺陷尺寸参数，即此处的长度参数 L。故含缺陷条件下，L_R 可表示为公式（2-47）：

$$L_R = L_R(d_o, \delta, h, P, \sigma_s, q, L) \tag{2-47}$$

将其表达为各参数的函数如公式（2-48）：

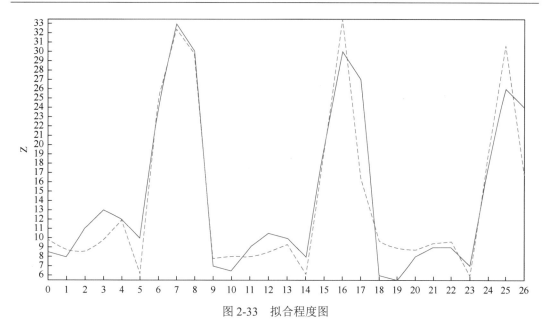

图 2-33　拟合程度图

$$L_{\mathrm{R}}(d_{\mathrm{o}},\delta,h,P,\sigma_{\mathrm{s}},q,L) = L_{\mathrm{R}}(d_{\mathrm{o}},\delta,h,P,\sigma_{\mathrm{s}},\beta,c,\varphi,\gamma_{\mathrm{s}},\gamma_{\mathrm{P}},\gamma_{\mathrm{i}},L) \tag{2-48}$$

在 2.5 节中，分析了缺陷对管道的影响，得出影响程度的拟合公式。因此，可以将缺陷管道能够承载的滑坡作用长度公式，表示为影响比例 η 和非缺陷管道能承受的滑坡作用长度乘积。用 L_{Rf} 表示缺陷管道能承受的横穿滑坡作用长，即公式（2-49）。对于服役时间较长可能存在腐蚀缺陷的管道，或已经产生腐蚀缺陷的管道，可以考虑使用该公式近似计算。该公式亦可用于保守估算非缺陷管道承受滑坡作用长度值。

$$L_{\mathrm{Rf}} = \eta L_{\mathrm{R}}\left(\frac{q+\sigma_{\mathrm{s}}h}{P},\frac{d_{\mathrm{o}}h}{\delta}\right) \tag{2-49}$$

2.6.5　管道安全评价极限状态方程

滑坡发生时，作用管道长度本身具有一定的随机性，通常较难估计。但通过结合监测手段，地质勘查和其他评价方法可以估计得出。由于实际情况中可能的滑坡作用长度值不是本书研究的主要内容，故仅用函数 $L_{\mathrm{S}}(s_1,s_2,s_3,\cdots,s_n)$ 表示，其中 $s_1,s_2,s_3,\cdots,s_n$ 为决定该长度的相关参数。可以根据公式（2-41）及公式（2-44），将横穿滑坡作用下管道能承受的横穿滑坡作用长度 $L_{\mathrm{R}}(q/P+\sigma_{\mathrm{s}}h/P,d_{\mathrm{o}}h/\delta)$ 与 $L_{\mathrm{S}}(s_1,s_2,s_3,\cdots,s_n)$ 进行如下比较，从而建立非缺陷管道承受横穿滑坡作用长度的极限状态方程，见公式（2-50）：

$$Z = L_{\mathrm{R}}\left(\frac{q+\sigma_{\mathrm{s}}h}{P},\frac{d_{\mathrm{o}}h}{\delta}\right) - L_{\mathrm{S}}(s_1,s_2,\cdots,s_n) = 0 \tag{2-50}$$

经过变换，可得下式：

$$\begin{aligned} Z &= L_{\mathrm{R}}\left(\frac{q+\sigma_{\mathrm{s}}h}{P},\frac{d_{\mathrm{o}}h}{\delta}\right) - L_{\mathrm{S}}(s_1,s_2,\cdots,s_n) \\ &= L_{\mathrm{R}}(d_{\mathrm{o}},\delta,h,P,\sigma_{\mathrm{s}},\beta,c,\varphi,\gamma_{\mathrm{s}},\gamma_{\mathrm{P}},\gamma_{\mathrm{i}}) - L_{\mathrm{S}}(s_1,s_2,\cdots,s_n) = 0 \end{aligned} \tag{2-51}$$

该极限状态方程中，管承横穿滑坡作用长与实际滑坡推力作用长，是关于功能函数的两个随机变量。随机变量的概率密度函数，可以通过相关参数的联合概率密度计算获得。在不考虑某些参数随机性条件下，容易计算出 L_R 或其概率密度函数。

同理，可得含缺陷管道承受横穿滑坡作用长度的极限状态方程，见公式（2-52）。

$$Z = \eta L_R \left(\frac{q + \sigma_s h}{P}, \frac{d_o h}{\delta} \right) - L_S(s_1, s_2, \cdots, s_n)$$
$$= \eta L_R(d_o, \delta, h, P, \sigma_s, \beta, c, \varphi, \gamma_s, \gamma_p, \gamma_i) - L_S(s_1, s_2, \cdots, s_n) = 0 \tag{2-52}$$

式（2-51）与式（2-52）中，各相关参数一般是相互独立的。自然状态下滑坡发生时，管道可能受到的横穿滑坡作用长度本身不容易获得。关于其函数式，可通过分析它的影响因素建立。通过勘察测量可大致估计出其长度。

2.6.6　横穿滑坡作用下可靠度

在"规定时间内"和"规定条件下"完成预定功能的概率被称为结构的可靠度。因2.6.5 节中已将功能函数表达为了两个随机变量 L_R 与 L_S 的函数，上述极限状态方程可简单表达为

$$Z = g(L_R, L_S) = L_R - L_S = 0 \tag{2-53}$$

由于受横穿滑坡作用的影响，管道完成安全承受横穿滑坡、保持运营的预定功能受到影响，容易破坏；若用可靠概率 P_R、失效概率 P_f 分别表示管道安全承受横穿滑坡作用概率与遭到横穿滑坡作用发生失效的概率。则失效概率与可靠概率之间必然存在以下关系：$P_R + P_f = 1$。由于结构功能函数 Z 是随机变量，可假设其概率密度函数为 $f_Z(z)$，则管道的可靠概率与失效概率用下面的式子表达：

$$P_R = P_R(Z > 0) = \int_0^{+\infty} f_Z(z) \mathrm{d}z \tag{2-54}$$

$$P_f = P_R(Z \leqslant 0) = \int_{-\infty}^0 f_Z(z) \mathrm{d}z \tag{2-55}$$

设基本随机变量 $X = (X_1, X_2) = (L_R, L_S)$ 的联合概率密度函数为 $f_{RS}(L_R, L_S)$，则失效概率表示为

$$P_f = P_R(Z \leqslant 0) = \iint_{Z \leqslant 0} f_{RS}(L_R, L_S) \mathrm{d}L_R \mathrm{d}L_S \tag{2-56}$$

实际情况中 L_R 与 L_S 是相互独立的，可以通过计算获得各自的概率密度函数，分别用 $f_R(L_R)$ 与 $f_S(L_S)$ 表达。因此，失效概率表达式可表达为公式（2-57）：

$$P_f = P_R(Z \leqslant 0) = \int_{-\infty}^{+\infty} \int_{-\infty}^{L_S} f_R(L_R) f_S(L_S) \mathrm{d}L_R \mathrm{d}L_S \tag{2-57}$$

公式（2-57）表明，计算功能函数失效概率的关键是计算两个随机变量的概率密度函数。通常采用一次二阶矩法和蒙特卡罗模拟法，求解功能函数的可靠度或失效概率。在上述功能函数模型中，由于其随机变量的概率分布未知，故仅简要介绍上述方法中求解功能函数可靠度的一次二阶矩法。

一次二阶矩法能对服从正态分布的非线性功能函数中的随机变量，利用泰勒级数展开，取展开式的一次项，仅用均值和标准差来描述基本变量的统计特征。一次二阶矩法是

最简单、最常用的计算方法，又可分为中心点法和验算点法两种。其中中心点法容易操作，在精度要求不严的情况下经常被采用。

在随机变量的中心点（均值点）将功能函数用泰勒级数展开，取式中线性项近似计算功能函数的平均值和标准差，用所求得的均值比标准差即表示可靠度指标。

研究中的随机变量 $X = (X_1, X_2) = (L_R, L_S)$，各随机变量相互独立，其均值与标准差可分别表示为 $\mu_X = (\mu_{X_1}, \mu_{X_2}) = (\mu_{L_R}, \mu_{L_S})$ 与 $S_X = (S_{X_1}, S_{X_2}) = (S_{L_R}, S_{L_S})$。将（2-53）中功能函数在均值点展开为泰勒级数保留一次线性项后，可表达为公式（2-58）：

$$Z \approx Z_L = g_X(\mu_X) + \sum_{i=1}^{2} \frac{\partial g_X(\mu_X)}{\partial X_i}(X_i - \mu_{X_i}) \tag{2-58}$$

则 Z 的均值和标准差可分别表示为公式（2-59）与公式（2-60）：

$$\mu_Z \approx g_X(\mu_X) \tag{2-59}$$

$$S_Z \approx \left[\sum_{i=1}^{2} \left(\frac{\partial g_X(\mu_X)}{\partial X_i} S_{X_i} \right)^2 \right]^{\frac{1}{2}} \tag{2-60}$$

因此，结构可靠度指标近似表达为

$$\beta_c = \frac{\mu_Z}{S_Z} = \frac{g_X(\mu_X)}{\left[\sum_{i=1}^{2} \left(\frac{\partial g_X(\mu_X)}{\partial X_i} S_{X_i} \right)^2 \right]^{\frac{1}{2}}} \tag{2-61}$$

运用该指标近似计算管道在横穿滑坡作用下的可靠度，从而评价其安全可靠性。

参 考 文 献

[1] 徐乾清. 中国水利百科全书（第二版）[M]. 北京：中国水利水电出版社，2006.

[2] 王得凯，胡杰. 地质灾害预防[M]. 兰州：兰州大学出版社，2010.

[3] 中国地质环境监测院，中国地质调查局. 滑坡防治工程勘查规范：DZ/T0218—2006[S]. 北京：中国标准出版社，2006.

[4] 中华人民共和国建设部. 输油管道工程设计规范：GB50253—2003[S]. 北京：中国计划出版社，2001.

[5] BS EN 1594. Gas supply systems-pipelines for maximum operating pressure over16 bar-functional requirements[S]. British Standards Policy and Strategy Committee. 2009.

[6] Hale J R，Lammert W F，Allen D W. Pipeline On-bottom stability calculations：Comparison of two state-of-the-art methods and pipe-soil model verification[C]//Offshore Technology Conference，May 6-9，1991，Houston，C1991：567-582.

[7] 刘冰，刘学杰，张宏. 基于应变的管道设计准则[J]. 天然气工业，2008，28（2）：129-131.

[8] 刘冰，刘学杰，张宏. 以应变为基础的管道设计准则及其控制因素[J]. 西南石油大学学报，2008，30（3）：143-147.

[9] 王国丽，韩景宽，赵忠德，等. 基于应变设计方法在管道工程建设中的应用研究[J]. 石油规划设计，2011，22（5）：1-6.

[10] 余志峰，史航，佟雷，等. 基于应变设计方法在西气东输二线的应用[J]. 油气储运，2010，29（2）：143-147.

[11] Canadian Standards Association. CSA Z662-2007 Oil and Gas Pipeline System[S]. Rexdale Ontario，Canada，2007.

[12] 周正峰，凌建明，梁斌. 输油管道土压力分析[J]. 重庆交通大学学报（自然科学版），2011，30（4）：794-797.

[13] 王明春. 油气输送管道应力分析及应变设计研究[D]. 成都：西南石油大学，2006.

[14] 石油地面工程设计手册：原油长输管道工程设计. 第四册[M]. 北京：石油大学出版社，1995.

[15] 张对红，张进国. 埋地管道轴向嵌固力对横向位移的影响[J]. 油气储运，1998，17（5）：27-29.

[16] 唐永进. 压力管道应力分析[M]. 北京：中国石化出版社，2010.

[17]　Evans A J. Three-dimensional Finite Element Analysis of Longitudinal Support in Buried Pipes[D]. US：Utah State University，2004.

[18]　刘爱文. 基于壳模型的埋地管线抗震分析[D]. 北京：中国地震局地球物理研究所，2002.

[19]　刘全林，杨敏. 地埋管与土相互作用分析模型及其参数确定[J]. 岩土力学，2004，25（5）：728-731.

[20]　赵林，冯启民. 埋地管线有限元建模方法研究[J]. 地震工程与工程振动，2001，21（2）：53-57.

[21]　刘慧. 滑坡作用下埋地管线响应分析[D]. 大连：大连理工大学，2008.

[22]　李健健，雍歧卫，周仁等. 内腐蚀缺陷尺寸对 DM50 承插管线承压能力的影响[J]. 后勤工程学院学报，2013（6）：36-41.

[23]　国家质检局. 石油天然气工业 管道输送系统 基于可靠性的极限状态方法 GB/T29167—2012[S]. 中华人民共和国国家标准，2012.

3　水　毀

管道水毁灾害在长输管线中的发生非常普遍，是数量最多，分布最为广泛的地质灾害之一。通常在地质灾害分类中，水毁灾害指水文现象引起的（具体来说就是由于水量变化）土体形态、性状、结构形式的变化或者构筑物结构变化的灾害类型。它会导致土体和土体上的其他结构破坏，例如建筑物地基水毁、埋地管道水毁、水利设施水毁、洪水冲蚀等。广义的水毁指所有由水的直接或间接作用带来的破坏，而狭义的水毁仅指水直接作用下的破坏。而管道水毁是具体到管道上发生水毁灾害的一种形式，通常指由水的直接或间接作用，导致管土结构及受力发生变化，而引起管道发生裸露、移动，弯曲、开裂等破坏的过程。

3.1　悬空管道力学建模

3.1.1　黄土湿陷

研究悬空、地层塌陷或沉陷以及土体湿陷对埋地管道影响时采用的力学模型有Winkler 地基梁模型和弹塑性地基梁模型。其中 Winkler 地基梁模型不考虑土体的塑性变形，弹塑性地基梁模型则将管道简化为理想弹塑性地基上的连续梁。

如图 3-1 所示，埋地管道遭受土体塌陷或湿陷后，局部管段下方土壤与管道脱离，造成管段悬空，而管道上部覆土可能还在。

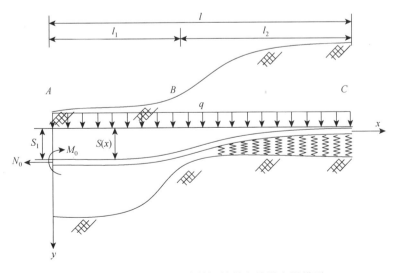

图 3-1　基于 Winkler 地基梁的悬空管道力学模型

Winkler 地基梁模型认为悬空管道在两端受到未塌陷土体的弹性支承，将这种支承作用简化为土弹簧，其刚度系数为 k，因此弹性支承力为 $kS(x)$，其中 $S(x)$ 为 x 处管道因土体塌陷而产生的位移，在悬空段两端受土体支承的区域也是土体的位移。认为土体塌陷区域管道关于悬空段中点 A 对称，设悬空段管道总长为 $2l_1$，端部受影响的管段 BC 长度为 l_2。对称截面 A 的挠度为 l_1，弯矩为 M_0。q 为单位长度管道自重、输送介质重量和管道上方覆土重量（若覆土未垮塌）的总和。当塌陷区范围较小，悬空段管道长度较短时，轴力的影响可以不考虑。但如果塌陷区域较大，悬空段管道变形可能较大，产生的轴力也将比较大，需要考虑轴力的影响。因此力学模型要分为不考虑轴力和考虑轴力两种情况。

3.1.2　水毁

在水毁造成管道悬空的力学分析计算模型中，通常简化为以下三类模型，固支变形梁模型、弹性地基梁模型、弹塑性地基梁模型。

固支变形梁模型是将管道悬空段两端简化为固定约束，并且不考虑管道-土体相互作用，这种模型计算较容易，方法较为单一，但计算结果与实际情况相差较大，原因在于固定端约束与实际情况不符，所以对于大型重要的工程一般不采用此方法。

弹性地基梁模型和弹塑性地基梁模型简化依据均来自 Winkler 假定，都把埋地管道视为半无限长梁，管道-土体接触的两端视为弹簧约束。弹性地基梁模型认为管-土作用时，其受力为直线分布，不考虑塑性变形[1]。而弹塑性地基梁模型则认为管道-土体之间相互作用时，不可能是完全线性变化的，应该考虑模型的塑性变化，因此弹塑性地基梁模型中对管-土作用力定义了管道横向土体抗力符合 Winkler 假定，纵向符合双线性理想弹塑性假定[2]。由于弹塑性地基梁模型考虑了管-土间的塑性变化[3]，计算结果与实际情况更为相符。下面简单介绍弹塑性地基梁模型的计算过程。

管道在水毁作用下，会冲击管道和周围土体，当管道下部土体以各种形式的水土流失后，会使得管道发生悬空。水毁导致管道悬空的物理模型示意图如图 3-2 所示。

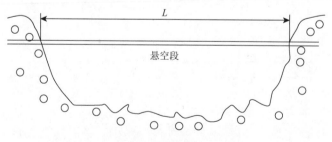

图 3-2　管道悬空的物理模型图

可以看出，在管道悬空的物理模型中，由于土体流失，导致管道出现悬空段，而管道和土体连接部分则认为连接仍然稳定，依据梁的模型，可以将上述物理模型做如下假定：管道发生悬空后，悬空管道可以看作为有当量轴向力 N_0 作用的梁模型，而轴向力 N_0 为常量值，一般来说管道悬空的挠度较大，其挠度变化对管道影响很大，所以认为管道的变形问题主要是管道纵横向弯曲问题；管道悬空段管道及油气介质自重等效于均布荷载 q 沿悬空段长度分布，不考虑管土摩擦；管道埋于土体中的两侧可以认为半无限长梁，且其变形微小，不考虑其弯曲拉伸的耦合作用；管道横向土体抗力符合 Winkler 假定，纵向符合双线性理想弹塑性假定[3]。并且管道变形和受力满足关于悬空段中部 C 点对称。力学模型如图 3-3 和图 3-4 所示。

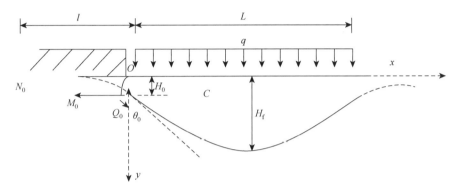

图 3-3　管道悬空的均布荷载力学分析

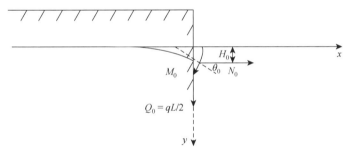

图 3-4　悬空管道端部力学模型图

3.2　非缺陷悬空管道有限元分析

3.2.1　数值计算模型

假定土体均匀不分层、稳定、不受其他灾害作用；管道材质统一、等厚、无焊缝和缺陷；管道埋地段和悬空段交界处土体临空面竖直、不垮塌；悬空管道受到的土体约束足够，不会发生屈曲失稳；直接建立管道水平敷设、无高差的局部完全悬空有限元模型，如图 3-5 所示。

考虑到对称性，只建立半模型，土体长度为悬空段管道长度一半。土体横截面为正方形，管道位于中心。为了同文献[4]中试验进行对比，调试校核有限元模型以进行悬空管道桥梁型加固，管道参数及埋深与文献中一致，因此土体横截面尺寸为 5.508m×5.508m。

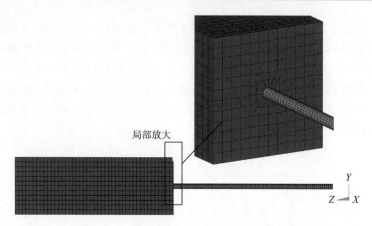

图 3-5　横向管道局部完全悬空有限元模型

管材密度 7850kg/m³，弹性模量 207GPa，屈服强度下限值 360MPa，泊松比 0.3。Ramberg-Osgood 模型中 X52 管材 $n = 9$，$r = 10$，两种模型下的应力-应变曲线如图 3-6 所示。

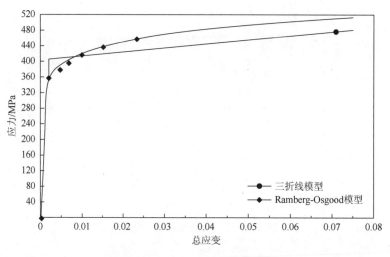

图 3-6　X52 管材本构关系曲线

　　由图 3-6 可见 Ramberg-Osgood 模型为一条圆滑的曲线，两种模型在管材应变较小时比较接近，应变增大后规范中的三折线模型相对保守一点，但两条曲线总的趋势基本一致。随动强化理论对金属材料的弹塑性行为描述比较符合，因此两种本构关系数据点均在 Von Mises 准则下的随动强化选项中输入。

　　有限元模型中土体参数是进行模型调试校核最主要的变量。经过一系列调试后，与试验结果吻合较好的有限元模型中土体密度为 2000kg/m³，弹性模量 19MPa，泊松比 0.4，黏聚力 50000Pa，内摩擦角 20°。由于是直接建立的一半悬空、一半埋地的半模型，土体会因自重而沉降，计算发现这在悬空管道长度比较短时影响很小，但悬空长度长了之后就会影响结果以至与试验结果误差较大（主要是最大位移值），而此时将土体按弹性体考虑，结果就比较理想。

管道输送的成品油重量按等效密度考虑到管材密度中，这里还要假定油品充满管腔。工作压力 4.3MPa，按法向压力施加在管壳单元内表面，指向单元。

对埋地段管道还要考虑管-土相互作用问题。典型的管-土相互作用模型有早期的弹性地基梁模型，它简单明了，多用于解析计算。另有《油气输送管道线路工程抗震技术规范》（GB 50470—2017）推荐的土弹簧模型，它将管道与土体之间的相互作用通过连接在管单元节点上的轴向、水平向和竖向的弹塑性弹簧模拟，弹簧参数由土体特性及管道情况确定。这种模型参数明确，美国 ASCE 规范也有说明，应用较广，但不能反映管道和土体各自的受力变化情况，适用于简化分析。此外还有管-土非线性接触模型，这种模型中管道和土体单元都是实际存在的，通过管-土交界面的接触单元模拟管-土相互作用，能够体现管道和土体的黏接、滑移和分离等非线性接触行为，较前两种模型更能真实地反映管-土相互作用情况，结果也更精确。考虑到本章的实际建模情况和悬空管道特性，选用管-土非线性面-面接触模型模拟管-土相互作用，其中目标面（管道面）采用 TARGE170 单元模拟，接触面（土体面）由 CONTA174 模拟，这两种单元定义了一个 3-D 接触对，对每一个接触对由相同的实常数识别。管-土摩擦系数取为 0.4，其他单元关键项和实常数均按默认设置。

模型中土体上表面和悬空面无任何约束，底面全约束，其他几个侧面除竖向位移外均约束。因为是半模型，管道悬空段一端对称约束，埋地段一端约束轴向位移及三个方向的转动。

3.2.2 局部完全悬空管道

分别建立管材本构关系为三折线模型和 Ramberg-Osgood 模型的埋地管道局部完全悬空的有限元模型，同时选择在岩石，土壤的有限元分析应用广泛的 Drucker-Prager 模型（D-P 模型）作为土体的本构模型。通过调整土体 D-P 本构模型相关参数计算两种模型中管道在不同悬空长度下的内力和变形，与文献试验结果对比，得到模拟效果较好的有限元模型用于接下来的分析和悬空管道的桥梁型加固研究。

3.2.2.1 与试验对比验证

通过不断调试，得到与试验结果吻合较好的两种模型（仅管材本构关系不同，相关参数均一致）的计算结果对比。两种模型的计算结果与试验结果均比较接近，其中 Ramberg-Osgood 模型的管道应力变化更均匀、更稳定，与试验结果也更为吻合（如图 3-7 所示），这是由管材本构关系的特点决定的。

管材本构关系为 Ramberg-Osgood 模型的有限元模型中管道悬空 20m 时的位移图、应力图和应变图如图 3-8、图 3-9 和图 3-10 所示，因为是半模型，图中左半段管道为埋地段，右半段为悬空段。由位移图可见埋地段管道也有位移，这是因为考虑了土体的 D-P 属性，土体会因自重而产生沉降，并使管道一起移动。工程实际中在管道悬空灾害发生前土体早已沉降完成，因此，因管道局部完全悬空造成的管段最大位移实际为 0.221169m。

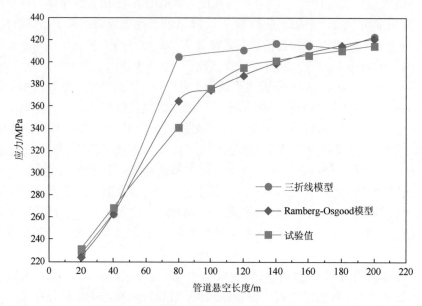

图 3-7　管道应力曲线对比

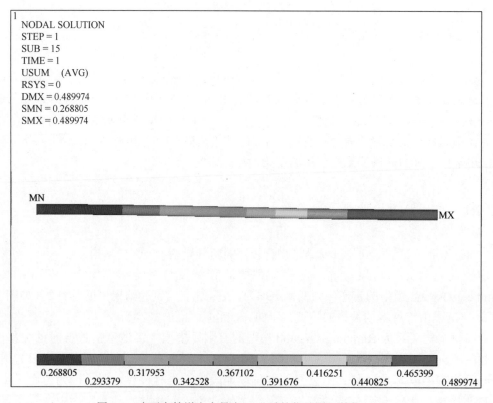

图 3-8　水平向管道完全悬空 20m 时的位移图（单位：m）

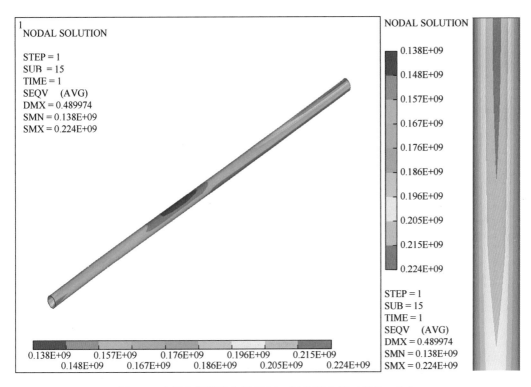

图 3-9　水平向管道完全悬空 20m 时的应力图（单位：Pa）

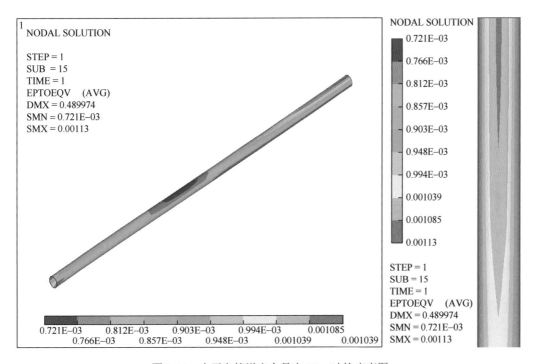

图 3-10　水平向管道完全悬空 20m 时的应变图

从图 3-9 和图 3-10 可以看出，管道悬空 20m 时的最大应力和最大应变出现在悬空段中部上表面，而最小值位于管道埋地段和悬空段交界处附近管道的上表面。这是因为悬空作用使得交界处附近管道的上表面受拉，悬空段中部管道上表面则因管道弯曲变形而受压，而此时管道悬空长度较短，管道悬空变形较小，土体又相对较软，不会引起交界处管道的应力集中，同时钢材抗拉性能优越，覆土也有利于此时管道的承载。管道悬空长度增长后，管道悬空作用加强，弯曲变形加剧，管道最大应力和最大应变会移至交界处附近管道上表面。

3.2.2.2　不同倾角影响

保持管道悬空长度 20m 及模型其他参数不变，建立存在一定角度的倾斜埋地管道局部完全悬空有限元模型，分析倾角的影响。由上一节的计算可以看出 Ramberg-Osgood 模型的模拟效果较好，因此本节管材本构关系采用这种模型。由于模型倾斜时受到的荷载作用不再具有上一节的那种对称性，这里建立全模型，如图 3-11 所示。

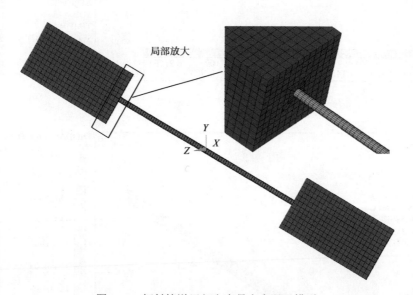

图 3-11　倾斜管道局部完全悬空有限元模型

同时由于土体倾斜，与重力加速度存在一定角度，若继续让土体因自重而沉降，将明显不符合现实情况，因此这里不考虑土体密度，管道埋地段土体自重应力按公式 $\sigma_{cz} = \gamma z$ 计算并施加到管道外表面上。

管道倾斜角度由 5° 到 45°，间隔 5° 变化。由计算结果可知，管道倾斜一定角度后，因垂直于管道轴向重力分量相比水平无倾角时的全重力要小，管道应力和变形较水平悬管都要小一些，且倾角越大，垂直管道重力分量越小，管道受到的悬空作用就减弱，管道最大位移、最大应力和最大应变值也就逐渐减小。倾角 30° 时管道的位移图、应力图和应变图如图 3-12～图 3-14 所示。

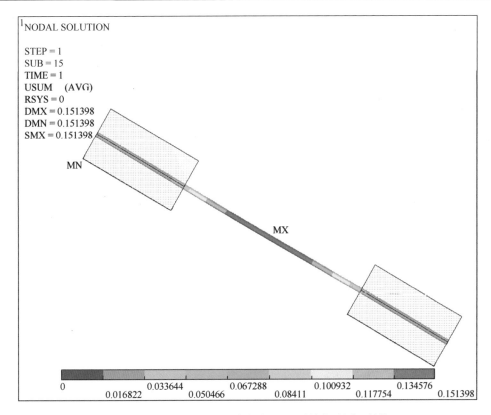

图 3-12　管道倾斜 30°、局部完全悬空 20m 时的位移图（单位：m）

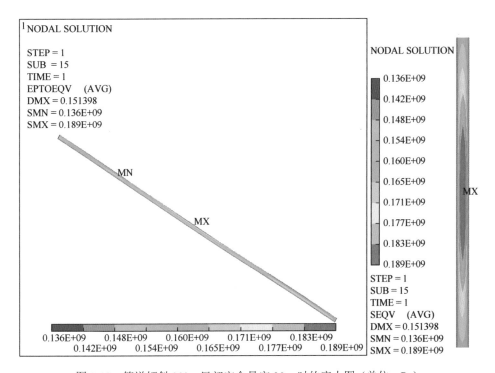

图 3-13　管道倾斜 30°、局部完全悬空 20m 时的应力图（单位：Pa）

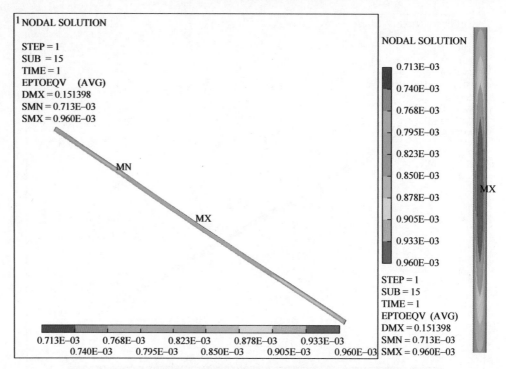

图 3-14　管道倾斜 30°、局部完全悬空 20m 时的应变图

由这些图可以看出，同水平无倾角的悬管，此时各结果的最大值仍然在悬空段中部，最大位移主要还是垂直于管道轴向的位移。但当管道倾角较大时（大于 45°），由于土体对管道的摩擦约束的有限性，沿管道轴向的重力分量对管道的影响比较显著，会对下部的管道造成挤压。

3.3　带腐蚀缺陷悬空管道极限长度分析

3.3.1　数值计算模型

腐蚀坑的研究主要是为了研究尺寸和位置的改变条件下管道的力学行为，为了能方便管道长度和腐蚀坑的深度、宽度、长度、位置等设定，管道和土体均采用实体单元建模，选用 8 节点线性六面体减缩积分单元（C3D8R）。

管-土相互作用的设定和前面的模型一样，也是采用管道与土体接触方式为表面-表面接触（surface-surface contact），刚度大的为主表面而刚度小的为从表面，所以管道外壁表面为目标面，而与管道外壁接触的土体表面为接触面，并且定义法向和切向接触行为，法向接触行为采用"硬"接触，接触后允许分离，约束方式采用"罚"函数定义；切向接触行为考虑摩擦作用，采用"罚"函数定义，摩擦系数选用 0.5（若能实验得出摩擦系数也可用实验数据）；而土体仅考虑管道与土体间的作用，忽略其他外部影响因素。对模型施加两个不同荷载，分别是对整个模型施加重力荷载，对管道内壁施加 4.3MPa 的压强，特别地在对于腐蚀坑表面施加压强时应该注意各向压强的相等，忽略其他影响。约束条件方面，土体上表面和内表面无约束，土体四个侧面及土体底面全约束，管道对称面采用合适的对称约束。荷载及边界约束示意图如图 3-15 所示。

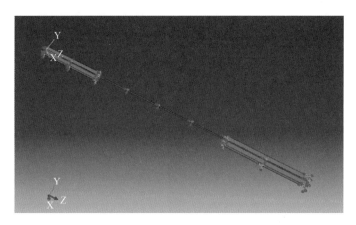

图 3-15　荷载及边界条件示意图

3.3.2　腐蚀坑位于悬空管道跨中

3.3.2.1　腐蚀坑深度

采用 X52 型管材，管道尺寸为外径 508mm，壁厚 7.9mm。将腐蚀尺寸无量纲化取定腐蚀坑宽度代表值 $B_c = 0.1$（$b = 0.16$m），腐蚀坑长度代表值 $L_{ec} = 1$（$l = 0.4480$m），腐蚀坑深度代表值 A_c 分别取 0、0.1、0.3、0.5、0.8、0.9。通过计算每种腐蚀坑深度代表值下的悬空长度为 80m、100m、150m、200m 时的各种应力应变表现，来分析和研究腐蚀坑深度对管道的极限悬空长度的影响。具体结果如下：$A_c = 0.3$ 时的计算结果如图 3-16～图 3-24 所示。

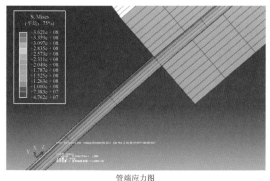

管端应力图

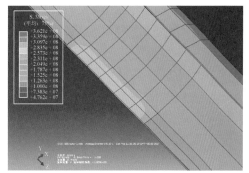

跨中腐蚀坑应力图

图 3-16　$A_c = 0.3$，悬空 80m 时应力图（单位：Pa）

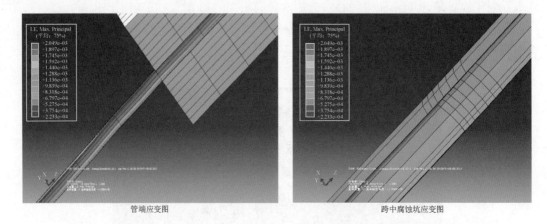

管端应变图　　　　　　　　　　　　跨中腐蚀坑应变图

图 3-17　$A_c = 0.3$，悬空 80m 时应变图

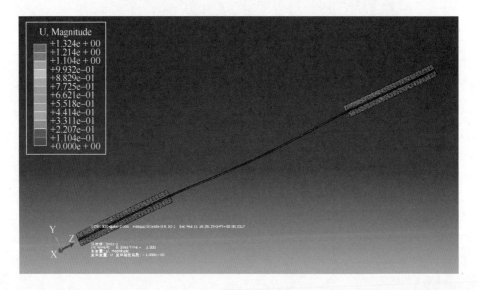

图 3-18　$A_c = 0.3$，悬空 80m 时位移图（单位：m）

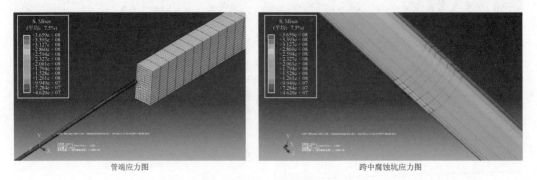

管端应力图　　　　　　　　　　　　跨中腐蚀坑应力图

图 3-19　$A_c = 0.3$，悬空 100m 时应力图（单位 Pa）

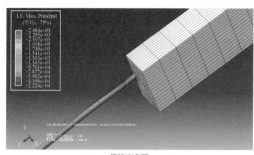
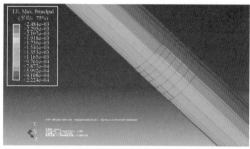

管端应变图　　　　　　　　　　　跨中腐蚀坑应变图

图 3-20　$A_c = 0.3$，悬空 100m 时应变图

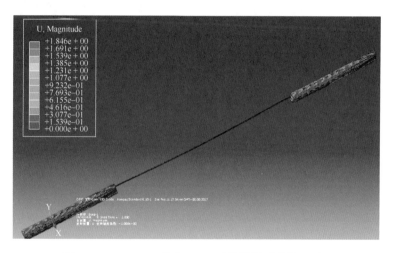

图 3-21　$A_c = 0.3$，悬空 100m 时位移图（单位：m）

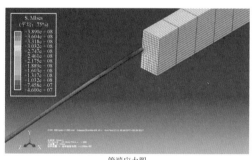
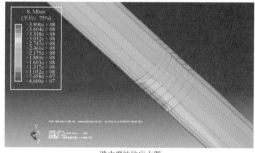

管端应力图　　　　　　　　　　　跨中腐蚀坑应力图

图 3-22　$A_c = 0.3$，悬空 200m 时应力图（单位：Pa）

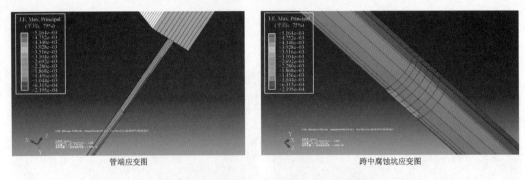

图 3-23　$A_c = 0.3$，悬空 200m 时应变图

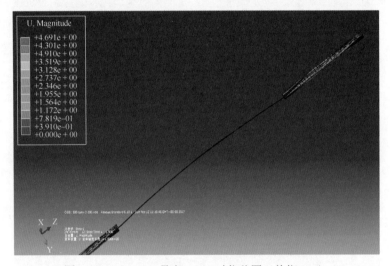

图 3-24　$A_c = 0.3$，悬空 200m 时位移图（单位：m）

统计各个悬空长度下的最大 Von Mises 应力、应变及最大位移，绘制 $A_c = 0.3$，应力图及应变图分别如图 3-25 和图 3-26 所示。

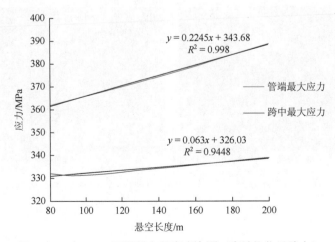

图 3-25　$A_c = 0.3$，不同悬空长度应力图（腐蚀坑位于跨中）

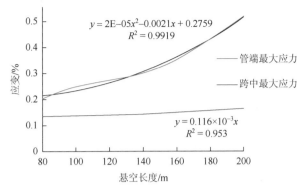

图 3-26 $A_c = 0.3$，不同悬空长度应变图（腐蚀坑位于跨中）

通过计算可以看出当腐蚀坑位于管道悬空段跨中时，其腐蚀坑深度代表值 $A_c = 0.3$，在悬空 80m 时，管道最大应力和应变的位置均集中在管土接触段的上部。并且从计算数据来看此时管端的应力为 362.1MPa，而跨中腐蚀坑处的应力仅为 332.0MPa，此时管端开始进入屈服阶段。

当管道悬空 200m 时，管端的应力为 389.0MPa，跨中腐蚀坑处的应力为 339.0MPa。从上面的图中可以看出管端和跨中的最大应力和应变均随悬空长度的增加而增加。但管端应力和应变在随着悬空长度增长的增速很快，而跨中腐蚀坑处的最大应力和应变增长缓慢。$A_c = 0.3$ 的情况下，悬空长度从 80m 增长到 200m 的过程中，跨中最大应力和最大应变分别仅增长了 7MPa 和 0.3%，增长率约 2%。当管道悬空长度为 204m 左右，最大应变达 0.522%（管端），最大应变的位置在管土接触段管端上部，说明此时腐蚀坑并不是影响管道失效的主要原因，其管道失效的主要原因是管道悬空长度。可以得出腐蚀坑深度代表值 $A_c = 0.3$ 条件下的极限悬空长度为 204m。应力和应变与悬空长度间的关系，拟合的公式如图 3-25 和图 3-26 中，从拟合公式来看，管端处或者跨中处的最大应力和悬空长度近似看呈线性关系。但是跨中处的最大应力的增长斜率明显小于管端。可以看出虽然腐蚀坑位于跨中，但是其影响管道极限悬空长度的位置还是在管端。

不同悬空长度下，腐蚀深度代表值 $A_c = 0.9$ 时的计算结果如图 3-27～图 3-38 所示。

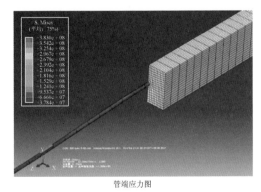

管端应力图

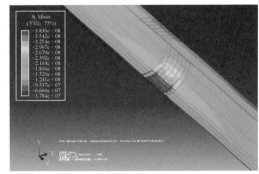

跨中腐蚀坑应力图

图 3-27 $A_c = 0.9$，悬空 80m 时应力图（单位：Pa）

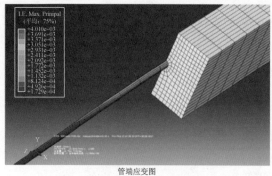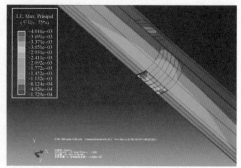

管端应变图　　　　　　　　　　　跨中腐蚀坑应变图

图 3-28　$A_c = 0.9$，悬空 80m 时应变图

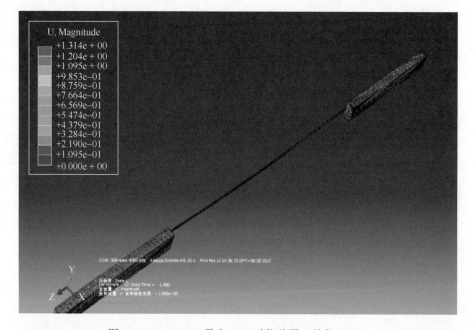

图 3-29　$A_c = 0.9$，悬空 80m 时位移图（单位：m）

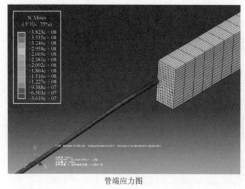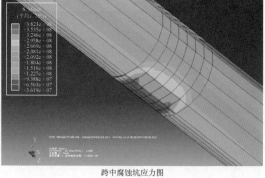

管端应力图　　　　　　　　　　　跨中腐蚀坑应力图

图 3-30　$A_c = 0.9$，悬空 100m 时应力图（单位：Pa）

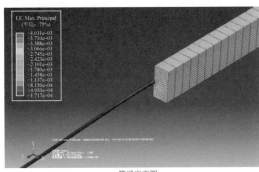
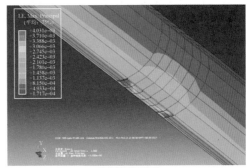

管端应变图　　　　　　　　　跨中腐蚀坑应变图

图 3-31　$A_c = 0.9$，悬空 100m 时应变图

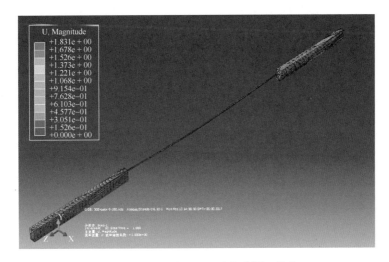

图 3-32　$A_c = 0.9$，悬空 100m 时位移图（单位：m）

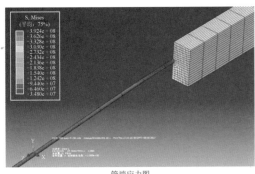

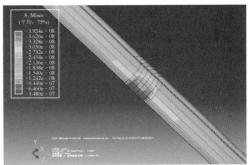

管端应力图　　　　　　　　　跨中腐蚀坑应力图

图 3-33　$A_c = 0.9$，悬空 150m 时应力图（单位：Pa）

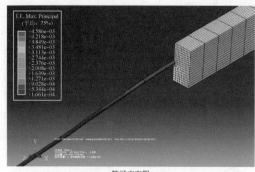 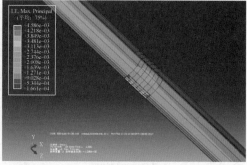

管端应变图　　　　　　　　　　　　　　　　跨中腐蚀坑应变图

图 3-34　$A_c = 0.9$，悬空 150m 时应变图

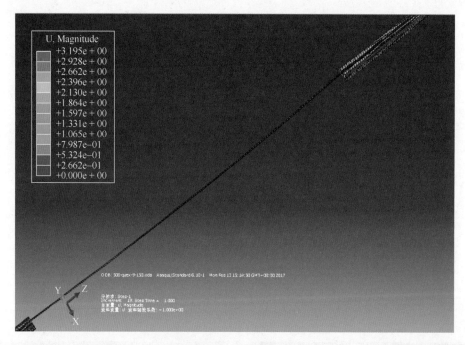

图 3-35　$A_c = 0.9$，悬空 150m 时位移图（单位：m）

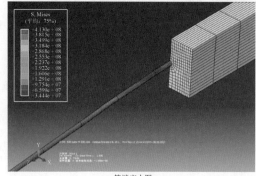 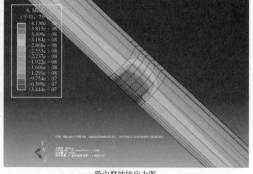

管端应力图　　　　　　　　　　　　　　　　跨中腐蚀坑应力图

图 3-36　$A_c = 0.9$，悬空 200m 时应力图（单位：Pa）

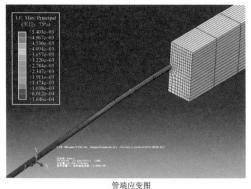 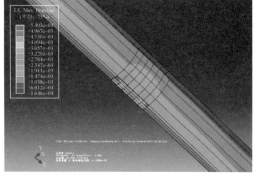

管端应变图　　　　　　　　　　　　　　　跨中腐蚀坑应变图

图 3-37　$A_c = 0.9$，悬空 200m 时应变图

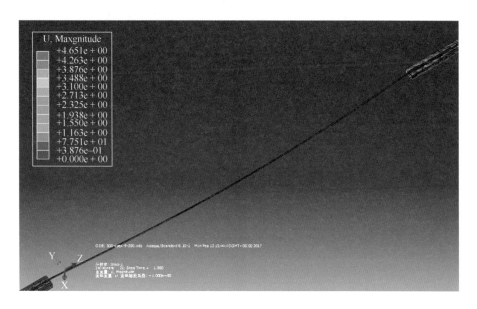

图 3-38　$A_c = 0.9$，悬空 200m 时位移图（单位：m）

通过结果，绘制 $A_c = 0.9$ 时的应力图（图 3-39），应变图（图 3-40），最大位移变化图（图 3-41）。

如图 3-39、图 3-40 所示，腐蚀坑位于管道跨中处，$A_c = 0.9$ 时，管道腐蚀坑处壁厚已经很小。悬空 80m 时跨中腐蚀坑位置处的应力已达 379.9MPa，而管端处应力为 365.1MPa，此时管道跨中腐蚀坑处的应变达 0.4015%，而管端的应变仅为 0.2466%。悬空 200m 时，管道跨中处的应力为 396.1MPa，管端 410.56MPa。其管道跨中处应变为 0.5403%，管端为 0.5201%。增长速率：管端处的应力随悬空长度呈线性增长，增速较大。而管道跨中处腐蚀坑处的应力随着悬空长度的变化也随之增加，但是增长速度缓慢，相比于管端的应力增速来说慢得多。具体拟合的数据公式见图 3-39、图 3-40 中，从拟合来看：管端应力及跨中应变与悬空长度呈线性关系。跨中处腐蚀的应变是影响管道极限悬空长度的关键。$A_c = 0.9$ 时，管道危险位置在跨中，悬空长度增长时，管端的应力应变迅速增长。综合分析结果知，造成管道失效的主要原因是腐蚀坑处的应变失效，而还有一个次要原因是管道悬空长度引起的管端失效。综合可以看出此时管道失效原因为腐蚀坑深度代表值和悬空长度。

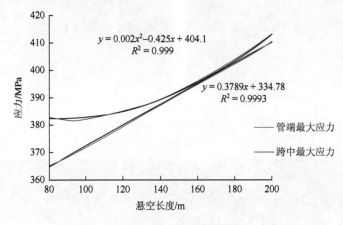

图 3-39　$A_c = 0.9$，应力图（腐蚀坑位于跨中）

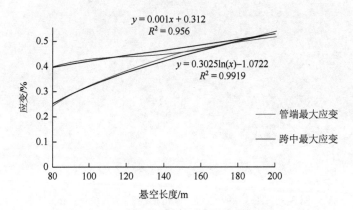

图 3-40　$A_c = 0.9$，应变图（腐蚀坑位于跨中）

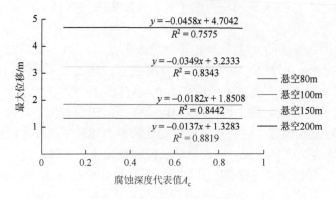

图 3-41　管道最大位移变化图

计算结果表明，如图 3-41 所示，管道跨中处最大位移随腐蚀坑深度代表值增长变化而减小，但是减小量极小，可忽略不计。所以最大位移不随腐蚀深度代表值的变化而变化，它仅与管道悬空长度有关，从图 3-41 可以看出，管道悬空最大位移随悬空长度增长而增长，与腐蚀深度代表值无关。

统计不同悬空长度和不同腐蚀深度代表值条件下悬空管道管端和跨中腐蚀坑处的应力，如图 3-42 所示，比较发现：当腐蚀坑位于悬空管道跨中时，管端的应力不随腐蚀深度代表值增大而增大，而是保持相对不变。管端应力仅随管道悬空长度增加而增加。而悬空管道跨中处的应力则随腐蚀深度代表值增大而增大，并且从图中可以看出悬空 80m 和 200m 时，跨中应力在腐蚀深度代表值 $A_c = 0.3$ 附近增加量较小，变化缓慢。除此还可以看出管道跨中处腐蚀深度相同时，悬空长度越大，其应力越大。综合来看可以得出当腐蚀坑位于管中时，在 $A_c < 0.7$ 时，管端是应力最大位置，而当其 $A_c > 0.7$ 时，管端和跨中都有可能是应力最大位置或危险位置。所以对于腐蚀位置在跨中时，一方面要控制好悬空长度，另一方面要检测好腐蚀深度。做好相应的检查和防护措施，为管端安全运营提高保证。

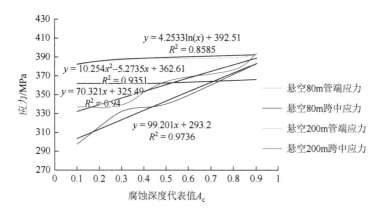

图 3-42   不同腐蚀深度代表值的最大应力

腐蚀宽度代表值为 0.1，腐蚀长度代表值为 1 时，不同腐蚀深度的极限悬空长度变化如图 3-43 所示。

综合以上分析可以得到以下结论：

（1）管道端部的应力应变和管道跨中腐蚀坑处应力应变在随着管道悬空长度增加而增加，而跨中处应力应变在腐蚀深度代表值 $A_c < 0.3$ 时，其变化较小。管端处的应力应变不随腐蚀深度代表值变化而变化，仅与悬空长度相关。

（2）管道最大位移随腐蚀坑深度代表值增加而减小，但是非常微小，可以忽略，所以认为管道最大位移不随腐蚀深度代表值变化而变化，仅与悬空长度有关。

（3）有无跨中处腐蚀对管道极限悬空长度有极大的影响，经过前期试算，在无腐蚀时，管道极限悬空可达 400 多米，但是若当 $A_c = 0.1$ 时，极限悬空长度急剧下降仅为 230m 左右。随着腐蚀深度的增加，管道极限悬空长度减小。但是由于本模型采用的内压为 4.3MPa，

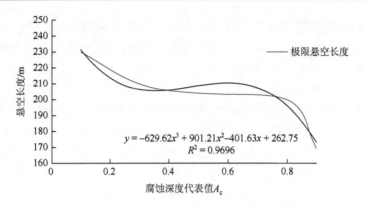

图 3-43　不同腐蚀深度的管道极限悬空长度

相对较小，只有当腐蚀坑深度代表值 $A_c>0.7$ 时，管道的极限悬空长度才随深度增加而急剧减小。当 $0.5<A_c<0.7$ 时，极限悬空长度变化较小。

（4）当腐蚀位置为跨中时，应该重点控制管道悬空长度，做好腐蚀深度的检查，当腐蚀深度代表值超过 0.3 时，就应该注意观测腐蚀坑处的应力应变了。腐蚀深度代表值超过 0.7 时，危险位置就可能从管端转到跨中腐蚀坑处了。

（5）腐蚀坑位于跨中时，极限悬空长度与腐蚀深度代表值 A_c 的拟合公式为

$$L = -629.6A_c^3 + 902.2A_c^2 - 401.6A_c + 262.7 \tag{3-1}$$

3.3.2.2　腐蚀坑宽度

取 X52 型管材，管径 508mm，壁厚 7.9mm 管道，在腐蚀深度代表值 $A_c=0.5$，腐蚀长度代表值 $L_{ec}=1$ 的条件下，计算腐蚀宽度代表值 B_c 分别为 0.02、0.05、0.1、0.3、0.5 时的应力应变。通过比较应力应变变化，和以最大应变 0.525% 作为管道失效的判据，得出不同情况下的极限悬空长度。计算结果如图 3-44～图 3-48 所示。

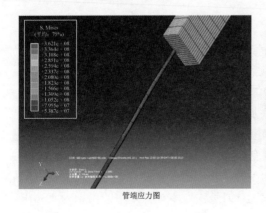

管端应力图

跨中腐蚀坑应力图

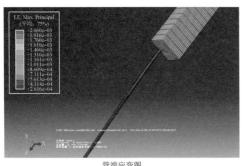
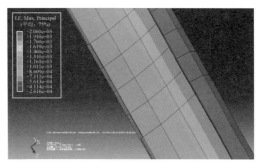

管端应变图　　　　　　　　　　　跨中腐蚀坑应变图

图 3-44　悬空 80m，$B_c = 0.02$ 时管端和腐蚀坑处应力应变图

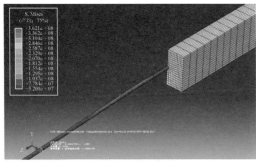
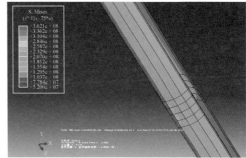

管端应力图　　　　　　　　　　　跨中腐蚀坑应力图

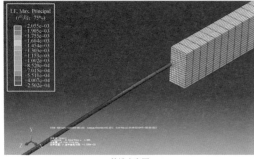
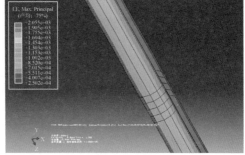

管端应变图　　　　　　　　　　　跨中腐蚀坑应变图

图 3-45　悬空 80m，$B_c = 0.05$ 时管端和腐蚀坑处应力应变图

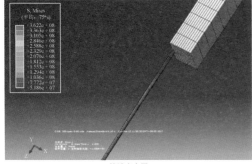
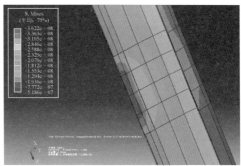

管端应力图　　　　　　　　　　　跨中腐蚀坑应力图

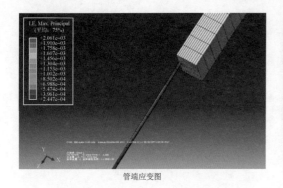
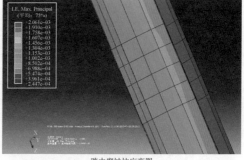

管端应变图　　　　　　　　　　　　　　　　　　跨中腐蚀坑应变图

图 3-46　悬空 80m，$B_c = 0.1$ 时管端和腐蚀坑处应力应变图

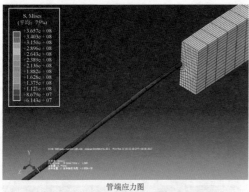
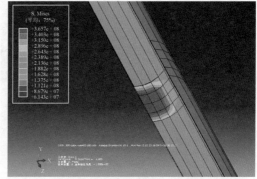

管端应力图　　　　　　　　　　　　　　　　　　跨中腐蚀坑应力图

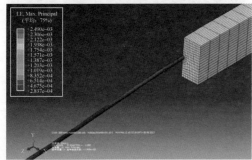
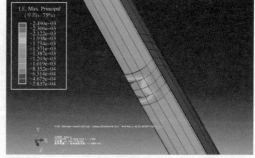

管端应变图　　　　　　　　　　　　　　　　　　跨中腐蚀坑应变图

图 3-47　悬空 80m，$B_c = 0.3$ 时管端和腐蚀坑处应力应变图

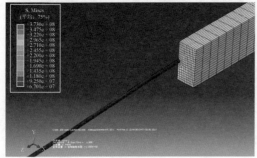
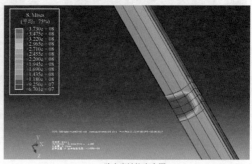

管端应力图　　　　　　　　　　　　　　　　　　跨中腐蚀坑应力图

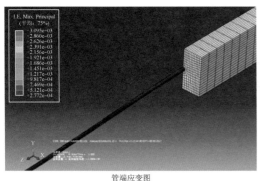 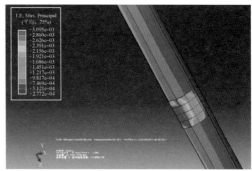

管端应变图 跨中腐蚀坑应变图

图 3-48 悬空 80m，$B_c = 0.5$ 时管端和腐蚀坑处应力应变图

从图 3-49 可以看出腐蚀缺陷坑位于管道跨中时，管道管端和跨中的应力都随腐蚀宽度增加而增加，但是从增长趋势看，管端应力增长极少，可以忽略不计，而跨中腐蚀坑处的应力由 296.6MPa 增长到 373.0MPa，应力增长极大。同时可以看出当腐蚀坑宽度代表值 $B_c < 0.2$ 时，管道跨中处的应力增长速度很大，当 $B_c > 0.2$ 时，增长较缓。至于管道应变方面，可以看出管端由于应力几乎没有增长，其应变也变化很小。而管道跨中处的应变呈线性增长，增速比较恒定。通过对管端和跨中应力应变的计算，可以看出，悬空 80m 时，当腐蚀宽度代表值 B_c 约为 0.25 时，管端和跨中的应力应变相等。所以 $B_c < 0.25$ 时，跨中带腐蚀坑的管道悬空的危险位置为管端处，超过 0.25 时，管道危险位置为跨中腐蚀坑处。

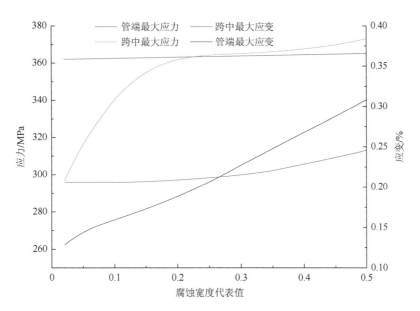

图 3-49 悬空 80m，管端和跨中应力应变曲线

通过比较悬空 150m 时不同的腐蚀宽度代表值的管端和跨中的应力应变值，从图 3-50～图 3-55 可以看出，悬空管端的应力应变均不随腐蚀坑宽度代表值的变化而变化。管道跨中处的应力和应变均随腐蚀坑宽度代表值增大而增大。具体地，当腐蚀宽度代表值 $B_c < 0.1$ 时，

管道跨中应力随腐蚀宽度代表值呈线性变化，且均小于360MPa，此时管道跨中处还处于弹性阶段。当 $0.1<B_c<0.3$ 时，管道跨中腐蚀坑处的应力变化很小，基本保持不变。而应变依然快速增长，X52管材屈服强度为360MPa，当管道应力小于360MPa时，管道应变随管道应力呈线性变化，而当进去屈服阶段后，管道进入强化阶段，管道的应力变化较小，而应变却依然迅速变化。当 $B_c>0.3$ 时跨中处的应力再次迅速增加，应变也随之增加。所以可以看出跨中处随着腐蚀宽度代表值的增加，管道跨中处应变呈线性增长，而跨中处应力出现了两个快速增长。而 $0.1<B_c<0.3$ 时，跨中应力几乎不变。在悬空150m时，腐蚀宽度代表值 $B_c=0.35$ 时管道管端应力应变和跨中相同，这表示悬空150m时，若 $B_c<0.35$ 时，管道的危险位置为管端，$B_c>0.35$ 时，管道的危险位置为跨中腐蚀坑处。

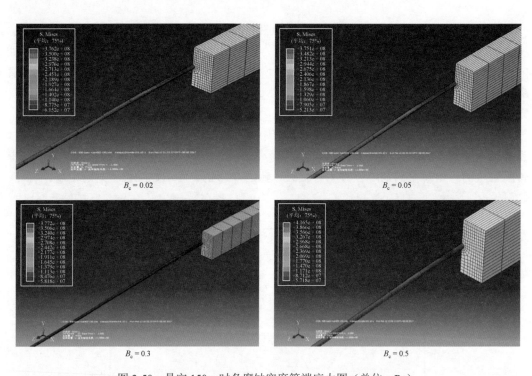

$B_c = 0.02$ 　　　　　　　　　　　　　　$B_c = 0.05$

$B_c = 0.3$ 　　　　　　　　　　　　　　$B_c = 0.5$

图 3-50　悬空 150m 时各腐蚀宽度管端应力图（单位：Pa）

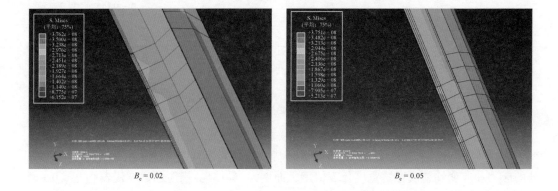

$B_c = 0.02$ 　　　　　　　　　　　　　　$B_c = 0.05$

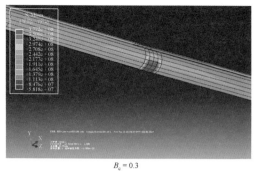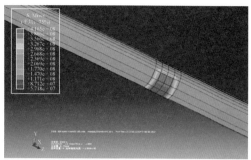

$B_c = 0.3$　　　　　　　　　$B_c = 0.5$

图 3-51　悬空 150m 时各腐蚀宽度跨中应力图（单位：Pa）

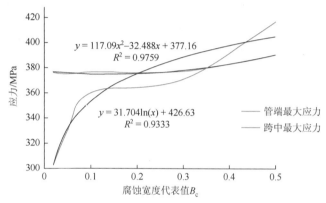

图 3-52　悬空 150m 时不同腐蚀宽度代表值的应力曲线

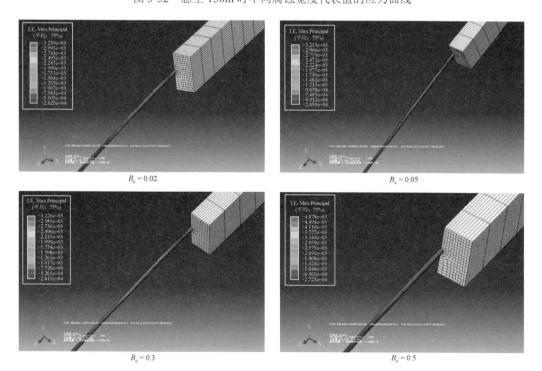

图 3-53　悬空 150m 时各腐蚀宽度管端应变图

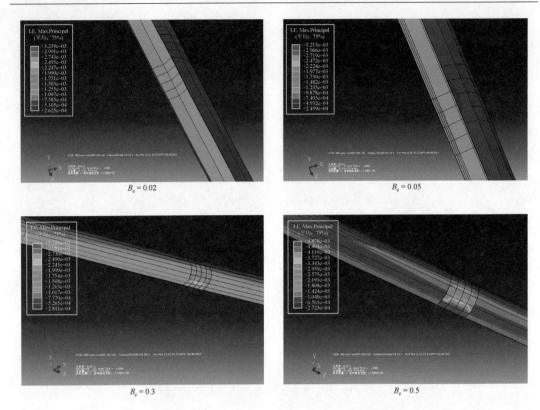

图 3-54　悬空 150m 时各腐蚀宽度跨中应变图

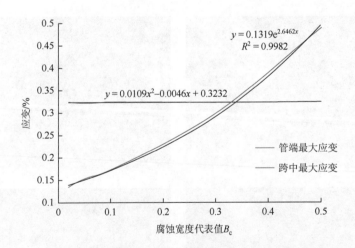

图 3-55　悬空 150m 时不同腐蚀宽度代表值的应变曲线

通过绘制比较 $B_c = 0.02$ 和 $B_c = 0.5$ 时的管端应力图（图 3-56）可以看出，悬空长度增加和腐蚀宽度增加均导致悬空管道应力增加。但是可以看出腐蚀坑宽度是导致管道危险位置改变的原因。管端的应力随悬空长度呈线性增长。

计算悬空 80m 和 150m 时，各腐蚀宽度代表值的位移情况，如图 3-57、图 3-58。

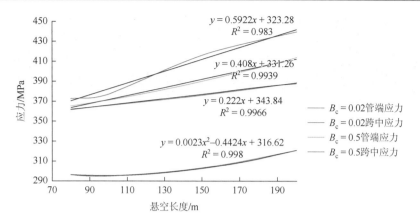

图 3-56　$B_c = 0.02$ 和 $B_c = 0.5$ 时的应力曲线

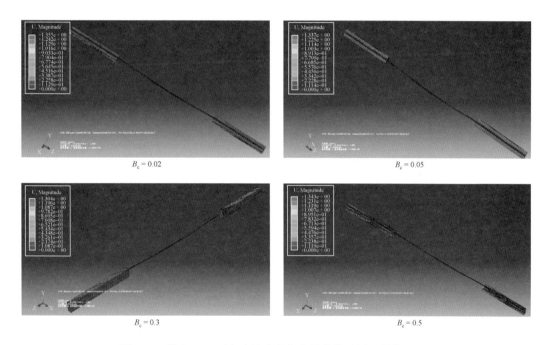

图 3-57　悬空 80m 时各腐蚀宽度代表值的位移图（单位：m）

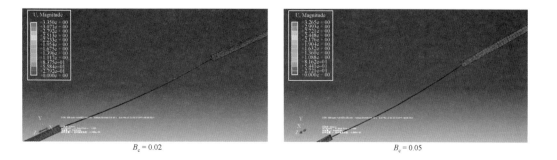

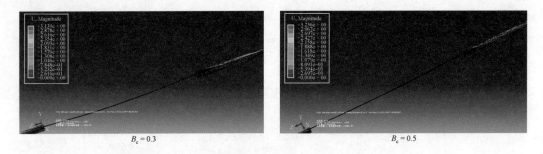

$B_c = 0.3$ $B_c = 0.5$

图 3-58 悬空 150m 时各腐蚀宽度代表值的位移图（单位：m）

如图 3-59 所示，管道最大位移的位置均出现在悬空段的跨中处，并且最大位移随着悬空长度增加而呈线性增长。管道最大位移仅与管道悬空长度有关，上述五条不同腐蚀宽度代表值的最大位移曲线相差很小。所以管道最大位移与腐蚀坑宽度代表值无关。

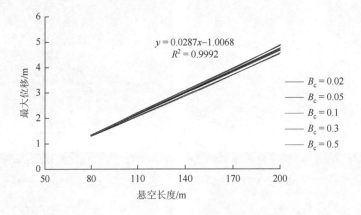

图 3-59 不同宽度代表值的最大位移曲线

通过整理计算结果，如图 3-60 所示，以应变量为 0.525% 左右作为悬空的极限应变。从图中可以看出：管道极限悬空长度随腐蚀宽度代表值增加而减小，特别是有无缺陷对

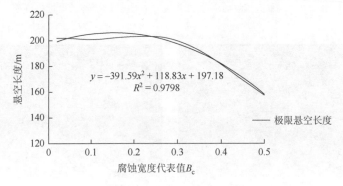

图 3-60 不同腐蚀宽度代表值的极限悬空长度曲线

管道极限悬空长度影响极大。通过前期试算在无缺陷的 X52 型，管径 508mm，壁厚 7.9mm 管道的极限悬空长度达 436m，而当腐蚀宽度代表值 $B_c = 0.02$ 时，极限悬空长度仅为 202m。上述曲线中还可以看到，腐蚀宽度代表值 B_c 为 0.02～0.3 时，管道极限悬空长度变化量极小，极限悬空长度在 200m 左右。当腐蚀宽度代表值 $B_c > 0.3$ 时，极限悬空长度开始急剧减小，到 $B_c = 0.5$ 时，极限悬空长度仅有 158m。因此通过不同腐蚀宽度代表值情况下的应力应变计算，并且结合极限应变为 0.525%的失效判据，腐蚀坑位于管道悬空跨中情况下，管道极限悬空长度受到腐蚀坑宽度的影响很大。腐蚀坑位于跨中时，极限悬空长度与腐蚀宽度关系拟合为

$$L = -391.5B_c^2 + 118.8B_c + 179.1 \qquad (3-2)$$

3.3.2.3 腐蚀坑长度

为研究腐蚀坑长度的影响，采用 X52 型，管径 508mm，壁厚 7.9mm 的管道。取 $A_c = 0.5$，$B_c = 0.1$，腐蚀坑长度用长度代表值代替，腐蚀坑长度代表值 L_{ec} 分别取 0.15、0.3、0.5、1、2。计算各种情况下的应力应变。并以前面所述的应变失效判据作为极限应变，整理不同腐蚀坑长度代表值的管道极限悬空长度。计算结果如图 3-61～图 3-63 所示。

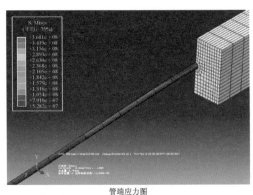

管端应力图

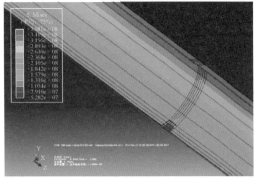

跨中腐蚀坑应力图

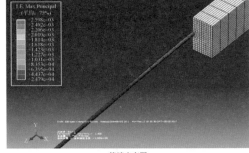

管端应变图

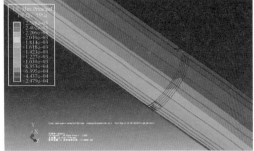

跨中腐蚀坑应变图

图 3-61　悬空 80m，$L_{ec} = 0.15$ 时应力应变图

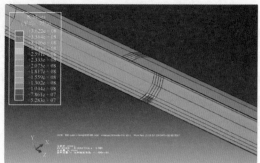

管端应力图　　　　　　　　　　　　　跨中腐蚀坑应力图

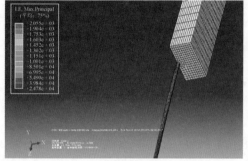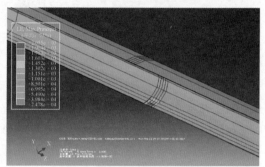

管端应变图　　　　　　　　　　　　　跨中腐蚀坑应变图

图 3-62　悬空 80m，$L_{ec} = 0.3$ 时应力应变图

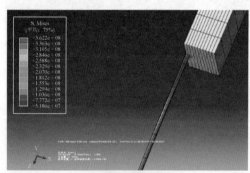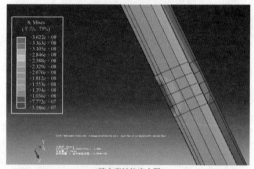

管端应力图　　　　　　　　　　　　　跨中腐蚀坑应力图

管端应变图　　　　　　　　　　　　　跨中腐蚀坑应变图

图 3-63　悬空 80m，$L_{ec} = 1$ 时应力应变图

管端的应力和管道跨中处腐蚀坑位置的最大应力整理并统计，绘制成图 3-64，管道最大应力和管端应力基本重合，且管端应力和管道中最大应力都不随腐蚀坑长度代表值的增大变化而变化；管道最大应力基本保持不变，值为 362.2MPa，采用线性拟合的方式，拟合图 3-64 曲线。而管道悬空跨中处腐蚀坑位置上的应力在腐蚀长度代表值小于 0.15 时，随着腐蚀长度代表值增大而增大，且增速显著。当腐蚀长度代表值 L_{ec} 超过 0.15 时，管道跨中应力随着腐蚀长度代表值增大而减小，但是减小的量较小。这是因为管道腐蚀坑长度增加后，腐蚀坑承载面积增加，但是其承载厚度没变，承载能力减小。但是由于腐蚀坑的长度增加，腐蚀坑面积增加，所以管道的刚度又在减小。其承载力减小的量比刚度减小的多，所以管道跨中腐蚀坑的应力应变减小。

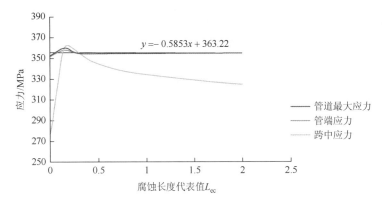

图 3-64 悬空 80m 时不同腐蚀长度代表值的应力曲线

从应变图 3-65 可以看出，在 L_{ec} 小于 0.15 时，随着腐蚀长度代表值增大，跨中和端部应变都增大，而当 L_{ec} 超过了 0.15 时，管道的跨中应变随腐蚀长度代表值增大而减小，这是由于腐蚀坑中应力减小造成的，同时，可以看出管道的管端应变和管道最大应变基本重合，说明管道的最危险位置是管道端部。管道跨中处的应变就没有超过 0.3%。所以可以看出此时管道跨中腐蚀坑对管道最大应变的影响非常小。虽然管端的应力应变均先增加后又减少，但是量都非常小，因此拟合采用线性拟合，拟合结果如图 3-65 所示。

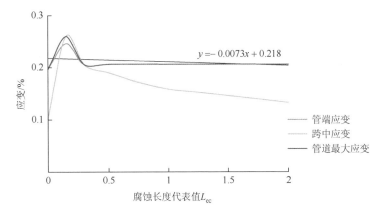

图 3-65 悬空 80m，不同腐蚀长度代表值的应变曲线

通过悬空 200m 时，不同腐蚀长度代表值情况下的应力和应变图（图 3-66～图 3-68），计算绘制成图 3-69 和图 3-70，可以看出管道最大应力和应变曲线和管端应力应变曲线基本重合，说明管道端部的应力应变决定了整个管道最大应力和最大应变，关系着管道的安全，所以无论腐蚀长度代表值如何变化，管道端部的应力应变均不变，而管道端部是管道最大应力应变处，即是危险位置。所以管道的危险位置是管端，并不受腐蚀长度的影响。管端处的应力应变均变化较小，拟合结果如图 3-69、图 3-70 所示。由图 3-71 可知，管道最大位移随着腐蚀长度代表值的增加而不变，而随着悬空长度增加而增加，管道最大位移与腐蚀长度代表值无关，仅与悬空长度有关。

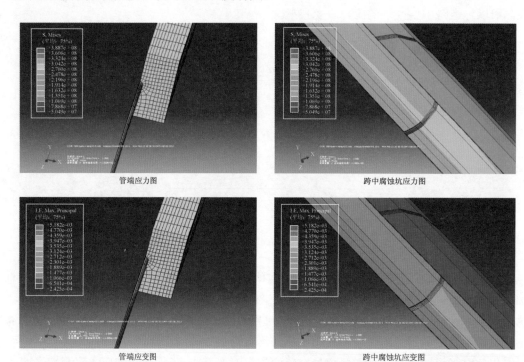

管端应力图　　　　　　　　　　　　　跨中腐蚀坑应力图

管端应变图　　　　　　　　　　　　　跨中腐蚀坑应变图

图 3-66　悬空 200m，$L_{ec} = 0.15$ 时应力应变图

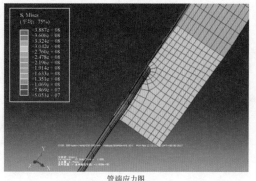

管端应力图

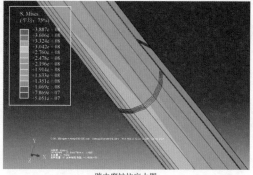

跨中腐蚀坑应力图

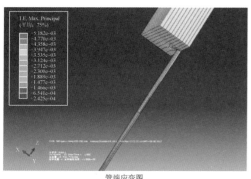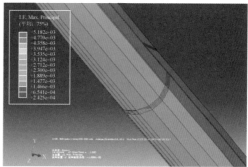

管端应变图　　　　　　　　　　　　　　　　　　跨中腐蚀坑应变图

图 3-67　悬空 200m，L_{ec} = 0.3 时应力应变图

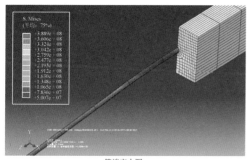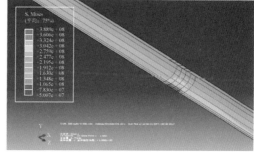

管端应力图　　　　　　　　　　　　　　　　　　跨中腐蚀坑应力图

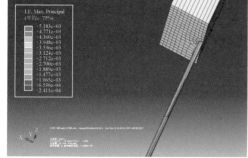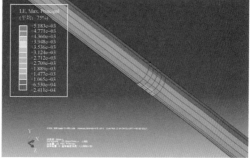

管端应变图　　　　　　　　　　　　　　　　　　跨中腐蚀坑应变图

图 3-68　悬空 200m，L_{ec} = 1 时应力应变图

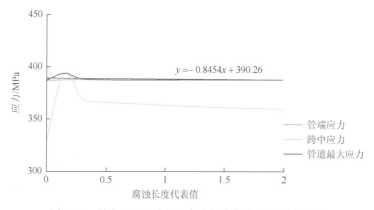

图 3-69　悬空 200m 时不同腐蚀长度代表值的应力曲线

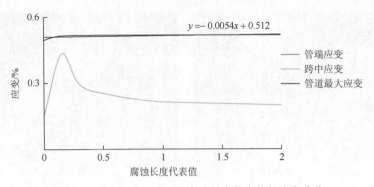

图 3-70　悬空 200m 时不同腐蚀长度代表值的应变曲线

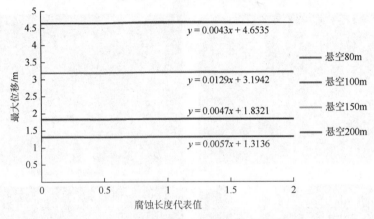

图 3-71　不同腐蚀长度代表值的最大位移曲线

从两个不同悬空长度下的不同腐蚀长度代表值的应力应变曲线如图 3-72 和图 3-73 来看，只有 $L_{ec}=1$ 跨中应力和跨中应变与其他曲线不重合外，剩余曲线基本重合，说明不同腐蚀长度代表值在相同悬空长度下管道的端部应力应变和管道的最大应力应变值基本重合。这也就是说管道的最大应力和应变不随腐蚀坑长度代表值的变化而变化，仅与管道悬空长度相关。随着管道悬空长度增加而增加。综合来说，管道最大应力应变与管道腐蚀坑长度系数变化无关。

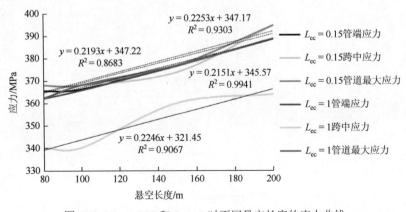

图 3-72　$L_{ec}=0.15$ 和 $L_{ec}=1$ 时不同悬空长度的应力曲线

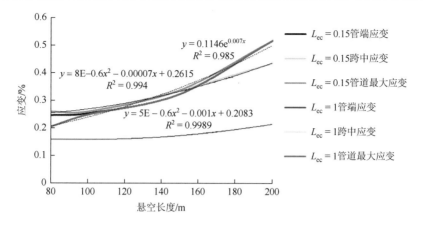

图 3-73　$L_{ec} = 0.15$ 和 $L_{ec} = 1$ 时不同悬空长度的应变曲线

通过对不同腐蚀长度代表值下不同悬空长度的应力应变计算,整理得出的不同腐蚀长度代表值的极限悬空长度图(图 3-74)可以发现:管道最大应力应变在较小悬空距离时,危险位置可能在管端或者管道悬空跨中腐蚀坑处,但其最大应变均小于 0.3%,而当悬空长度增加到比较大时,管道的危险位置为管端,所以决定管道失效位置是管端达到极限悬空长度时,最大应力应变的位置是管端。同时管端的最大应力应变受管道悬空跨中腐蚀坑的影响较小。通过数值模拟分析计算可以看出,管道管端的应力应变随着腐蚀长度代表值的增加而几乎不变。也可以看出,管道极限悬空长度在有无腐蚀缺陷的情况下区别明显,在无缺陷时管道极限悬空长度可达 436m,而当有缺陷时极限悬空长度急剧减小。在腐蚀长度代表值大于 0.15 时,管道的极限悬空长度不随其腐蚀长度代表值变化而变化,说明跨中处腐蚀缺陷的管道的极限悬空长度与跨中腐蚀坑长度代表值无关,腐蚀坑长度不影响管道的极限悬空长度,此时拟合曲线无意义。

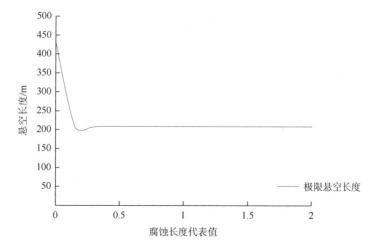

图 3-74　不同腐蚀长度代表值的极限悬空长度

3.3.3　腐蚀坑位于悬空管道管端

3.3.3.1　腐蚀深度

采用 X52 型管材，管径为 508mm，壁厚为 7.9mm 的管道，腐蚀坑同样使用长方体来模拟，腐蚀的位置位于管道土体接触的上部，简称管端部。取腐蚀坑宽度代表值 $B_c = 0.1$，腐蚀坑长度代表值 $L_{ec} = 1$，而腐蚀坑深度代表值 A_c 分别取 0.1、0.3、0.5、0.7、0.8。其他条件不变，然后分别计算管道的应力应变情况。并且分别整理和统计管道有腐蚀的管端和无腐蚀的管端的应力应变表现，绘制成图表，分析极限悬空长度的变化。

不同悬空长度下有无腐蚀的管端的应力计算图对比，如图 3-75 和图 3-76 所示。

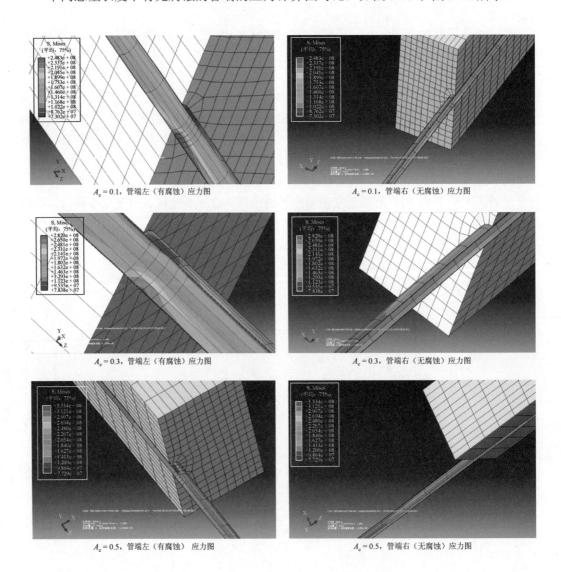

$A_c = 0.1$，管端左（有腐蚀）应力图　　　　$A_c = 0.1$，管端右（无腐蚀）应力图

$A_c = 0.3$，管端左（有腐蚀）应力图　　　　$A_c = 0.3$，管端右（无腐蚀）应力图

$A_c = 0.5$，管端左（有腐蚀）应力图　　　　$A_c = 0.5$，管端右（无腐蚀）应力图

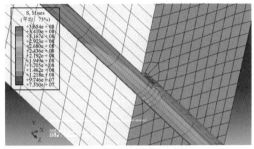

$A_c = 0.7$，管端左（有腐蚀）应力图

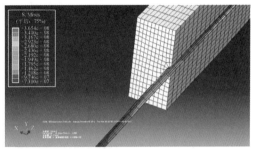

$A_c = 0.7$，管端右（无腐蚀）应力图

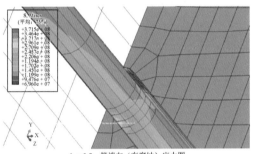

$A_c = 0.8$，管端左（有腐蚀）应力图

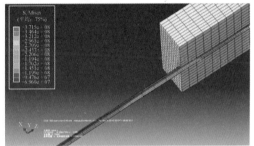

$A_c = 0.8$，管端右（无腐蚀）应力图

图 3-75　悬空 40m 时各个腐蚀深度的应力图（单位：Pa）

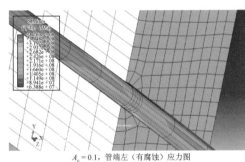

$A_c = 0.1$，管端左（有腐蚀）应力图

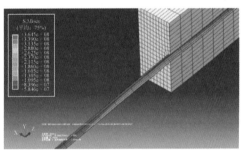

$A_c = 0.1$，管端右（无腐蚀）应力图

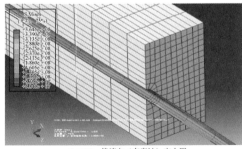

$A_c = 0.3$，管端左（有腐蚀）应力图

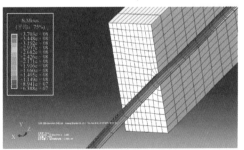

$A_c = 0.3$，管端右（无腐蚀）应力图

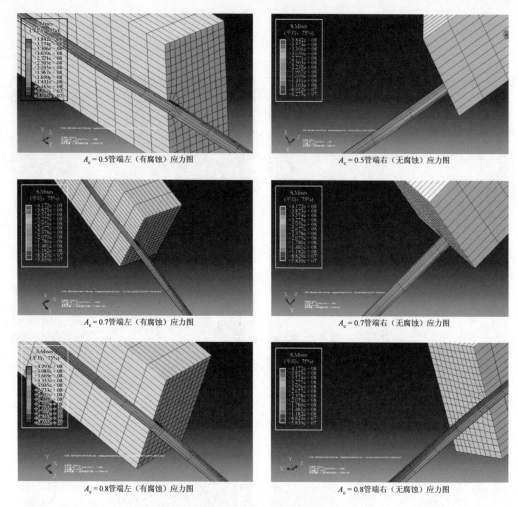

图 3-76　悬空 60m 时各个腐蚀深度的应力图（单位：Pa）

通过对比不同腐蚀深度代表值下的有无缺陷的管端的应力（图 3-77）可以发现，有腐蚀管端的应力均随腐蚀深度代表值的增加而增加，并且增长曲线近似直线增长。而无腐

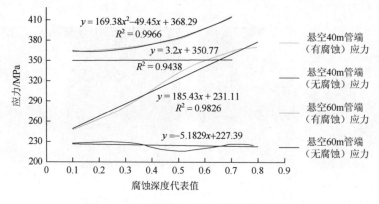

图 3-77　不同腐蚀深度代表值的应力曲线

蚀管端的应力则不随腐蚀深度代表值变化而变化，并且保持不变。这说明，腐蚀缺陷位于管道端部对此处的管端的应力影响很大，而对无腐蚀管端基本无影响；除此以外还可以看出，管端的应力均随悬空距离增加而变大，所以悬空长度是引起管端应力增加的主要因素。除此，可以看出管道有腐蚀管端应力随着腐蚀深度代表值增大急剧增大，增长速度很大。所以说，管端有腐蚀缺陷对管道的应力影响很大。

分别计算管道悬空长度为 40m、50m、60m 时不同腐蚀深度代表值的应变情况，此处仅展示了悬空长度为 60m 时，不同腐蚀深度代表值的应变图，如图 3-78 所示。

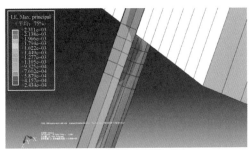

$A_c = 0.1$，管端左（有腐蚀）应变

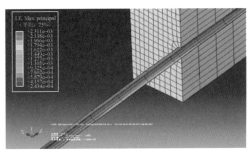

$A_c = 0.1$，管端右（无腐蚀）应变

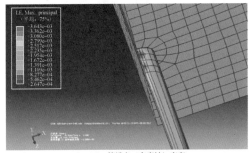

$A_c = 0.5$，管端左（有腐蚀）应变

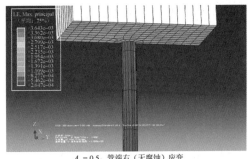

$A_c = 0.5$，管端右（无腐蚀）应变

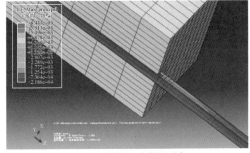

$A_c = 0.8$，管端左（有腐蚀）应变

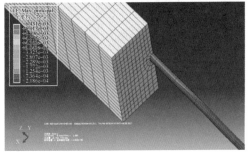

$A_c = 0.8$，管端右（无腐蚀）应变

图 3-78 悬空 60m 时不同腐蚀深度代表值的应变图

结合不同悬空长度下，不同腐蚀坑深度代表值下的不同应变，如图 3-79，可以看出，有腐蚀的管端较无腐蚀的管端来说应变明显更大，并且腐蚀深度代表值越大应变增加越多。除此以外悬空长度增加时，两管端应变均增加，但是从增加程度上来说，有腐蚀管道应变明显比无腐蚀管端应变增加快得多。综合来说，管道有腐蚀管端的应变随着悬空程度增长速度快得多。腐蚀深代表值对管端的应变增长影响很大。

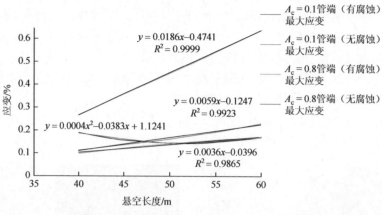

图 3-79　不同腐蚀深度代表值的应变曲线

　　从图 3-80、图 3-81 看出：随着悬空长度增加，管道最大位移增加，并且呈线性增加的趋势。同时管道最大位移在不同的腐蚀深度代表值条件下的最大位移曲线基本重合。这说明管道最大位移不受腐蚀深度代表值的影响，也不随腐蚀深度的变化而变化，仅与管道悬空长度有关。

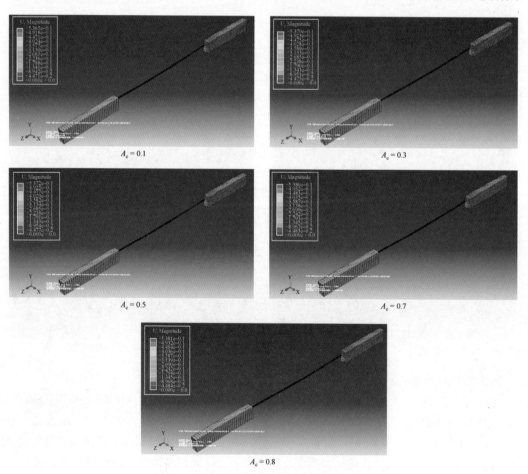

图 3-80　不同腐蚀深度的最大位移图（单位：m）

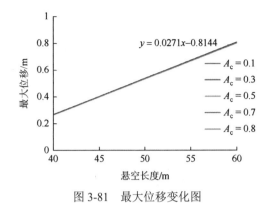

图 3-81 最大位移变化图

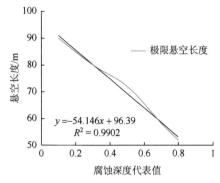

图 3-82 腐蚀位于管端时不同腐蚀深度的
最大悬空距离

从上面的计算结果可以看得出位于管端的腐蚀坑对管道极限悬空长度影响很大,具体如图 3-82 所示,随着腐蚀坑深度代表值的增加,极限悬空长度基本呈线性递减的趋势,说明腐蚀坑深度直接影响管道极限悬空长度。同时和腐蚀坑位于跨中的比较可以发现,腐蚀坑若在跨中其极限悬空长度可以达到 100 多米,而腐蚀若在管道端部,极限悬空长度大大减小,仅有几十米。所以说腐蚀坑的位置也是影响管道极限悬空长度的关键性因素。所以从上面的计算结果表明,管道的极限悬空长度受腐蚀深度、腐蚀坑位置的影响,腐蚀坑位于管端时拟合腐蚀深度与极限悬空长度的关系如下:

$$L = -54.14A_c + 96.39 \qquad (3-3)$$

3.3.3.2 腐蚀宽度

取 X52 型管材,管径 508mm,壁厚 7.9mm 管道,在腐蚀深度代表值 $A_c = 0.3$,腐蚀长度代表值 $L_{ec} = 1$ 的条件下,计算腐蚀宽度代表值 B_c 分别为 0.02、0.05、0.1、0.3、0.5时的应力应变。以下以悬空 40m 管端在不同腐蚀宽度代表值下的应力应变变化为代表(图 3-83)。通过比较应力应变变化,和以最大应变 0.525%作为管道失效的判据,得出不同情况下的极限悬空长度。

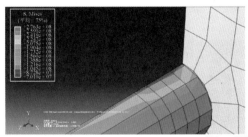
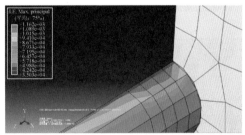

$B_c = 0.02$,悬空40m管端(有腐蚀)应力和应变图

$B_e = 0.02$，悬空40m管端（无腐蚀）应力和应变图

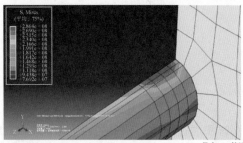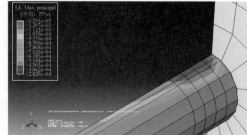

$B_e = 0.05$，悬空40m管端（有腐蚀）应力和应变图

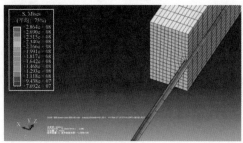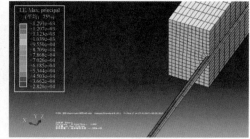

$B_e = 0.05$，悬空40m管端（无腐蚀）应力和应变图

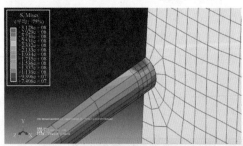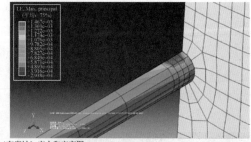

$B_e = 0.3$，悬空40m管端（有腐蚀）应力和应变图

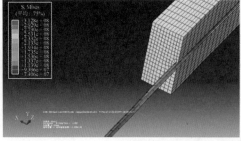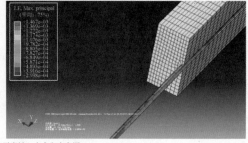

$B_e = 0.3$，悬空40m管端（无腐蚀）应力和应变图

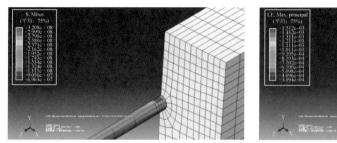
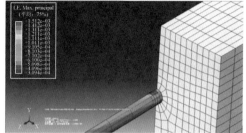

$B_c = 0.5$，悬空40m管端（有腐蚀）应力和应变图

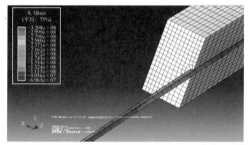
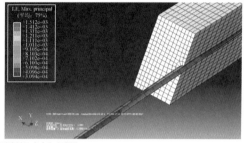

$B_c = 0.5$，悬空40m管端（无腐蚀）应力和应变图

图 3-83　悬空 40m 时不同腐蚀宽度下应力和应变图

通过 4 个不同腐蚀宽度代表值的应力应变曲线，如图 3-84～图 3-87 所示，可以看出管道无腐蚀的端部其应力应变随着腐蚀宽度代表值的增加而保持不变，所以可以看出当悬空 40m，$B_c = 0.02$ 时，管道无腐蚀端的应力和应变分别为 227.0MPa 和 0.1023%。而管道有腐蚀端在同样情况下的应力和应变却分别为 276.3MPa 和 0.1162%，可以看出位于管端的腐蚀坑对其管端局部的影响很大。从腐蚀坑宽度代表值对有腐蚀管道管端应变的影响来看，当悬空 70m 时应变随着腐蚀宽度代表值的增加，而呈线性增长。综合来看，腐蚀宽度对管道的最大应力位置影响很大，危险位置为有腐蚀的管道管端部，管道的最大应力应变就是管道端部的最大应力应变，并且管道最大应力应变受管道腐蚀宽度影响很大，并且应变的增长与腐蚀宽度呈线性关系。

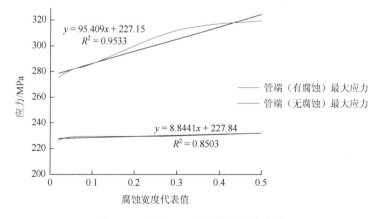

图 3-84　悬空 40m 时管端的应力曲线

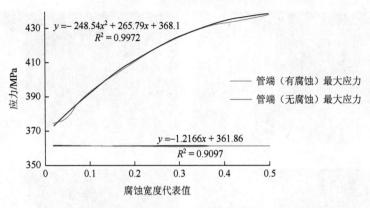

图 3-85　悬空 70m 时管端的应力曲线

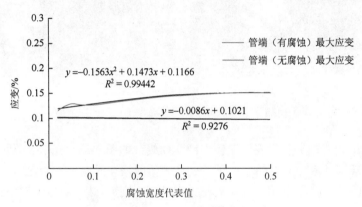

图 3-86　悬空 40m 时管端的应变曲线

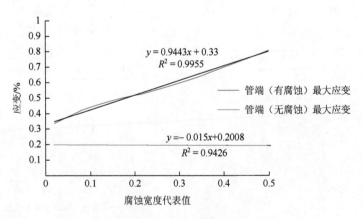

图 3-87　悬空 70m 时管端的应变曲线

　　如图 3-88 和图 3-89 所示，可以看出管道端部时，腐蚀宽度代表值对管道极限悬空长度影响也是很大的，管道无缺陷时，管道的极限悬空长度可达 400m，然而有缺陷的情况下，管道极限悬空长度骤降到 100m 左右，所以可以看出管道有无缺陷对管道极限悬空长度影响很大。除此从上面的最大位移曲线的结果可以看出，管道腐蚀宽度也不影响管道的最大位移。最大悬空位移仅与悬空长度相关。比较腐蚀坑位于跨中和位于管端的情况可以得出：当腐蚀位于管端时，管道的极限悬空长度随腐蚀坑宽度代表值增大，而迅速减小，从 $B_c = 0.02$ 时极限悬空长度为 100m，到 $B_c = 0.5$ 时极限悬空长度为 62m；而腐蚀在悬空跨中处时，管道在 $B_c = 0.02$ 时，极限悬空长度为 99m，到 $B_c = 0.5$ 时极限悬空长度为 53m。比较可以发现，当腐蚀坑大小相同时，位置不同对极限悬空长度区别也很大。拟合腐蚀宽度与极限悬空长度的关系如下：

$$L = 162.9B_c^2 - 180.9B_c + 102.6 \qquad (3-4)$$

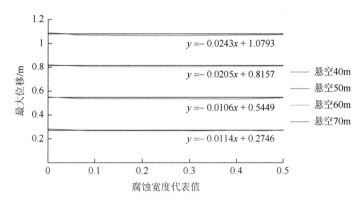

图 3-88　不同腐蚀宽度的最大位移图

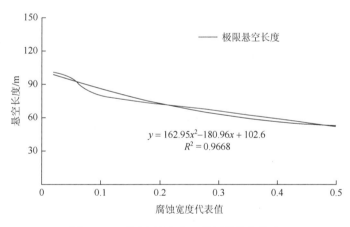

图 3-89　不同腐蚀宽度下的极限悬空长度

3.3.3.3　腐蚀长度

为研究腐蚀坑长度的影响，采用 X52 型，管径 508mm，壁厚 7.9mm 的管道。取 $A_c = 0.3$，$B_c = 0.1$，腐蚀坑长度用长度代表值代替，腐蚀坑长度代表值 L_{ec} 分别取 0.15、0.3、0.5、1、2，计算各种情况下的应力应变。并以前面所述的应变失效判据作为极限应变，计算整理出不同腐蚀坑长度代表值的管道极限悬空长度。

图 3-90～图 3-92 为管道悬空 40m 时，在不同腐蚀长度代表值下含腐蚀管端应力应变图；图 3-93～图 3-95 为管道悬空 70m 时，在不同腐蚀长度代表值下管道两端端部应力图。

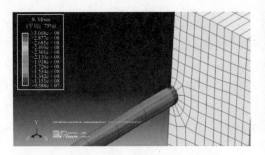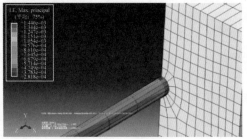

图 3-90　悬空 40m，$L_{ec} = 0.3$ 时含腐蚀管端应力及应变图

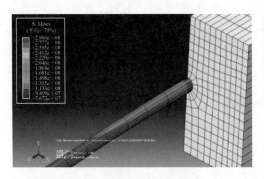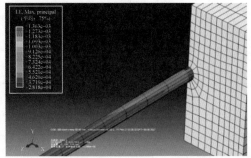

图 3-91　悬空 40m，$L_{ec} = 0.5$ 时含腐蚀管端应力及应变图

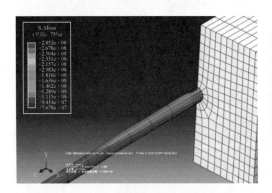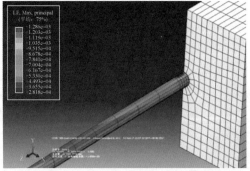

图 3-92　悬空 40m，$L_{ec} = 1$ 时含腐蚀管端应力及应变图

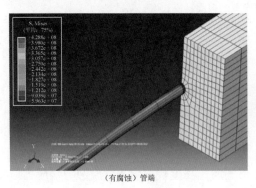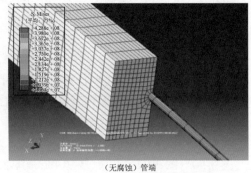

（有腐蚀）管端　　　　　　　　　　　　　　　（无腐蚀）管端

图 3-93　悬空 70m，$L_{ec} = 0.3$ 时两管端端部应力图（单位：Pa）

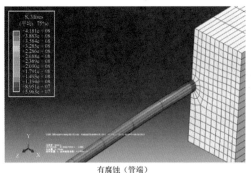 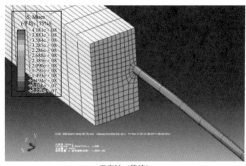

有腐蚀（管端）　　　　　　　　　　　　无腐蚀（管端）

图 3-94　悬空 70m，$L_{ec} = 0.5$ 时两管端端部应力图（单位：Pa）

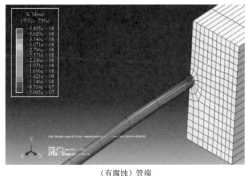 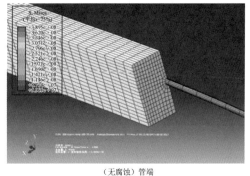

（有腐蚀）管端　　　　　　　　　　　　（无腐蚀）管端

图 3-95　悬空 70m，$L_{ec} = 1$ 时两管端端部应力图（单位：Pa）

从三个应力和应变曲线（图 3-96～图 3-98）可以看出：腐蚀坑位于管端时，腐蚀坑长度对管道管端（有腐蚀）的应力应变有一定的影响，可以看出管道腐蚀坑长度很小时，带腐蚀坑的管端会随腐蚀坑长度代表值增加而增加，但总体应力应变随腐蚀长度变化较小，所以可以认为管道腐蚀长度对管道的最大应力和应变的影响相对较小，可忽略。

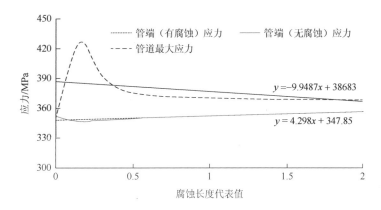

图 3-96　悬空 60m 时不同腐蚀长度代表值的应力曲线

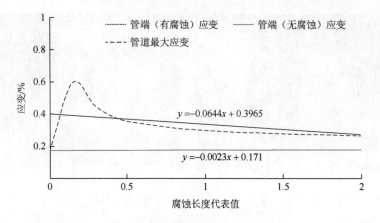

图 3-97　悬空 60m 时不同腐蚀长度代表值的应变曲线

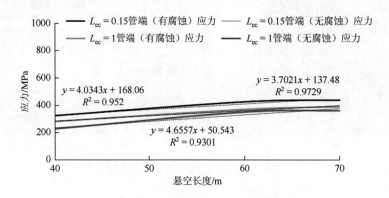

图 3-98　不同悬空长度下有无腐蚀管端的应力对比

从图 3-99 中可看出管道最大位移不随管道腐蚀长度变化而变化。

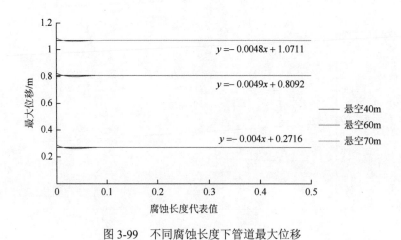

图 3-99　不同腐蚀长度下管道最大位移

通过图 3-100，不同腐蚀长度下极限悬空长度变化曲线，可以得出以下结论：

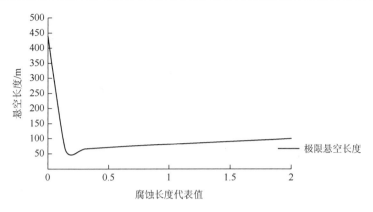

图 3-100　不同腐蚀长度下管道极限悬空长度变化曲线

（1）管道在无腐蚀缺陷时，管道的极限悬空长度可达 400 多米，然而当管道有位于管端的腐蚀缺陷时，管道的极限悬空长度急剧下降，当腐蚀长度代表 L_{ec} = 0.15 时，管道的极限悬空长度仅为 50m，说明了位于管道端部的腐蚀对管道极限悬空长度影响极大。

（2）从变化趋势上看，当腐蚀长度代表值大于 0.15，管道的极限悬空长度随着腐蚀长度代表值的增加略微地增加，但是对于管道极限悬空长度研究来说，增加量是非常微小的，并可以忽略，所以认为管道的极限悬空长度是不受腐蚀坑长度代表值影响的。

由于极限悬空长度受腐蚀长度影响极小，拟合无意义。

3.4　黄土湿陷管道力学行为

典型灾害中管道黄土湿陷是黄土浸水后逐渐湿陷下沉，管道下部土体逐渐与管道脱离，形成陷穴，并有可能致使区域内管道逐渐弯曲变形甚至破坏的过程。已有的相关研究基本上都集中在湿陷完成后的结果分析，或是对土体人为施加位移模拟沉陷。本节将从黄土湿陷的机理和形式出发，模拟黄土湿陷的过程，探究该过程下油气管道的力学反应，在此基础上分析湿陷范围的影响。

3.4.1　管道模型

3.4.1.1　材料参数及模型尺寸

管道黄土湿陷的原始模型是完全埋入土体的一段管道，因此同前一节，只会涉及管道和土体两种材料，从而单元选择、单元参数定义和管土的相互作用模拟也和前文一致。材料本构模型中土体仍采用 D-P 模型，对于管材的本构关系，因为包含多种管材，所以使用操作更为便利的三折线模型，涉及管材及其三折线本构模型应力-应变数据点如表 3-1。

表 3-1　管材三折线本构关系表

管材等级	总应变	应力/MPa	管材等级	总应变	应力/MPa
X65	0.0024	496.8	X70	0.0024	504
	0.04	564		0.015	579
	0.145	508	X80	0.0026	538.2
				0.015	621

假设土体不分层、管材均匀完整、管道按水平无倾角敷设，有限元模型如图 3-101 所示。由于模型较大，单元数量较多，计算过程需要较长时间，考虑到对称性及计算效率，只建立 1/4 模型。模型分为非湿陷区和湿陷区两部分，湿陷区网格加密，管道周围土体网格也加密。为了避免边界条件造成的应力集中，有学者认为采用固定边界时管长应为管径的 60 倍，其中非沉陷区管段长度为 30 倍管径。这里基本模型（即未考虑湿陷区范围变化时的模型）总长 80m（1/4 模型中 40m），其中非湿陷区 70m（1/4 模型中 35m），湿陷区 10m（1/4 模型中 5m），在研究湿陷范围的影响时也按照这个比例扩展尺寸。总模型横截面尺寸根据管道埋深算得，使管道位于中心。

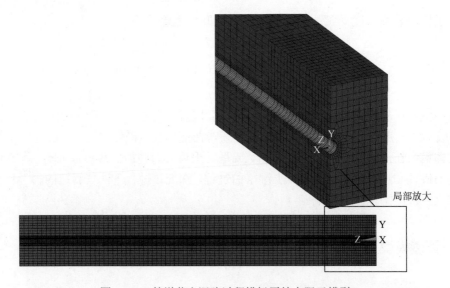

图 3-101　管道黄土湿陷过程模拟原始有限元模型

模型中对称面处土体面和管道线均施加对称约束，管道非湿陷区一端仅约束轴向位移。土体上表面自由，底面全约束，其他面除竖向位移外均约束。

管道考虑按设计压力输气和输油两种情况，输送介质密度同样按等效密度附加到管材密度上。设计压力 10MPa，按法向压力施加在管道壳体单元内表面，指向单元。

根据对西南管道公司管道沿线地质灾害的调查，兰成渝成品油管道的黄土湿陷灾害发育最多，因此本节的分析对象中输油管道主要以该条管线为背景，而输气管道则选择中贵天然气管道和中缅天然气管道中使用的管道。这与进行理论求解的文献[5]中使用的管道不一样，埋深也不一样，因此需要采用相同的原理分别建立用于验证的模型和具体分析的模型。

1. 理论验证模型

验证模型中输气管道规格为 1016×17.5，即管道外径 1016mm，壁厚 17.5mm。管材为 X70，弹性模量 210GPa，泊松比 0.3，密度 7850kg/m³。土体重度为 20000N/m³，内摩擦角 30°，管土摩擦系数 0.5。管道埋深 1.5m，湿陷区长度 50m。这些都是文献[5]中提及的用于理论推导的参数。模型总长 150m，由管道埋深确定横截面尺寸为 5.016m×4.016m，其余参数同具体计算分析的模型。

2. 计算分析模型

如前所述，进行具体计算分析的模型包含两种管道：输油管道外径 610mm，壁厚 9.5mm，管材为 X65；输气管道外径 1016mm，壁厚 15.3mm，管材为 X80。管道埋深均为 2.195m，模型横截面为正方形。管材弹性模量取 207GPa，密度 7850kg/m³，泊松比 0.3。

3.4.1.2　过程模拟

湿陷性黄土遇水湿陷时土体含水量增加，强度降低，产生沉降变形，因此参照边坡稳定性分析的方法，通过改变湿陷区土体的密度、弹性模量、黏聚力和内摩擦角的途径来实现土体湿陷。首先在第一个时间步计算埋地管道在基本黄土未发生湿陷时因自重产生的沉降，然后运用软件重启动技术，从第二个时间步开始改变湿陷区土体参数，计算得到各时间步下土体的湿陷情况，以及管道的内力和变形。

湿陷性黄土区埋设管道的位置发生黄土湿陷灾害的根本原因，是管沟黄土与管沟区外原状黄土结构的不同。同时根据相关调查，长输管道黄土湿陷灾害中黄土陷穴长轴方向与管线走向基本一致，且离管道越近越明显。因此基本模型中湿陷区宽度取为地表处管沟宽度。根据《油气长输管道工程施工及验收规范》（GB50369—2014），初始输油管道模型中该宽度取为 2.7m，输气管道模型中 2.5m。

3.4.2　黄土湿陷作用

按 3.4.1 节的建模思路和黄土湿陷过程模拟方法，首先对验证模型进行模拟计算，将得到的结果与理论解析解进行对比校核，在方法得到验证的基础上对具体研究的输油管道和输气管道在黄土湿陷过程下的力学行为进行细致的分析。最后改变湿陷区范围，计算分析湿陷区范围变化的影响。

3.4.2.1　应力分析

输油管道基本模型按上述方法模拟得到的最终土体湿陷沉降变形情况如图 3-102 和图 3-103。

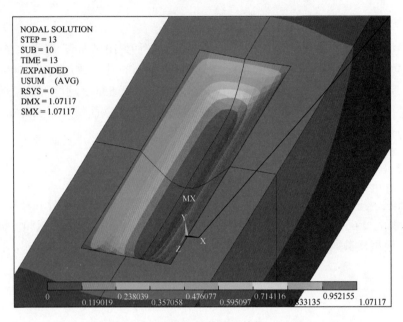

图 3-102　湿陷区总体图（单位：m）

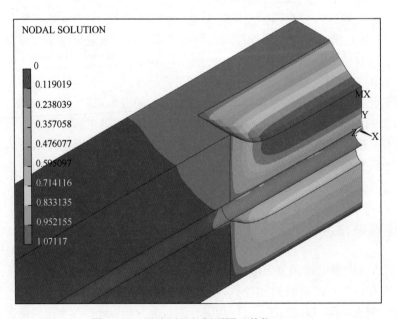

图 3-103　湿陷区局部剖面图（单位：m）

由图 3-102 可清晰地看出，湿陷区土体发生了明显的沉降变形，最大湿陷沉降量超过 1m，且在管道下部产生了沿管道轴向发展的陷穴。进一步研究黄土湿陷过程下管道应力分布及变化，输油管道在土体湿陷达到最大湿陷量时的 Von Mises 应力图如图 3-104 所示。

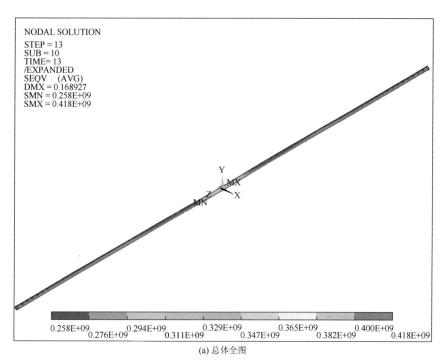

(a) 总体全图

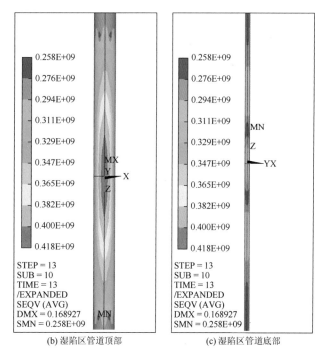

(b) 湿陷区管道顶部　　　(c) 湿陷区管道底部

图 3-104　最大土体湿陷量下输油管道 Von Mises 应力图（单位：Pa）

从图 3-104 可以看出，此时管道的最大 Von Mises 应力位于湿陷区管段中部上表面，同时还可看到在湿陷段下表面、湿陷区和非湿陷区交界处下表面应力值也比较大，输气管道也是如此。这与完全悬空管道类似，只是由于管道上部存在湿陷后未垮塌的土体，相当于在完全悬空管道上部又作用荷载，因此管道 Von Mises 应力值更大。继续研究此时输油和输气管道 Von Mises 应力沿管道轴向的分布，如图 3-105 所示。

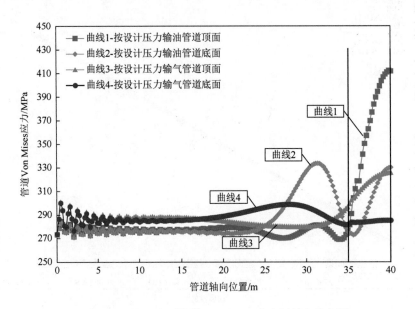

图 3-105　土体湿陷后管道 Von Mises 应力沿轴向分布图

注意此处管道仅为半长，湿陷区管段为图中黑线间，轴向位置在 35～40m 的区域。由图 3-105 可知，无论输油还是输气，土体发生湿陷时湿陷区管道中部都有应力集中，且管道顶面的 Von Mises 应力要明显大于底部。在管道轴向位置 30m 左右，也即土体湿陷区和非湿陷区交界处附近，因土体湿陷沉降，湿陷区管道产生竖向位移，逐渐弯曲变形，同时湿陷区和非湿陷区土体刚度差异较大，管道底部也出现了应力集中。研究黄土湿陷过程对管道的影响，关键在于分析管道力学反应随土体湿陷过程的变化，其中管道最大 Von Mises 应力随土体湿陷沉降量的变化规律如图 3-106 所示。

显然，对于输气管道，应力无论是在数值上还是随土体湿陷量的增速变化上均远小于输油管道，这是因为输气管道的管径和壁厚比输油管道要大得多，同时管材级别也高得多，而管道加输送介质的质量又小于输油管道，土体湿陷下的位移也就要小，由此也决定了曲线中应力的变化特点。从图 3-106 中还可以看出，输油管道模型中土体湿陷量小于 0.5m、输气管道模型中小于 0.3m 时，管道的最大 Von Mises 应力增加明显，之后增长趋于平缓。主要原因是，土体湿陷前期对管道的位移影响显著，管道位移增长较快。后期因土体湿陷产生陷穴，管道悬空，位移增幅减小，应力增速也就减缓。

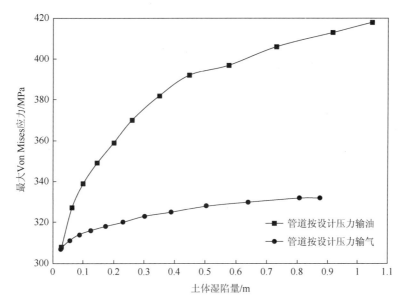

图 3-106　土体湿陷过程中管道最大 Von Mises 应力随土体湿陷量的变化

对管道应力变化曲线进行一元回归分析，得到拟合度最好的公式如下：

$$输气管道：\quad y = 332.6x^{0.023}(R^2 = 0.986) \tag{3-5}$$

$$输油管道：\quad y = 416.5x^{0.087}(R^2 = 0.996) \tag{3-6}$$

式中，y——管道最大 Von Mises 应力（MPa）；

x——地表土体绝对湿陷量（m）。

可以看出管道最大 Von Mises 应力和土体湿陷量呈指数函数关系。

3.4.2.2　位移分析

接着分析土体湿陷过程中管道位移的变化，图 3-107 所示为两种管道在土体不同湿陷量下的最大位移。

可见，模拟湿陷过程下输油管道模型后期土体的湿陷量明显大于输气管道，原因是湿陷后期黄土早已软化，在管道和油品自重下会引起附加沉降，而管道按设计压力输油时，管道加油品的重量要远大于输气管道中管道加天然气的重量，在管土各方面因素的综合作用下，湿陷量也就大得多。仔细观察曲线还可发现，输油管道模型中土体湿陷量小于 0.5m，输气管道中小于 0.3m 时，管道最大位移随土体湿陷量的变化明显，之后比较缓和。这是因为湿陷前期管道下部土体还未和管道分离，两者一起运动。而后期因两者位移和刚度的不同，管道下方土壤脱离管道，产生陷穴，土体继续湿陷，而管道保持悬空，同时管道上方荷载无多大增加，管道最大位移因此增长较慢。

对图中位移曲线进行拟合，得到拟合度最好的公式：

$$输气管道：\quad |y| = 0.026\ln|x| + 0.099(R^2 = 0.984) \tag{3-7}$$

$$输油管道：\quad |y| = 0.038\ln|x| + 0.144(R^2 = 0.985) \tag{3-8}$$

式中，$|y|$——管道最大位移绝对值（m）；

　　　$|x|$——地表土体最大湿陷沉降量（m）。

可见，管道最大位移和土体湿陷沉降量呈对数函数关系。

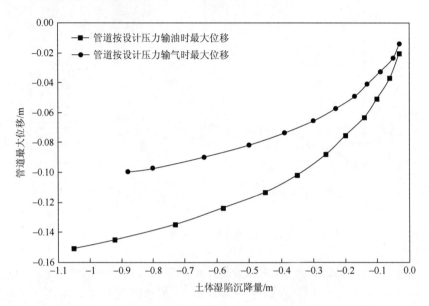

图 3-107　土体湿陷过程中管道最大位移随土体湿陷量的变化

3.4.2.3　湿陷范围影响

在基本模型的基础上，逐渐扩大湿陷区范围，采用相同的模拟方法，计算分析对下埋管道的影响。对比两种管道的计算结果可以看出，随着湿陷区范围的增大，管道最大应力和最大应变均逐渐增大，但因为管道参数和输送介质的不同，输气管道应力应变增幅比较均匀，且应力水平较低。而输油管道在屈服前应力增加较快，应变增长较慢，在屈服产生塑性变形后应力增长很慢，应变则迅速增加。进一步观察输油管道应力、应变图后发现，随着湿陷区范围增大，应力和应变最值范围也逐渐扩大，由最初的湿陷区管段中部上表面向管道纵向和环向发展，最终在湿陷区管段中部下表面，湿陷区与非湿陷区交界处附近管段上下表面也有最值分布。

3.5　悬空管道可靠性极限状态方程

从可靠性中的极限状态出发，以兰成渝成品油管道为背景，取用实际的管道参数进一步研究参数变化对仅悬空管道的影响。由于悬空管道的桥梁型加固主要针对悬空长度不长的情况，此时管道处于弹性状态，悬空长度继续增长后管道将出现塑性变形，可能不适于进行桥梁型加固。因此针对悬空管道的弹性极限状态，取主要变量建立极限状态方程，并讨论了极限状态方程的求解方法。

3.5.1　非缺陷管道

以兰成渝管道为例，考虑影响悬空管道力学反应的主要因素，首先选取极限状态方程的变量，然后根据具体的计算结果，确定含变量方程的具体形式。

3.5.1.1　方程建立和变量讨论

兰成渝管道受水毁作用后常见形式为完全悬空管道，不考虑管道上的焊缝和缺陷，对于特定的管材和内压，考虑主要因素，弹性极限悬空状态下完全悬空管道的极限状态方程为

$$Z = R - S = 0 \tag{3-9}$$

式中 $R = \sigma_{s_{\min}}$，为管材屈服强度下限值，表示悬空管道承载能力，对于特定的管材是常量；而 $S = \sigma_{M} = f(d_{o}, \delta, L)$，为管道因悬空作用而产生的最大 Von Mises 应力，d_{o} 为管道外径，δ 为管道壁厚，L 为管道完全悬空段长度，对于特定的悬空管道灾害是定值，也认为是常量。而对于管道外径 d_{o} 和壁厚 δ，由于制造的误差或生产工艺的差异，具有不确定性，若忽略这种不确定性，相当于回归到了传统的管道设计分析方法，偏保守，与实际情况有所不符，因此需要作为随机变量看待。

3.5.1.2　单因素分析

兰成渝成品油管道干线管径有 323.9mm、457mm 和 508mm 三种，其中 508mm 管径的管道占大部分；壁厚在区间 7.1～12.7mm 内共六种；管材有 X52 和 X60 两种。因此先取定管材，内压与前文一致，计算得到六种管道外径和壁厚比值（径厚比）下、悬空管道处于弹性变形范围内、不同悬空长度下的力学反应，拟合出管道最大 Von Mises 应力与悬空长度的关系式。然后改变管材，得出不同管材下弹性极限悬空长度与径厚比的关系式。

1. 管道悬空长度与管道最大 Von Mises 应力的关系

根据六种径厚比下、悬空管道处于弹性变形范围、而悬空长度不同时管道的最大 Von Mises 应力可见，相同悬空长度下，随着管道径厚比的减小，管道最大 Von Mises 应力也逐渐减小。各径厚比下随着悬空长度的增长，管道 Von Mises 应力自然增大，且在管材屈服强度下限值（X52 管材屈服强度下限值为 360MPa）附近有所波动。将各径厚比下管道最大 Von Mises 应力随悬空长度的变化曲线绘于图 3-108 中。

由图 3-108 也可清晰地看出管道最大 Von Mises 应力随着径厚比减小而减小。对图中曲线进行回归分析，经过一系列试算后发现线性函数拟合效果已经很好，且比较简单。因此在其他参数不变的情况下，径厚比不同时悬空管道最大 Von Mises 应力与悬空长度的关系式如下：

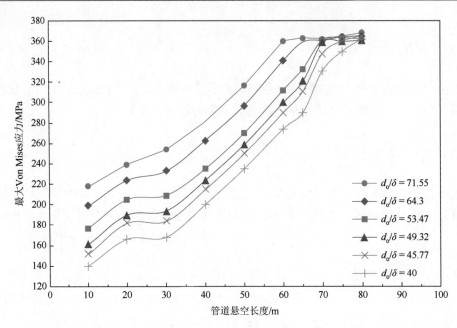

图 3-108　弹性范围内不同径厚比管道最大 Von Mises 应力随悬空长度的变化

当 $d_o/\delta = 71.55$ 时：

$$\sigma_M = 2.4133L + 191.93 \tag{3-10}$$

相关系数平方 R^2 为 0.96。

当 $d_o/\delta = 64.3$ 时：

$$\sigma_M = 2.6848L + 166.36 \tag{3-11}$$

相关系数平方 R^2 为 0.9692。

当 $d_o/\delta = 53.47$ 时：

$$\sigma_M = 2.9543L + 134.99 \tag{3-12}$$

相关系数平方 R^2 为 0.968；

当 $d_o/\delta = 49.32$ 时：

$$\sigma_M = 3.1552L + 115.14 \tag{3-13}$$

相关系数平方 R^2 为 0.9677。

当 $d_o/\delta = 45.77$ 时：

$$\sigma_M = 3.2581L + 102.8 \tag{3-14}$$

相关系数平方 R^2 为 0.9676。

当 $d_o/\delta = 40$ 时：

$$\sigma_M = 3.3105L + 86.076 \tag{3-15}$$

相关系数平方 R^2 为 0.9612。

　　相邻径厚比间其他径厚比下的表达式可采用插值方法近似得到。可见，线性函数模型很好地表达了弹性变形范围内悬空管道最大 Von Mises 应力与悬空长度的关系，如下：

$$\sigma_{\mathrm{M}} = aL + b \tag{3-16}$$

式中，a，b 为回归分析中拟合出来的多项式的系数。

2. 管道弹性极限悬空长度与管材的关系

采用相同的模型，保持其他参数不变，将管材改为 X60，计算不同径厚比下管道的弹性极限悬空长度。取用 Ramberg-Osgood 模型，其中 $n = 10$，$r = 12$，管材屈服应力 415MPa，计算过程如前文 X52 管材的一样，计算结果曲线如图 3-109 所示。

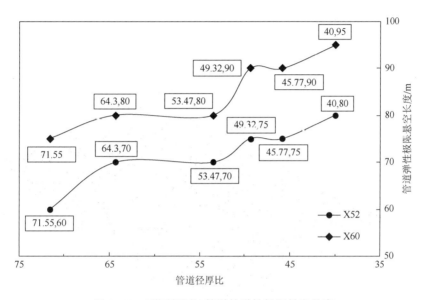

图 3-109　不同径厚比管道的弹性极限悬空长度

可以看出，管材为 X60 时各径厚比下管道的弹性极限悬空长度明显长于管材为 X52 的管道。两种管材下完全悬空管道的弹性极限悬空长度随径厚比的减小而总体增长。其中径厚比在 55～65、45～50 时管道的弹性极限悬空长度相差不大，而其他段径厚比下弹性极限悬空长度增速接近；同样对图中曲线进行拟合，得到拟合度较好，也比较简便的公式如下：

对 X52 管材：

$$L_{\mathrm{L}} = -0.5439 \left(\frac{d_{\mathrm{o}}}{\delta} \right) + 101.08 \tag{3-17}$$

相关系数平方 R^2 为 0.876，式中 L_{L} 为完全悬空管道的弹性极限悬空长度。

对 X60 管材：

$$L_{\mathrm{L}} = -0.6127 \left(\frac{d_{\mathrm{o}}}{\delta} \right) + 118.13 \tag{3-18}$$

相关系数平方 R^2 为 0.8875。

比较式（3-17）和式（3-18），可见管材由 X52 提高到 X60 时，悬空管道的弹性极限悬空长度增长 1.15 倍左右。

3.5.1.3　方程确立

对计算结果进行多参数回归分析,得到兰成渝管道考虑悬空管道主要因素时的极限状态方程中 S,即管道最大 Von Mises 应力的表达式:

$$S = \sigma_{\mathrm{M}} = 0.0316411L^2 + 1.90145\left(\frac{d_{\mathrm{o}}}{\delta}\right) + 82.49391 \qquad (3\text{-}19)$$

这里相关系数 R^2 为 0.9513,拟合效果很好。图 3-110 为由表达式所得数据与有限元计算结果的对比图,图中红色为表达式曲面,蓝色为有限元计算结果曲面。

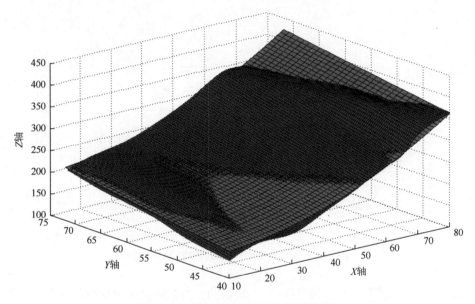

图 3-110　表达式与有限元计算结果对比

因此对该兰成渝管道,其完全悬空时的极限状态方程为

$$Z = R - S = \sigma_{s_{\min}} - \left[0.0316411L^2 + 1.90145\left(\frac{d_{\mathrm{o}}}{\delta}\right) + 82.49391\right] = 0 \qquad (3\text{-}20)$$

3.5.2　腐蚀管道

3.5.2.1　方程建立

已知功能函数 $Z = R - S$,当 Z 为 0 时,管道则达到极限状态,即当 $R - S = 0$ 时,管道的极限承载能力和实际内力相等,管道已经达到了极限状态情况,若管道的内力极限增加,管道将会失效,此时称之为管道的极限状态。而对于管道悬空来说,可以把管道的极限悬空长度作为上述式子中的 R,即是广义上的极限应力,而实际悬空长度则为上述式子

中的 S，即为广义的强度。若两个相等，即是实际悬空长度恰好为管道的极限悬空长度，此时认为这种情况为管道悬空长度的极限状态。那么可将管道的悬空长度的极限状态方程表示为

$$L_R(l_{r1}, l_{r2}, l_{r3}, \cdots, l_{rn}) = L_S(l_{s1}, l_{s2}, l_{s3}, \cdots, l_{sn}) \tag{3-21}$$

式中，L_R 表示管道的极限悬空长度，其中影响管道极限悬空长度的因数可以有 $l_{r1}, l_{r2}, l_{r3}, \cdots, l_{rn}$，其中管道极限悬空长度与管道自身性能相关，所以说上述的各因素中应该包含：管道性能、管道尺寸、管道腐蚀、管道内压等管道自身的特点的影响因素。而 L_S 表示的则是管道实际悬空长度，各影响因素为 $l_{s1}, l_{s2}, l_{s3}, \cdots, l_{sn}$，应包括管道受到水毁灾害作用力、水毁灾害在管道上的分布情况等因素。综上所述，为了更好地研究管道腐蚀对其极限悬空长度的影响，和建立管道极限悬空长度的极限状态方程，在前面一章的管道极限悬空长度的理论研究及实际数据说明中，已经可以得出的结论是：管道极限悬空长度与管道腐蚀坑的长度无关，与腐蚀的位置、腐蚀坑的深度、腐蚀坑的宽度、水毁作用有关，前面的有限元模拟计算中可以得出了腐蚀深度、宽度对极限悬空长度的影响曲线，如前面 3.3 节中各腐蚀尺寸对管道极限悬空长度影响的曲线。

管道极限承载能力（即是广义的应力 R）表示为

$$L_R = L_R(\delta, d_o, h_c, L_L, b, P, \sigma) = L_R(\omega, A_c, L_{ec}, B_c, P, \sigma) \tag{3-22}$$

式中，δ ——管道壁厚（mm）；

$\quad\quad d_o$ ——管道外径（mm）；

$\quad\quad h_c$ ——腐蚀深度（mm）；

$\quad\quad L_L$ ——腐蚀长度（mm）；

$\quad\quad b$ ——腐蚀宽度（mm）；

$\quad\quad P$ ——管道内压（MPa）；

$\quad\quad \sigma$ ——管道屈服应力（MPa）；

$\quad\quad \omega$ ——管道径厚比，无量纲；

$\quad\quad A_c$ ——腐蚀深度代表值，无量纲；

$\quad\quad L_{ec}$ ——腐蚀长度代表值，无量纲；

$\quad\quad B_c$ ——腐蚀宽度代表值，无量纲。

由式子 3-22 可以看出管道极限悬空长度主要与管道的外径、壁厚、内压、屈服应力、腐蚀宽度、腐蚀长度、腐蚀深度等自身影响因素相关。其中为了研究其各因素间影响及对极限悬空长度的影响，可以将上式中外径、壁厚无量纲化为径厚比，将腐蚀深度、腐蚀长度、腐蚀宽度分别无量纲化为腐蚀深度代表值、腐蚀长度代表值、腐蚀宽度代表值等。

通过前期计算已经知道管道径厚比为 100:1 时，不同管径的极限悬空长度差异很小，因此，可以假设认为在径厚比确定条件下，管道的极限悬空长度的变化与壁厚、外径无关。前面的计算中，腐蚀长度对管道极限悬空长度影响很小，这里也可以假定认为腐蚀长度对管道极限悬空长度无影响。综合以上内容有如下结论。

（1）X52，管径 508mm、壁厚 7.9mm（即径厚比为 64.304），内压 4.3MPa，腐蚀坑的位置位于管端时，不同腐蚀情况下的极限悬空长度的统计数据如表 3-2。

表 3-2　不同腐蚀坑尺寸的管道极限悬空长度（腐蚀坑位于悬空段跨中）

序号	腐蚀宽度代表值 B_c	腐蚀深度代表值 A_c	腐蚀长度代表值 L_{ec}	极限悬空长度 L_R/m
1	0.1	0	1.0	436
2	0.1	0.1	1.0	228
3	0.1	0.3	1.0	210
4	0.1	0.5	1.0	208.5
5	0.1	0.8	1.0	202
6	0.1	0.9	1.0	200
7	0	0.5	1.0	436
8	0.02	0.5	1.0	212
9	0.05	0.5	1.0	212
10	0.3	0.5	1.0	206
11	0.5	0.5	1.0	158

　　基于前面可靠度理论模型，结合 3.3 节中计算结果和结论，若不考虑管道内压和管道屈服应力的随机性时（即认为此时内压和屈服应力为恒定的），可以得出带腐蚀管道的极限悬空长度（即广义应力）的关系式如下：

$$L_R = L_R(\delta, d_o, h_c, L_L, b, P, \sigma) = L_R(A_c, B_c) \tag{3-23}$$

式中，A_c——管道腐蚀深度代表值；

　　　　B_c——管道腐蚀宽度代表值；

　　　　P——管道内压；

　　　　σ——管道屈服应力；

　　　　h_c——管道腐蚀深度；

　　　　d_o——管道外径；

　　　　δ——管道壁厚；

　　　　L_L——管道腐蚀长度；

　　　　b——管道腐蚀宽度。

　　基于前面的研究，基本可以得出管道腐蚀长度对管道极限悬空长度影响很小，在此忽略其影响，所以在上述情况下管道极限悬空长度的研究中不考虑腐蚀坑长度的影响因素。

　　通过表 3-2 中数据，采用多因素回归分析方式，可拟合为式（3-24）（其中 R^2 为 0.99）：

$$L_R = 47.453 + \frac{5.29 A_c}{0.79} + \frac{1.67}{0.004 + \dfrac{B_c}{0.67}} - \frac{0.02}{\left(0.004 + \dfrac{A_c}{0.79}\right) \times \left(0.004 + \dfrac{B_c}{0.67}\right)} \tag{3-24}$$

式中，A_c——管道腐蚀深度代表值；

　　　　B_c——管道腐蚀宽度代表值。

　　由前面章节中提到的 $A_c = \dfrac{\delta}{h_c}$，$B_c = \dfrac{b}{\pi d_o}$ 的定义代入式（3-24），可以得到如下：

$$L_R = 47.453 + \frac{5.29\delta}{0.79h_c} + \frac{1.67}{0.004 + \frac{b}{0.67\pi d_o}} - \frac{0.02}{\left(0.004 + \frac{\delta}{0.79T}\right) \times \left(0.004 + \frac{b}{0.67\pi d_o}\right)}$$

(3-25)

（2）X52，管径 508mm，壁厚 7.9mm（即径厚比为 64.303），内压 4.3MPa，结合前文中具体计算结果，如下表 3-3 所示；腐蚀坑的位置管道的悬空跨中处，拟合管道极限长度与管道腐蚀坑的深度和宽度代表值可得式（3-26）、式（3-27）。

$$L_R = 173.4 + \frac{12.6}{\left(0.018 + \frac{A_c}{5.38}\right) \times \left(2.635 + \frac{B_c}{0.0358}\right)}$$

(3-26)

$$L_R = 173.4 + \frac{12.6}{\left(0.018 + \frac{\delta}{5.38h_c}\right) \times \left(2.635 + \frac{b}{0.0358\pi d_o}\right)}$$

(3-27)

上述两个公式的 R^2 为 0.985。

表 3-3　不同腐蚀坑尺寸的管道极限悬空长度（腐蚀坑位于管端）

序号	腐蚀宽度代表值 B	腐蚀深度代表值 A	腐蚀长度代表值 L_{ec}	极限悬空长度 L_R/m
1	0.1	0	1.0	436
2	0.1	0.1	1.0	90
3	0.1	0.3	1.0	80
4	0.1	0.5	1.0	72
5	0.1	0.7	1.0	58
6	0.1	0.8	1.0	52
7	0	0.3	1.0	436
8	0.02	0.3	1.0	101
9	0.05	0.3	1.0	96
10	0.3	0.3	1.0	64
11	0.5	0.3	1.0	62

因此通过上面的拟合来看，管道的极限悬空长度与腐蚀坑间的各个参数间关系密切，也从侧面验证本研究的合理性。极限状态方程的通用表达方式如下：

$$Z = R - S = 0$$

(3-28)

综上所述，X52，管径 508mm，壁厚 7.9mm（即径厚比为 64.304），内压 4.3MPa 的管道悬空长度的极限状态方程可以表示如下：

当腐蚀坑位于管端时：

$$L_R = 47.453 + \frac{5.29\delta}{0.79h_c} + \frac{1.67}{0.004 + \frac{b}{0.67\pi d_o}} - \frac{0.02}{\left(0.004 + \frac{t}{0.79h_c}\right) \times \left(0.004 + \frac{b}{0.67\pi d_o}\right)} = L_S$$

$$\text{(3-29)}$$

当腐蚀坑位于悬空管道跨中处：

$$L_{\text{R}} = 173.4 + \cfrac{12.6}{\left(0.018 + \cfrac{\delta}{5.38h_{\text{c}}}\right) \times \left(2.635 + \cfrac{b}{0.0358\pi d_{\text{o}}}\right)} = L_{\text{S}} \qquad \text{(3-30)}$$

由于这是对 X52 型，管径 508mm，壁厚 7.9mm 的管道来研究的，因此上述极限状态方程的适用范围为：X52，管径 508mm，壁厚 7.9mm，内压 4.3MPa，完全悬空的带腐蚀的管道，腐蚀的深度的范围为 $0 \leqslant h_{\text{c}} < 0.0079$，腐蚀宽度的范围为 $0 \leqslant b < 3.19024$。

3.5.2.2　随机变量分布

腐蚀管道的各个影响变量都具有随机性，并且各个随机变量间都或多或少地具有相关性，腐蚀管道各随机变量间的相关性也会影响到可靠度计算的准确性。但是各个随机性变量相关性的研究相对比较复杂。本章在此暂不做阐述。因此本章考虑的腐蚀管道随机变量都视为相互独立的，并无相关性。

通过前两节的阐述，腐蚀管道的影响因素为：管径、壁厚、腐蚀深度、腐蚀长度、腐蚀宽度、腐蚀位置、输送内压、管道屈服应力。可靠性理论中，任何事物都受随机波动性的影响，因此这些变量都具有随机性，也把这些变量变为随机变量。

1. 管径和壁厚的随机变量分布

在机械制造行业，加工制造的整个周期中，存在许多误差源，且误差源种类繁多、随机变化，具有明显的多样性和随机性。在复杂误差源的作用下，实际管道的尺寸不可能完全达到预计要求，因此实际的管径壁厚允许存在一定的误差，所以对于管道的管理者来说常常采用偏差来管理分析管道。从供货商提供的管道实际尺寸可以看出这批管道的制作质量。因此工程中管径和壁厚的随机变量分布常常先从供货商中获得管道制作误差（实际测量长度、均值、标准差）和抽样调查的实际数据，然后结合可靠度统计方法假设和检验概率密度分布函数，最后确定概率密度分布函数的各个参数。最后在足够的样本容量下获得管径和壁厚的随机分布情况。

2. 腐蚀深度和腐蚀宽度的随机变量分布

管道穿越环境复杂，经常与各种环境接触，受到各种化学、生物的作用，导致管道容易发生腐蚀，同时输送介质及输送压力都会影响管道的腐蚀。管道的腐蚀导致失效的形式主要有：腐蚀穿孔、局部爆破和整体断裂。在前面的研究中，主要考虑管道腐蚀断裂的失效形式，这类腐蚀失效主要与管道极限承载拉应力相关。管道腐蚀的种类很多，在前面的章节中已经叙述到，本章考虑的腐蚀为局部腐蚀，是一种危害性大、发展迅速的腐蚀形式之一。腐蚀深度和腐蚀宽度与接触环境、实际工况有关，由于穿越地形复杂、环境不同、工况变化，腐蚀深度和腐蚀宽度也具有明显的随机性。像腐蚀深度和腐蚀宽度这类随机变量，只有通过大量的管道检测数据统计分析，才能够得出其随机分布变量的特征。

在实际工程中，管道检测是经常进行的工作，在管道检测中，腐蚀内检测也是最重要的检测项目，在国内检测腐蚀检测技术不断地提高的前提下，在役管道腐蚀的实际数据可以通过检测科学地获得。在大量的实际检测数据前，可通过假设随机变量分布情况类型，然后再利用实际数据验证随机变量分布的方法来获得随机变量的分布。

3. 管道内压和屈服强度的随机变量分布

管道内压和屈服强度都为随机变量，管道内压与实际工况相关，在不同的工况下，由于管道中存在各种腐蚀及缺陷、管道不再是设计时的状态，管道具有明显的变化，因此在考虑管道内压时，主要依据管道的实际情况，通过对管道各个管段、各个随机位置的内压调查，以实际测得数据为基础，通过随机变量分布确定的方法，来获得管道内压的随机变量分布。屈服强度和拉伸强度的相关性取决于管道的组织成分和轧制工艺。屈服强度的分布与管道组织排列相关，不同的制造工艺决定管道组织成分排列的均匀性，因此对于不同的管道的屈服强度是有区别的，在考虑管道屈服强度的随机变量分布时，应该以各制造商提供的实际拉伸和压缩的强度数据为依据，同时再采用抽样方法取得实际屈服强度的实验数据，在大量的实验数据和实际调查的数据中通过随机变量的确定方法获得具体某种材料的屈服强度。

3.6 悬空管道加固

3.6.1 管道水毁常用防治方法

管道水毁的诱因有：地质地形条件、降水等气候条件、人工活动。管道水毁防治可以从上述三方面入手，管道水毁的内部原因就是管道敷设的地质地形条件，因为不同区段的管道所处地形不同，不同区段管道所埋设方式不同，不同地形地貌采取的敷设方法不同，这三方面的不同都会导致管道水毁的不同，同时针对不同的地形地貌采取的防治方法和要求也不同。工程实例中常常发现：管道周围覆土流失是管道水毁悬空的主要影响因素，那么首先应该就地形地质条件不同，做好防治管周水土流失。

1. 防治管周水土流失

从防治管周水土流失出发，可以制定固土、排水、减少人工活动影响等方面的措施。

固土：尽量保持地表植草，使得在长期降水等汇水作用条件下，土体表面饱满，土壤流失量较少。可以有效抑制由于地表水的冲刷导致的管道水毁；如有需要还可以采取相应的土体固化措施，某些土体中本身含水量大，流动性强，管道只有排除多余水分或者采用固结土体等方法，才能有效抑制由于土壤自身流性导致的管道水毁；除此在埋地管道合理位置设置挡土墙等防护设施，可以有效避免管道受到土体移动、流失的破坏；再者，管沟覆土的回填夯实的效果也会影响管周土壤的流失，如能够将管沟夯实密实，并保持土体含水量，那么可以很好地保护管道。

排水：合理规划地表及地下排水系统，特别是排水口的位置、排水管的数量、排水的方式，这几方面直接影响到管土系统的排水好坏，在遇到特殊天气下，大量降水后的水分排出情况是关乎管道安全与否的关键。因此在不同的敷设条件下，应该充分考虑土体排水系统的完善规划问题，应该尽量保持土体中的含水量，这样对于维持管土结构稳定性有很大的帮助。特别地，管道穿越不同坡度下，应该采取不同的排水措施。另外还应该设置相应的排水、防水、护土的结构。

2. 优化管道线路

众多文献结论都表明，避免管道穿越易发生灾害的地段、地形、土体形式，做好前期相应的地质勘查工作、针对特殊地质地形选用特殊的敷设方式和方法，可以有效控制管道遭遇水毁风险。因此管线设计就应该充分做好沿线地勘，尽量全面地了解管道穿越所有地形以及气候变化特点，完善管道沿线的灾害预警机制和应急预案，可以很大程度上把管道遭遇水毁风险降低。除此由于水毁发生具有随机性，并且水毁作用力也具有随机性，那么在风险预测和安全评价中一定要注意以可靠度理论为基础，结合水毁随机性的特点来分析和研究问题。

3. 管道强固及提前预防

分析众多管道水毁灾害实例，可以看出管道往往遭遇水毁的位置具有很强的随机性，并且水毁作用力和水毁形式也不易确定，所以管道水毁灾害是很难预测的，但是分析许多管道水毁的灾害点，可以看到管道遭遇水毁后并不会立即发生失效，而是通过一段时间后演变成各种严重的水毁作用形式后才会发生失效。例如洪水冲击埋地管道，导致管道悬空，由于管道自身具有一定的抗拉性能，所以很多管道可以悬空很长才会失效，只要能及时加固管道，就可以大大减小管道的破坏。所以对于管道水毁的治理一定要及时，正如本章中研究的极限悬空长度，在极限悬空长度范围内就进行管道固强可以有效避免管道水毁，这也说明管道水毁极限悬空长度的研究意义。

3.6.2　碳纤维材料加固

管道悬空是很常见的水毁灾害形式之一，在水毁灾害点的统计中，很多管道都会发生悬空，但是悬空长度不同，并且在长时间的悬空下，管道发生弯曲变形甚至断裂。所以水毁导致的悬空若不及时加固很容易导致管道失效。

悬空管道的加固方法很多，许多研究者认为缩短管道的悬空长度可以很好地保护悬空管道。其中采取增加支撑是常用的方法，具体的做法是在悬空管段中添加许多支座，以此达到缩短每段管道的悬空长度的目的，从而使得管道更加安全。而也有许多学者认为改变悬空管道的受力可以很好地保护管道，其中学者张鹏等认为采用纤维复合材料包裹悬空管道，可以很好地防治管道由于悬空导致的失效。

碳纤维复合材料具有抗拉强度大、弹性模量大、重量轻、防腐性好、耐久性好等特点，所以许多加固方法中都采用此种材料，但应用于管道强固的实际案例和研究比较少。在混凝土的强固中研究比较成熟，碳纤维复合材料一般用于混凝土梁等受弯构件的加固，主要原理是将碳纤维复合材料采用高强度有机胶粘贴于管道的受拉侧，改变原有混凝土的应力分布，碳纤维复合材料受拉，充分发挥碳纤维复合材料的抗拉强度大的特点。

碳纤维复合材料加固悬空管道，碳纤维复合材料对于受弯构件的加固具有很明显的优势。纤维复合材料包括：碳纤维材料、玻璃纤维材料、芳纶纤维材料，碳纤维比其他两种材料抗拉性能更好，在管道缺陷补强方面应用尤为广泛。利用碳纤维材料包裹管道加固悬空管道的方法可以使管道应力重排，使得各处均匀受力。达到优化管道的作用。

以下为碳纤维复合材料包裹悬空管道管端的应力应变对比。

假设采用 X52 型管材，管径 508mm，壁厚 7.9mm，管道由于水毁作用发生完全悬空 20m，由于管道完全悬空，仅考虑模型自重的影响情况；管道的参数见前面内容。

碳纤维材料的性能参数如下表 3-4；由于碳纤维材料的抗拉强度很大，因此本章利用有限元软件分析时，仅考虑碳纤维材料的弹性状态，由于粘贴完成的碳纤维布成圆筒状，因此。碳纤维材料的有限元模型为薄壁的圆筒状；在实际工程中，碳纤维材料和管道间是采用有机胶连接的，为了更好考虑管道和碳纤维材料的黏接性能，因此在模型建立中，碳纤维布和管道采用绑定（Tie），碳纤维布每层的厚度为 0.167mm，此处考虑的为双层碳纤维布缠绕粘贴于外壁的情况。

表 3-4 碳纤维材料的性能参数

材料	泊松比	密度/(kg/m³)	弹性模量/MPa	抗拉强度/MPa
碳纤维布	0.17	1700	246000	3083

下面是利用有限元软件 Abaqus 模拟利用碳纤维复合材料缠绕在悬空管道的外部的计算，3-111～图 3-113 分别为管道完全悬空 20m 时加固前后应力图对比、应变图对比和位移对比图。

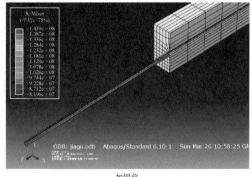

加固前　　　　　　　　　加固后

图 3-111　悬空 20m 时加固前后应力图对比（单位：Pa）

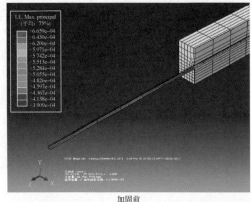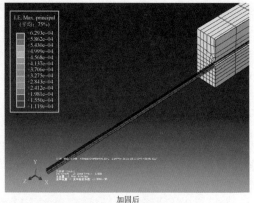

加固前　　　　　　　　　　　　　　　　　　加固后

图 3-112　悬空 20m 时加固前后应变图对比

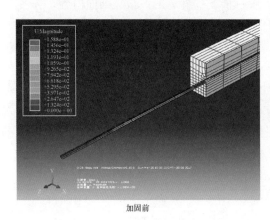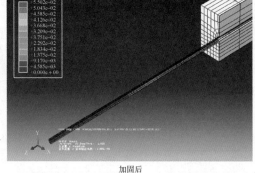

加固前　　　　　　　　　　　　　　　　　　加固后

图 3-113　悬空 20m 时加固前后位移图对比（单位：m）

综合上述，可得出如下结论：

对于管道悬空 20m 时，使用碳纤维布加固后，悬空管段的应力、应变、位移都减小了很多；加固前，管道的最大应力应变均出现在管端，此时最大应力为 143.8MPa，最大应变为 0.06659%。而加固后由于应力重排，导致管道的最大应力应变均在埋地管段中，最大应力为 132.7MPa，最大应变为 0.06293%。最大位移加固前后都出现在悬空段的跨中处，加固前为 0.15m 左右，而加固后为 0.05m 左右。从上面的计算对比中，可以看出使用碳纤维布加固悬空管道的效果明显。

3.6.3　两类桥梁型加固

油气管道本身就有着较强的跨越能力，很多情形下灾害导致管道悬空，但悬空长度不长，深度却较深，回填或沉管无法实现。同时在一些地质条件不好的地区，埋地管道很容易受灾害影响再次悬空。针对这两种情况，可以对悬空管道进行桥梁型加固，将其改为管道跨越结构。以管道跨越或管桥的思维，结合已有的工程实例，总结两种能用于治理及加固悬空管道的方案，其中三跨连续管道跨越中的加固体系为作者参考相关管道跨越和管桥方案后设计。

3.6.3.1　单跨管道跨越式加固

这种加固方式类似于管道跨越中的"Π"形结构[6]，在悬空管道两端设置混凝土加固墩限制管道位移，悬空段则完全依靠管道自身的跨越能力，适用于悬空长度较短的情况，如图 3-114 所示。不同于"Π"形管道跨越的一点是，因为大多数管道悬空灾害是直管埋地后悬空，因此没有两侧的 45° 弯管温度补偿器。

图 3-114　单跨管道跨越式加固

3.6.3.2　三跨连续管道跨越式加固

管道跨越中多跨连续梁结构适用于常年水位较浅、河床地质条件较好（允许在河流中设置基础）的中小型河流，它结合了管道本身的跨越能力和桥墩等附加结构的支撑，所以跨越长度比较长。在管道悬空加固中，只要悬空管道仍处于弹性阶段，都可以参照多跨连续梁式管道跨越进行治理，但多跨意味着多墩、多桩，包含着较大的工程量和施工难度，工期较长。同时在管道悬空灾害中有些情况根本不允许在悬空中段设置桥墩，因此仅在离悬空管道两端较近的位置设置两个桥墩、两处支撑，将悬空管道改为三跨连续管道跨越，中跨较长，靠管道发挥自身的跨越能力，如图 3-115 所示。

图 3-115　三跨连续管道跨越式加固

这种加固方式可用于加固治理更长的悬空管道，也避免了大量的桥墩施工，适用于更多的悬空管道灾害。

　　考虑到目前用于连续管道跨越的桥墩和支撑大部分都是针对多跨情形,且是先有支撑再有管道,不一定适用于悬空管道中已有管道需要加支撑的情况。因此参考已有的一些管道跨越、悬空管桥的桥墩和支撑,设计了如图 3-116 所示的一种用于本章悬空管道的加固支撑体系方案。

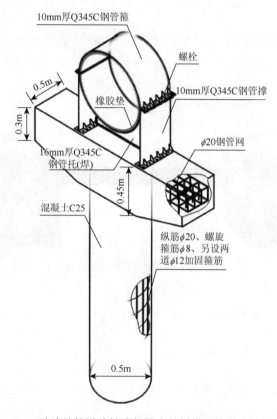

图 3-116　三跨连续管道跨越式加固中的桥墩和管道支撑稳定结构

　　桥墩中竖向钢筋共计 8 根,通常布置且伸入盖梁 40cm 左右;螺旋箍筋间距 200mm,另外每 2m 设置一道焊接加固箍筋。桥墩中钢筋的混凝土保护层为 7.5cm 左右。盖梁中沿长轴方向钢筋间距 100mm,保护层厚 10cm,共 3 层;沿盖梁短轴方向钢筋间距 150mm左右,保护层厚 8cm;在长轴和短轴钢筋相交的位置由竖向钢筋连接成钢筋网架。可见桥墩和盖梁的构造与一般多跨连续管道跨越无多大不同,但支撑和稳固管道的部分设计了管托、管撑和管箍三个结构,相互之间靠焊接或螺栓连接,适用于现场分步骤安装。工程实际中在加固悬空管道时,可以将管道先顶升,待安装固定好管托、管撑和下半管箍部分后再就位,最后安装固定上半管箍稳定悬空管道。

参 考 文 献

[1]　Evans A J. Three-dimensional Finite Element Analysis of Longitudinal Support in Buried Pipes[D]. U S:Utah State Univsity,2004.

[2] 唐永进. 压力管道应力分析[M]. 北京：中国石化出版社，2010.

[3] 龙驭球. 弹性地基梁的计算[M]. 北京：高等教育出版社，1989.

[4] 马廷霞，吴锦强，唐愚等. 成品油管道的极限悬空长度研究[J]. 西南石油大学学报（自然科学版），2012，34（4）：165-173.

[5] 尚尔京. 川气东送工程中地层塌陷及土壤液化区段管道安全评估[D]. 北京：中国石油大学，2009.

[6] 薛强. 管道跨越设计简介[J]. 天然气与石油，1999，17（2）：27-31.

4 崩　　塌

崩塌通常是指位于坡度较大的斜坡上的岩石和土块等崩塌体,在外力扰动或是重力作用下发生脱离母体斜坡的突然坠落或是倾落运动。其中,由土块构成的称为土崩,由体积较大岩块构成的崩塌体称之为岩崩,而大规模的岩崩称之为山崩。崩塌体与斜坡的分离面称之为主控结构面,主控结构面的坡度角可大可小,但是其地貌特征表现为岩体松散居多,且存在较多裂隙,通常会呈现出层理结构等。崩塌体沿崩塌斜坡的再运动方式有多种,当崩塌结构较为松散,灾害发生后还会在坡脚处形成崩塌倒石锥。崩塌倒石锥一般会呈现出堆积状,结构松散而杂乱、含有较多孔隙,通常不表现出层理,有时也会对管-土结构产生一定的横向推力作用。

判断崩塌灾害的发生概率,最直观的方法就是观察危岩体所在地的地形地貌特征。崩塌危岩体所在地通常有如下特征:危岩斜坡坡度大于 45°且高差较大,或危岩陡坡凹腔发育较为明显,或危岩坡体有探头崖伸出母体;当危岩斜坡上部有明显的张拉裂隙,或其主控结构面上存在较多裂隙,或危岩岩体内部裂隙发育明显。这些特征都是危岩体主控结构面失稳的最常见岩体结构特征。当坡体裂隙完全贯通时,危岩体脱离母体斜坡极有可能发生崩塌灾害。当斜坡底部存在崩塌堆积物或崩塌倒石堆,已有崩塌灾害发生,不能忽视二次灾害的发生概率。

崩塌灾害发生时,崩塌危岩体在斜坡上的运动形式可能会呈现多种样式,包括跳、滑、滚以及滚动和滑动相结合的方式等。当管道敷设在受到崩塌灾害威胁的地区时,根据危岩所在斜坡坡度 θ 的不同,将灾害对管道产生的工程危害程度主要可以分为下面四个级别。

(1) 当危岩体位于缓坡地带($0<\theta\leqslant 27°$),由于斜坡坡度很小,危岩体的运动方式以滑动运动为主,崩塌危岩体的大部分动能和势能都通过摩擦阻力的作用转化为危岩体和山体的内能了。并且危岩体在斜坡上运动加速度较小,对管道几乎没有破坏作用。

(2) 当危岩体位于较陡坡地带($27°<\theta\leqslant 40°$),崩塌体沿坡面的运动方式可能呈现为滚动方式,即使危岩体的初始势能和动能比较大,但是运动距离一般比较长,加速度较小,速度变化较慢,危岩体会从管道上方覆土滚过,对管道产生的冲击作用较小,对管道不会造成较大危害。

(3) 当危岩体位于陡坡地带($40°<\theta\leqslant 60°$),危岩体可能会以跳跃式运动坠落,危岩体坠落加速度较大,速度增长很快,会产生较大的动能,对管土结构产生较大的冲击力,造成管道产生较大的应力,发生变形失稳甚至可能导致管道断裂。

(4) 当危岩体位于陡峻地带($60°<\theta\leqslant 90°$),自重较大的危岩体呈悬空状态,受到外力侵扰,导致危岩体脱离母体山坡,在重力作用下以自由落体方式运动,其巨大的势能大部分转化为动能,对管土结构产生巨大的冲击力,直接砸坏管道或使其产生变形破坏。

4.1 管道力学分析

4.1.1 管道下方

当崩塌危岩位于管道下方时，埋地管道受覆土的作用和约束，一旦地面发生崩塌、灾害，管道失去土体的支撑作用，可能造成埋地管道发生弯曲变形或导致管道悬空，产生较大的竖向挠度直至断裂，对管道安全带来重大隐患。当危岩位于管道下方，崩塌后会造成管道大面积悬空，在管道自重、输送介质重量等荷载作用下，将会导致管道出现较大的挠度变形，甚至直接出现管道拉断，导致管道破坏失效，简化模型如图 4-1 所示。

图 4-1　崩塌危岩位于管道下方

根据崩塌灾害发生危害程度不同，可能导致残留在管道上方的覆土重量和分布情况不同，造成管道上表面承受的荷载分布情况也不同，大体上可将其简化为三种形式。一是覆土完全掉落，管道仅受自重作用；二是只有管道下表面覆土崩塌，上方覆土基本完整，管道受均布荷载作用；三是崩塌覆土坠落不均匀，管道受抛物线型荷载作用。三种荷载的分布形式如图 4-2 所示。

4.1.2 管道上方

当危岩位于管道上方，崩塌后危岩自高空飞落对管道产生冲击，特别是高程较大的地区，崩塌危岩下落到管道上方土层产生强大的瞬时冲击力和附加应力，使管道承受的应力超过其规定的许用应力，从而使管道发生变形失稳甚至断裂破坏，简化模型如图 4-3 所示。

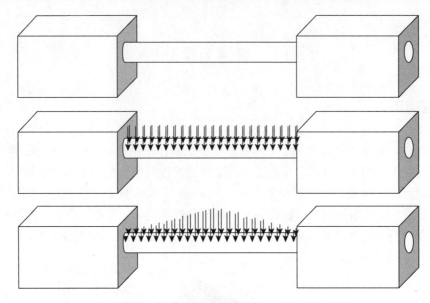

图 4-2　崩塌灾害发生于土体-管道下方受力作用简化图

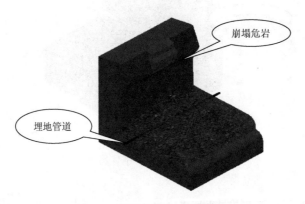

图 4-3　崩塌危岩位于管道上方

　　研究埋地管道在崩塌落石作用下的应力应变变化,管道为不同材质不同参数的薄壁钢管,土体为半无限空间体,落石触地时假设速度垂直向下,并且作用于土体-管道结构的正上方。落石冲击载荷是一个瞬时载荷,作用时间很短,其本质是一个单次脉冲,理论上应按波动理论计算。工程中为了降低问题的复杂性,通常会将冲击载荷考虑为静载荷计算。根据落石与管道覆土的触碰面积,此处将落石冲击力简化成均布荷载作用于覆土上[1],如图 4-4 所示。

4.1.3　管道侧方

　　当危岩位于管道侧方,崩塌后危岩沿斜坡倾落对管道侧方的覆土产生冲击,巨大的冲击力同样会通过土体传递给管道,致使管道承受的应力超过其规定的许用应力,从而导致管道发生强度破坏,简化模型如图 4-5 所示。

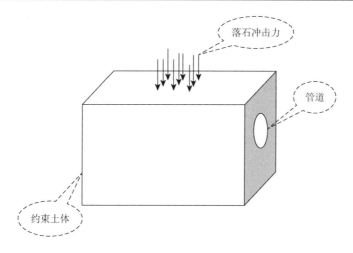

图 4-4 崩塌灾害发生于土体-管道上方受力作用简化图

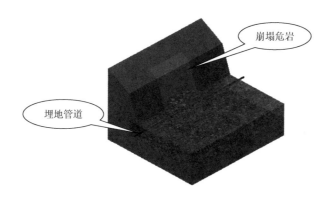

图 4-5 崩塌危岩位于管道侧方

　　根据崩塌危岩位于管道上方的模型简化作用图,此处对崩塌危岩位于管道侧方做类似简化,如图 4-6 所示。

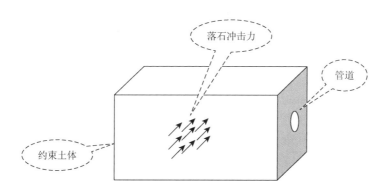

图 4-6 崩塌危岩与土体-管道结构作用简化图

4.2　正常工况下埋地管道应力分析

油气输送管道应力情况复杂，主要包括管道覆土应力，温差应力，残余应力以及风荷载、地震、运行过程中产生的振动应力等。

4.2.1　覆土应力

根据管道的埋置施工方法不同，埋地管道可分为无沟埋设和沟埋，两种管道管顶的垂直土压力计算方法也不同。油气输送管道以无沟埋设和沟埋式两种为主，因此这里仅对无沟埋设和沟埋式管道的覆土应力进行分析[2]，土壤坚固系数见表 4-1。

表 4-1　土壤的坚固系数

土壤的类别	坚固系数
沼泽土，流沙，泥浆	0.1～0.3
砂，细砾石，填土	0.5
软亚黏土，潮湿沙土，腐殖土	0.6
黄土，卵石，重压黏土	0.8
密实黏土	1.0
碎石土，片岩，硬黏土	1.5
软片岩，软石灰岩，白坐、冻土、泥灰岩、固结卵石及粗砂	2.0
密实泥灰岩、非坚硬片岩	3.0
坚硬黏土质片岩、非坚硬砂岩及石灰岩、软砾告	4.0

4.2.1.1　无沟埋设管道

无沟埋设管道单位管长上的竖向土载荷计算如下：

$$q_0 = \gamma_s H_c D \tag{4-1}$$

$$H_c = \frac{e_{消}}{2 f_c} \tag{4-2}$$

$$e_{消} = d_o \left[1 + \mathrm{tg} \left(45° - \frac{\varphi}{2} \right) \right] \tag{4-3}$$

式中，q_0——单位管长上的垂直土载荷（N/m）；

γ_s——土壤容重（N/m）；

H_c——消力拱高度（m）；

d_o——管道外径（m）；

$e_{消}$——消力拱的计算跨度（m）；

f_c——土壤的坚固系数，按表 4-1 取值。

φ——土壤的内摩擦角（°）。

当管道埋设管沟深度与宽度相比很小的浅沟或直接埋设在地面上时，管道土横向压力为

$$W = \gamma_s \left(H + \frac{d_o}{2} \right) d_o \frac{1 - \sin\varphi}{1 + \sin\varphi} \tag{4-4}$$

式中，H——埋深。

裸露管道的土横向压力为

$$W = \gamma_s d_o \left(h_s + \frac{d_o}{2} \right) \text{tg}^2 \left[45° - \frac{\varphi}{2} \right] \tag{4-5}$$

式中，h_s——土壤覆盖深度。

4.2.1.2　沟埋式管道

沟埋式管道是将管道埋设在沟槽中，再将覆土回填的管道敷设方式。根据 Marston 土压力理论[3]，沟埋式管道单位管长上的竖向土压力可用下式计算：

$$W_0 = C_d \gamma_s d_o B \tag{4-6}$$

$$C_d = \frac{1 - \text{e}^{-2\eta f \frac{H}{B}}}{2\eta f} \tag{4-7}$$

$$\eta_i = \text{tg}^2 \left(45° - \frac{\varphi}{2} \right) \tag{4-8}$$

式中，C_d——载荷系数，也可以由曲线确定，如图 4-7 所示；

　　　　B——管顶处的管沟宽度（m）；

　　　　f——回填土和沟壁的摩擦系数，可取回填土的内摩擦系数或略小值；

　　　　H——管顶回填高度（m）；

　　　　η_i——主动侧向单位土压力与竖向单位土压力之比。

沟埋式管道土横向压力为

$$W = \frac{1}{3} \gamma_s d_o \left(H + \frac{d_o}{2} \right) \tag{4-9}$$

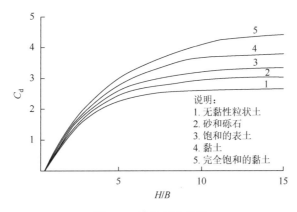

图 4-7　载荷系数曲线

4.2.2 温差应力、残余应力、振动应力

埋地管道除了需要承受覆土应力外，还需承受其他应力，比如温差应力、残余应力、振动应力等，但是这些应力有些对埋地管道的影响较小，有些不是崩塌灾害作用下管道常规受力，此处仅作简要分析。

4.2.2.1 温差应力

管道温差是由于管道在敷设安装时的温度不同于管道运营时的温度，温差的存在会导致管道产生热胀应力。当管道运营时的温度低于安装敷设时的温度，温差应力表现为拉应力；管道敷设安装时的温度低于运营时的温度，温差应力表现为压应力。但是温差应力对管道的破坏性比管道输送介质引起的压力应力要小得多，通常不将其作为地质灾害作用下管道等效应力的组成部分。

管道温差应力的计算公式如下：

$$\sigma = \frac{P}{A} = \alpha E \Delta T \tag{4-10}$$

式中，P——轴向嵌固力；

α ——管道线膨胀系数；

E ——管道弹性模量；

ΔT ——管道运营时的温度与安装敷设温度之差。

管道结构各处的线膨胀系数是导致管道温差应力出现的主要因素：如果管道结构各处的线膨胀系数相同，并且温度变化呈现均匀上升或降低趋势，同时管道的变形不受其他因素制约，那么管道的变形也会表现出均匀的膨胀或缩小，管道结构不会出现温差应力；但是如果管道结构各处的线膨胀系数不同，温度变化是，管道各处会呈现出不同程度的膨胀或缩小，只是温差应力的产生[4, 5]。

4.2.2.2 残余应力

管道的残余应力主要分为两种，一种是装配残余应力，另一种是焊接残余应力。当外力荷载还没有施加在管道上时，残余应力就已经存在于管道构件截面上，这是管道的初始应力。

（1）装配残余应力。管道在装配和运输过程中由于支撑和吊装的支点较少，可能会对管道产生不同程度的损失，使管道产生超过其屈服极限的残余应力，导致管道发生强度破坏。残余应力会推动管道上由于机械损伤造成的缺陷的扩展。

（2）焊接残余应力。管道焊接残余应力的产生是由于管材和焊缝材料的收缩率导致管道在焊接时母材和焊缝材料的加热和冷却速度不同，使焊缝周围产生塑性拉伸应力。残余应力会影响焊缝的断裂和疲劳性能并导致焊接接头的应力腐蚀开裂[6]。管道的焊接残余应力状在其被制作成弯管时将进一步增大，并产生更多的应力集中现象[7]。

4.2.2.3　振动应力

管道在生产和运营过程中，常常会受到动力设备和流体输送机械（压缩机、泵等）操作振动、输送介质的冲击脉动和外部环境（如地震等）的激励而产生随机振动。管道若长期受到较强烈的振动，可能会造成管线与支承构件发生碰撞和摩擦，导致连接部位松动；振动应力也会表现为交变应力，引发管道发生疲劳破坏，造成管道断裂破坏，甚至可能会造成更严重的管线事故，对安全生产造成很大威胁[8]。

管道产生较大的振动应力通常是由于地震波的作用。现在计算管道在振动作用下产生的应力主要也是计算管道的地震应力，通常也是假设管道为弹性地基梁，计算其在各向同性的土体中在地震波作用下产生的应力。本章由于不考虑管道处于地震波作用下管道受崩塌作用，在此忽略振动引起的管道应力[9]。

4.2.3　管内油气作用

管内的输送介质内压力产生环向应力，由于泊松效应，同时产生轴向应力[10]。而内压是影响管道强度的主要作用荷载之一。根据内压确定管道壁厚，也就是确定管道用量这样一个重要的参数。

4.2.3.1　环向应力计算

管道环向应力的确定是基于管道切向力的平衡原理。选择直径为 d_o，管内介质内压为 P，管道壁厚为 δ 的单位长度管道，内压引起的管壁上的环向应力 σ_h，由内压作用在管道的横截面上的垂直合力近似为 Pd_o，管内压力示意图如图 4-8 所示。

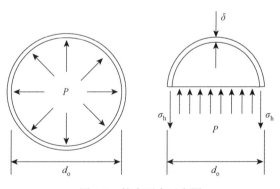

图 4-8　管内压力示意图

由切向力的平衡条件得：

$$Pd_o = 2\delta\sigma_h \tag{4-11}$$

$$\sigma_h = \frac{Pd_o}{2\delta} \tag{4-12}$$

上式为理性状态下的计算，不考虑焊缝系数，在考虑焊缝系数的情况下，上式改为

$$\sigma_h = \frac{Pd_o}{2\delta\eta} \tag{4-13}$$

其中，η 表示焊缝系数。无缝钢管的焊缝系数取值 1；直缝管取值 0.8；螺旋焊缝管为埋弧双面焊时取值 0.9；埋弧单面焊时取值 0.7。

4.2.3.2 环向应力泊松效应

埋地管道产生变形除因材料发生热胀冷缩的原因外，管内油气作用引起环向应力的泊松效应也会对管体产生一定的压缩作用。由环向应力的泊松效应产生的轴向应变计算公式为

$$\varepsilon_P = -\nu\frac{\sigma_h}{E} \tag{4-14}$$

式中，ν ——管道的泊松系数；

E ——管道的弹性模量（MPa）；

负号——表示受到的环向应力的泊松效应产生的应变是轴向压缩应变。

由温度变化 ΔT 引起的轴向应变计算公式为

$$\varepsilon_T = \frac{\Delta L_t}{L} = \alpha\Delta T \tag{4-15}$$

总的轴向应变为二者之和：

$$\varepsilon_L = \varepsilon_P + \varepsilon_T = -\nu\frac{\sigma_h}{E} + \alpha\Delta T \tag{4-16}$$

当管道受到全约束作用，则管道的轴向应力应为

$$\delta_{a1} = \nu\frac{Pd_o}{2\delta} - E\alpha\Delta T \tag{4-17}$$

4.2.3.3 管道输送介质内压引起轴向应力

在整条管线中截取一段管道，并假设管道两端都处于封闭状态，由轴向力的平衡条件确定管道的轴向应力如图 4-9 所示。

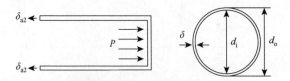

图 4-9　管道输送介质引起的轴向应力示意图

作用于管道横截面上的轴向应力的合力与由内压引起的作用于管道端部的纵向合力相互平衡，而纵向合力为 $F \approx P\pi\frac{d_o^2}{4}$。管道横截面的面积 A 约为 $\pi d_o\delta$，所以轴向应力为

$$\delta_{a2} = \frac{F}{A} \approx \frac{P\pi d_o^2}{4\pi d_o \delta} = \frac{Pd_o}{4\delta} \quad (4\text{-}18)$$

式 4-18 的计算结果偏于保守，这是为了满足工程需要。如果分别考虑内压作用于管端的精确面积以及管道横截面的精确面积，则内压作用于管端的合力 $F = P\frac{\pi d_i^2}{4}$，管道横截面面积的精确表达式 $A = \frac{\pi(d_o^2 - d_i^2)}{4}$，可以得到轴向应力的精确表达式：

$$\delta_{a2} = \frac{F}{\dfrac{\pi(d_o^2 - d_i^2)}{4}} = \frac{Pd_i^2}{d_o^2 - d_i^2} \quad (4\text{-}19)$$

其中，d_o 和 d_i 分别为管道的外径和内径。

4.3 崩塌作用下埋地管道应力分析

本节内容主要研究管道在崩塌灾害作用下的力学行为。崩塌灾害对管道的作用是结构动力响应问题，但由于动力学分析过程过于复杂，通常将其转化为静力学问题进行分析。收线分析管道在崩塌灾害作用下的内力情况，再选用合适的强度理论判断应力是否满足工程实践要求。

4.3.1 管道内力

考虑管道形状，将管道内力分解为管道轴向受力与管道环向受力，并依此计算其对应的分力，然后采用线性理论叠加应力以求出管道各项受力之和。虽然管道荷载分类复杂多样[11]，但由于管道埋深较浅导致覆土应力对管道应力的影响远小于崩塌冲击荷载作用，故忽略其影响。此处仅考虑管内油气作用（忽略管道自重影响）和崩塌冲击荷载作用引起的管道应力。

4.3.1.1 轴向受力

管道受崩塌危岩作用，落石点位于管道正上方，此时管道的水平侧压力和环向摩擦力关于管轴方向对称，大小相同，方向相反，不会影响管道应力变化，此处仅考虑竖向垂直荷载。在管道轴向方向上，可将管道假设为无限长梁，梁宽为管道外径，崩塌危岩假设为作用于梁上的集中力（均布荷载换算成等效集中力）F，管道下部土体为弹性体，则管道内力可采用基床系数法进行计算[12]。

弯矩：

$$M_y = \frac{F}{4\beta} C_x \quad (4\text{-}20)$$

剪力：

$$Q_y = \frac{-F}{2} D_x \quad (4\text{-}21)$$

其中，β 为弹性地基梁的柔性指数，单位为 m^{-1}，计算公式见式（4-22）：

$$\beta = \left(\frac{kb}{4EI}\right)^{0.25} \qquad (4\text{-}22)$$

参数 C_x 和 D_x 的计算公式分别为

$$C_x = \mathrm{e}^{-\beta x}(\cos\beta x - \sin\beta x) \qquad (4\text{-}23)$$

$$D_x = \mathrm{e}^{-\beta x}\cos\beta x \qquad (4\text{-}24)$$

在管道受崩塌危岩冲击作用的最危险截面，即落石冲击中心点，C_x 和 D_x 都等于 1，此时弯矩和剪力达到最大值：

$$M_{\max} = \frac{F}{4\beta} \qquad (4\text{-}25)$$

$$Q_{\max} = \frac{-F}{2} \qquad (4\text{-}26)$$

4.3.1.2　环向受力

在管道的环向受力分析中，本节采用了苏联的耶梅里杨诺夫公式模式（以下简称耶氏公式[13, 14]，其具体受力模型如图 4-10 所示。

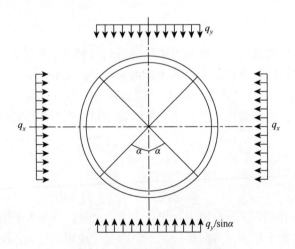

图 4-10　耶式管道受力示意图

管道顶部承受竖向荷载 q_y，管道底部承受基地反力 $q_y/\sin\alpha$ 作用，管道两侧承受土压力 q_x 作用，计算整理后得到如下结构。

弯矩：

$$M_x = q_y r_a^2 \sum_{n=2}^{\infty} K_n(p_n + q_n)\cos n\theta \qquad (4\text{-}27)$$

剪力：

$$Q_x = q_y r_a \left\{ \frac{p_0}{2} + \sum_{n=1}^{\infty} p_n \cos n\theta - \sum_{n=2}^{\infty} k_n \left[n^2 + \frac{K_r r_a^4 (1-\nu^2)}{EI(n^2-1)} \right] (p_n + q_n) \cos n\theta \right\} \quad (4\text{-}28)$$

其中，r_a 为平均半径；p_n、q_n 分别为单位垂直土荷载作用下的径向和切向分量的傅里叶级数，计算公式中 n 取大于 0 的整数：

$$p_0 = \frac{1}{\pi} \left(\frac{\pi}{2} + \frac{\alpha}{\sin\alpha} + \cos\alpha \right) \quad (4\text{-}29)$$

$$p_n = -\frac{4}{n\pi(n^2-4)} \sin n\frac{\pi}{2} + \frac{\cos n\pi}{\pi\sin\alpha} \left[\frac{\sin n\alpha}{n} + \frac{\sin(n+2)\alpha}{2(n+2)} + \frac{\sin(n-2)\alpha}{2(n-2)} \right] \quad (4\text{-}30)$$

$$q_n = -\frac{2}{n\pi(n^2-4)} \sin n\frac{\pi}{2} - \frac{\cos n\pi}{\pi\sin\alpha} \left[\frac{\sin(n+2)\alpha}{2n(n+2)} - \frac{\sin(n-2)\alpha}{2n(n-2)} \right] \quad (4\text{-}31)$$

$$k_n = \frac{1}{n^2-1 + \dfrac{K_r + K_\theta/n^2}{n^2-1} \cdot \dfrac{R^4(1-\nu^2)}{EI}} \quad (4\text{-}32)$$

式中，K_r、K_θ ——分别为土抵抗径向位移和切向位移的抗力系数；

EI ——单宽管壁刚度；

ν ——管道泊松比；

$q_y = K_s P$，K_s 为应力分布系数；

$q_x = \lambda q_h$，λ 为土的测压系数，$\lambda = \tan 2\left(45° - \frac{\varphi}{2}\right)$，$\varphi$ 为土体的内摩擦系数。

4.3.2 管道强度

根据 4.3.1 节计算得出的崩塌危岩冲击管道产生的弯矩和轴力，计算出管道应力，通过线性叠加油气作用产生的应力，并根据第四强度理论判断管道失效与否。

4.3.2.1 应力

管道应力包括崩塌危岩作用下管道受轴向弯矩作用引起的轴向应力、环向弯矩引起的环向应力和环向剪力引起的环向应力、环向应力引起的轴向应力。

（1）轴向弯矩作用引起的轴向应力：

$$\sigma_n = \mu \frac{M_y}{W_n} \quad (4\text{-}33)$$

其中 W_n 为管道纵向抗弯截面模量（m^3）：

$$W_n = \frac{\pi}{32D}(d_o^4 - d_i^4) \quad (4\text{-}34)$$

代入弯矩 M_y，得

$$\sigma_{n\max} = \mu \frac{8 d_o F}{\pi \beta (d_o^4 - d_i^4)} \quad (4\text{-}35)$$

（2）环向弯矩引起的环向应力：

$$\sigma_{\theta M} = \pm \frac{M_x}{W_\theta} \tag{4-36}$$

其中 W_θ 为管壁单宽抗弯截面模量：

$$W_\theta = \frac{\delta^2}{6} \tag{4-37}$$

代入弯矩 M_x，得

$$\sigma_{\theta M \max} = \pm \frac{\delta^2}{6} q_y r_a^2 \sum_{n=2}^{\infty} K_n(p_n + q_n) \tag{4-38}$$

（3）环向剪力引起的环向应力：

$$\sigma_{\theta N} = \frac{Q_x}{A} = \frac{Q_x}{\delta} \tag{4-39}$$

代入剪力 N_x，得

$$\sigma_{\theta N \max} = \frac{q_y r_a}{\delta} \left\{ \frac{p_0}{2} + \sum_{n=1}^{\infty} p_n - \sum_{n=2}^{\infty} k_n \left[n^2 + \frac{K_r r_a^4 (1 - \nu^2)}{EI(n^2 - 1)} \right] (p_n + q_n) \right\} \tag{4-40}$$

（4）环向应力引起的轴向应力。因为突然对管道轴向的约束作用，当管道产生环向变形时，必然引起管道的轴向应力变化，计算公式如下所示：

$$\sigma_{n\theta} = \nu \sigma_\theta \tag{4-41}$$

代入前述公式中的 $\sigma_{\theta M \max}$ 和 $\sigma_{\theta N \max}$，得

$$\sigma_{n\theta \max} = \nu \left\{ \begin{array}{l} \dfrac{\delta^2}{6} q_y r_a^2 \sum_{n=2}^{\infty} K_n(p_n + q_n) \\ + \dfrac{q_y r_a}{\delta} \left\{ \dfrac{p_0}{2} + \sum_{n=1}^{\infty} p_n - \sum_{n=2}^{\infty} k_n \left[n^2 + \dfrac{K_r r_a^4 (1 - \nu^2)}{EI(n^2 - 1)} \right] (p_n + q_n) \right\} \end{array} \right\} \tag{4-42}$$

4.3.2.2 强度

1. 管道破坏准则

管道的强度准则是判断管道破坏失效的依据，不同类型的管道的材质可能不一样，采用的强度准则也可能不一样，本章采用的是第四强度理论——形状改变比能理论。该准则是 1913 年由德国科学家冯·米赛斯（Von Mises）提出的，故又称米赛斯屈服准则或 Von Mises 准则。依据该准则的基本理论，可以认为当管道某一点等效应力（或应变）达到某一与应力（或应变）状态无关的定值时，此时管道就开始屈服；或者说管道处于塑性状态时，等效应力始终是一个不变的定值。那么无论管道处于什么应力状态下，材料受破坏点处的形状改变比能只要达到单向拉伸的极限值，那么管道就会发生屈服。故屈服准则：

$$\frac{1}{\sqrt{2}} \sqrt{(\sigma_1 - \sigma_2)^2 + (\sigma_2 - \sigma_3)^2 + (\sigma_1 - \sigma_3)^2} < [\sigma] \tag{4-43}$$

2. 当量应力的计算

管道 σ_1、σ_2、σ_3 三个主应力分别对应管道的环向应力、轴向应力和径向应力 σ_θ、σ_n、σ_r。环向应力包括崩塌危岩作用引起的管道环向应力和管内油气作用引起的环向应力:

$$
\begin{aligned}
\sigma_{\theta\max} &= \sigma_{n\max} + \sigma_{n\theta\max} + \sigma_h \\
&= \frac{8d_o F}{\pi\beta(d_o^4 - d_i^4)} \\
&+ \nu \left\{ \begin{aligned} &\frac{\delta^2}{6} q_y r_a^2 \sum_{n=2}^{\infty} K_n(p_n + q_n) \\ &+ \frac{q_y r_a}{\delta}\left\{ \frac{p_0}{2} + \sum_{n=1}^{\infty} p_n - \sum_{n=2}^{\infty} k_n \left[n^2 + \frac{K_r r_a^4(1-\nu^2)}{EI(n^2-1)} \right](p_n + q_n) \right\} \end{aligned} \right\} \\
&+ \frac{Pd_o}{2\delta}
\end{aligned}
\tag{4-44}
$$

轴向应力包括崩塌危岩作用引起的管道轴向应力和管内油气作用引起的轴向应力:

$$
\begin{aligned}
\sigma_{n\max} &= \sigma_{\theta M\max} + \sigma_{\theta N\max} + \sigma_a \\
&= \frac{\delta^2}{6} q_y r_a^2 \sum_{n=2}^{\infty} K_n(p_n + q_n) \\
&+ \frac{q_y r_a}{\delta}\left\{ \frac{p_0}{2} + \sum_{n=1}^{\infty} p_n - \sum_{n=2}^{\infty} k_n \left[n^2 + \frac{K_r r_a^4(1-\nu^2)}{EI(n^2-1)} \right](p_n + q_n) \right\} \\
&+ \frac{Pd_i^2}{d_o^2 - d_i^2}
\end{aligned}
\tag{4-45}
$$

管道径向应力:

$$
\sigma_r = 0
\tag{4-46}
$$

将式(4-44)中的环向应力和式(4-45)中的轴向应力代入式(4-43),即可求得当量应力。

4.4 准静态模拟

4.4.1 数值计算模型

本次分析采用 SOLID185 单元模拟岩土,岩土本构模型采用理想弹性模型,土壤参数按黏土及砂碎石参考取值,土壤弹性模量为 32.5MPa,泊松比为 0.4,土壤容重为 20kN/m³。采用 SHELL181 单元模拟管道,根据不同管线情况确定参数,管材应力-应变关系采用双线性随动强化模型,其中拐点应力按要求取为管材许用应力,如图 4-11 所示[15]。

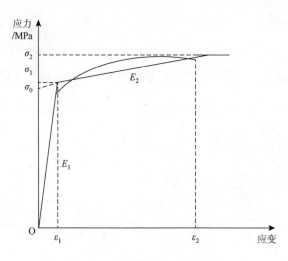

图 4-11　管材的应力-应变曲线

管材物理力学性质[16]见表 4-2。

表 4-2　管材物理力学性质

管材	密度/(kg·m⁻³)	弹性模量/GPa	泊松比	σ_1/MPa	E_2/MPa	屈服强度/MPa
X52	7850	207	0.3	407	711	360～525
X60	7850	207	0.3	465	1485	415～565
X65	7850	207	0.3	474	1518	450～570
X70	7850	207	0.3	503	2246	485～605
X80	7850	207	0.3	544	6210	555～675

采用非线性面-面接触模型模拟管-土相互作用，其中目标面单元采用 TARGE170 单元，接触面单元采用 CONTA174 单元，接触面行为视具体情形定义。输送油（气）时油（气）质量按计算得来的等效密度考虑到管道上，其中成品油密度取为 770kg/m³，原油密度取为 850kg/m³，天然气密度取为 85kg/m³[17]。

4.4.2　兰成渝成品管道失效规律

以 2m 埋深的兰成渝成品油管道为例，通过计算出不同工况下该段埋地管道承受落石冲击力作用下的应力、应变和竖向位移的计算结果，观察管道的应力和变形云图。

兰成渝成品油管线基本参数：管材 X60、管径 323.9mm、壁厚 7.9mm 的管道，管道内压为 14.7MPa，对系统作用不同的落石冲击力，得出计算结果。如图 4-12 所示。

从中可明显看出，在低于 X60 管材的弹塑性起点应力（465MPa）时，即弹性变形范围内最大 Von Mises 应力与落石冲击力基本呈线性关系，这也是与所选管材的本构关系相一致。且常输状态下此种工况下，管道对落石冲击力的极限承载力为 4500kN，这是对应于 X60 管材的屈服强度（415～565MPa）。

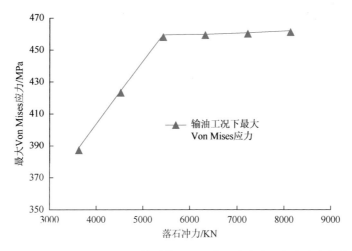

图 4-12　2m 埋深的 X60 成品油管道作用不同落石冲击力下的应力变化趋势图

正常运行状态下，对比作用不同落石冲击力下，管道的应力变化，如图 4-13～图 4-15 所示。

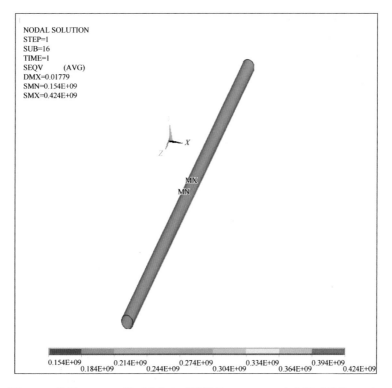

图 4-13　作用 4500kN 落石冲击力时管道的 Von Mises 应力图（单位：Pa）

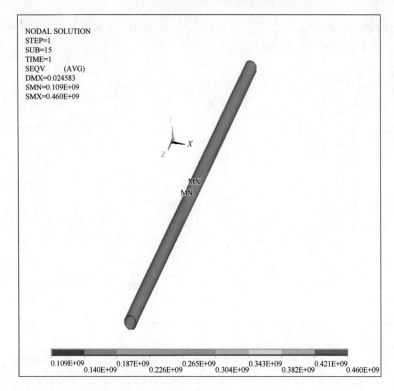

图 4-14　作用 6300kN 落石冲击力时管道的 Von Mises 应力图（单位：Pa）

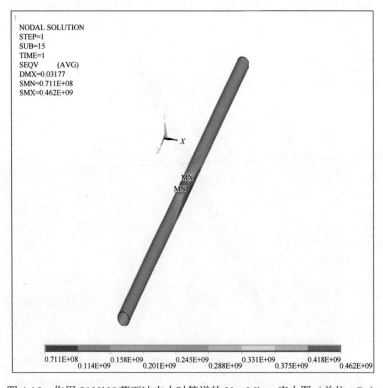

图 4-15　作用 8100kN 落石冲击力时管道的 Von Mises 应力图（单位：Pa）

当落石冲击力为 4500kN 时，X60 管材得最大 Von Mises 应力为 424MPa，且最大应力主要集中在管道内部，位于坠石点的正下方。当落石冲击力增大到 6300kN 时，虽然最大应力还是在管道内部，但明显可以看出，应力集中点已经开始向管道外部发展了。当落石冲击力增大到 8100kN 时，最大应力点已经转移到管道外侧了，且管道最危险截面的整个环向都出现了应力集中现象。

对比分析作用 4500kN 冲击力时未输送介质和正常输送介质的管道应力与最大竖向位移如图 4-16～图 4-19 所示。

可以看出在正常输送介质时，由于管道内压导致了管道在承受外荷载前初始应力的存在，当系统受到危岩落石冲击后，管道的等效应力明显高于未输送介质的管道，由 285MPa 增加到 424MPa。由于内压的作用导致变形回弹，管道的最大竖向变形由未输送介质时的 1.8985mm 减小为 1.779mm。

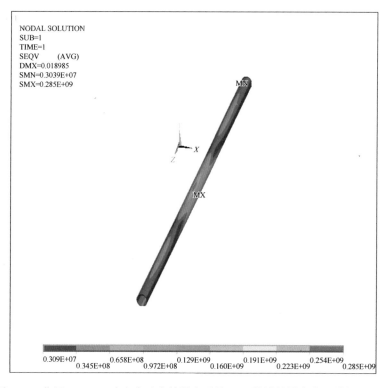

图 4-16　作用 4500kN 冲击力时未输送介质的 X60 管材等效应力（单位：Pa）

4.4.3　失效数学模型

为更直观地表述管道对崩塌危岩的承受能力，需要对崩塌危岩作用下的管道作定量分析。埋地管道的工况多且复杂，分别选取不同管材的兰成渝成品油管道和不同埋深下的中贵天然气管道进行内力与变形计算，并根据计算结果和前人提出的落石冲击力计算公式，得出了不同工况的管道极限落石承载力方程。

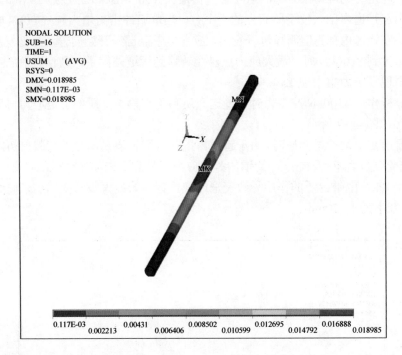

图 4-17　作用 4500kN 冲击力时未输送介质的 X60 管材竖向位移（单位：m）

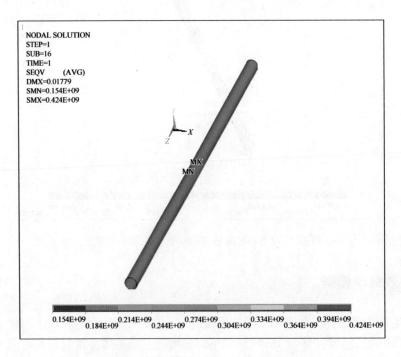

图 4-18　作用 4500kN 冲击力时输送介质的 X60 管材等效应力（单位：Pa）

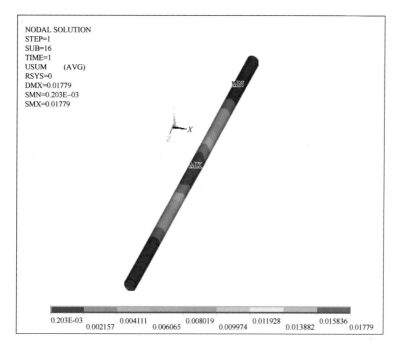

图 4-19　作用 4500kN 冲击力时输送介质的 X60 管材竖向位移（单位：m）

4.4.3.1　不同管材

取管道埋深为 2m，管道选用兰成渝成品油管道，管道材质分别为 X52 和 X60，管道外径为 323.9mm，壁厚同为 7.9mm。在输送介质时，管道内压为 14.7MPa，对模型作用不同大小的落石冲击力。随着落石冲击力的增加，管道最大 Von Mises 应力、最大应变和最大位移均逐渐增大。最大 Von Mises 应力随落石冲击力增加而增大的趋势如图 4-20 所示。

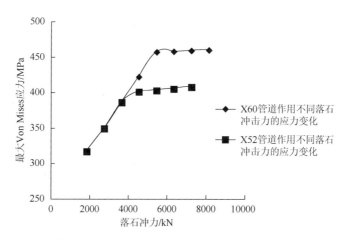

图 4-20　不同管材的管道作用不同落石冲击力的 Von Mises 应力变化趋势图

　　看出在弹性范围内基本呈线性关系。当选用 X52 管材时，落石冲击力为 4500kN 时，管道的最大 Von Mises 应力为 403MPa，超过了 X52 管材的最低屈服强度，因此偏安全地认为冲击达到 4500kN 时管道已经达到弹性极限状态，即此种工况下管道可以承受的极限落石冲击力为 4500kN 左右。当管材级别提高到 X60 时，落石冲击力为 4500kN 时，管道的最大 Von Mises 应力为 424MPa，而当落石冲击力为 5400kN 时，管道的最大 Von Mises 应力为 459MPa，因此偏安全地认为冲击力达到 5400kN 时管道已经达到弹性极限状态，即此种工况下管道可以承受的极限落石冲击力为 5400kN 左右。

　　当管道埋深为 2m 时，输油工况下 X52 兰成渝成品油管道作用不同大小的落石冲击力 F_R 时，基于图 4-20 通过函数拟合，得到落石冲击力与管道应力的基本关系式为

$$\sigma_e = -5 \times 10^{-6} F_R^2 + 0.0617 F_R + 225 \tag{4-47}$$

　　当管道埋深为 2m 时，输油工况下 X60 兰成渝成品油管道作用不同大小的落石冲击力 F_R 时，基于图 4-20 通过函数拟合，得到落石冲击力与管道应力的基本关系式为

$$\sigma_e = -5 \times 10^{-6} F_R^2 + 0.073 F_R + 196.3 \tag{4-48}$$

4.4.3.2　不同埋深

　　管道选用中贵天然气管道，管道材质为 X80，管道壁厚取 0.0184m，管径取 1.016m，在输送介质时，管道内压为 10MPa，管道埋深分别取为 1m 和 3m，对数值计算模型作用不同大小的落石冲击力。随着落石冲击力的增加，管道最大 Von Mises 应力、最大应变和最大位移均逐渐增大。最大 Von Mises 应力随落石冲击力增加而增大的趋势如图 4-21 所示。

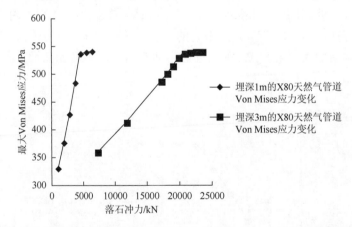

图 4-21　不同埋深的管道作用不同落石冲击力的 Von Mises 应力变化趋势图

　　可看出在弹性范围内基本呈线性关系。当埋深为 1m，并且管道处于输气工况下，落石冲击力为 4500kN 时，管道的最大 Von Mises 应力为 538MPa，已然接近了 X80 管材的最低屈服强度，再持续增加冲击力时应力的增长缓慢，但是应变和竖向位移还在持续增大，因此此处即可作为管道的屈服极限，偏安全地认为冲击力达到 4500kN 时管道已经达到弹性极限状态，即此种工况下管道可以承受的极限落石冲击力为 4500kN 左右。而当埋深增

大到 3m 时，X80 的中贵天然气管道在输气工况下承受落石冲击力为 21600kN 时，管道的最大 Von Mises 应力为 539MPa，同样接近了 X80 管材的最低屈服强度，与未输气工况相同，再持续增加冲击力时应力的增长缓慢，但是应变和竖向位移依然会持续增大，因此此处即可作为管道的屈服极限，偏安全地认为冲击力达到 21600kN 时管道已经达到弹性极限状态，即此种工况下管道可以承受的极限落石冲击力为 21600kN 左右。

当管道埋深为 1m 时，输气工况下 X80 中贵天然气管道作用不同大小的落石冲击力 F_R 时，基于图 4-21，通过函数拟合，得到落石冲击力与管道应力的基本关系式为

$$\sigma_e = -7 \times 10^{-6} F_R^2 + 0.092 F_R + 242.5 \qquad (4-49)$$

当管道埋深为 3m 时，输气工况下 X80 中贵天然气管道作用不同大小的落石冲击力 F_R 时，基于图 4-21，通过函数拟合，得到落石冲击力与管道应力的基本关系式为

$$\sigma_e = -3 \times 10^{-7} F_R^2 + 0.021 F_R + 215.0 \qquad (4-50)$$

4.5 动 态 模 拟

4.5.1 数值计算模型

针对土体模型，上表面作为自由边界无须进行约束，而其他边界上均采用无反射边界，对侧面仅需进行法向约束，对底面进行全约束，这样能更好地模拟出土体作为半无限空间体的特征。

采用 LS-DYNA 程序提供的 3D Solid 164 单元来模拟土体和崩塌落石，将土体和崩塌落石剖分成 8 节点六面体单元；而管道单元选择 Thin Shell 163 壳体单元，这是一个 4 节点显示结构薄壳单元，具有弯曲和薄膜特征，可以加载平面和法向荷载。在计算机程序计算过程中，影响计算时间的，主要就是单元数目。单元数目越少，计算时间越快，相反，单元数目越多，计算所花费的时间也越多。但是对模型网格划分较粗时，引起的计算误差也越大，导致计算结果偏离真实值。基于上述原则，在保证一定的计算精度的情况下，需要通过减少单元数量来提高计算速度，对土体和管道采用混合网格划分法。其中落石与土体、土体与管道相互作用区进行加密划分，在远离相互作用区的管道和土体模型的网格划分相对粗糙，具体网格划分情况如图 4-22 所示。

崩塌落石由于相对刚度较大，且相关应力应变变化不是本章研究重点，故采用刚体材料。在 LS-DYNA 程序中，刚体材料的所有节点的自由度都耦合到刚体的质心上，所以不论刚体被划分成多少个单元，都仅有 6 个自由度，这就大大节约了计算时间，提高了计算机的工作效率。

4.5.2 响应分析

根据冲击动力学理论，应力波在可变形固体介质中传播时，对系统力学平衡状态的影

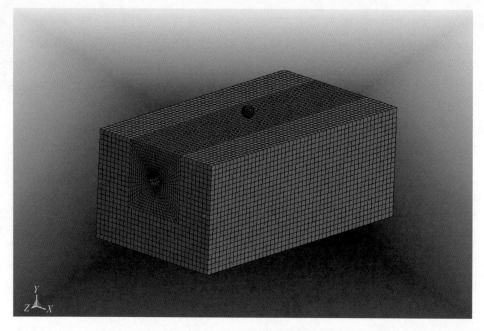

图 4-22　崩塌危岩冲击埋地管道有限元模型网格划分图

响主要表现为质点的速度变化以及相应的应力应变的变化。所以本小节对系统进行动态响应分析时,主要集中分析危岩体的动能和内能、速度和加速度变化、埋地管道的应力变化。

4.5.2.1　危岩体动能和内能

取体积为 $1m^3$ 的危岩体以 185kJ 的初始动能冲击埋地管道系统,崩塌危岩以及管道覆土的动能和内能变化如图 4-23 和图 4-24 所示。

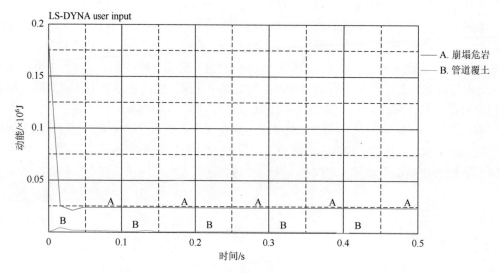

图 4-23　崩塌危岩和管道覆土的动能变化时程图

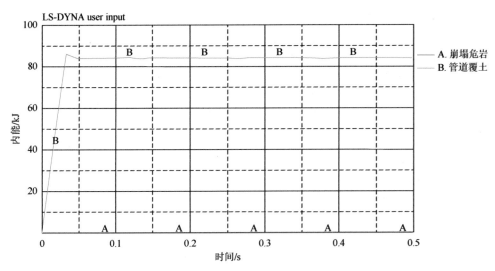

图 4 24 崩塌危岩和管道覆土的内能变化时程图

从两图可知，系统能量转移发生在 0.1s 以内，超过 0.1s 后，崩塌危岩和管道覆土的能量基本维持稳定，不再发生变化，这说明了冲击过程近似为一瞬态过程，整个冲击过程非常短暂。冲击过程完成后，管道覆土吸收了大约 85kJ 的能量，这些能量转化成形变势能，导致了土体的形变。对比图 4-23 和图 4-24，两图在 0.025～0.05s 的时程内曲线都发生了波动，这可能是由于土体的弹性变形的发生以及恢复，部分变形势能的吸收和释放过程。

4.5.2.2 危岩体加速度和速度

让危岩体以初速度为 20m/s，初始加速度约为 $800m/s^2$ 来冲击埋地管道，取危岩体竖直方向的加速度变化时程图（图 4-25）和速度变化时程图（图 4-26）所示进行分析。

从危岩体的竖直方向速度变化时程图和加速度变化时程图可以得出，冲击过程也是发

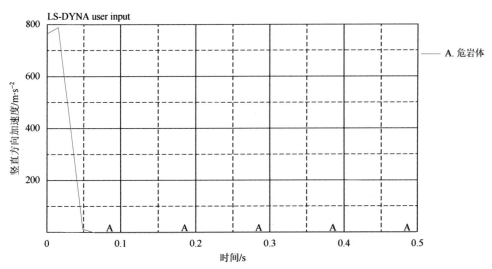

图 4-25 危岩体竖直方向的加速度变化时程图

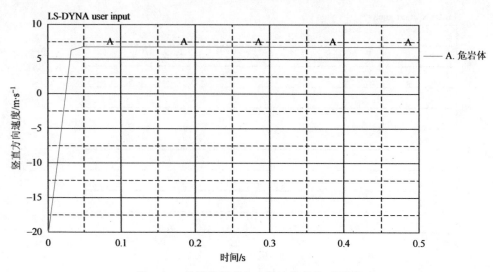

图 4-26 危岩体竖直方向的速度变化时程图

生在 0.1s 以内的，这与其能量变化也是相符合的。在整个冲击过程中，危岩体的速度与加速度变化都呈线性关系，大约在 0.05s 时土体的穿透深度达到最大。由于本次模拟时，忽略了重力影响，土体的弹性变形回复后，导致了危岩体以竖直方向相反的速度移动，不过其不再作用于管道-土体结构，不会再对系统和管道部分的应力应变产生影响。

4.5.2.3 管道轴向应力

沿管道轴向从前往后，依次从管道表面选取间隔相近的五个单元（58666、58754、58854、58970 和 59062），如图 4-27 所示。

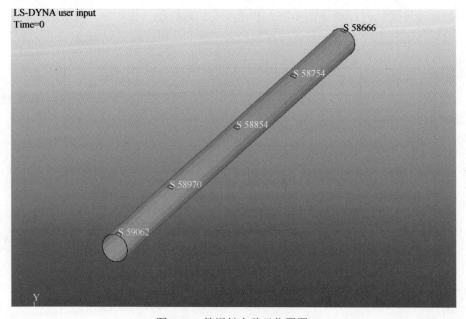

图 4-27 管道轴向单元位置图

通过 LS-PREPOST 软件查看五个单元的竖向位移以及 Von Mises 等效应力,以确定管道在崩塌危岩冲击作用下的危险截面。管道轴向单元的竖向位移时程图如图 4-28 所示。

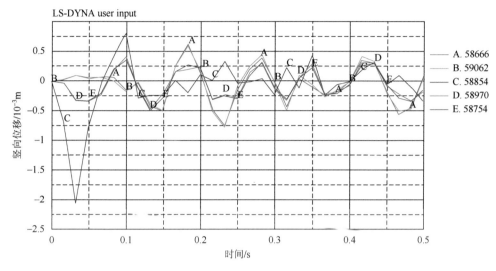

图 4-28 管道轴向单元的竖向位移时程图

从图 4-28 中可以看出,管道中部单元的变化最为明显。单元 58854 在 0.035s 时,其竖向位移达到峰值 2.1mm,在 0.054s 时其竖向变形回复到 0,可知崩塌灾害的冲击过程是非常短暂的,可以将其看作是一瞬态过程。在管轴方向,单元 58666、单元 58754 和单元 59062、单元 58970 都是关于中间单元 58854 对称的,其竖向位移变化规律也是类似的,从图中看出,其变化范围都是微米级的,远小于管道中部单元的变化幅度,尤其是管道端部单元几乎没有发生位移变化。可知,离崩塌灾害中心点越远,管道变形越小,灾害的影响幅度越小。

管道轴向单元的等效应力时程图如图 4-29 所示。

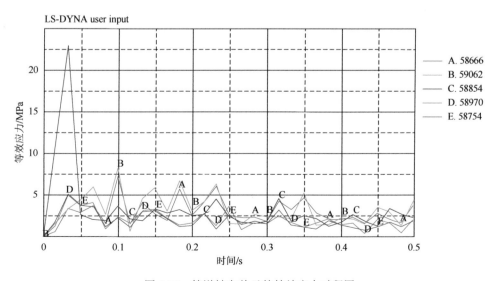

图 4-29 管道轴向单元的等效应力时程图

从图 4-29 中可以看出，在崩塌灾害冲击管土结构的时程内，单元 58854 的等效应力变化最为明显，等效应力在 0.035s 时达到峰值应力，超过了 25MPa，超过 0.05s 后的应力波动很小。单元 58854 和单元 59062 的等效应力的峰值应力出现在 0.1s，且最大峰值的等效应力约为 8MPa。管道端部单元的峰值应力出现在 0.18s，且峰值应力约为 7MPa，是整个管道部分应力峰值最低的部位。从各个单元峰值应力出现的时间点可以看出，距离崩塌危岩冲击点越远的管道单元，应力响应时间越长，这也是符合波在材料中的传播理论[18]。

4.5.2.4　管道环向应力

在管道应力变化最明显的横断面上，沿管道环向分别取管道顶部单元 58865，管道侧面单元 59670 和管道底部单元 59671，如图 4-30 所示。

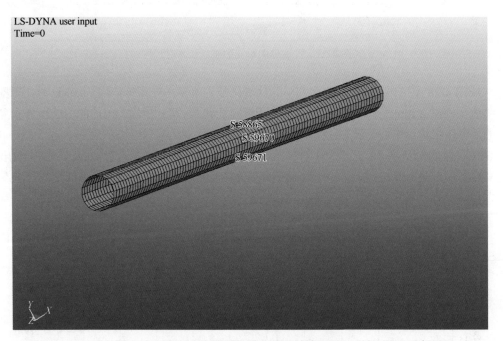

图 4-30　管道危险截面环向单元位置图

LS-DYNA 程序完成计算后，通过 LS-PREPOST 程序查看三个单元 X-应力、Y-应力、Z-应力和 Von-Mises 等效应力，如图 4-31～图 4-34 所示。

从图 4-31 可以看出，管道顶部单元和管道底部单元的 X 方向的应力在冲击过程中，应力变化明显，两单元的应力在 0.035s 达到峰值应力，在 0.05s 内单元 X 向应力又回落为零，冲击过程可近似为瞬态过程。而管道侧面单元的 X 向应力变化不明显，说明管道侧面由于不承受危岩体正面冲击，径向应力主要集中于管道顶部和管道底部单元。

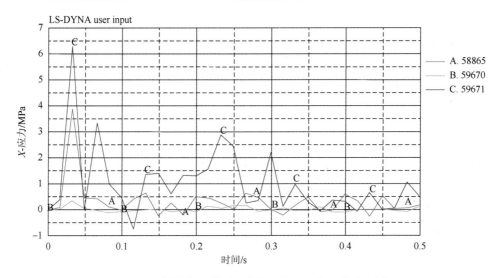

图 4-31　管道危险截面环向单元的 X 方向应力时程图

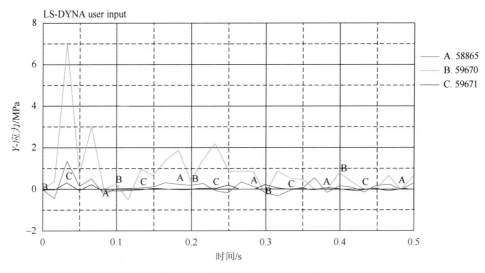

图 4-32　管道危险截面环向单元的 Y 方向应力时程图

从图 4-32 中可以看出,管道两侧单元 Y 方向应力变化较大,而管道顶部和底部单元的 Y 向应力变化很小,说明管道的环向应力集中发生在管道侧面单元。管道单元的 Y 向应力变化时程关系同管道顶部单元的时程关系是一致的。

从图 4-33 中可以看出,管道侧面单元和底部单元的在冲击时程中的应力变化大部分处于正值,而管道顶部单元在冲击时程中的应力变化主要集中于负值。根据材料力学中应力"拉正压负"的关系,可知,管道危险截面顶部单元在危岩冲击作用下主要发生受压破坏,而底部单元主要发生受拉破坏。

从图 4-34 中可以看出,所选择的三个单元的 Von Mises 等效应力都发生了较明显的波动,这是由于等效应力是 X 应力,Y 应力和 Z 向应力三个主应力的综合反应,故使用等效应力作为管道失效的强度破坏准则是相对准确的。

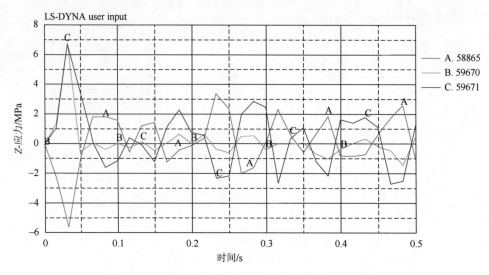

图 4-33　管道危险截面环向单元的 Z 方向应力时程图

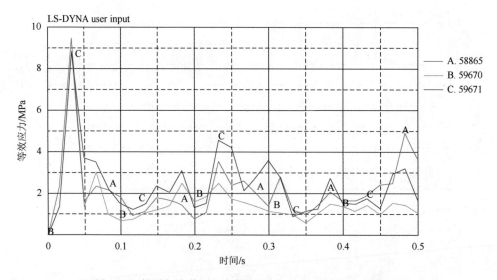

图 4-34　管道危险截面环向单元的 Von Mises 等效应力时程图

4.6　可靠性极限状态方程

4.6.1　结构可靠性

埋地油气管道在落石冲击作用下，管道应力超过其许用应力导致管道破坏，这种状态是管道承载能力极限状态。管道的极限状态就是管道工作可靠与不可靠的临界状态，管道"可靠"的概率称为可靠度，"不可靠度"称为管道失效概率。

判断管道失效用的是传统方法——管道一点的应力或应变超过许用应力或许用应变，根据管道的功能要求和相应极限状态，管道应力和许用应力在此处都是定量。但是实际上导致管道失效的因素很多都是不确定量,而可靠性理论就是用来确定这些不确定量的。

相较于传统的评价方法,可靠性理论可以通过建立管道的功能函数或极限状态方程,来进行管道的失效概率评估。

而基于可靠性理论的功能函数,崩塌灾害下埋地管道的失效概率可以通过管道承载能力和管道受冲击产生的应力来进行描述:

$$Z = \sigma_s - \sigma_e \tag{4-51}$$

式中,　σ_e——管道受荷载作用的等效应力;

　　　　σ_s——管道的屈服强度。

在崩塌灾害作用下,管道发生失效的概率为

$$P_f = P(Z < 0) = P(\sigma_s - \sigma_e < 0) \tag{4-52}$$

其中管道的屈服强度和等效应力的分布函数可以通过统计来确定。本节假设两者都为连续的随机变量,两者的概率密度函数分别为 $f_{\sigma_s}(\sigma_s)$ 和 $f_{\sigma_e}(\sigma_e)$,管道的失效概率可以表示为

$$P_f = \int_0^\infty f_{\sigma_s}(\sigma_s) \left[\int_0^{\sigma_s} f_{\sigma_e}(\sigma_e) d\sigma_e \right] d\sigma_s \tag{4-53}$$

4.6.2　随机变量确定及其分布形态

4.6.2.1　随机变量

埋地管道在崩塌危岩体冲击下出现损坏,达到事故极限状态。由之前分析可知,在低于 X60 管材的弹塑性起点应力(465MPa)时,即弹性变形范围内,兰成渝成品油管道的最大 Von Mises 应力与落石冲击力基本呈线性关系,管道的等效应力随着落石冲击力的提高而提高。而影响落石冲击力大小的最重要指标就是危岩体的重量。由前文分析可知,兰成渝成品油管道在其他工况相同的条件下,相比于 X52 管材的管道,X60 管材的管道极限落石承载力从之前的 4500kN 增大到 5200kN。管材级别的提高最直接的体现就是管材屈服强度的提高。管道的失效概率不仅与选择的管道材料有关,而且管道埋深也是影响管道抵抗能力的直接因素。由此可知,当管材级别越高,管道的屈服强度越高,管道的承载能力越高;危岩体容重越大,管道受到破坏的概率越高,管道的可靠度越低。这也是管道工程在概率设计中必须要考虑的随机变量。

基于上述分析,在客观性、代表性和可获取性等原则的基础上,结合模拟数据结果分析可知,选取了以下两个评价指标以进行可靠度的研究,建立极限状态方程:①管材的屈服强度;②危岩体的重量。在这里,将危岩体高度作为常量,分别考虑不同埋深下中贵天然气管道的失效概率。

4.6.2.2　分布形态

1. 管材的屈服强度

管材的屈服强度不仅与工厂的制作工艺和制造规格有关,在管道的服役过程中由于疲劳损伤等原因,其屈服强度也不是定值。随着管道运营时间的增长,管道的屈服强度会随着管道寿命的减少而降低。根据《石油天然气工业管道输送系统基于可靠性的极限状态方法》中的描述,管材的屈服强度是一个正态分布随机变量,具体参数见表4-3。

表4-3　管材屈服强度分布形态表

变量	分布	特征值 x_c	归一化的变量	相关系数	$(\mu - x_c)/\sigma$
屈服强度	正态	SMYS	$X_y = \sigma_y / \sigma_{SMYS}$	2%～6%	1～4

2. 危岩体的重量

根据能量守恒定理[19],将最大落石冲击力 F_R 用落石和土体的基本参数见表4-4。

表4-4　土体参数

弹性模量/Pa	泊松比	内聚力/Pa	密度/(kg·m⁻³)	摩擦角/(°)
3.25×10^7	0.4	50000	2000	20

$$F_{max} = k\varsigma_{max} = 1.063 \left(\frac{E}{1-v^2} \right)^{\frac{1}{2}} \sqrt{2gH} (\rho V_1)^{\frac{1}{2}} A^{\frac{1}{4}} \qquad (4\text{-}54)$$

式中, V_1 ——崩塌落石的体积;

　　　k ——土体刚度系数（N/m）;

　　　ς_{max} ——土体最大变形位移（m）;

　　　A ——落石触地时与地面接触面积,此处取值 $1m^3$;

　　　E ——土体的弹性模量;

　　　v ——土体泊松比,（无量纲数）。

而危岩体的重量 $\omega_h = m_1 g = \rho V_1 g$, 代入式（4-3）可得:

$$F_{max} = k\varsigma_{max} = 1.063 \left(\frac{E}{1-v^2} \right)^{\frac{1}{2}} \sqrt{2H\omega_h} = 6612\sqrt{2H\omega_h} \qquad (4\text{-}55)$$

张硕等[20]对汶川到马尔康的高速公路沿线蒲溪沟隧道口一危岩体的基本变量进行100次统计分析,得到了单位长度危岩体重量的分布特征,如图4-35所示。

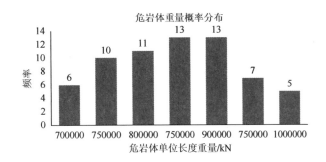

图 4-35 危岩体重量概率分布图

根据其统计所得，危岩体重量的均值为 819981.55kN，标准偏差为 169831.89kN。

4.6.3 中贵天然气管道不同埋深管段极限状态方程

4.6.3.1 埋深 1m 的中贵天然气管道的极限状态方程

埋深 1m 的中贵天然气管道极限状态方程：

$$Z = g(\sigma_s, \omega_h) = \sigma_s + 7 \times 10^{-6}(8.744 \times 10^7 H \omega_h) - 1295\sqrt{H \omega_h} - 242.5 \quad （4-56）$$

此方程的可靠域 Ω_r 为 $Z > 0$，即满足 $\sigma_s > \sigma_e$ 时，此结构是处于可靠状态的；而其失效域 Ω_f 为 $Z < 0$，当 $\sigma_s < \sigma_e$ 时，管道应力超过许用应力，管道将会发生屈服破坏。

4.6.3.2 埋深 3m 的中贵天然气管道的极限状态方程

$$Z = g(\sigma_s, \omega_h) = \sigma_s + 3 \times 10^{-7}(8.744 \times 10^7 H \omega_h) - 290.9\sqrt{H \omega_h} - 215.0 \quad （4-57）$$

上述两式是关于中贵天然气管道的失效概率计算公式，其管道应力也是通过大量数值计算模型结果拟合得出的，在计算其他埋深情况下的管道失效概率时需通过公式拟合计算得出落石冲击力作用下的管道应力。

4.7 灾 害 防 治

4.7.1 概述

崩塌危岩的发育有其特殊的环境条件，是多因素共同作用的结果。崩塌灾害的防治自 1949 年以来已经积累了许多工程经验。但是要达到较好的治理效果，还是需要综合考虑治理的系统性、经济合理性等方面因素，采取多样化、具有针对性的治理措施。崩塌灾害的防灾减灾工作可从两方面着手,一是对崩塌灾害的治理,二是对管道的加固保护。本节将对崩塌体的治理方法归为主动防治,对管道本体的保护方法归为被动防治。主动防治方法有危岩加固、危岩清除和边坡排水等,是针对危岩体进行的工程措施;被动防治方法主要是通过危岩监测预警技术的应用,用拦截法或是绕避法来保护管道,工程示意如图 4-36 所示。

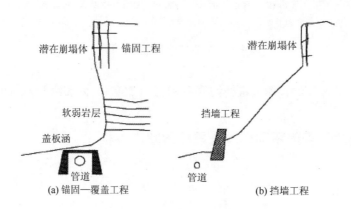

图 4-36　崩塌灾害治理工程示意简图

4.7.2　危岩加固

4.7.2.1　锚固法

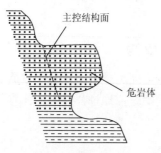

图 4-37　危岩体及其主控结构面示意图

对于陡坡危岩,其破坏机理主要是由于主控结构面的受剪破坏,如图 4-37 所示,包括坠落式危岩在主控结构面的剪切破坏方面、滑塌式危岩在荷载作用下主控结构面的压剪破坏、倾倒式危岩的主控结构面在荷载作用下的拉剪破坏。这些危岩体都具有较完整的岩体结构,可以使用锚杆将危岩和主控结构面后的岩体锚固在一起,起到加固危岩的作用。通过建立危岩主控结构面等效强度参数[21],再根据危岩大小及下滑力计算,可计算出锚杆所需承受的剪力大小。

当面临危岩体结构复杂,风化严重,且破碎岩体较多时,可采用锚喷图 4-38 所示的方式进行加固。锚喷方法在我国多用于治理滑坡灾害[22, 23],同样方法可运用于加固边坡崩塌灾害。通过喷射混凝土,使用锚索、钢筋加固危岩,充分利用边坡岩土的自支能力,可快速治理此类危岩崩塌灾害。而坡度不大、岩层破碎、节理发育,但整体稳定性较好的边坡,可采用护坡护墙进行防治:即采用浆砌或混凝土保护坡面,可防治危岩坠落,阻止其继续风化。但是锚喷法会对自然环境产生较大的破坏,严重影响自然地貌,鉴于当前的社会环境和国家政策,不推荐使用锚喷法进行危岩治理。

图 4-38　锚喷法治理边坡危岩灾害

4.7.2.2　支撑法

对于高大的悬崖、倒坡状危崖，或是危岩悬空面积较大可采用浆砌条石或混凝土支撑，支撑的形式可以是柱、墙或墩，必要时也可以使用锚杆或是锚索将支撑体与稳定岩体串联起来，洪崖洞危岩的治理方法如图 4-39 所示，即采用支撑结构来加固危岩体。

图 4-39　洪崖洞危岩支撑加固

4.7.2.3　坡面固网

坡面固网法的作用原理同锚喷法类似，通过将防护网设施铺设与需要防护的危岩坡面上，再用过锚杆、锚索等支撑装置加以固定，利用坡面与防护网钢索之间的摩擦力，以及锚固设施来对坡面的危岩进行加固。鉴于其柔性特征，通过此防护系统，可将危岩冲击能量传递给护网以及锚固绳，可以充分发挥整个防护系统的能力。而且此系统具有开放性，一方面确保地下水和降水的自由排泄，防止静水压力以及水浮力引起的危岩体失稳现象；另一面，该防护措施也保证了原有地貌特征以及植被生长状况的完好，进一步抑制了危岩体的风化剥蚀和水土流失。所以，该方法自投入使用以来，已成为最常用的崩塌灾害防治措施，如图 4-40 所示。

图 4-40　崩塌灾害柔性防护网结构

4.7.3　危岩清除

对于危崖上的较为松动的岩体，可以采用人工解体方式清除。通常的操作方法是巨大浮石上用风枪凿眼、静态破碎剂解体；条件具备时亦可以考虑炸药进行爆破清除。采用爆破清除法时，要确保危岩体下方无房屋及其他易损性建筑，若下方为公路铁路等交通路段时，还需临时设置提醒避让标志，以确保行人车辆的安全。

当高而陡的岩质斜坡受节理缝隙切割，比较破碎，有可能发生崩塌坠石时，可使用削坡法剥除危岩，削缓坡顶部。但是，在使用削坡出来崩塌灾害斜坡之前，需要仔细检查并进行充分的地质论证，这是由于削坡的治理效果与削坡部位及地质环境密切相关。当岩体为强风化岩层，岩体破碎且较为松动但没有大型危岩体时，可采用人工削方。削坡工作需要从上往下进行，同时要保证清除后的坡面呈台阶状，确保坡面稳定不形成新的危岩体。人工清除工作虽然经济，但是作业风险程度高，必须设置临时危岩防护设施，以确保施工人员的人身安全。图 4-41 为四川省宝兴县省道 210 线 K296＋200m 处"老虎嘴"危岩清除工作。

图 4-41 "老虎嘴"危岩清除工作

4.7.4 边坡排水

大量的调查和研究都表明,危岩体发育的最主要外部因素就是水体因素。水体对危岩稳定性的影响主要体现在产生不利于岩体稳定的动水压力、静水压力和浮托力,破坏危岩体主控结构面的稳定性;而且当气温下降到零摄氏度以下时,危岩裂隙中的水冻结成冰,其所产生的膨胀力会加快危岩体发育,对主控结构面的稳定性也会产生不利影响;其次降水冲刷坡面会带走细颗粒物质,改变危岩边坡形态,造成危岩体失稳坠落。因此,为保护坡面形态,降低崩塌灾害发生的可能性,设置有效的边坡排水系统是非常有必要的,基本措施包括在危岩坡面修筑排水沟,为拦石墙(堤)设置排水孔等。

4.8 管道加固措施

4.8.1 危岩监测预警

危岩监测预警技术在我国最早应用于铁路、公路工程,是为了防止崩塌灾害的发生,对道路沿线崩塌灾害进行监测、诊断和预控的一种手段,力求道路运输系统始终处于功能可靠状态。对于地形地貌条件比较复杂,或是气候条件相对恶劣,而崩塌危岩发育并不明显但是存在潜在威胁的地区,危岩监测预警技术就可有效运用。危岩监测预警技术通常要对危岩体进行变形监测和应力监测,在危岩体发生较大变形时,通过图像和数据采集系统上传云端同时向工作人员发出警报,给管理部门预留充足时间来处理灾害,具体示意图如

图 4-42 所示。目前由哈尔滨铁路局加格达分局研制的 **KAJ** 型落石塌方自动监测报警系统[24]，刘金山介绍的落石塌方监测报警光纤光栅系统[25]以及黄河等[26]发明的危岩崩塌监测预警系统及方法都可以运用到管道崩塌灾害的监测预警中。

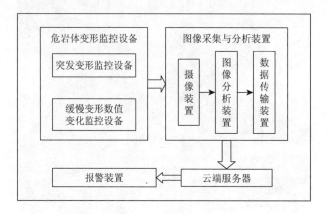

图 4-42　崩塌危岩监测预警系统示意图

4.8.2　危岩拦截

危岩斜坡下有一定空间，即可修筑刚性拦石构筑物。拦石构筑物有拦石网、拦石墙、拦石栅栏和棚洞等。但是危岩拦截系统的设施选址以及结构设计需要依据危岩冲击能量、运动路径、散落范围等，必须对危岩的运动特性有充足了解，才能设立有效的危岩拦截防护措施。

4.8.2.1　拦石网

拦石网因为其具有很好的柔性和整体性，可以有效地消散崩塌危岩的冲击能量，同时兼具良好的地形适应性，而且由于拦石网结构的标准化和定型化，施工快速方便、干扰性小，维护便利，现在已经广泛应用到边坡灾害处理中。柔性防护技术最早应用于雪崩防护，20 世纪 50 年代二战结束后，柔性防护技术开始运用到基础的道路基础建设中，随着人们越来越关注生态建设，21 世纪，柔性防护技术发展的更加快速。目前应用较广的拦石网主要由金属网片、支撑网片用的钢绳和钢柱，以及将钢柱和钢绳固定在坡体上的铰支个拉锚绳等装置。但是实验研究表明，当钢丝绳的拉伸长度超过其长度的 2%～3.5%时，钢丝绳就会被拉断。单单依靠钢丝绳的力学性能和承载能力，拦石网的防护能力是非常有限的。直到缓冲装置的发明，它不仅可以吸收大量的冲击能量，而且对拦石网系统具有明显的过载保护能力，可以让柔性防护体系充分发挥其变形能力，极大地提高拦石网系统的抗冲击能力。2001 年，瑞士布鲁克公司研发的 TECCO[27]高强度钢丝格栅网，这种网采用了高强度钢丝，并使用全新的防腐措施。从 2002 年开始，布鲁克公司开始研究如何将其从主动防护系统中应用到被动防护系统，历经两年，TECCO 已经在被动落石防护系统中得到应用。

根据拦石网的支承方式的不同，可以将其分为支柱式拦石网和立柱式拦石网，如图 4-43、图 4-44 所示。当崩塌危岩斜坡坡度较大且可设置拦石网的区域较为狭窄，可以使用支柱式拦石网，将拦石网系统设置与危岩斜坡上；当管线旁有足够的空间，且危岩斜坡坡度不大时，通常会采用立柱式拦石网，将拦石网设置在危岩斜坡下方，也可以起到拦截危岩落石的作用。

图 4-43　支柱式拦石网

图 4-44　立柱式拦石网

4.8.2.2　拦石墙

拦石墙最初应用于铁路工程，是修建于危岩落石路径（坡脚或坡面）上一种圬工拦挡结构。拦石墙不仅要有充足的拦挡净空高度，还要设置不小于 1.5m 厚，必要时需要设置落石槽。现在，应用于工程实践的拦石墙主要有两种：刚性拦石墙和柔性拦石墙。

刚性拦石墙主要由浆砌片石或是现浇混凝土构成，如图 4-45 所示。其优点是可以就地取材，根据落石大小来调整相应的结构尺寸。但通常受限于场地条件和经济条件影响，其修建尺寸也是有限的。刚性拦石墙的工作原理就是用刚性结构去抵抗危岩落石的冲击能量，在实际工作往往存在事倍功半的作用。而且修建在坡面上的拦石墙结构在受到崩塌危岩冲击时，自身往往也会变成人工危岩，给管线结构造成更大的危害。

柔性拦石墙中应用最广泛的是石笼网拦石墙，是将粒径合适的石料填入具有柔性的铁丝笼中，再锚固于崩塌危岩斜坡坡脚的新型拦石构筑物，如图 4-46 所示。新型的柔性拦石墙由于填充料为松散体，结构存在一定的孔隙，便于降水的排出，同时由于其兼具了柔性特质，存在良好的变形能力，对崩塌危岩的冲击存在更好的缓冲作用，更易保持结构完整性。柔性拦石墙在国外的道路工程中已开始广泛适用。近年来我国学者也开始在柔性拦石墙的发明和性能上投入精力[28]，并在工程实践中投入使用，例如重庆奉节宝塔坪滑坡治理工程中就使用了石笼拦石墙结构。

图 4-45　刚性拦石墙图　　　　　　　　　　　　　　　图 4-46　柔性拦石墙

当崩塌危岩斜坡坡脚有较大的缓冲地带,而危岩高度低于 70m 时,可在高于路基 20～30m 处修筑带有落石槽的拦石堤如图 4-47 所示。拦石堤可就地取材,横断面为梯形,顶宽设置为 2～3m。拦石堤外侧宜采用较缓的稳定边坡,若场地条件限制需采用较陡的边坡时,可对外侧边坡进行适当加固,以确保拦石堤的稳定性。

图 4-47　拦石堤

4.8.2.3　拦石栅栏

拦石栅栏是一种常见于铁路和公路沿线的简易拦石结构（图 4-48）,一般用浆砌片石或是现浇混凝土为基础,用型钢或是废旧钢轨和钢筋作为立柱和横杆。当拦石栅栏布置在山区时,也可就地取材,使用木材作为立柱和横杆。设计简单、施工方面、造价低廉是拦石栅栏的明显优点；但同时其缺点亦很明显,钢轨栅栏由于其刚性特质,抗冲击能力较弱,易被能力较大的崩塌危岩击穿,而木质栅栏由于强度较低且木材较易腐烂,不能用于管线的长期防护工程。工程应用上,可将拦石栅栏设置于拦石墙或拦石堤上,增加其拦截高度。

图 4-48　拦石栅栏

4.8.2.4　棚洞

对于崩塌危岩规模较大、灾害频发的地段或是需要重点防治的管线站场等设施，前述的主动防治法和拦截法已不足以满足灾害防治要求了，最有效的防治方法就是采用明洞或是棚洞措施，如图 4-49 所示。此类结构最初也是常用于铁路系统，近年来，棚洞结构也开始应用于高等级公路、隧道上。此类结构不仅可以治理崩塌、泥石流等地质灾害，对暴雨引起的山洪以及雪灾等都可以有效防治。

但是，我国的棚洞结构通常由混凝结构和浆砌片石构成，洞顶铺设缓冲材料（砾石和砂土或两者混合料），但是实践证明，这种混合料垫层吸能效果有限，不能对崩塌危岩和落石起到有效的缓冲作用，而且由于其自重较大，对棚洞结构的稳定性也会产生不利影响。这是由于我国对棚洞的研究建设起步较晚，没有引起研究人员足够重视，导致棚洞结构形式单一、技术落后，以及对环境破坏较大等影响。美国的耗能垫层棚洞、法国的耗能减震棚洞、日本的钢管混凝土棚洞以及英国、瑞士等国家的先进棚洞（图 4-50），都在实际使用中体现出了很高的建设效果，他们的分析手段和设计水平都是需要我们学习借鉴的。

图 4-49　我国管线棚洞图

图 4-50　国外耗能减震棚洞

4.8.3　管线绕避

对于还未开始建造的管线工程,如若遇到特别难以处理的崩塌灾害地段,采取管线绕避也是一种经济合理的灾害处理手段。但是对于已经建成的管线,再采取绕避措施,反而会造成不必要的经济和人力浪费,所以在管道选线时一定要具备长远目光,综合考虑和分析管线选址,尽量避免管线落址于崩塌灾害发生频繁的地段。当管线需要沿河谷布线时,为避免落石灾害,可将管线埋置于河床之下,或是选择崩塌灾害较为轻微的对岸布置管线;当管线需要沿山谷布线时,将管线移动至公路或是铁路隧道中不失为一个节约投资成本的方法。

4.9　柔性防护系统仿真模拟

崩塌危岩作用柔性防护网的过程是能量与变形的变化过程,是一个复杂的接触动力学过程,数值计算模型也是具有高度非线性的特点。采用计算机进行有限元模拟可以高度还原模型作用过程,是解决类似问题的有效手段,避免采用求解困难的传统的拟静力或者静力方法。本节内容即是基于 ANSYS/LS-DYNA 非线性数值分析程序,对被动防护网受崩塌危岩冲击进行的数值模拟,并通过 LS-PREPOST 后处理软件观察分析其计算结果。

4.9.1　材料选择及数值计算模型

在本节数值模拟过程中,采用随动强化模型(plastic kinematic model)来模拟钢丝绳和拉锚绳,而落石由于其相对刚度较大,且其应力应变变化不在研究范围内,故采用刚性材料(rigid material),具体的材料参数[29]见表 4-5。

表 4-5　柔性防护网材料参数

材料类型	密度/kg·m⁻³	弹性模量/GPa	泊松比	屈服强度/MPa	失效应变
钢丝绳	7850	94	0.3	1128	0.023
拉锚绳	7850	94	0.3	1128	0.023
危岩体	2500	25	0.22		

防护网钢丝绳的截面半径为 4mm,等效截面面积为 30.95mm²,拉锚绳的截面半径取为 11mm,其等效截面面积为 171.0mm²。危岩体的形状为球体,半径取值由其质量决定。防护网规格为 6m×6m,网孔为正方形,尺寸为 200mm×200mm,拉锚绳长度为 1.414m。

基于崩塌落石柔性防护网的组成形式,将其作用形式简化,如图 4-51 所示。中心钢丝网通过拉锚绳固定于边坡或钢杆上,落石危岩冲击钢丝网中间部位。防护网的钢丝绳以及拉锚绳都采用 3D LINK160 单元模拟,危岩体采用 3D SOLID164 单元。在划分单元时,对钢丝网 PART 进行重点细致划分,单元数为 3477 个。因球体危岩的应力变化不是研究重点，其网格划分进行较为粗略，当球体半径为 0.457m 时，单元数为 1488 个，网格划分后的危岩体模型如图 4-52 所示。

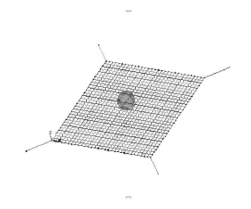

图 4-51 崩塌危岩冲击防护网示意图

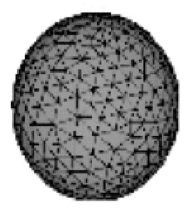

图 4-52 网格划分后的危岩体模型

4.9.2 数值计算结果对比及分析

4.9.2.1 危岩体垂直加速度变化

取危岩球体半径为 0.3m，从 11.25m 高空落下，触网速度达到 15m/s，初始动能达到 32kJ，如图 4-53 所示。可以看出危岩体加速变化情况。

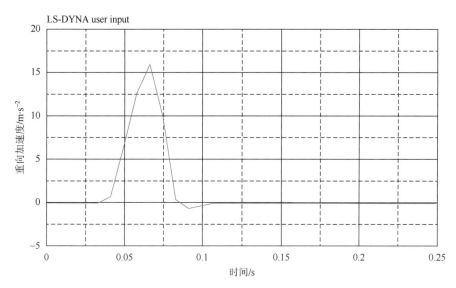

图 4-53 危岩体垂直加速度随时间变化时程图

通过 LS-PREPOST 软件查看其具体数值变化见表 4-6。可以得出在 0.0666574016s 时，危岩体加速度最大，为 16.009878159m/s^2，方向为 Z 轴正方向；在 0.0916551948s 时，其加速度最小，为 −0.63526511192m/s^2，方向为 Z 轴负方向。

表 4-6 危岩体垂直加速度随时间变化

时间参数/s	危岩体垂直加速度/m·s^{-2}
$3.3321913332 \times 10^{-2}$	$0.0000000000 \times 10^{0}$
$4.1654992849 \times 10^{-2}$	$7.5281327963 \times 10^{-1}$
$4.9990650266 \times 10^{-2}$	$6.6133232117 \times 10^{0}$
$5.8322351426 \times 10^{-2}$	$1.2751285553 \times 10^{1}$
$6.6657401621 \times 10^{-2}$	$1.6009878159 \times 10^{1}$
$7.4995279312 \times 10^{-2}$	$9.8938751221 \times 10^{0}$
$8.3324164152 \times 10^{-2}$	$4.8193424940 \times 10^{-1}$
$9.1655194759 \times 10^{-2}$	$-6.3526511192 \times 10^{-1}$
$9.9995240569 \times 10^{-2}$	$-3.4836935997 \times 10^{-1}$
$1.0832680017 \times 10^{-1}$	$0.0000000000 \times 10^{0}$

从时间历程上看，危岩体冲击防护网过程是极短的，大约在 0.03～0.1s 内，超过 0.1s 后，危岩体的垂直加速度就不再发生变化了。而且冲击加速度具有很强的非线性特征，在 0.03～0.06s 加速急剧增加，到达峰值后又在 0.03s 时间内迅速回落，这也正确表明了冲击力作用的高频响应状况。

4.9.2.2 危岩体动能变化

分别选取半径为 0.3m，下落高度为 11.25m 的危岩体和半径为 0.457m，下落高度为 5m 的危岩体，两者初始动能分别为 32kJ 和 49kJ。两者的动能变化示意图分别如图 4-54 和 4-55 所示。

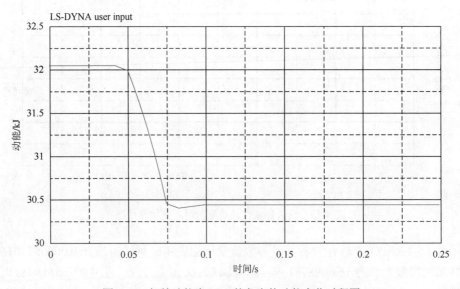

图 4-54 初始动能为 32kJ 的危岩体动能变化时程图

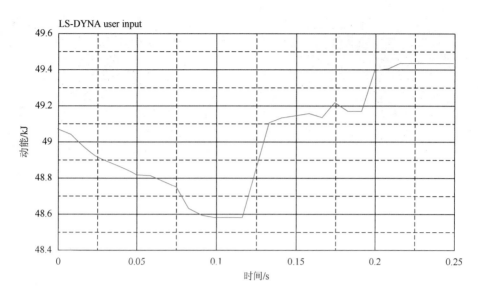

图 4-55　初始动能为 49kJ 的危岩体动能变化时程图

从上述两图都易得出，防护网确实有吸能作用。危岩体的动能曲线在开始阶段呈现水平延伸趋势，超过 0.05s 后，危岩冲击防护网后，动能曲线斜率急剧增大，说明了由于网体的防护作用，危岩体与被动防护网接触后，其动能发生了急剧衰减。曲线在 0.1s 内的波动可以理解为危岩体接触防护网后见表 4-7。

表 4-7　危岩体动能随时间变化

时间参数/10^{-2}s	危岩体动能/J
4.1654992849	3.2054140625e + 004
4.9990650266	3.2000535156e + 004
5.8322351426	3.1584791016e + 004
6.6657401621	3.1099466797e + 004
7.4995279312	3.0462572266e + 004
8.3324164152	3.0409857422e + 004
9.1655194759	3.0429847656e + 004
9.9995240569	3.0454080078e + 004

防护网弹性变形能转化为落石的动能，引起危岩体的轻微回弹。但当危岩体初始动能过大（危岩体超重或下落高度过高），有可能会导致防护网完全失效，导致防护装置自身也可能会成为崩塌源，加剧灾害风险，如图 4-56 和图 4-57 所示。

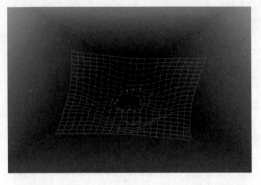

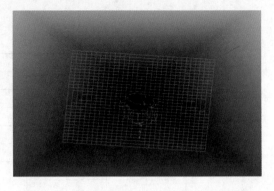

图 4-56　初始动能较小的危岩体冲击防护网　　　图 4-57　初始动能较大的危岩体冲击防护网

参 考 文 献

[1]　魏晨. 管道在外力作用下变形机理研究[D]. 西安：西安石油大学，2014.

[2]　王明春. 油气输送管道应力分析及应变设计研究[D]. 成都：西南石油大学，2006.

[3]　黄崇伟. 沟埋式输油管道管土相互作用分析[J]. 公路工程，2011（02）：164-168.

[4]　陈之扬. 管道应力分类[J]. 氮肥设计，1984（01）：59-62.

[5]　谈炎培，王建华，陈锦剑. 大口径曲线管道在运营阶段的温度应力分析[J]. 建筑科学，2012（A1）：49-52.

[6]　汪翰云，王慧，张万鹏，等. 焊接残余应力和管道完整性分析[J]. 焊管，2015（01）：67-72.

[7]　熊庆人，冯耀荣，霍春勇. 螺旋缝埋弧焊管残余应力的测试与控制[J]. 机械工程材料，2006（05）：13-16.

[8]　胡庆国. 关于管道振动的分析计算及控制[J]. 化工建设工程，2001，（03）：42-43.

[9]　巴士明，徐广玉. 管道振动原因及消除方法简介[J]. 管道技术与设备，1996，（02）：23-30.

[10]　帅健，于桂杰. 管道及储罐强度设计[M]. 北京：石油工业出版社，2006.

[11]　李明哲. 大口径高等级钢埋地管道截面稳定性研究[D]. 成都：西南石油大学，2014.

[12]　杨俊涛. 垂直荷载作用下埋地管道的纵向力学性状分析[D]. 杭州：浙江大学，2006.

[13]　折学森. 填土荷载下柔性管道的变形计算[J]. 特种结构，1993，（03）：45-51.

[14]　田国伟，刘兴业，孙中岳. 大口径输水钢管的受力分析[J]. 工程力学，2001，18（A1）：463-467.

[15]　贾晓辉. 跨断层埋地分段管线的地震反应研究[D]. 北京：中国地震局地球物理研究所，2014.

[16]　中华人民共和国国家标准. 油气输送管道线路工程抗震技术规范 GB50470—2008[S]. 中国计划出版社，2008.

[17]　王恩青. 悬索式管桥静力、清管及地震分析研究[D]. 北京：北京化工大学，2007.

[18]　余同希，邱信明. 冲击动力学[M]. 北京：清华大学出版社，2011.

[19]　荆宏远. 落石冲击下浅埋管道动力学响应分析与模拟[D]. 北京：中国地质大学，2007.

[20]　张硕，陆军富，裴向军，等. 坠落式危岩体稳定性可靠度判定及参数敏感性分析[J]. 工程地质学报，2015（03）：429-437.

[21]　陈洪凯，唐红梅，胡明，等. 危岩锚固计算方法研究[J]. 岩石力学与工程学报，2005（08）：1321-1327.

[22]　田杰. 强风化岩质边坡滑坡治理及有限元分析[J]. 中国新技术新产品，2015，（20）：168-169.

[23]　林思波. 锚拉抗滑桩及锚喷技术联合应用于快速滑动的滑坡防护加固工程[J]. 探矿工程（岩土钻掘工程），2015，（05）：62-66.

[24]　吕笃捷，王墨永，张开仁，等. JKA 型落石塌方报警系统[J]. 铁道建筑，1984，（08）：14-15.

[25]　刘金山. 铁路落石塌方监测报警光纤光栅系统应用方案研究[J]. 铁路勘测与设计，2006，（04）：13-17.

[26]　黄河，阎宗岭，李海平，等. 崩塌危岩监测预警系统及方法：201510168049. 2[P]. 2015-04-10[2015-07-01].

[27]　阳友奎，周迎庆，姜瑞琪，等. 坡面地质灾害柔性防护的理论与实践[M]. 北京：科学出版社，2005.

[28]　邓力源，石少卿，汪敏，等. 废旧轮胎在新型柔性拦石墙结构中的应用与数值分析[J]. 后勤工程学院学报，2015（01）：1-6.

[29]　曾正明. 机械工程材料手册（金属材料）[M]. 北京：机械工业出版社，2003.

5 泥 石 流

泥石流的形成条件包括三个方面：地质环境条件，构造条件和水文条件。针对这几个方面，学者们有着不一样的研究深度和研究范围。

研究学者认为，经简化，可以把泥石流看作是一种由固液两相物质组成的流体，它是在小空间内如山坡或沟壑中经过相互作用而产生的产物。从发生的原理来说，在这一点上它为泥石流灾害的发生提供了松散的固体物质条件。它主要包括：提供了泥石流可以发生的动力来源；产生固体物质；形成了泥石流运动与堆积的场所（即山坡或沟壑）。

陈亚宁、穆桂金在研究中发现，泥石流的相对切割深度是泥石流沟内面积与形状的相关函数，是反映泥石流沟的一个重要指标[1]。

唐红梅、陈洪凯研究了冲淤变动型的沟谷泥石流形态研究，认为此种泥石流是一种特殊的公路水毁类别形态，具有冲击和淤埋相同大规模的基本特性[2]。

莫志柏研究了矿山泥石流，认为矿山泥石流沟是一个开放系统，不具备平衡态的特点。他认为泥石流爆发所要的四个条件：地质条件、地形条件、水文气象条件和人为条件中，人类的持续活动是泥石流爆发的最主要的因素[3]。

基于野外调查和室内测试分析，杨为民等认为在坡面型的泥石流产生中，降雨是此种泥石流形成的主导因素。坡面上的土体由于内部的抵抗力的不足，使得水土从稳定状态向破坏状态转变，这使得在此种气象条件下，极其容易发生泥石流[4]。

胡进等对中巴公路沿线冰川泥石流进行了研究和分析，认为植被的覆盖度，山体的坡度和沟道的角度，流域的形成面积和后期域内的堆积深度和广度，是此种泥石流的形成的主导因素[5]。

傅焕然进行现场调研，分析了喇嘛溪沟泥石流形成的原因，得到形成的主导条件，对泥石流的流速、泥石流的冲击力以及泥石流的总流量等进行计算。从调研的结果分析来看，此种泥石流是暴雨型的稀性泥石流[6]。

1954 年，日本研究机构将拜格诺（Bagnold）所提出的颗粒流理论融入泥石流研究，成功地进行了泥石流研究的变革，在世界上泥石流的研究学者范围内，引起了不小的轰动[7]。

通过对泥石流的形成条件的分析，可以知道，在泥石流的起因条件中，有足够的松散固体物质或者称为固体颗粒和洪流是其主导条件。这从侧面说明了泥石流造成的破坏，是由于固体颗粒（即裹挟的石块）部分和洪流浆体部分的冲击的存在而造成的。

5.1 管道力学分析

泥石流冲击力通过管-土系统模型将力作用于埋地管道，其发生过程是极其复杂的。

因此，需要将问题简化。把由土体传递而来的泥石流冲击荷载看作静荷载，再作用于管道管壁。考虑到管壁在有限元分析过程中是壳单元模型，因此分析管道受力时，分为两个部分：管道受泥石流的浆体压力和管道受块石冲击力，也即是管道受静载作用和管道受冲击作用。

5.1.1　在内压和侧压下屈曲

管道在服役过程中，不仅受到内部输送介质给予的内压，还受到了外部荷载，比如滑坡、泥石流冲击等作用，使管道常常发生屈曲至管道损坏。那么对于研究中会遇到的这种情况，分析此种情况下的管道受力。建立管道受力模型，如图 5-1 所示。建立有限元模型，得到管道的受力特性[8]，并对其分析。管道在内压和侧压两种形式的作用下，发生屈曲失稳破坏时，影响因素不仅仅是施加的荷载，还受到了许多因素的影响，包括了管径 d_o，壁厚 δ，管长 L，内压 P 以及材料本身的性质参数和管道在受力破坏之间所存在的初始缺陷等等。王鹏等人对于不同壁厚，不同内压，不同缺陷的管道都做了研究计算，得到了较为可靠的管道在屈曲破坏形式下的情况。

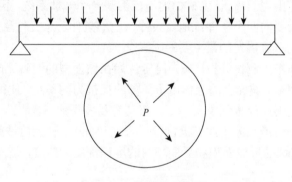

图 5-1　管道受力模型

当管长 L 小于 5 倍管径时，即 $L < 5d_o$，管道常常会产生管道末端的屈曲。经验表明这是由于建立管道模型的边界条件而造成的。那么对此种情况进行研究，当管长 L 大于或等于 5 倍管径时，即 $L \geqslant 5d_o$ 时，管道的末端处几乎不会发生屈曲[9]。因此，也就是说，在进行有限元模拟时，管径 d_o 取至 324mm，管道长度取至 6m（$> 5d_o$）。因此，在本研究中，当管道受到泥石流冲击时，管道同时受到内压和侧压的共同作用时，在发生屈曲破坏之前，就会在管道中部发生屈服破坏，也就是说针对研究的管道，可以不考虑屈曲破坏。

5.1.2　在浆体静载作用下

埋地管道在冲击荷载下受力，冲击荷载中浆体部分以均布荷载的形式加载力，荷载通过土体传递，再作用在管壁上。选取合适的管-土模型，建立管土模型，考察在示意的荷载作用下管道的 Von Mises 应力、竖向位移以及水平位移。在分析时，把管道看作简支梁，埋设于土体中。通过分析可以知道：管道的 Von Mises 应力、竖向位移以及水平位移是关于轴对称的，这一点是比较特殊的。当外荷载的施加范围关于管道的中心相对称时，埋地管道在冲击荷载下受力，冲击荷载中浆体部分以均布荷载的形式加载力，荷载通过土体传递，再作用在管壁上。受力模型简图如图 5-2 所示。

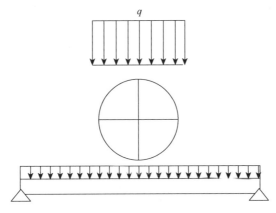

图 5-2 管道受力模型简图

管道 Von Mises 应力较大值一般会出现在管道两端，或者向中间 Von Mises 应力减小再增大，达到一个峰值。查看云图时，发现管道的水平位移和竖向位移呈现管道的两端较小，而管道的中间较大，并且管道的 Von Mises 应力有一样的发展规律。同样分析云图和计算数据可以发现，当荷载垂直作用于管道正上方时，管道的顶部位置往往是管道受力和位移同时最大的位置，再深入研究可以知道最大应力应为拉力和压力。

5.1.3 在块石冲击下

管道在仅考虑块石冲击力时，可以参考管道在落石冲击下的力学行为分析[10]。将块石冲击看作给埋地管道或者裸露管道施加集中荷载的过程。那么可以知道，此种情形下，将冲击荷载视为集中荷载，它同样也是通过管道周围的土体将力传递给管道，而在研究中，发现冲击荷载的作用影响范围并不是仅仅局限在管道的顶端处，而且是沿着垂直纵向的方向逐渐减弱的。假设土体是无限空间体，那么块石冲击力就会形成以它落地点为圆心，向四周辐射开来，并且辐射的强度也会随着辐射的距离越来越远而越来越弱。最大是圆心处，这样土体在传递外力的过程中，就形成了一个以圆心为中心，向土体方向的一个具有一定辐射半径的一个空间圆柱体。

在确定土体的性质以及落石的性质后，可以知道，管体的有效应力是与落石速度近似成正比关系的。土体所传递的竖向集中力在管道表面处存在着应力集中的情况，它的竖向 Von Mises 应力也同前文中提到的静载情形下一样，有着相似的分布情况，不过，不同的是在块石的冲击下它向管道衰减的速度是大于前者的。在位移方面，会在位于块石落地点处的管道表面处有较大的竖向位移，界面往往会发生一定变形。

5.2 对管道冲击作用数值计算模型

5.2.1 模型参数

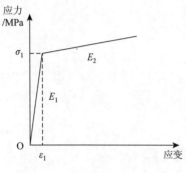

图 5-3 管材的应力-应变模型

本次分析采用固体单元中的 SOLID185 单元模拟岩土，岩土本构模型采用 Drucker-Prager（D-P）模型。采用壳单元中的 SHELL181 单元模拟管道，根据实际情况确定各土体参数，管材应力-应变关系采用双线性随动强化模型，其中拐点应力按要求取为管材许用应力，如图 5-3 所示。

采用非线性面-面接触模型模拟管-土相互作用，其中目标面单元采用 TARGE170 单元，接触面单元采用 CONTA174 单元，接触面行为视具体情形定义。

基于项目数据资料，研究西南片区的五条管道的灾害受损情况。因此，可以得到在软件模型建立过程中所需的模型参数。土壤弹性模量为 32.5MPa、泊松比为 0.4、密度为 2000kg/m³，黏聚力 20kPa。在计算中，管道的受力极限值取值为屈服极限取值区间的最小值。这样可以最大程度上的防止管道受力破坏。

5.2.2 边界条件

在模型的建立过程中，本章中把泥石流冲击管道的情况分为两个部分：管道埋地情形与管道裸露情形。研究所期望的结果是得到管道在泥石流这种地质灾害下，所表现出来的受力规律，以及与关于影响泥石流的因素之间的规律，比如泥石流受力与埋深，开始粒径，流速，冲击角度等等之间的关系。研究设定冲击面为自由面，管道面在管道接口处轴向约束，其余面固定。在简化的基础上，加载泥石流荷载力时，按照现有的研究，泥石流浆体冲击力以均布荷载的方式加载，泥石流中所裹挟的块石则以集中荷载的形式加载。

5.2.3 流体物理性质

在西南片区泥石流很大一部分具有黏性流体的特征，因此假定泥石流是不可压缩的黏性流体，并且在泥石流中的块石所占的体积是浆体无法占有的，本章采用欧拉法进行研究，流体采用混合物模型。在本研究中，设定泥石流浆体密度为 2100kg/m³，块石可为花岗岩或者灰岩。即可以取为 2700kg/m³ 或 2800kg/m³，这里取前者，并考虑重力的影响。

5.3 冲击宽度和冲击角度对管道影响

5.3.1 裸露管道

5.3.1.1 冲击宽度的影响

为了研究泥石流在冲击管道时,是否会由于冲击管道宽度的不同,而造成管道受力的不同,因此,首先确定冲击宽度的不同所带来的影响。对于裸露管取一半裸露一半埋地的情况进行研究,便于计算。

取裸露范围 30m、20m、10m 的情形下,计算在同一泥石流流速和块石粒径下,管道的受力。以兰成渝成品油管道为例,计算在 2m/s 流速下,块石粒径 0.1m 的泥石流下,以同一角度冲击管道。

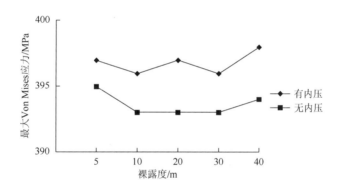

图 5-4　管道不同裸露长度应力趋势图

从图 5-4 中可以看出,对于裸露范围的不同,管道的最大应力变化不大,基本上应力变化相对于整个数量级来说很小,且都是接近于最大危险应力的,因此裸露范围对于受力的影响可以不考虑。

5.3.1.2 冲击角度的影响

泥石流由于山体的缘故,常常是以不同角度冲击管道的。在实际工程中,研究这样的问题,目的是能够有效地预测哪种角度的泥石流对管道的破坏更具有威胁性。以兰成渝成品油管道为例,同样以相同形式的泥石流冲击在相同宽度上,变化角度,得到泥石流冲击裸露管道的位移和应力图,如图 5-5 和图 5-6 所示。

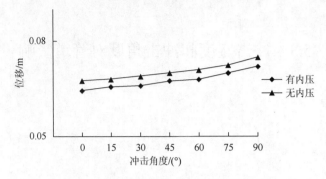

图 5-5　管道不同冲击角度下位移趋势图

在管道工程中，管道多数处于运营状态，即有内压状态，研究有内压的情形更加有研究意义。本章主要拟合了在有内压的情况下的曲线（同样下面的拟合公式也是如此），可得公式：

$$y = 6 \times 10^{-6x} + 0.067 \qquad\qquad (5\text{-}1)$$

其中，拟合度 $R^2 = 0.993$，拟合程度相当高。

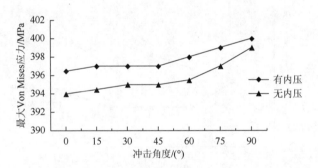

图 5-6　管道不同冲击角度下应力趋势图

拟合公式为

$$y = 0.113x^2 - 0.351x + 396.9 \qquad\qquad (5\text{-}2)$$

其中，拟合度 $R^2 = 0.972$。

上面是管道在有内压的情形。可以看出，无论是应力，还是位移，都在泥石流以 90°的角度冲击管道时，管道会产生最大危险情况。由于本研究是研究在泥石流灾害下管道的受力情况以及管道在何种形式下的泥石流会导致破坏，因此主要是研究在最危险情况下，管道的受力情况及其规律。最后，再以不同角度，对泥石流流速和块石粒径的变化规律加以说明。

5.3.2　埋地管道

前面讨论过，在不同冲击宽度和冲击角度下裸露管道的受力情况。对于埋地情况，由于埋设管道的一致性，对于管道来说，冲击宽度的影响没有多少意义。因此，这里主要进行埋地管道在不同冲击角度下的计算。取浅埋 1m 时，以相同的泥石流流速 8m/s 和块石粒径 2m 冲击管道。同样以兰成渝成品油管道管径 508mm，壁厚 12.7mm 为例。则得到曲线图，如图 5-7 所示。

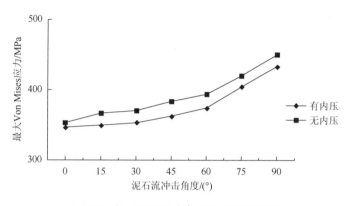

图 5-7　管道不同冲击角度下应力趋势图

拟合公式为

$$y = 2.25x^2 - 2.892x + 358 \tag{5-3}$$

其中，拟合度 $R^2 = 0.985$。

结合图 5-6 和图 5-7，可以得到这样的一个结论：在 0～90°的范围内，随着角度的减小，管道的最大 Von Mises 应力也会随着减小，大致在 60°～90°，管道最大 Von Mises 应力减少速率较大，随着角度继续减小，管道最大 Von Mises 应力减小速率变缓。

5.4　流速和块石粒径对管道影响

分析兰成渝成品油管道在泥石流灾害的冲击作用下的力学反应，着重点是计算管道在何种泥石流形式下会破坏。这里值得注意的是，破坏标准应力值是管道达到屈服极限值，就认为管道变形破坏，不能维持正常的油气运营，需要及时进行检修和保养。因此，得到了以下的数据。以兰成渝成品油管道为例，经过资料查询和计算，取管径为 508mm，壁厚为 12.7mm 的钢制管道，模拟分析在裸露和埋地两种情形下的管道的受力反应。

5.4.1　裸露管道

在泥石流的运动过程中，包含泥石流流速和块石粒径两部分，组合太多，考虑实际情况，在裸露管道的情形下，基于极易破坏的可能性，因此，可以缩小范围，以低流速和小粒径为主，基本达到管道极限应力就可。由于泥石流直接冲击管道，且绝大多数的情况下，是块石引起管道的破坏。所以当应力变化到管道屈服极限程度时，就可以认定管道已经不能正常工作，即认为管道已破坏。

5.4.1.1　未输油情形

　　分析发现若不考虑土的 D-P 属性，会导致计算结果偏小。而在停输状况计算是为了分析的便利，并没有考虑土的 D-P 属性。易知，在裸露管道受泥石流冲击时，极易破坏，这就简化了计算量。经过试算，泥石流达到 3m/s，管道就会达到极限应力以致破坏。

　　如图 5-8 所示，可知应力在弹性范围内基本呈线性关系。在泥石流流速为 2m/s，块石粒径为 0.1m 时，管道最大 Von Mises 应力值接近 X60 管材的最低屈服强度，可以偏安全地认为达到管道极限状态。最后，给出了管道在此种情形下的最大 Von Mises 应力图、应变图和位移图，分别如图 5-9～图 5-11 所示。

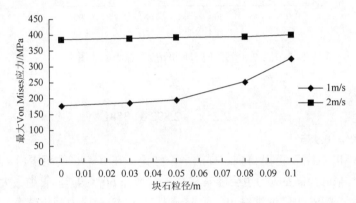

图 5-8　管道最大 Von Mises 应力随泥石流流速和块石粒径的变化趋势

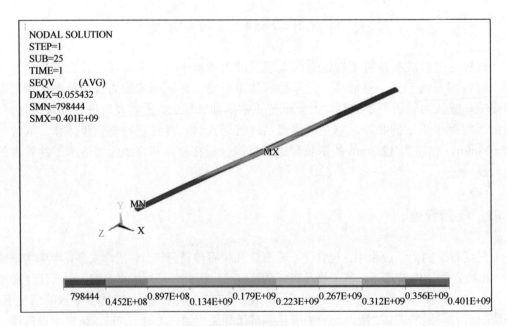

图 5-9　未输油工况下管道最大 Von Mises 应力图（单位：Pa）

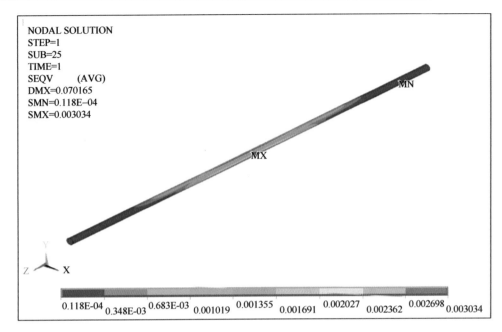

图 5-10　未输油工况下管道的应变图

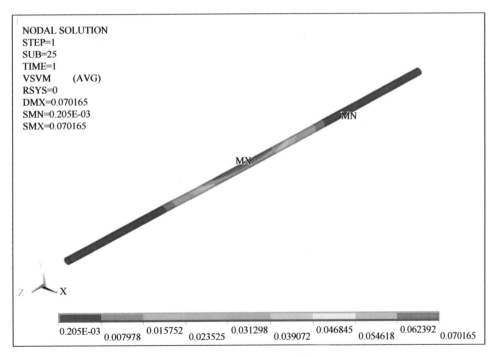

图 5-11　未输油工况下管道的位移图（单位：m）

从图 5-9～图 5-11 中可以发现，管道的最大 Von Mises 应力、应变位置在管道中心即块石冲击位置，而最大位移位置也在块石冲击位置。从而证明了管道在泥石流的冲击下，最为危险的位置是泥石流的块石冲击位置。

5.4.1.2　输油情形

兰成渝成品油管道的设计运营内压为 14.7MPa。施加在管道内壁上，外荷载的处理方式与未输油情形相同。当管道处于运营状态时，管道内存在内压，与无内压状态相比，在一定程度上会提升管道抵抗泥石流作用的能力。经过试算，能承受流速为 3m/s 的冲击力。

经分析知，在泥石流流速为 3m/s，块石粒径为 0.1m 时，管道最大 Von Mises 应力值达到 X60 管材的最低屈服强度，即达到极限状态。如图 5-12 所示。

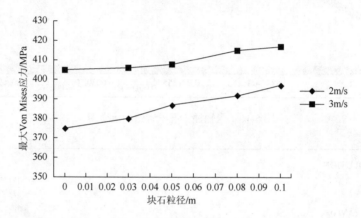

图 5-12　管道最大 Von Mises 应力随泥石流流速和块石粒径的变化趋势

在 2m/s 的流速下，拟合公式为

$$y = 15.65\ln(x) + 375.3 \tag{5-4}$$

其中，拟合度 $R^2 = 0.996$。

在 3m/s 的流速下，拟合公式为

$$y = 9.074\ln(x) + 404.0 \tag{5-5}$$

其中，拟合度 $R^2 = 0.922$。

输油工况下，管道最大 Von Mises 应力图、位移图和应变图如图 5-13～图 5-15 所示。

由图 5-13～图 5-15 可知，在有内压情况下，应力最大位置在块石冲击周边，应变最大位置在管道内表面，与无内压情况相比，显然应力和应变要大得多，反而能承受更大流速的泥石流作用。从位移来看，最大位移仍在块石冲击位置或者说在块石冲击位置附近，即有一定的偏移距离。

不同裸露程度的管道，不同流速和不同粒径的块石下冲击时受力各不相同，为了简明化处理，考虑在同一流速下的块石粒径变化带来的影响，针对全裸露管道与半裸露管道的情况，经过计算，可以得到图 5-16 的计算结果曲线。

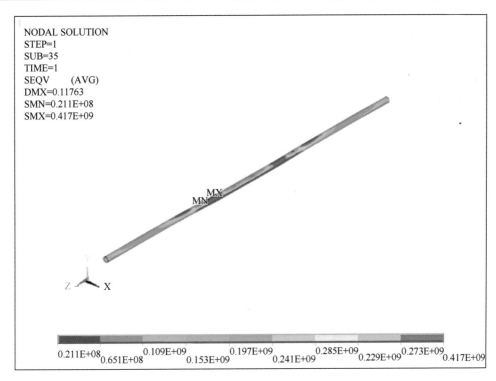

图 5-13　输油工况下管道的最大 Von Mises 应力图（单位：Pa）

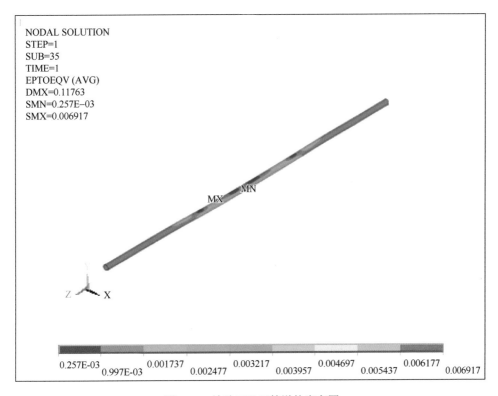

图 5-14　输油工况下管道的应变图

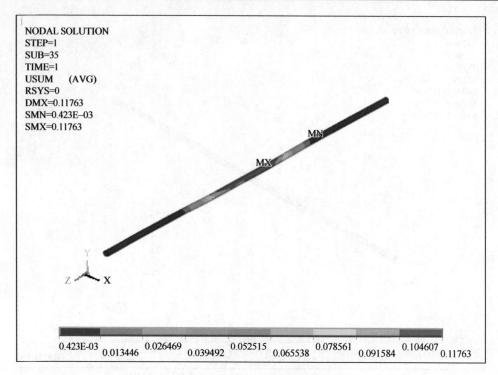

图 5-15　输油工况下管道的位移图（单位：m）

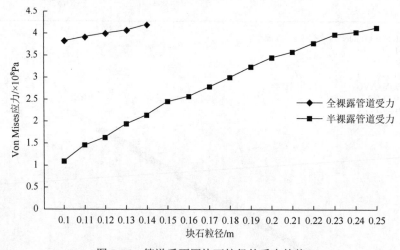

图 5-16　管道受不同块石粒径的受力趋势

　　由图 5-16 可以发现，随着块石粒径的增大，管道受力基本呈线性关系增大。在相同泥石流流速的情况下，管道达到受力极限时，半裸管道所需要的粒径近似为全裸管道所需要的粒径的 1.8 倍。

5.4.2　埋地管道

　　埋地管道是管道运营过程中的绝大多数存在形式，它也是在泥石流灾害中最常遭受危害的管道存在形式。从工程实际中知道,当埋深很深时,达到 4m 甚至 4m 以上时,这样考察泥石流的冲击作用是比较有限的,在本研究中,以浅埋管道为主,研究埋地管道在不同的泥石流流速和块石粒径下,不同冲击角度和不同埋深的情形下,讨论管道的受力特性,总结规律。

5.4.2.1 未输油情形

泥石流冲击埋地管道时,分析其作用力的传递方式,知道,在泥石流规模过小时,光靠冲击作用是不足以导致管道受压屈服,达到屈服极限。因此,考虑实际工程中的泥石流形式,泥石流的常见流速为 6~8m/s,最大能达到 10m/s。为了研究泥石流流速和块石粒径所带来的影响,结合研究方法,这里选取了 8m/s 以及 10m/s 的流速进行研究。通过比较明显的泥石流流速冲击作用以及块石冲击作用,可以得到简明而有效的结果。后面再在此基础上研究块石粒径和埋深所带来的影响。研究中选取埋深 1m,2m,3m 为研究对象,简化计算量。

1. 埋深 1m

经分析计算,如图 5-17 所示,泥石流流速为 8m/s,块石粒径为 1.75m,以及泥石流流速为 10m/s,块石粒径为 0.75m 时,管道达到 X60 管材的最低屈服强度(415MPa),管道破坏。在每个泥石流流速下都有对应的块石粒径。这说明了管道破坏时对应的泥石流组合形式的不唯一。

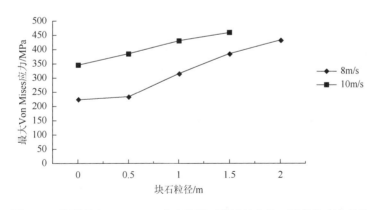

图 5-17 管道最大 Von Mises 应力随泥石流流速和块石粒径的变化趋势

未输油工况下,管道最大 Von Mises 应力图、应变图和位移图如图 5-18~图 5-20 所示。

由结果可知,在同一种泥石流流速下,管道应力变化基本呈线性变化。从数据结果分析可知,泥石流流速大时,管道达到受力极限所需的块石粒径小,而相应的,流速小时,所需的块石粒径较大。因而,从这一点来说,由泥石流流速和块石粒径主导的泥石流冲击力作用于管道时,泥石流大流速对应小块石粒径,而泥石流小流速对应的是大块石粒径。

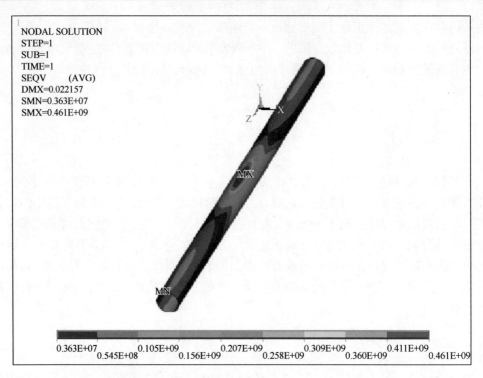

图 5-18　未输油工况下管道的最大 Von Mises 应力（单位：Pa）

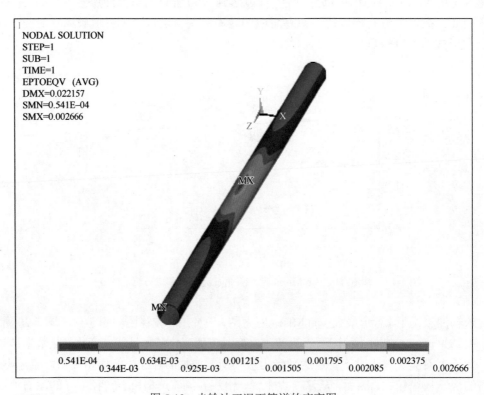

图 5-19　未输油工况下管道的应变图

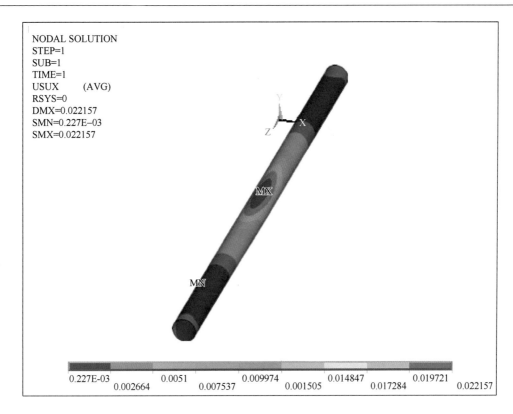

NODAL SOLUTION
STEP=1
SUB=1
TIME=1
USUX   (AVG)
RSYS=0
DMX=0.022157
SMN=0.227E-03
SMX=0.022157

0.227E-03   0.0051   0.009974   0.014847   0.019721
    0.002664   0.007537   0.001505   0.017284   0.022157

图 5-20   未输油工况下管道的位移图（单位：m）

同时，受力特征为：管道的最大 Von Mises 应力、应变位置在管道中心即块石冲击位置，而最大位移位置也在块石冲击位置。从而证明了管道在泥石流的冲击下，最为危险的位置是泥石流的块石冲击位置。

2. 埋深 2m

计算方法同埋深 1m 的方法相同，当埋深增加时，在同一泥石流流速冲击下，管道破坏时所需的块石粒径增大，而相同块石粒径冲击下，所需的泥石流流速更大。这一点符合对于泥石流冲击力的理论认识。结合下图 5-21，经分析可知，泥石流流速为 8m/s，块石粒径为 3m，以及泥石流流速为 10m/s，块石粒径为 2.7m 时，管道基本达到 X60 管材的最低屈服强度（415MPa），即达到管道极限状态，管道破坏。

同时从图中可以看出，在同一种泥石流流速下，管道应力变化基本呈线性变化。且与前面的埋深 1m 的状况相比，同一种泥石流流速下，管道所能承受的块石粒径更大。因而，管道相对也更加安全。

3. 埋深 3m

埋深为 3m 时，由前面计算结果可以知道，埋深越深时，管道达到破坏时的所需泥石流流速和块石粒径都会相应增大。经分析可知，当埋深为深埋 3m 时，可以不考虑 8m/s

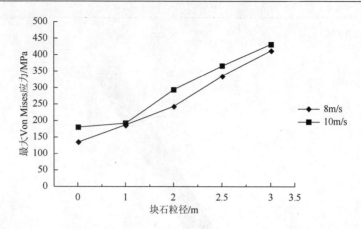

图 5-21　管道最大 Von Mises 应力随泥石流流速和块石粒径的变化趋势

流速的影响，因为管道破坏时与之相对应的块石粒径相当大，在实际运用中很少见（块石粒径达到 3m 以上），因此，可以计算 10m/s 流速时的情形即可。

经分析可知，结合下图 5-22，泥石流流速为 10m/s，块石粒径为 3.8m，管道达到 X60 管材的最低屈服强度（415MPa），管道破坏。

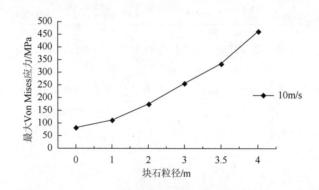

图 5-22　管道最大 Von Mises 应力随泥石流流速和块石粒径的变化趋势

无内压情形下，埋深越大，所能承受的最大泥石流流速和块石粒径也会增大，经过分析，知道危险位置在块石冲击位置。显然，浅埋才是埋地管道会破坏的常见情形。

5.4.2.2　输油情形

1. 埋深 1m

管道正常运营时，存在的内压为 14.7MPa。结合图 5-23，经分析可知，泥石流流速为 8m/s，块石粒径为 1.5m，管道基本达到 X60 管材的最低屈服强度，偏安全地认为管道达到极限状态，管道破坏。在相同埋深、相同块石粒径下，输油管道应力应变大小均高于未输油管道。

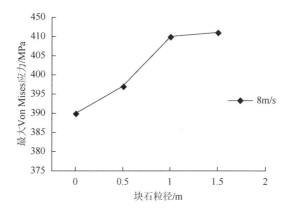

图 5-23　管道最大 Von Mises 应力随泥石流流速和块石粒径的变化趋势

拟合公式为

$$y = -1.5x^2 + 15.1x + 375.5 \qquad (5\text{-}6)$$

其中，拟合度 $R^2 = 0.948$。

输油工况下，管道最大 Von Mises 应力图、应变图和位移图如图 5-24～图 5-26 所示。

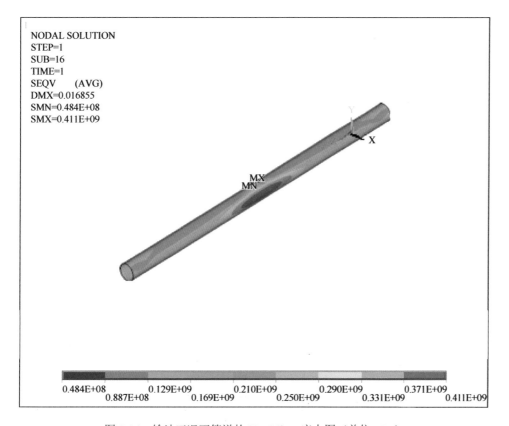

图 5-24　输油工况下管道的 Von Mises 应力图（单位：Pa）

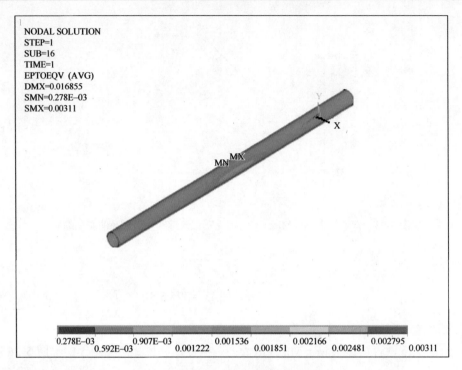

图 5-25   输油工况下管道的应变图

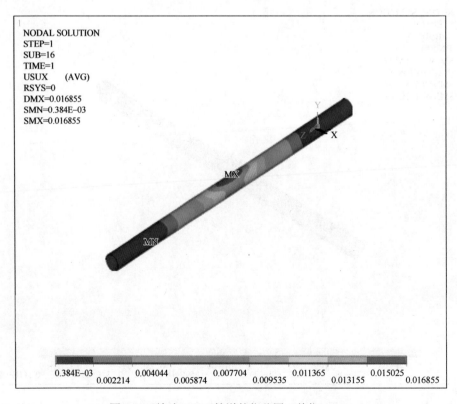

图 5-26   输油工况下管道的位移图（单位：m）

通过云图发现，有内压存在时，管道段都会受力，而不仅是管道受泥石流冲击的部分有应变产生。从位移图中可以看出，与未输油状况下相同埋深相比，位移也更小。同样，也是管道内壁内压的存在所导致的。

2. 埋深 2m

在埋深 2m 的情形下，同未输油状况下的相同埋深相比，增加了内压。同未输油情形相比，同样冲击特性没有变化，管道只是表现出了更大的应力。因此，没有给出云图。

结合图 5-27，经分析可知，泥石流流速为 8m/s，块石粒径为 2.5m，以及泥石流流速为 10m/s 时，块石粒径为 2m 时，管道达到 X60 管材的最低屈服强度，管道破坏。

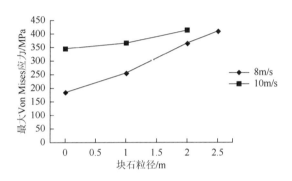

图 5-27　管道最大 Von Mises 应力随泥石流流速和块石粒径的变化趋势

在 8m/s 的流速下，拟合公式为

$$y = -6.25x^2 + 109.7x + 77.25 \tag{5-7}$$

其中，拟合度 $R^2 = 0.982$。

在 10m/s 的流速下，拟合公式为

$$y = 13.5x^2 - 19.5x + 352 \tag{5-8}$$

其中，拟合度 $R^2 = 1$。

3. 埋深 3m

埋深越深时，管道达到破坏时的所需泥石流流速和块石粒径都会相应增大。所以当埋深为深埋 3m 时，可以不考虑 8m/s 流速的影响，因为管道破坏时与之相对应的块石粒径相当大，在实际运用中很少见，因此，可以计算 10m/s 流速时的情形即可。

结合图 5-28，经分析可知，泥石流流速为 10m/s，块石粒径为 3m，管道接近 X60 管材的最低屈服强度，可以偏安全地认为管道达到其受力极限状态，管道破坏。

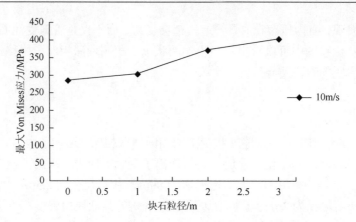

图 5-28　管道最大 Von Mises 应力随泥石流流速和块石粒径的变化趋势

拟合公式为

$$y = 3.5x^2 + 24.7x + 253.5 \qquad (5\text{-}9)$$

其中，拟合度 $R^2 = 0.960$。

有内压情形下，承受能力强于无内压情形，且相同的是，随埋深越大，承受的最大泥石流流速和块石粒径也会越大。相应的，考虑实际情形，浅埋是常见的破坏情形。从上面可以发现，管道埋得越深，管道破坏时所需要的泥石流流速或者块石粒径越大。但是，在工程实际中，在泥石流灾害中会发现块石实际上并不会常见粒径为 2m 以上的块石，但仍有计算意义。

以上的分析是针对兰成渝成品油管道一条管道的一种管径一种壁厚的情形的模拟分析。根据提供的管道的资料，再以上述的方法进行模拟分析，同样可以得到大量的数据结果，这里就不进行详细叙述。

5.5　管道埋深影响

考虑裸露管道在不同的裸露深度所带来的影响。在裸露模型的基础上，变动埋地深度，以不同的泥石流流速和块石粒径来模拟此时管道的情形。以下面简图 5-29 示意裸露管道在泥石流冲击下的情形。

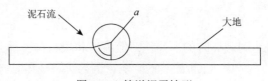

图 5-29　管道裸露情形

通过变化参数 a，就可以达到变化裸露深度的目的。这里为了探讨裸露深度所带来的影响，就以冲击力达到管道的屈服极限时，所取的泥石流流速和块石粒径为止，记录数据。得到计算结果见表 5-1。

表 5-1　裸露管道在不同泥石流冲击角度下的受力数值

裸露参数	泥石流流速和块石粒径	受力数值/MPa
L-90	2m/s，0.25m	414
L-80	2m/s，0.23m	410
L-70	2m/s，0.19m	412
L-60	2m/s，0.18m	411
L-50	2m/s，0.18m	410
L-40	2m/s，0.16m	413
L-30	2m/s，0.15m	415
L-20	2m/s，0.14m	411
L-10	2m/s，0.13m	412
ALL	2m/s，0.13m	408

　　表中统计的是裸露管道在不同泥石流冲击角度下,能承受的最大程度的泥石流流速和块石粒径。其中,L-X 表示裸露的程度,X 表示角度参数 a。ALL 表示管道全部裸露。从表中可以看出,裸露程度对于管道的受力影响,主要是表现在了块石冲击上,也由此证明了,在泥石流冲击中,块石冲击是管道受力的主导因素。

　　对于埋地管道,以相同组合形式的泥石流流速 8m/s 和块石粒径 2m 冲击管道,来考察埋深对管道的受力影响。如图 5-30 所示。

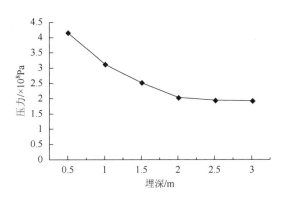

图 5-30　管道在不同埋深下的受力趋势

　　可以发现,随着埋深的增加,在同一种组合形式下的泥石流冲击下,管道受力数值减小。并且在 0 到 2m 的范围内,受力减小的幅度比较大,而 2m 到 3m 的范围内则较为平缓,应力几乎不会有很显著的增加,不会随着埋深的增加而发生变化。

　　进行曲线拟合,得到应力与埋深的关系。有如下公式:

$$y = -1.31\ln(x) + 4.072 \tag{5-10}$$

其中,拟合度 $R^2 = 0.971$。

对于其余的几条管线而言，也有此种公式，不过是系数不同而已。经过检验，是比较合适的。

5.6　管道安全可靠性

在管道工程中，评估管道在泥石流灾害下的可靠性是一项不可或缺的工作。将影响管道的各因素作为随机变量，进行可靠性评价，建立起管道的可靠度模型。在确定随机变量的基础上采用数学手段，可以更直观、更科学地表示泥石流灾害下的管道的可靠性，依此建立起管道的可靠性极限状态方程，并给出一般的求解方法。在本节中，所说到的管道的失效形式是指管道达到受力极限，不能正常运营时的状态。

5.6.1　随机变量确定

5.6.1.1　泥石流冲击角度

因为泥石流爆发时所处的山体地形地势不尽相同，使得泥石流爆发的流动方向不同，其冲击角度不同。这就导致了泥石流冲击方向的随机性和不可预测性。上述模拟中，假定了泥石流冲击时都处于管道埋设处，只考虑泥石流的冲击角度。从前面的模拟兰成渝成品油管道的情况来看，如图 5-7 所示，当泥石流的冲击角度为 0～90°时，随着角度的减小，管道的最大 Von Mises 应力也会随着减小，冲击角度为 60°～90°时，管道应力减小速率较大，随着角度的再减小，管道最大 Von Mises 应力减小速率变缓。随机变量值 z_2 可以看作冲击角度越大时，管道的 Von Mises 应力越大，z_2 就越大。当冲击角度为 15°，30°，45°，60°，75°，90°，z_2 为 0.12，0.25，0.36，0.48，0.68，1。z_2 与冲击角度的关系图，如图 5-31 所示。

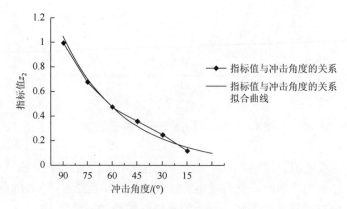

图 5-31　指标值与冲击角度的关系

根据图 5-31 中的拟合曲线，可以得到下面关系式：

$$z_2 = 1.564\mathrm{e}^{-0.39x}$$

$$(5\text{-}11)$$

显然，$z_2 \in [0,1]$。对于此种情况，要得到冲击角度这个随机变量的概率分布，也只有通过现场调研的方法，得到统计数据。在计算冲击角度的概率分布时，要注意的是，山体在爆发泥石流时，角度的变化。因此，冲击角度取得是泥石流爆发后的管道事故现场的冲击角度，而不是发生前的山体坡度。

5.6.1.2 管道埋深

管道埋深是影响管道抵抗泥石流冲击力的重要因素之一，也是最常见的影响因素之一。根据计算结果图 5-30 所示，在一定的埋深范围内，深度越大，那么泥石流的冲击作用的影响就会越小，因此得到管道在泥石流的冲击作用下，管道应力与管道埋深成反比例关系。以埋地管道为研究对象，知道管道在泥石流流速 8m/s 的冲击下，管道在 0.5m 的埋深的情况下极易破坏，使管道失效。从而，知道随机变量值 z_3 与管道埋深之间的关系为

$$z_3 = f(h) = \frac{0.5}{h} \tag{5-12}$$

显然，$z_3 \in [0,1]$。当埋深为 0.5m 时，z_3 为 1。管道埋深可以由规范给出。由此可以计算得到其概率分布。

5.6.1.3 泥石流冲击力

泥石流冲击力越大，那么管道受到的力越大，管道因而也就容易受到破坏，z_4 就越大。前文中，讨论了泥石流灾害中冲击力的计算公式及其适用条件，知道泥石流的冲击力的计算是很复杂的。分析泥石流浆体冲击力和泥石流块石冲击力的公式，在确定泥石流的流速和块石粒径的基础上，通过数据结果可以得到泥石流冲击力的变量。目前，在泥石流冲击力的研究中，可以发现，冲击速度对冲击力起着关键作用，再考虑泥石流粒径的影响，针对黏性泥石流，得到了泥石流的冲击力表达式：

$$P_{im} = K'\left[\frac{\xi d \gamma_s v_s^2}{30} + (1-\xi)\gamma_c v_f^2\right]\sin^2 \theta \tag{5-13}$$

式中，K'——冲击力试验系数，黏性泥石流取 10～13，稀性泥石流取 12～15；

θ——泥石流冲击方向与构筑物的夹角（°）；

ξ——固相颗粒体积占总体积比值；

d——颗粒指标值直径（mm）；

γ_s, γ_c——固体颗粒，泥石流浆体重度（kN/m³）；

v_s, v_f——固相，液相运动速度（m/s）。

经分析，埋深指标值与泥石流的最大冲击力成正比例关系。关系式可以写为

$$z_4 = kP_{im} \tag{5-14}$$

在泥石流现场经调研发现，大多数泥石流中的砂石、粉砂和黏土的平均含量见表 5-2。

表 5-2　泥石流各组成平均含量

组成	砂石	粉砂	黏土
平均含量	69.54%	11.99%	9.47%

根据结算结果，结合管道埋深的指标值的研究，可知假定在埋深 0.5m 时，泥石流以管道能承受的极限流速冲击。以兰成渝成品油管道为例，达到屈服极限 415MPa。此时，泥石流冲击力 P_{im} 最大值为 1923.671kN。此时管道已处于失效破坏状态，可以令 $z_4 = 1$。那么得到：

$$k = \frac{z_4}{P_{im}} = \frac{1}{1923.671} \tag{5-15}$$

将上式代入式（5-14），可得

$$z_4 = \frac{1}{1923.671} P_{im} \tag{5-16}$$

通过前章泥石流冲击管道的数值模拟分析可以知道，泥石流流速 v 和粒径 d 影响着泥石流的冲击力，而其概率分布则要通过在泥石流不同部位的取样分析，运用统计分析原理，得到概率分布。

5.6.2　极限状态方程

根据上述分析，当泥石流冲击破坏管道时，从管道的抵抗能力方面来建立极限状态方程。基于前文中的关于兰成渝成品油管道的详细模拟分析，得到了其极限状态方程。

由可靠度的基本功能函数，可得极限状态方程为

$$\frac{N_2}{N_1} - 1.564e^{-0.39x} \times \frac{0.5}{h} \times \frac{1}{1923.671} \times K'\left[\frac{\xi d\gamma_s v_s^2}{30} + (1-\xi)\gamma_c v_f^2\right]\sin^2\theta = 0 \tag{5-17}$$

这里要说明的是，上式为兰成渝成品油管道的极限状态方程。其中的各变量是关于兰成渝管线管道的随机变量参数，也是由上述文中经过大量模拟计算得到的。因此，当要求得适用于其他管线的极限状态方程时，须得先求得各参数，再建立方程。

5.7　管道加固

泥石流灾害具有突发暴发性，巨大破坏性，暴发速度快，波及范围广的特点。在管道工程中，对管道的威胁是很大的。在我国管网管道工程如火如荼的建设背景下，对在建、已建或者规划中的管道提出了在灾害暴发下要有更高的抵抗灾害的能力。因此，如何对管道的建设提出泥石流的防治措施，也是研究的一个课题之一，这也是研究进行的目的之一。本节基于前文中的计算分析，结合现有的泥石流工程实际治理手段和管道灾害下的加固措施，对管道加固提供一定建议。

5.7.1 隔离加固

泥石流运动后，会导致管道周围的土体有一定的移动，从而使得管道会受周围的土体移动挤压，或者会由于本身移动处于危险的地势而受到危害。通过使用钢制桩、树根桩或者搅拌桩等物体形成隔离体，来对那些埋深很大的管道进行处理，使得管道处于安全的位置，以致其不会受到周围土体的挤压或者其他振动荷载。对于埋深较浅的管道，可以采用隔离槽的方法进行处理。隔离槽一定要挖至管线的底部以下，才能起到作用。对于西南地区，由于地形地势更加复杂多变，需要更加注意管道周边的环境。隔离措施应当适当地考虑施工环境进行施工。下图 5-32 是管道现场施工图。

图 5-32 管道隔离施工图

管道经过隔离施工后，隔离物放置于管道周围，保护管道。泥石流冲击管道时，由于组成泥石流冲击力的两个部分——浆体和块石，它们作用于隔离物先于作用于管道，隔离体承担了浆体冲击和块石冲击的一部分力，使得泥石流冲击力作用在管道上的力有效地减小，从而使管道更加安全。与没有隔离体相比，泥石流直接作用于管道的情况更加危险。这种情形是管道的防护工程中常见的处理措施，并且处理效果显而易见。如图 5-33 所示。

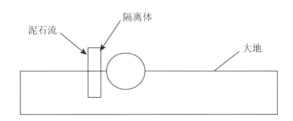

图 5-33 管道受泥石流冲击示意图

5.7.2 支撑加固

土体发生大的变动后，往往会造成管道的悬空，使得管道处于极度危险的情况。这种情况下，可以沿线设置若干的支撑点来支撑管线。这种方法是用设立的支撑物来分担管道所受到的力，达到减轻自身重力荷载的负重，从而使管道安全。支撑物的设立可以是临时性的，也可以是永久性的。对于前者，比如设置支撑桩体，砖支撑以及沙袋支撑等等，但是应该注意的是，这种临时设置物应该保证其自身的安全以及日后的拆除；对于后者，如混凝土的永久支撑墩，填入土体等，这种支撑物的设置应当考虑到其安放的位置不会造成管线运输的不便。这种方法显得便捷而有效，在西南地区，常常会用到这种方法。如图 5-34 所示。

图 5-34　管道悬空时的支撑处置情况

泥石流运动后，造成管道后期出现悬管的情况。针对悬管，在工程上会运用石墩这种简便的支撑体或者运用桥梁型加固方式对悬管进行加固。这一工作在现有的研究中研究的较多，可以取一种情形进行说明。图 5-35 为管道悬空时的加固示意图。

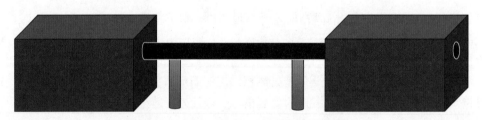

图 5-35　管道悬空时的加固措施示意图

对管道处于悬空状态时进行受力分析。在悬空状态时，当有支撑物设置时，使得管道由大跨度的形式变为三跨连续管道的形式，使管道在支撑处对于管道的自重产生的力有反方向的推力，使得管道不会在大跨度时在中心产生大的挠度，从而减小管道的应力值。可以建立悬空管道的有限元模型（对称模型，建立半模型），基本参数如前文中阐述。取悬空长度 20m。通过有限元计算，可知，在没有加固措施时最大 Von Mises 应力值为 224MPa，当加固后最大 Von Mises 应力为 211MPa。

结合图 5-36 和图 5-37，从应力变化的角度来看，管道悬空状态时，加固后应力下降了，并且应力的最值分布区附近的应力变化也相差不大，且沿跨度方向以一定角度逐渐过渡，这些对于管道跨越的长期使用来说都是有利的。因此这种加固措施是很有效的。

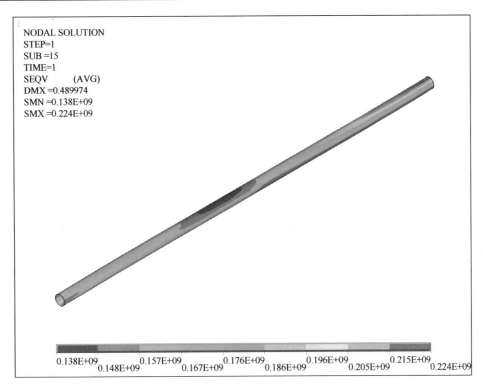

图 5-36　悬空管道未加固前 Von Mises 应力图（单位：Pa）

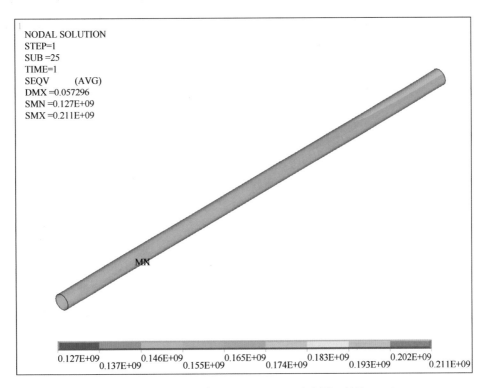

图 5-37　悬空管道管道加固后 Von Mises 应力图（单位：Pa）

5.7.3 土体加固

这种方法是采用加固土体的方法进行加固措施的处理。对管道沿线周围的土体，或施工物之间周围的土体进行注浆，可以加固那些管道周围的松散土体和孔隙，使得处于管线上势的土体不会发生流沙现象，导致对管道的覆盖挤压。在某些特定条件下也可以用井点降水法。可以对山势险峻的山坡进行土体加固，常见的就是通过设置混凝土板块的方法，保证土体不会随着雨水的汇集而移动造成滑坡、泥石流等次生灾害。在工程上，还经常采用设置挡土墙的方法，对管道周围的土体进行加固。挡土墙的设置应当有以下原则：①挡土墙应设置在滑体底部或者在抗滑段；②挡土墙的设置应当在滑动体的前缘部分，离滑坡前缘应有一定的距离，墙后可以填土与石料，以加强抗滑力；③对于多级滑坡，应当设置多级挡土墙；④挡土墙的设置不会使得水土在管道周围产生局部冲刷；⑤不会对管道的安全和监测产生影响。如图 5-38 所示，就是管道现场土体加固的设置情况。

(a)　　　　　　　　　　(b)　　　　　　　　　　(c)

图 5-38　管道沿线土体加固方法

图 5-38(a)是设置挡土外墙的情况，图 5-38(b)是山坡设置防护网的情况，图 5-38(c)是边坡设置混凝土板的情况。这三种方法的设置原理都是基于可以有效地防止山体出现滑落，或者由于雨水的增多产生流沙现象进而形成洪流产生泥石流。它们可以从减少泥石流含沙量，拦截泥石流块石，以及减缓泥石流流速等方面来达到减小泥石流冲击力的目的，进而根据前文的计算结果，当流速和块石相应都减小时，管道安全性增大。挡土墙的设置是工程中的常用的方法，可以有效地保护长输管道[11]。此种方法都是对土体或石块进行加固，防止在泥石流形成过程中被携带走随洪流一起运动，冲击管道，威胁管道安全。可以对有无明显石块两种情况进行分析。模型如前文中所建立的裸露管道的模型，经过计算得到管道受力云图。需要说明，计算时采用了管道处于有内压即处于有输送介质的情形，这时由前面的计算可知，此时泥石流流速处于 3m/s 时就会威胁管道。计算只有泥石流浆体冲击以及含块石的泥石流冲击两种情形。采用这种计算状态这样可以更加直观地了解土体加固手段对管道的影响。

结合图 5-39 和图 5-40，由计算结果可知，土体加固前后，管道的最大 Von Mises 应力由 415MPa 降至 392MPa。管道的受力显示，管道的受力的最大位置会由表面转移到管道内部。从而，可以判断，土体加固会使泥石流的冲击破坏能力减弱，管道会安全很多。

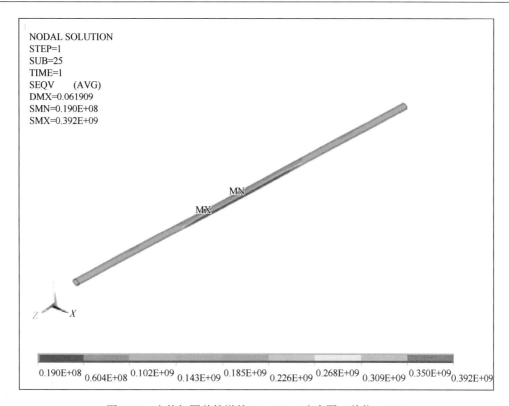

图 5-39 土体加固前管道的 Von Mises 应力图（单位：Pa）

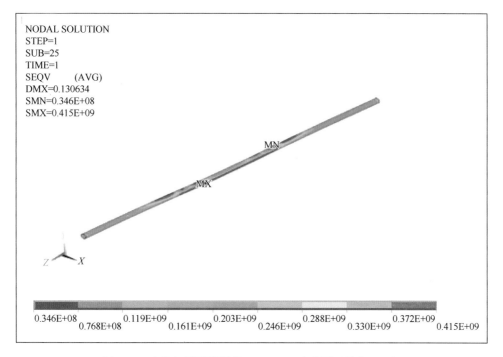

图 5-40 土体加固后管道的 Von Mises 应力图（单位：Pa）

5.7.4　维护加固

对于管道本身来说，在泥石流冲击后，会造成管道管壁的损坏，比如凹坑，管材剥落，挤压，扭折等情况。这种情形在西南片区更多，且形式多种多样。在此种情形下，可以选择对管道的材料进行加固，或者对管道的接头方式进行改变，或者设置伸缩节等。通过这些措施，可以极大地增加管道抵抗变形的能力，使得管道在周围土体的后续移动中不至于遭受更大的破坏，以致失去使用功能。

5.7.5　其他方法

由于西南地区的山势险峻，如遇暴雨天，常有土石崩塌，覆盖于管道上方。此时可以，卸去管道上方过高的土体，搬走管道土体上方的过多的巨石，用减轻负重的方式来保护管道。对于管线不明的情况，在确定管道不会造成过大的损失或影响后，应当先报告，再对其处理。

参 考 文 献

[1]　陈亚宁，穆桂金. 天山阿拉沟泥石流考察初报[J]. 干旱区理，1991，14（S1）：1-5.

[2]　唐红梅，陈洪凯. 冲淤变动型沟谷泥石流形成条件研究[J]. 重庆交通学院学报，2004，23（5）：82-88.

[3]　莫志柏. 矿山泥石流形成机理及治理方法研究[D]. 长沙：中南大学，2003.

[4]　杨为民，吴树仁，张永双，等. 降雨诱发坡面型泥石流形成机理[J]. 地学前缘，2007，14（6）：197-204.

[5]　胡进，朱颖彦，杨志全，等. 中巴公路沿线冰川泥石流的形成与危险性评估[J]. 地质科技情报，2013，32（6）：181-185

[6]　傅焕然. 喇嘛溪沟泥石流形成条件及易发性评价[J]. 路基工程，2013，（03）：190-194.

[7]　倪晋仁，王光谦. 泥石流研究进展与启示[J]. 科技导报，1992，（1）：24-30.

[8]　王鹏，王峰会. 内压和侧压作用下管道的屈曲分析[J]. 石油矿场机械，2008，（37）8：18-21.

[9]　Dorey A B，Murray D W，Cheng J J R. Critical buckling strain equations for energy pipelines: a Parametric study[J]. Journal of offshore Mechanics and Arctic Engineering，2006，（8）：128-249.

[10]　荆宏远. 落石冲击下浅埋管道动力学响应分析与模拟[D]. 北京：中国地质大学，2007.

[11]　张喜荣，高照良，李永红，等. 挡土墙在长输管道水工保护的作用[J]，生态经济（学术版），2010，（02）：344-349.

6 管道易损性

管道失效概率研究的难点是：我们对某一事物或事件概率的研究，总是希望能够遵循事物或事件本身的客观规律，尽可能找到事物或事件的客观概率。但是，实际情况往往不尽如人意，只能得到事物或事件的主观概率或行为概率，管道失效概率的研究就属于这种情况。究其原因，是因为管道失效本身的特性造成的，即影响管道失效的影响因素大多是人为的，即使某些影响因素不是人为的，也和人的活动息息相关。承受自然灾害的对象统称为承灾体，随着应用的不同，承灾体的层次可以不同，将一个居民区或一座城市甚至一个区域作为一个承灾体看待，这就是一个宏观承灾体，将一个管网作为一个承灾体看待，这就是一个微观承灾体。承灾体的破坏是自然灾害的主要表现形式。本章研究的是微观承灾体，具体而言就是管网系统。管网系统的灾害分析是指管网系统遭受某一设防标准的自然灾害影响时，对管网系统可能遭受的破坏情况的估计。

一般而言，由于自然灾害而使管网系统遭受灾害的程度主要与以下两个因素有关，一是管道所在场地的危险性；二是管网系统自身的抗灾能力。因此，对未来灾害的预测应从上述两个方面进行分析。管网系统所在场地的灾害危险性与未来能引起灾害的强度大小、位置、场地特征以及历史灾害资料等有关，这属于专门的学科分支——灾害危险性分析。目前我国已经利用概率方法，对某一地区未来一定时期内遭受不同强度灾害影响的可能性，给出了以概率形式表达的灾害强度区划。

结构易损性是指一个确定区域内由于灾害发生造成损失的程度。灾害易损性是评定灾害破坏的一个数值，对灾害预测区内未来灾害造成结构的破坏和损失的程度做出的预测。在一次灾害中管网系统没有抵御灾害破坏能力，全部破坏了，即"毁灭"，其易损性为1；相反，若管网系统达到抗灾设防标准，在灾害中完好无损，则其易损性为0。灾害易损性除了管网系统外，还有人员伤亡，生产设施等不同程度损害数，经济损失和社会影响估计数，可能产生的次生灾害及造成的损失数。

1. 国外研究概况

基于震害资料，Steinbrugge[1]建立了各类结构的损失率与地震烈度的统计关系，这是20世纪60年代的主要成果。

麻省理工学院 Whitman 等[2]建立了各类结构出现不同破坏状态的概率与地震烈度的统计关系，并提出了结构易损性矩阵的概念。

20世纪70年代，美国国家海洋局和大气管理局（National Oceanic and Atmospheric Adminstration，NOAA）和美国地质调查局（United States Geological Survey，USGS）曾组织工程技术人员和地球科学家组成的专家小组，对旧金山、洛杉矶、普查特桑和盐湖城等地区开展了建筑物地震损失预测研究，通过对有丰富震害资料的结构进行统计分析，最后形成了 NOAA/USGS 方法，该方法给出了不同烈度下建筑物的平均损失率，经常应用于区域损失估计中[3]。

20 世纪 80 年代，美国联邦紧急事务管理局（Federal Emergency Management Agency, FEMA）与应用技术委员会（Applied Technology Council, ATC）通过对加利福尼亚州未来地震损失估计系统的研究，推出一套适合于技术人员使用的震害估计方法，即 ATC-13 方法。鉴于震害资料的限制，该方法是采用专家评估的途径，建立各种类型结构的破坏概率矩阵[4]。

20 世纪 70 年代初对核电站的地震概率风险评估中开始采用易损性曲线的形式来表示结构的地震易损性。简单地说，研究者将核电站结构系统和设备的抗震能力以概率分布函数表示。该函数以地震地面运动强度参数为自变量，常采用地震动峰值加速度 PGA（peak ground acceleration），加速度谱（Sa）等作为地震动参数。该函数包含了结构和地震动参数两方面的不确定性因素。例如，Ghiocel 等在考虑土-结动力相互作用的条件下对美国东部地区的核电站的地震反应和地震易损性进行了分析[5]。Ozaki 等[6]在对日本核反应堆建筑的地震易损性分析中，提出改进的响应系数方法来考虑结构的非线性效应及其变异特性。Bhargava 等[7]采用商业化软件 COSMOS/M 对印度核电站中的贮水罐进行三维有限元建模，通过大量的非线性地震反应分析，对其进行了易损性评定。Cho 等[8]采用韩国当地的反应谱，对韩国几处核电站进行地震易损性分析。

Hwang 等[9-13]在建筑结构领域较早地进行了地震易损性的研究，包括对钢框架、钢混框架和平板结构等结构类型进行的大量地震易损性分析。

Ellingwood[14]对基于可靠度的概率设计理论、地震易损性分析和地震风险评估做出了较大的贡献。B. R. Ellingwood 与其博士生 J. L. Song[15]研究了钢框架焊接节点的不同形式对特殊抗弯钢框架抗震可靠性与地震易损性的影响；与 Rosowsky 等[16, 17]在基于性能设计思想的框架下系统深入地研究了木结构（包括轻型木框架与工程木剪力墙等）在地震和风作用下的易损性；另外，他还和 Y. K. Wen[18]研究了易损性评估在"基于后果的地震工程"中的应用。

Der Kiureghian 在系统地研究工程中的各种不确定性因素对于工程结构地震易损性影响的基础上，与其学生 M. Sasani 建立了钢筋混凝土剪力墙基于位移的概率地震需求与能力模型，并应用贝叶斯统计推断方法评估了钢筋混凝土剪力墙地震易损性的不确定性[19, 20]；与 Gardoni 等合作，根据已有的大量试验数据，建立了钢筋混凝土柱子的概率抗震能力模型，估计了其地震易损性[21]。

美国地震损失评估软件 HAZUS 在综合了大量已有研究成果的基础上，基于地震动参数估计结构的破坏，应用性能设计理论和能力谱的方法计算结构的地震反应，给出各类典型结构的地震易损性曲线[22, 23]。

一般来说主要有两种方法可以得到结构的地震易损性曲线：一种是基于震害经验的方法，另一种是基于理论分析的方法。由经验方法得到的易损性曲线一般是根据对以往地震中的结构破坏状态、程度、部位的统计分析总结；而由分析方法得到易损性曲线是通过建立力学模型，对结构的地震反应进行计算分析，而且在条件允许的情况下有必要用实际的地震数据来验证。

（1）基于震害经验的方法得到地震易损性曲线的研究，有很多是基于过去地震中统计的桥梁损伤资料。Basoz 和 Kiremidjian 等学者[24, 25]利用北岭地震后桥梁损伤的数据，采用回归分析方法建立了经验易损性曲线。Mander 和 Basoz[26]采用一种类似 Singhal 和 Kiremidjian[27]的方法估计了易损性曲线。假设易损性曲线的形式为位置参数未知而比例参数已知的标准对数正态累积分布函数，从而融合了需求与能力两者的不确定性。Shinozuka 等[28]利用 1995 年阪神地震中观测到的桥梁损伤的数据，建立了桥梁墩柱的经验易损性曲线。同样采用对数正态分布函数来表示易损性曲线，函数中的两个参数通过最大概率方法来估计。

Kiyoshi[29]在分析公路系统的地震易损性时，假定易损性曲线为两参数正态分布的形式。利用 1995 年阪神地震中得到的桥梁损伤数据来估计函数中的未知参数（均值和标准差）。

经验易损性曲线来源于历史上实际的震害和与它们相对应的地震动参数的统计关系，结果可信度比较高，但由于受到统计对象具体条件的限制，经验方法获得的易损性曲线原则上只适于与统计数据来源相类似的情况，而不同的地震环境、场地条件、建筑结构特点是不同的，因此，在某地区（或国家）某年代获得的经验易损性曲线难以直接推广应用到其他地区未来地震的情况。最重要的是经验易损性曲线获得不易。因此，通过研究，建立较为可靠的易损性曲线的理论估计方法是非常必要的。

（2）理论易损性曲线通常是通过对结构进行地震动响应分析得到。在形成易损性曲线的过程中，可以采用几种典型的分析方法来计算结构在地震地面运动下的反应，如反应谱分析方法，非线性静力分析方法，非线性时程分析方法。也可采用简化的非线性静力分析方法，如能力谱法、位移系数法和割线法。

在采用理论分析方法评估结构的地震易损性时，研究者们采用了不同的研究路线与研究方法：对各种特定的结构力学模型采用 Monte Carlo 方法来进行易损性分析。Hwang 和 Huo[30]提出了一种以对结构动力行为的数值模拟为基础的分析方法来获得易损性曲线。通过把系统中的参数考虑成随机变量来定量地分析地震—场地—结构系统的不确定性。为了节约 Monte-Carlo 模拟法需要的计算时间，Kai 和 Fukushima[31]提出了一种利用频域内的随机振动理论来估计结构反应的易损性分析方法。Shinozuka 等[32]采用 Monte Carlo 方法检验桥梁的易损性曲线，采用两种不同的方法来计算结构的反应，一种是非线性时程分析法，另一种是 ATC-40（1996）提出的能力谱方法。由于结构和地面运动都具有不确定性，采用 10 个桥梁样本以及 80 个不同的地震地面运动时程记录组成独立样本进行计算。通过比较利用两种不同方法获得的易损性曲线，表明当桥梁进入严重破坏和倒塌这两种状态后，非线性效应会起决定作用，两种方法针对这两个极限状态建立的易损性曲线之间的一致性比轻微破坏状态下的差。

Singhal 和 Kiremidjian[27]提出采用贝叶斯原理分析已获得的结构损伤数据，进行易损性估计。Singhal 和 Kiremidjian 将 Park-Ang 损伤指标表示成结构抗震能力与需求函数的形式来定量分析结构的损伤状态。易损性被定义为在给定的地面运动下，结构的损伤指标大于一定阈值的条件概率。假设在给定的地面运动水平下，损伤指标服从均值未知而对数标准差为已知常量的对数正态分布。利用从过去发生的地震中获得的历史损伤数据来修正假定服从对数正态分布的损伤指标均值的分布。

Mande 和 Basoz[26]及 Shinozuka[32]使用能力谱法（CSM）分析桥梁的易损性曲线。该方法关键是对需求和能力的分析。能力谱法分析结构的反应需要确定三个要素：需求谱、能力谱与性能点。能力谱基于材料属性和结构形式的不确定性，通过非线性静力（pushover）分析获得。需求谱是考虑地震环境、场地条件和传播路径来建立。需求谱和能力谱叠加起来获得性能点，可以求出结构的反应。Mander 和 Basoz 通过假定标准差来计算超越某极限状态的概率，而 Shinozuka 等对这两个参数（均值和标准差）进行了估计。

2. 国内研究概况

目前，人们常定义一个能代表结构抗灾性能的抗力指标（如强度、变形等），根据灾害资料和结构弹塑性灾害反应分析方法，建立结构抗力指标和灾害程度（或破坏状态）之间的关系，并考虑结构抗灾设防标准、结构的体型、构造措施、质量、使用年代等因素的影响，对灾害作用下结构的灾害程度（或破坏状态）进行评估。这种对灾害强度和结构破坏之间关系的分析通常称为结构易损性分析。结构易损性分析有确定性和概率分析两种方法。

与国外地震易损性研究的发展过程相似,我国在地震易损性领域的研究工作也是从量大面广的群体性房屋建筑震害统计、分析、预测开始的。尹之潜教授在国内较早地开展了地震易损性和震害预测方面的研究工作，他通过分析大量的震害资料和试验数据，建立了超越强度倍率和延伸率与结构破坏状态的关系，并分别对砖砌体结构、排架结构及多层钢筋混凝土结构进行了系统的地震易损性研究,形成了结构地震易损性和地震损失估计较为完整的理论[33, 34]。

20 世纪 80 年代初期杨玉成等对多层房屋的地震易损性及其震害预测进行了较为系统的研究[35]，并于在 20 世纪 90 年代初期与美国斯坦福大学 Blume 地震工程中心用三年多的时间共同开发了用于多层砌体房震害预测的专家系统 PDSMSMB-1[36]。

高小旺、钟益树等在对底层全框架砖房及钢筋混凝土框架结构的震害预测问题研究中，虽然尚未明确提出易损性的概念，但是已经开始计算不同地震烈度下结构失效的概率[37, 38]。

许多学者指出以地震烈度作为地震动参数的结构易损性分析方法是有缺陷的，其主要表现在以烈度为地震强度去预测建筑物在未来的地震中可能遭受的破坏状态及其可能性，具有明显逻辑循环（根据破坏估计烈度，然后再以烈度去预测破坏）的局限。温增平在《建筑物地震易损性分析研究》[39]中研究了以地震动峰值加速度及反应谱作为地震动强度参数时的结构地震易损性的分析方法，计算了在不同地震动强度参数下，多层砖房出现或超越不同状态的概率，并将理论结果同实际震害数据进行了对比，给出了基于地震动参数的地震易损性曲线。此后温增平等进一步研究了震源特性、传播途径及局部场地条件对地震作用下结构破坏的影响，提出基于烈度及 *PGA*（地面峰值加速度）并考虑场地条件的钢筋混凝土结构的易损性分析方法[40]。

近年来，国内学者在具体单体建筑的地震易损性分析上进行了一系列有意义的研究。张令心等采用拉丁超立方体抽样技术，考虑地震动、结构反应和结构承载能力的不确定性，采用多自由度滞变体系的时程分析方法，对多层住宅砖房进行了地震易损性研究[41]。于德湖和王焕定对配筋砌体结构的地震易损性进行了研究[42]。

成小平和胡聿贤提出神经网络模型分析结构地震易损性的方法[43]。神经网络模型输入的信息为反映结构抗震性能的参数，如含墙率、砂浆强度、楼层参数等，输出为指定烈度下的破坏状态的概率分布。该模型综合了理论分析、专家判断、综合评判、指标判别的特点，是一种综合的结构易损性分析方法。Wang 和刘晶波[44]合作进行了钢筋混凝土桥梁的地震易损性研究。张海燕以位移作为性能指标，提出了钢筋混凝土梁式桥基于位移的地震易损性的简化分析方法[45]。楼思展等利用有限元软件 SAP2000，对上海浦东某医院的钢筋混凝土框架结构进行了非线性动力时程分析，采用延性破坏指标和强度破坏指标，按照不同地震烈度绘制了建筑物的易损性曲线[46]。乔亚玲等开发了一种地震易损性计算系统[47]。郭小东等建筑物地震易损性评价方法进行了对比研究[48]。姜淑珍和柳春光对城市交通系统的地震易损性进行了分析[49]。陶正如和陶夏新结合性能设计思想，以地震动参数作为输入，提出了由地震易损性矩阵经参数反演建立地震易损性曲线的方法[50]。吕大刚和王光远将可靠度方法应用到结构易损性分析中，以钢框架为分析模型，进行了基于可靠度的整体和局部易损性分析，将地震易损性分析置于地震风险分析的框架下，考虑了地震易损性分析中的随机信息[51]。

6.1　基于性能的地震工程概率决策方法与地震易损性分析

结构抗震性能设计理论的基本思想是：设计的结构在设计基准期内，在未来的地震荷载作用下，能够满足各种预定的性能目标或功能要求。性能设计针对每一级设防水准，将结构的抗震性能划分成不同等级，结构工程师根据业主的要求（或向业主推荐），采用合理的抗震性能目标和合适的结构抗震措施进行设计，使结构在各种地震水平作用下所造成的破坏程度，是业主所选择并能够承受的[52]。

传统的结构抗震设计方法主要依靠结构自身的强度、刚度、延性和耗能能力来抵抗荷载的作用，而性能设计理论的出现将改变传统的设计理念，它要求对设防水准、震害经验、结构分析与设计方法、抗震措施、结构可靠性、优化和费效分析等各个方面进行深入研究。事实上，性能设计的核心目标是在最经济的条件下，设计出在最不利的荷载作用下能继续保证结构各项功能的抗震设计：不仅能保证生命安全，而且能确保经济损失最少[53]。该理论打破了目前基于最低安全标准的建筑结构设计规范的限制，因此研究基于性能的结构抗震设计理论与方法，制定多性能目标、多可靠度水准的设计指南，对于提高土木工程结构的安全度，满足人们对结构安全度的多层次要求有重要的理论意义和实际意义。

对于基于性能的抗震设计，现在还没有一个统一的定义。比较有权威性的是美国SEAOC（Structural Engineers Association of California, 加州结构工程师协会）、ATC 和FEMA 等组织给出的基于性能设计的描述。尽管不同的机构或者个人对于基于性能的抗震设计描述不完全相同，但是这些论述中有一共同思想，就是基于性能抗震设计的基本思想是：使所设计的结构在其设计使用年限内，在遭受不同水平的地震作用下，应该有明确的性能水平，并使得结构在整个生命周期中费用达到最小。

早期基于性能设计思想的共同特点是性能水准及对应的地震动水平都是离散的；虽然由地震危险性分析定义的设计地震动水平包含有概率意义，但对结构在地震作用下性能的估计完全是确定性的，使得无法对结构进行基于可靠度理论的抗震性能评估。而由于各种不确定性因素的存在，结构性能本身是具有随机性的，因此结构的承载能力、变形能力、耗能能力等性能参数实际上都是随机变量（或随机过程）。另外，由于地震作用也具有强烈的随机性，所以，结构的抗震性能本质上应该从概率意义上来把握。将抗震性能设计方法建立在可靠度理论基础之上，是结构抗震性能设计发展的必然趋势。

如前所述，以可靠度理论为框架，对结构进行地震反应分析及抗震性能评估是基于性能的抗震设计理论的主要研究内容之一。

对于新一代的"基于性能的地震工程"研究内容而言，既有地震学的问题，又有工程抗震的问题，为了估计由于地震造成人员伤亡和结构损伤而产生的经济损失，又涉及社会学和经济学的问题，如图 6-1 所示。

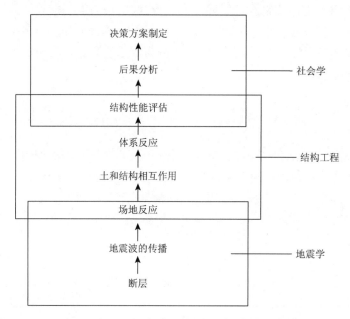

图 6-1　"基于性能的地震工程"的研究内容

图 6-1 中，选择地震动涉及地震学的问题，包括场地反应、地震波的传播和断层；结构分析中涉及结构工程的问题，包括场地反应、土和结构相互作用、体系反应和结构性能评估；决策方案制定涉及社会学的问题，包括结构性能评估、后果分析以及决策方案制定。

除了多学科知识的交叉以外，新一代的"基于性能的地震工程"还存在问题研究领域的交叉，例如：结构（体系）的性能评估则既是结构工程关心的问题，也是社会学关心的问题。多学科多领域的交叉使得将新一代的"基于性能的地震工程"作为一个整体并以可靠度理论为基础进行研究几乎是不可能的。

美国太平洋地震工程研究中心提出采用一个决策变量 DV（decision variables）来评价结构是否满足给定的目标性能[54]。该决策变量可以是一个直观而容易理解的指标，如年平均地震损失或者代表结构失效状态的一个指示变量（例如超过极限状态取 1，反之取 0）。

由于地震地面运动以及结构本身的随机性，DV 也是随机的，可用 $\lambda(DV)$ 来表示结构不满足目标性能的概率，即决策变量平均每年超越特定值的概率。将 DV 的平均年超越概率（mean annual frequency，简称 MAF）$\lambda(DV)$ 根据结构的破坏指标 DM（damage measures）、工程需求参数 EDP（engineering demand parameters）以及地震动强度指标 IM（intensity measures）按全概率定理进行分解，得到下式：

$$\lambda(DV) = \iiint G(DV|DM)|\mathrm{d}G(DM|EDP)|\mathrm{d}G(EDP|IM)\mathrm{d}\lambda(IM) \qquad (6\text{-}1)$$

式（6-1）通过三个中间变量，即破坏指标 DM、工程需求参数 EDP 以及地震动强度指标 IM，将整个抗震性能评估问题分解成了四个部分。

1. 概率地震危险性分析（probabilistic seismic hazard analysis）— $\lambda(IM)$

$\lambda(IM)$ 是地震危险性曲线，表示地震动强度指标 IM 大于设定值的年平均概率。根据场地情况，结合设防对象特点，通过地震危险性分析确定设计采用的地震动强度指标及其概率分布。地震动强度指标 IM 可以选择地震地面峰值加速度、峰值速度、弹性或非弹性反应谱等单一的标量，也可以选择由几个参数组合成的向量。选择合适的 IM，基本原则是要能体现该场地上可能发生的地震动对工程结构的破坏机理，同时也要使因不同地震动记录输入而引起的工程需求参数（最大反应）变异较小。

2. 概率地震需求分析（probabilistic seismic demand analysis）— $G(EDP|IM)$

概率地震需求分析就是通过力学分析方法获得结构的地震需求，如楼层侧移、层间位移角、楼面加速度和速度等，也可以是累积损伤指标如滞回耗能等，在给定的地震动强度水平超过给定值的条件概率，即 $G(EDP|IM)$。$\mathrm{d}G(EDP|IM)$ 表示给定 IM 时 EDP 条件分布的概率密度特征。选择 EDP 的基本原则是要与结构构件、非结构构件及内部设施的损伤有较紧密的联系，也要与下一步能力分析采用的损伤指标 DM 有较好的相关性。工程需求参数是由结构反应分析计算得来，其准确与否主要取决于采用的分析模型的合理性和分析方法准确性。太平洋地震工程研究中心认为："概率地震需求分析是结构抗震性能评估的基础"。概率地震需求分析也是近年来的两个基于性能的抗震设计指南 FEMA-350 和 FEMA-353[55] 的核心内容。

3. 结构的概率抗震能力分析（capacity analysis）或损伤估计— $G(DM|EDP)$

通过损伤分析，确定损伤指标 DM 的大小。DM 要能描述结构构件、非结构构件及设施的损伤程度及其后果。式中，$G(DM|EDP)$ 也被称为易损性函数（fragility function），表示 EDP 为某定值时 DM 超过某一设定损伤状态的条件概率，它反映了结构抵御地震作用的能力。为便于统计、分析，可将建筑物内的主要构件分成若干个性能组，如对侧移敏感的结构构件、对侧移敏感的非结构构件和设施、对加速度敏感的非结构构件和设施等。对每一性能分组，可相应地定义与人员伤亡、震后修复相关联的损伤状态。

4. 损失评估及决策（loss assessment and decision making）

基于概率的抗震性能评估的最后一步是损失评估、计算决策者容易理解的决策变量

DV 及其超越某一设定值的年平均概率 $\lambda(DV)$。DV 与直接经济损失、停业或恢复重建时间、人员伤亡等有关，需要利用大量的震害资料以及一些经济指标，计算包括初始建设、维护、破坏等带来的直接间接经济损失以及震后恢复重建等在内的费用。式（6-1）中，$G(DV|DM)$ 也被称为损失函数（loss function），表示给定 DM 时 DV 超过某一设定值的条件概率。

PEER 提出的这个框架体系以基于性能的抗震思想作为基础，引入了全概率设计的思想，利用概率论中经典的全概率定理，将上述这样一个极其庞大而复杂的问题，按抗震性能评估的全过程分为了具有相对独立性又有内在逻辑联系的四个阶段：地震危险性分析、地震需求分析、抗震能力分析及损失评估，并通过各阶段分析所得到的变量，即地震动强度指标（IM）、工程需求参数（EDP）、损伤指标（DM）和决策变量（DV），将整个抗震性能评估过程有机地联系起来。通过这一模块化的构架，可以比较方便地建立严格的系统方法，从而将基于性能地震工程所需的多学科知识组织起来。

上述基于性能的地震工程概率决策框架，从总的概念和理论来讲是完善的，但以目前的研究积累还不够充分，不论是结构反应分析，还是地震动强度指标的确定、损伤分析、损失评估等，都还不能完全达到这个框架方法的要求，还需要进行大量研究和工程实践的积累。

当把公式（6-1）关于工程需求参数 EDP 积分，就得到下式：

$$\lambda(DV) = \iint G(DV|DM)\,\mathrm{d}G(DM|IM)\,\mathrm{d}\lambda(IM) \qquad (6-2)$$

式（6-2）中的 $G(DM|IM)$ 反映的是在不同的地震动强度水平下，结构超过不同的破坏的概率，这正是结构的地震易损性。

可见，地震易损性分析是基于性能的地震工程的重要组成部分，是从结构工程角度衡量和掌握工程概率抗震性能的核心指标。它包括了结构需求和能力两方面的不确定性。从式（6-2）可以发现，基于性能的地震工程概率决策过程可以看作对工程未来地震风险的一次评估，必须对工程的地震易损性作出准确的分析和判断。

6.2　基于自然灾害的管网易损性

6.2.1　曲线建立

管网的自然灾害易损性常用易损性曲线描述。在易损性曲线中涉及三个参数：代表管网性能的管网反应 Z（即自然灾害发生时，管网正常运行的最小能力）、破坏极限状态界限值 LS（即抵抗自然灾害能力）以及 PGA（地震峰值加速度）为自然灾害强度指标。自然灾害易损性曲线给出了不同自然灾害强度时管网反应超过规定破坏状态的概率，它一般可以由一组曲线来描述。

管网易损性曲线是用条件概率描述管网系统发生某一破坏状态失效概率的一种方法。管网的破坏状态是与管网本身的抗灾能力和作用在管网系统的自然灾害强度有关的；绘制它的易损性曲线有两种方法，一是给出一组不同的自然灾害强度，分别计算对应它们的易损性曲线；二是给出管网的抗力与自然灾害作用强度之间的相对值，计算对应它的易损性曲线。

6.2.1.1　建立方法

建立管网的自然灾害易损性曲线的方法有两类：一是经验方法，二是理论分析方法。目前常用的理论分析方法是数值模拟法，通过产生大量的自然灾害记录样本和随机管网样本进行统计分析。管网的自然灾害易损性分析包括概率自然灾害反应分析和概率抗力分析。前面分别就这两个问题进行了讨论，并且已经分别得到了管网的自然灾害需求和能力的对数正态分布函数。图6-2给出了本节所建议的管网自然灾害易损性分析方法的示意图。

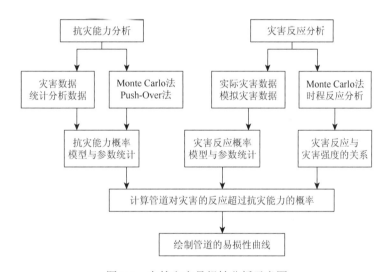

图6-2　自然灾害易损性分析示意图

6.2.1.2　建立步骤

为能系统考虑自然灾害和管网的不确定性、合理反映管网非线性的影响，给出管网自然灾害易损性分析方法如下。

（1）建立合理的管网非线性力学模型。

（2）合成一系列灾害数据，包括不同类型和不同强度的灾害。

（3）建立一系列"灾害-管网"样本对。

（4）通过对每一个"灾害-管网"系统的非线性时程反应分析，从而获得一系列管网反应数据。

（5）通过对模拟反应数据的回归分析建立管网反应的概率函数，其中以自然灾害强度为自变量。

（6）定义管网的破坏状态并建立相应每一破坏状态的管网承载力的概率函数。

（7）计算不同强度自然灾害作用下管网反应超过某一破坏状态所定义的管网承载力的条件概率。

（8）绘制以所选自然灾害参数为变量的自然灾害易损性曲线。

6.2.1.3　管网破坏与管网抗力关系

有了管网抗力后，还需知道管网抗力和管网破坏等级间的关系，才能给出管网的易损性。由于管网实际情况和自然灾害的作用力都有一定的离散性，所以有相同抗力的同一类管网在同样的自然灾害作用下，可能会出现不同程度的破坏；同样，同一类破坏状态相同的管网，它们的抗力可能不同，不过同一类管网抗力相同，出现不同破坏状态的概率是不同的。

根据灾害的轻重，通常可将管网在自然灾害作用下可能产生的破坏状态划分为若干个可以区分的等级。这种等级的划分是多种多样的，在本节研究中对管网在自然灾害作用下的表现分为五种状态，分别为基本完好、轻微破坏、中等破坏、严重破坏和毁坏等五个等级，如表 6-1 所示。

表 6-1　管网的灾害等级划分

灾害等级	功能描述	量化指标
基本完好	管网无破坏或基本无损伤，管网正常运行。	$\varepsilon < \varepsilon_Y$
轻微破坏	管网有轻微损伤，有微小泄漏，压力基本不变，管网能正常运行。	$\varepsilon_Y \leqslant \varepsilon < 1.5\varepsilon_Y$
中等破坏	管网有中等程度破坏，发生泄漏，压力降低较大，管网虽然能够送气，但效率低。	$1.5\varepsilon_Y \leqslant \varepsilon < 2\varepsilon_Y$
严重破坏	管网有严重破坏，压力降低较大基本同大气压力相等，管网不能够送气，管网系统失效。	$2\varepsilon_Y \leqslant \varepsilon < 3\varepsilon_Y$
毁坏	管网断裂，或者爆管。	$3\varepsilon_Y < \varepsilon$

由于本节的使用位移延性系数表示管网反应来进行参数统计，所以对于以位移延性系数表示的管网概率反应函数，直接以系数作为破坏状态的标准。

对于某个具体的管道，有

$$\varepsilon_Y = \frac{f_y}{E} \qquad (6-3)$$

式中，f_y——管材的屈服强度（MPa）；

　　　E——管材的弹性模量（MPa）；

　　　ε_Y——屈服应变（无量钢）。

6.2.2　管网的自然灾害易损性

以灾害强度 PGA 表征管网易损性曲线，假定为对数正态分布的函数形式。这些易损性曲线描述了给定了自然灾害作用下超越某一破坏状态的概率。易损性曲线与管网本身的性质，破坏状态及自然灾害参数有关。图 6-2 可以形象地描述给定管网的易损性曲线与破坏状态的关系。

管网的破坏曲线表示在不同强度自然灾害作用下管网反应超过破坏阶段所定义的管网承载能力的条件概率。管网反应 μ_c 超过管网承载力 R_c 的概率可计算如下：

$$P_f = P_r(R_c / \mu_c \leqslant 1) \tag{6-4}$$

因为 R_c 和 μ_c 都服从对数正态分布，所以特定阶段的失效概率 P_f 可由下式确定：

$$P_f = \Phi\left[\frac{-\ln(\tilde{R}_c / \tilde{\mu}_c)}{\sqrt{S_c'^2 + S_d'^2}}\right] \tag{6-5}$$

式中，$\tilde{\mu}_c$ 和 $\tilde{R}_c$ ——分别为管网反应和管网承载力均值；

S_c' 和 S_d' ——分别为管网承载力和管网反应对应的对数标准差。

分别利用动力时程分析与 Push-over 分析和蒙特卡洛模拟相结合的方法，得到了管网反应均值 $\tilde{\mu}_o$ 和管网整体变形能力均值 $\tilde{R}_c$ 和管网承载力的对数标准差 S_c'。

6.2.3 管网概率自然灾害风险

6.2.3.1 基本概念

自然灾害风险是指在规定时间内，所研究区域内，自然灾害对管网正常运行的危害大小。它反映了自然灾害对管网的破坏程度以及带来的后果，因此自然灾害风险与自然灾害危险性、管道的易损性以及造成的经济损失和人员伤亡有关，可用式（6-6）描述：

管网自然灾害风险 = 自然灾害危险性 × 管网易损性 × 失效损失估计 （6-6）

式中，自然灾害的危险性分析为研究给定区域内发生各种强度灾害的概率；管网的易损性分析为研究管网系统易于受到自然灾害的破坏、伤害或损伤的程度和可能性；管网失效后的损失评估为在危险性分析和易损性分析的基础上，研究风险区一定时段内可能发生的一系列不同强度灾害给风险区造成的可能后果和经济损失值。

可用数学形式表达为

$$P_{LS} = P[D > C] = \sum_x P[D > C \mid S_a = x] \cdot P[S_a = x] \tag{6-7}$$

式中，LS ——是管网受到自然灾害时的某种性能水准或破坏等级；

$P[D > C]$ ——表示达到或超过该性能水准或破坏等级的概率；

$P[S_a = x]$ ——是自然灾害强度为 x 时的概率；

$P[D > C \mid S_a = x]$ ——代表发生强度 x 的自然灾害时的条件失效概率，即管网自然灾害易损性。

6.2.3.2 主要内容

自然灾害风险分析的主要内容通常包括以下几个方面：

（1）自然灾害危险性分析。就是我们通常所说的"自然灾害危险性分析"，是研究某一区域内一定时段内自然灾害发生的概率，并没有涉及灾害，其主要任务是掌握自然灾害发生的统计规律，而自然灾害的不确定性主要来自自然灾害本身发生的不确定性。

（2）自然灾害易损性分析。主要是对承灾体进行抗灾性能分析，依据自然灾害的强弱和管网的性能，对可能的破坏程度进行预测，最终结果是建立灾害-破坏关系。另外还包括对风险区内社会财富特性的评价，确定风险区内的管网类型和数量，统计风险区内的人口和经济发展情况等。

（3）自然灾害损失分析。评估风险区内一定时段可能发生的一系列不同强度的自然灾害给风险区造成的可能后果，评估损失包括直接损失（用财产损失来计算）、人员伤亡和间接损失（断气造成的商业损失）等。

这三方面的分析内容是相互联系的，只有自然灾害危险性作用于社会财富才会有风险发生，因此风险区内的社会财富对灾害程度有较大影响，一次大灾害若发生在人烟稀少的地区不会造成大的灾难，而一次中等强度的自然灾害发生在大都市则可能形成灾难性的后果。

6.2.3.3 危险性

进行自然灾害风险分析，除了得到自然灾害造成的损失，还要了解这种损失发生的可能性有多大，这就需要知道造成这种损失的自然灾害的发生可能性，这就是自然灾害危险性分析研究的内容。自然灾害危险性是指所研究的地区在一定的时期内，不同强度自然灾害的发生概率。它决定于所在地区的自然灾害环境和自然环境。这些条件是目前我们无法改变的。自然灾害危险性的研究与评定是进行自然灾害强度区划的主要依据，其实质是对一个地区作长期的自然灾害预报。

1. 自然灾害危险性分析方法

自然灾害危险性分析是自然灾害风险分析的基础之一，目前自然灾害危险性分析主要有确定性方法和概率性方法。确定性方法即分析所研究地区周围的自然灾害地质环境和历史自然灾害资料，对未来可能发生的自然灾害做出预测，提出一个设定自然灾害，并据此给出相关的自然灾害危险性估计，它主要依据历史自然灾害重演和地质构造外推原则，相对于自然灾害危险性概率分析方法少了概率意义，但可将自然灾害风险分析建立在类似现实的成灾的物理背景下，便于进行灾情模拟。

概率自然灾害危险性分析的基本步骤为：

（1）确定潜在灾害位置并选择灾害类型。

（2）计算各灾害不同强度自然灾害的发生率。

（3）确定各灾害的发生和变化规律。

（4）分析给定场地的自然灾害危险性。

2. 自然灾害强度的概率分布类型

高小旺等[56]根据对 45 个城镇自然灾害危险性分析的结果，对自然灾害强度作用的概率分布类型进行了分析，管网表明自然灾害强度符合极值Ⅲ型，自然灾害作用符合极值Ⅱ型分布。对于某场地自然灾害强度在一定时间内的概率分布问题，Algermissen 等[57]和 Macgregor[58]等论述了灾害强度符合极值Ⅱ型分布。由于本节的易损性分析的横坐标采用的是自然灾害强度，所以在这里用极值Ⅱ型分布来拟合确定场地自然灾害强度在一定时间内的概率分布，极值Ⅱ分布可表达为

$$F_{\mathrm{II}}(x) = \exp[-(b/x)^k] \quad x \geq 0 \tag{6-8}$$

式中，k ——形状参数；

$\quad$ b ——物理意义为"众值"，即"期望最大值"。

对于自然灾害强度 PGA，极值型Ⅱ分布可表达为

$$F_{\mathrm{II}}(PGA_i) = \exp[-(b/PGA_i)^k] \tag{6-9}$$

式中，b ——强度参数，即发生概率密度最大强度；

$\quad$ k ——形状参数，是分析自然强度的概率分布是需要确定的参数，可采用最小二乘法来确定。

对于随机变量 x，概率分布函数 $F(x)$ 和超越概率 $P\{X \geq x\}$ 的关系为

$$P\{X \geq x\} = 1 - F(x) \tag{6-10}$$

6.2.3.4 管网易损性

管网的自然灾害易损性是自然灾害经济损失估计和人员伤亡数量估计的基础。在前面已经给出了建立管网自然灾害易损性曲线的方法，易损性曲线表示的是不同强度自然灾害作用下管网的反应超过破坏状态所定义的管网整体能力的条件概率。所以管网在不同强度自然灾害作用下遭受某一级破坏的概率。

可得如下公式：

$$P(DS = ds_i \mid IDR = idr) = \begin{cases} 1 - P(DS \geq ds_{i+1} \mid IDR = idr) & i = 0 \\ P(DS \geq ds_i \mid IDR = idr) - P(DS \geq ds_{i+1} \mid IDR = idr) & 1 \leq i < n \\ P(DS < ds_i \mid IDR = idr) & i = n \end{cases}$$

$$\tag{6-11}$$

式中，$i = 0$ 对应管网基本完好状态；

$\quad$ n ——破坏状态的数量，在本章中取 $n = 5$；

$\quad$ $P(DS \geq ds_i \mid IDR = idr)$ ——对应于管网第 i 级破坏状态的易损性概率函数，利用前面给出的公式计算。

$\quad$ DS ——损伤状态；

$\quad$ IDR ——层间位移角。

6.2.3.5 管网概率损伤

管网的概率损伤分析是指所研究的地区内发生某种程度的自然灾害和社会后果的概率，管网产生某种程度破坏和管网能受到某种程度损失的概率。它与自然灾害危险性和管道的易损性有关。自然灾害受体的易损性是指受体在确定强度自然灾害的作用下，设定的极限状态的发生概率。

把上述内容用数学式表示，则可写为

$$P[DS_j] = \sum_i P[DS_j \mid I_i] P[I_i] \qquad (6\text{-}12)$$

式中，$P[DS_j]$——在确定时期内自然灾害承载体受到自然灾害影响发生状态的概率；

$P[DS_j \mid I_i]$——自然灾害强度为 I 时自然灾害受体发生状态的概率，表示自然灾害受体的易损性；

$P[I_i]$——在确定时期内自然灾害发生强度为 I 的概率，表示该地区自然灾害危险性。

公式（6-12）中的自然灾害参数是自然灾害强度，如取连续变量，则公式（6-12）应写为

$$P[S_i] = \int P[S_i \mid I] f(I) \mathrm{d}I \qquad (6\text{-}13)$$

式中，$f(I)$——自然灾害参数 I 的概率密度分布函数；

$P[S_i \mid I]$——灾害易损性分析得到的在给定灾害作用结构发生第 i 级破坏的概率；

$P[S_i]$——自然灾害危险分析得到的在确定时期内发生某一自然灾害的概率。

6.2.4　管道受灾力学行为

6.2.4.1　地震灾害下

一些研究者基于国内外地下管道的震害调查资料、现场观测和实验研究，以及地下管道动力反应分析研究成果，对地下管道的地震破坏特征和地震反应特性进行了较全面系统的论述和分析，提出了多种计算方法，从简单的弹性地基梁模型，到有限元和有限差分法、薄壳理论等，各有其优缺点。

另外，城市燃气管网分布广，涉及各种场地和各类管道，对每一处管道进行精确的分析是不现实的。所以，燃气管网系统埋地管道的震害分析应抓住事物的主要矛盾，即根据管道的主要破坏模式和反应特性，并结合震害经验，采用简单的分析方法。

1. 基本假定

根据上述管道的震害分析，前人的一些实验研究和理论研究成果，本章以下列几点，作为管道动力反应计算的原则和基本假定。

（1）地震波在土层中传播时，水平剪切波是引起管道破坏的主要原因，土体波动为平面简谐波。对少数特殊场地震害的地点，用经验系数对结果子以修正。

（2）造成管道破坏的主要原因是管道的轴向变形，对刚性接口，假定变形由接口和管体共同承担；对柔性接口，变形完全由接头吸收。

（3）考虑管与土的相互作用，采用拟静力的弹性地基梁模型，以管刚度修正系数考虑管截面为圆环体的影响。

（4）主要考虑接口的拉伸破坏，取视波长 L 作为直埋管线的计算单元长，对弯曲点和与构筑物连接处等，考虑可能产生的应变集中，应作特别考虑。

（5）不考虑地震引起的动水压力。

2. 自由场地应变

地震波在介质中传播时，迫使土体产生运动，用 $u(x,t)$ 表示土体运动位移。则在地表层沿 x 方向传播的土体位移 $u(x,t)$ 为

$$u(x,t) = f(x - ct) \qquad (6\text{-}14)$$

式中，$u(x,t)$ ——土体位移，方向与 x 方向正交；

c ——波传播速度；

x ——地震波的传播方向；

t ——时间变量。

对（6-14）式分别求 x 和 t 的偏导，可得土壤应变 ε 为

$$\varepsilon = -\frac{v}{c} \qquad (6\text{-}15)$$

式中，$v = \dfrac{\partial u(x,t)}{\partial t}$ 为土体的振动速度。

假定管道轴线和地震波传播方向的角度为 α。如图 6-3 所示。当考虑沿地面传播为剪切波时，位移 $u(x,t)$ 在管轴线方向的分量为

$$u(x,t) = f(x - ct)\sin\alpha \qquad (6\text{-}16)$$

其中，$x = x'\cos\alpha$，x' 是轴线方向的水平距离。

对上式对 x' 和 t 求偏导，可得管轴线方向土壤应变 ε' 为

$$\varepsilon' = \frac{v}{c}\sin\alpha\cos\alpha = -\frac{\varepsilon}{2}\sin 2\alpha \qquad (6\text{-}17)$$

可解得：当 $\alpha = 45°$ 时，ε' 达最大值：$\varepsilon' = \dfrac{1}{2}\varepsilon$，我国规范《室外给水排水和燃气热力工程抗震规范》（GB50032—2016）规定，取 $\alpha = 45°$ 进行管道的抗震设计。

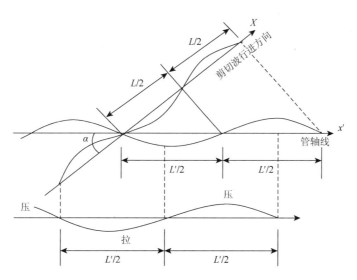

图 6-3　管道在地震波作用下的轴向变形

3. 管道结构应变

假定管道为轴向弹簧支承的弹性长梁，略去慢性力的影响。单元体计算简图如图 6-4 所示，可列出平衡方程：

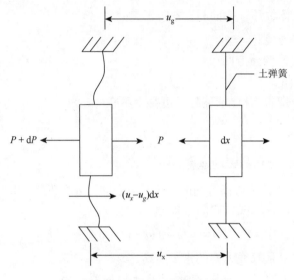

图 6-4　管道单元计算简图

$$\frac{\mathrm{d}P}{\mathrm{d}x'} + K(u_x - u_g) = 0 \tag{6-18}$$

式中，u_x 和 u_g ——分别为地基和管道的位移（mm）；

　　　　K ——为沿管道轴向的土壤弹性系数（N/mm）；

　　　　P ——为管道横截面上的作用力（N）。

将，$P = EA\varepsilon_g = EA\dfrac{\mathrm{d}u_g}{\mathrm{d}x'}$ 代入式（6-18），可得

$$EA\frac{\mathrm{d}^2 u_g}{\mathrm{d}x'^2} + K(u_x - u_g) = 0 \tag{6-19}$$

式中，E ——为管道的弹性模量（MPa）；

　　　　A ——为管道横截面面积（mm²）；

　　　　ε_g ——管道轴向应变。

将沿地表层传播的剪切波简化为正弦形的平面弹性波。令土体位移 $u(x,t)$ 为

$$u(x,t) = U_0 \sin \frac{2\pi}{L}(x - ct) \tag{6-20}$$

当管道轴线和地震波传播方向的角度为 α 时，管道轴向的土体位移分量为

$$u'(x,t) = U_0 \sin\alpha \sin \frac{2\pi}{L}(x - ct) \tag{6-21}$$

注意到 $x = x'\cos\alpha$，解得上式通解为

$$u_{g} = C_{1}e^{-\lambda x} + C_{2}e^{\lambda x} + \frac{1}{1+\left(\dfrac{2\pi}{\lambda L}\right)^{2}}u_{x} \tag{6-22}$$

式中，$\lambda = \sqrt{\dfrac{K}{EA\cos^{2}\alpha}}$ ，当 $x=0$ 和 $x=L/2$ 时，有 $u_{g}=0$ ，得 $C_{1}=C_{2}=0$ 。

$$u_{g} = \frac{1}{1+\left(\dfrac{2\pi}{\lambda L}\right)^{2}}u_{x} \tag{6-23}$$

令

$$\beta = \frac{1}{1+\left(\dfrac{2\pi}{\lambda L}\right)^{2}} \tag{6-24}$$

β 称为管道的轴向变形传递系数。

对式（6-23）两边对 x 求导，得管道轴向应变 ε_{g} 为

$$\varepsilon_{g} = \beta\varepsilon_{x} \tag{6-25}$$

从上面推导过程我们可以看出，在整个推导过程中，我们实际上是假设管土之间一直有比较好的相互作用传力机制，而这种情况只可能发生在管土之间存在比较小的相互作用过程中。当管土之间存在较大的相互作用，导致管土之间发生滑动时，管土之间原有的传力机制便遭到破坏，这时，管道的轴向变形传递系数 β 值须乘以 q 值进行修正，q 按如下经验公式取值：

$$q = 1-\cos\left(\frac{2\pi}{L_{L}}L^{\bullet}\right) + \frac{\pi}{2}\left(1-\frac{4}{L'}L^{\bullet}\right)\frac{1}{S_{j}} \tag{6-26}$$

式中，L_{L}——为地震视波长；

　　$L^{\bullet}$——是在每 1/4 波长范围内无滑动发生的长度，如图 6-5 所示。

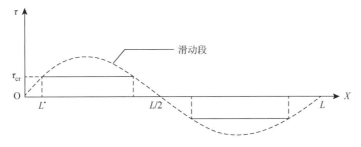

图 6-5　剪应力沿管线界而的分布

$$L^{\bullet} = \frac{L'}{2\pi}\sin^{-1}\left(\frac{1}{S_{j}}\right) \tag{6-27}$$

S_{j} 是滑动判定值，按下式取值：

$$S_j = (1-\beta)\frac{K}{\tau_{cr}}\varepsilon\frac{L}{2\pi} \tag{6-28}$$

其中，τ_{cr} 是管和土之间的极限剪切应力，其值一般经实测取得或取下列经验值，钢管，$\tau_{cr}=20\text{kPa}$，承插接头的铸铁管，$\tau_{cr}=30\text{kPa}$。

当 $S_j<1$ 时，$q=1$。

4. 管道变形

对柔性胶圈接头，当其变形处于弹性阶段的时候，可假定管道变形 S 全部由接头吸收，即

$$S=\varepsilon_g L \tag{6-29}$$

式中，L——管道长度。

对于刚性接头，当作用在管轴方向的力小于接口开裂的拉力时，管体、接口填料均处于弹性变形阶段，二者共同吸收场地应变。根据实验资料分析，略去管径的影响，取：ε_g 达到 1.5×10^{-4} 时为接口开裂的临界值，此时，管体应变约为 1.5×10^{-4}，在临界值以下，接头相对变形为 $0.3\varepsilon_g L$。当轴向拉力大于接口开裂拉力时，接头进入带裂缝工作阶段，管体应变不再增加，变形主要由接头吸收，此时取接头变形为 $(\varepsilon_g-1.5\times10^{-4})L$。

5. 参数取值

由公式（6-20），v 为管道周围土体质点的振动速度，在场地的地震反应分析中，一般采用剪切质点系模型计算层状介质的地震反应，并将地震波考虑为自地壳中垂直向上传播的 S 波，此时，视波长为无穷大，也即视传播速度为无穷大，则 $\varepsilon=0$。即意味着土体只做水平的刚性运动，土体应变等于零。而有不少文献在应用式（6-20）时，v 采用管线周围表土层的剪切波速 v_s，其值一般在 $100\sim300\text{m/s}$，实际的计算结果表明，由此算得的地面应变往往偏大，地震波长往往比实际记录值偏小。日本石油管线设计法中，则采用考虑下部基岩的波速影响，视波速采用：

$$c=\frac{2c_1c_2}{c_1+c_2} \tag{6-30}$$

式中，c_1——表层土的剪切波速；
　　　 c_2——深层土的剪切波速。

由地震波动理论，由于地壳表层物质形成的年代不同等地质原因，地壳呈层状结构，当地震波达到地球表面时，则形成沿地表面行进的面波。可以认为地表面运动主要受地震面波的影响，也可理解为体波传至地层表面时的一种复杂的合成波的影响。因此，c 应为地震波沿地表的传播速度，取表层土的剪切速度是不合适的。

我们也可这样理解，一般地壳中层状结构是愈向下愈硬，则由波的折射原理，地震波自下向上传播时，经过在界面的不断折射，当达到地球表层时，就接近于垂直入射了。本章建议取与地平面成倾角 α 的地震波在地面上的视传播速度作为 C 值，即

$$C = C_s \cos \alpha \tag{6-31}$$

式中，C_s——表土层的剪切波速，

α——与覆盖上层厚度、覆盖土层与下卧土层和基岩的密度的比值等有关。如 $\alpha = 75°$，$C_s = 250 \text{m/s}$，则由式（6-30），$C = 970 \text{m/s}$，与实际观测值接近。

另一个需要确定的参数就是管土纵向变形传递系数 β：

$$\beta = \cfrac{1}{1 + \cfrac{EA}{K}\left(\cfrac{2\pi}{L^\bullet}\right)^2} \tag{6-32}$$

β 值的计算困难在于 K 值的确定。一般来讲，K 值应根据现场实测确定。

日本化工设备抗震准则，提出 K 值的计算公式为

$$K = 3G_s = \frac{3\gamma_s}{g}V_s^2 \tag{6-33}$$

式中，G_s——土壤剪切模量；

γ_s——土壤容重；

g——重力加速度；

V_s——剪切波速。

6.2.4.2 管道受坍塌或冲沟时

1. 管道受力示意图

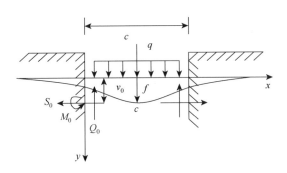

图 6-6 管道坍塌受力示意图

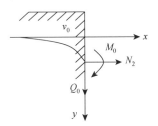

图 6-7 管道坍塌受力示意图

假设管道为一梁结构。当埋设管道的土层发生坍塌或者冲沟时，灾害发生时，在如上图的简化模型中，梁的两端无固定，在均匀向下的载荷作用下发生变形。其变形后的大致图形如上图 6-6 中曲线所示，埋入端的受力如图 6-7 所示。x, y 坐标方向如上图 6-6 所示；管道的两端受到当量轴向力 S_0 的作用，方向如上图 6-7 所示为正，反向则为负；M_0 为管道在埋入端所受的弯矩，如图为负，反向则为正；q 为管道所受的向下的均布载荷，包括管道的自身重力，管道内气体的重量，管道上方黄土的重量和管道两边土下滑时造成的土与土之间的剪切力。如图 6-6 所示，将跨越长度为 L 的悬空管段看作受当量轴力 S_0 作用

的大挠度梁，在荷载作用下梁的应力不超过比例极限。悬空管段所受的横向载荷 q 包括：①管道本身、输送介质、防腐保温层和附件重量；②黄土塌陷产生的附加作用力。将毗邻 L 段的埋地管线看作半无限长小变形杆或弹性地基梁，不考虑弯曲、拉伸变形的相互作用。认为管道横向土壤抗力符合 Winkler 假定，纵向抗力符合双线性假设，即纵向抗力（摩擦力）与管道纵向位移的关系用弹性工作段和塑性工作段（极限平衡段）来描述。近似认为土壤物性、管道的受力和变形关于 $c-c$ 轴对称。图 6-6 中 xy 平面为管线受力和发生位移的平面，x 轴是假定悬空段为与埋地段相同的埋设管段时，整个管线发生均匀横向位移后管道的轴线，y 轴为埋地段与悬空段的分界线。因 $x=0$ 在管线截面的转角一般不大认为该截面的当量轴力 S_0 （轴力 N_0）剪力 Q_0 分别平行于 x，y 轴。

2. 管道变形和受力的计算

我们采用基本的梁变形的挠曲线微分方程式（6-34），对 S_0 为拉力和压力两种不同情况进行讨论：

$$EI\frac{\mathrm{d}^2 y}{\mathrm{d}x^2} = -M(x) \qquad (6\text{-}34)$$

（1）当量轴向力 S_0 为拉力时的解。

如图 6-6 所示的悬空段管线的挠曲线微分方程为

$$EI\frac{\mathrm{d}^2 y}{\mathrm{d}x^2} = M_0 + S_0(y - l_{v0}) + \frac{1}{2}qx^2 - \frac{1}{2}qLx \qquad (6\text{-}35)$$

式中，E——管材的弹性模量；

I——管道的截面惯性矩；

M_0——管道 $x=0$ 截面的弯矩；

L——跨越长度（或称悬空长度）；

S_0——悬空管道的当量轴向力，$S_0 = N_0 - N_P$，$N_P = P\frac{\pi}{4}d_i^2$；

l——管道的挠度，即原为埋地的管线当 L 段管道上、下土壤全部掏空后，在横向载荷 q，温差 ΔT，内压 P 作用下悬空管道（L 段）的挠度；l_{v0} 是管道 $x=0$ 截面的挠度；

N_0——悬空管道的轴力；

N_P——管道承受的内压；

d_i——管道的内径。

根据对称性条件、边界条件，可得管线跨中挠度 l_f 为

$$l_f = \frac{qL^2}{8S_0} - \frac{1}{S_0}\left(M_0 + \frac{q}{k^2}\right)\frac{\mathrm{ch}\left(\dfrac{kL}{2}\right) - 1}{\mathrm{ch}\left(\dfrac{kL}{2}\right)} + l_{v0} \qquad (6\text{-}36)$$

式中，$k = \sqrt{\dfrac{S_0}{EI}}$。

由弹性地基梁理论，可得 $x=0$ 处挠度为

$$l_{v0} = \frac{\beta}{c_{y0}d_o}(qL + 2M_0\beta) \tag{6-37}$$

式中，$\beta = \sqrt[4]{\dfrac{c_{y0}d_o}{4EI}}$ ；

　　c_{y0}——管道在 xy 而发生横向位移时，土壤的横向阻力综合系数；

　　d_o——管道的外径，有防腐保温层时，取为防腐或保温层的外径。

由连续条件，得

$$N_0 = (\mu\sigma_h - \alpha E\Delta T)F \tag{6-38}$$

$x = 0$ 截面弯矩为

$$M_0 = \frac{\dfrac{qL}{2} - \dfrac{qL\beta^2 S_0}{C_{y0}d_o} - \dfrac{q}{k}\tan\left(M_0 + \dfrac{q}{k^2}\right)\left(\dfrac{kL}{2}\right)}{\dfrac{4\beta^3 S_0}{C_{y0}d_o} + k\tan\left(\dfrac{kL}{2}\right)} \tag{6-39}$$

管道跨中弯矩为

$$M_c = \left(M_0 + \frac{q}{k^2}\right)\frac{1}{\mathrm{ch}\left(\dfrac{kL}{2}\right)} - \frac{q}{k^2} \tag{6-40}$$

（2）当量轴向力 S_0 为压力时的解。

如图 6-6 所示的悬空段管线的挠曲线微分方程为

$$EI\frac{\mathrm{d}^2 y}{\mathrm{d}x^2} = M_0 - S_0(y - l_{v0}) + \frac{1}{2}qx^2 - \frac{1}{2}qLx \tag{6-41}$$

当 S_0 为压力时，$S_0 = N_p - N_0$。

跨中挠度为

$$f = \frac{1}{S_0}\left(\frac{q}{k^2} - M_0\right)\frac{1 - \cos\left(\dfrac{kL}{2}\right)}{\cos\left(\dfrac{kL}{2}\right)} - \frac{qL^2}{8S_0} + l_{v0} \tag{6-42}$$

l_{v0} 仍按式（6-37）计算，$x = 0$，$x = L/2$ 处弯矩分别为

$$M_0 = \frac{-\dfrac{qL}{2} - \dfrac{qL\beta^2 S_0}{C_{y0}d_o} + \dfrac{q}{k}\tan\left(\dfrac{kL}{2}\right)}{\dfrac{4\beta^3 S_0}{C_{y0}d_o} + k\tan\left(\dfrac{kL}{2}\right)} \tag{6-43}$$

$$M_c = \left(M_0 - \frac{q}{k^2}\right)\frac{1}{\cos\left(\dfrac{kL}{2}\right)} + \frac{q}{k^2} \tag{6-44}$$

（3）当量轴向力 S_0 是拉力还是压力的判定。

为了方便计算，有必要首先判别 S_0 是拉力还是压力。下面利用 $S_0 = 0$ 时的解导出该判别式。

当 $S_0 = 0$，即 $N_0 = N_p$ 时，跨中挠度 l_f 为

$$l_f = \frac{5qL^4}{384EI} - \frac{M_0 L^2}{8EI} + l_{v0} \qquad (6\text{-}45)$$

式中，l_{v0} 由式（6-37）确定。

端部的弯矩 M_0 为

$$M_0 = \frac{\dfrac{qL^3}{24EI} - \dfrac{qL\beta^2}{C_{y0}d_o}}{\dfrac{L}{2EI} + \dfrac{4\beta^3}{C_{y0}d_o}} \qquad (6\text{-}46)$$

跨中弯矩 M_c 为

$$M_c = M_0 - \frac{1}{8}qL^2 \qquad (6\text{-}47)$$

当量轴向力 S_0 为零的温差 ΔT_0 应满足：

$$\alpha \Delta T_0 = \frac{\pi^2 l_f^{\ 2}}{4L\left(L + \dfrac{2}{\gamma}\right)} + \frac{1}{E}\left(\mu\sigma_h - \frac{N_p}{F}\right) \qquad (6\text{-}48)$$

对于薄壁钢管，上式可简化成：

$$\alpha \Delta T_0 \approx \frac{\pi^2 l_f^{\ 2}}{4L\left(L + \dfrac{2}{\gamma}\right)} - \frac{0.2\sigma_h}{E} \qquad (6\text{-}49)$$

由式（6-45）确定 l_f，再由式（6-48）计算出 ΔT_0，比较 ΔT_0 与实际温差 ΔT 的大小关系，即得 S_0 为拉力，零，压力的条件：

当 $\Delta T < \Delta T_0$，　S_0 为拉力；

当 $\Delta T = \Delta T_0$ 时，　$S_0 = 0$；

当 $\Delta T > \Delta T_0$ 时，　S_0 为压力。

我们可以得出，当温度变化不大，可以近似认为 $\Delta T = 0$ 时，$S_0 = 0$ 管道中部的位移大小 $l_f = \dfrac{5qL^4}{384EI} - \dfrac{M_0 L^2}{8EI} + l_{v0}$，$l_{v0}$ 由式（6-37）确定。

6.3　管道的概率需求分析方法

结构或构件的地震需求（seismic demand）即地震作用在结构上激起的最大反应，也就是结构为维持地震作用下的结构安全性和适用性等需要具有的最小能力。结构在不同的地震动强度水平下应该可以保持不同的抗震性能，为获得结构的地震易损性曲线，设计者需要能够了解并把握结构在不同地震动强度水平下的反应规律，即当地震动强度发生变化时，结构的反应大小会发生怎样的变化，从而对结构在不同地震动水平下的抗震性能进行评估，这就是结构概率地震需求分析的主要目的。

由式（6-2）可知，概率地震需求分析与地震易损性分析的区别在于前者只是分析在不同的地震动强度水平结构的最大反应（即需求）。后者还包括对结构本身抗震能力的研究，前者是后者的基础。这两个课题都是基于性能地震工程的研究热点[59, 60]。但是，对它们还没有形成简化的、适合于工程应用的方法，目前通常是采用 Monte Carlo 模拟与动力时程分析相结合的方法（也是本节采取的方法），或者是增量动力分析进行理论分析，此外还可以采用经验方法利用大量震害资料进行统计分析。

结构的最大地震反应取决于输入地震动记录以及结构自身的特性，但二者都是不确定的，具有随机性。本章中概率地震需求分析就是通过线性、非线性动力分析等方法并考虑结构和地震的随机性获得结构的地震需求参数与地震动强度水平的关系。本节采用蒙特卡洛模拟结合非线性动力时程分析的方法对管道的概率地震需求进行分析。

1. 管道易损性

管道易损性是指管道在确定的危害强度作用下，超越各种破坏极限状态的条件概率。管道的易损性分析实质就是确定不同条件不同等级的危害作用下管体反应超越破坏状态下能力限值，即危害强度下的"需求"大于"能力"的概率。如果一旦确定了二者的概率分布模型，以此就可以确定以易损性曲线表示管道在各级危害作用下的易损性。

在管道风险分析中，管道危害强度作用水平代表值包括：管道附近爆破地震峰值地面加速度、强夯作用强度和管体腐蚀速率等，管体结构的超越破坏极限状态的条件概率表示如下[1][61]：

$$F_{R_i}(a_j) = P\left[LS_i \middle| A = a_j\right] \qquad (6\text{-}50)$$

式中，LS_i——结构达到或超过极限状态 i 的事件；

$\quad A$——管体危害作用强度；

$\quad P\left[LS_i \middle| A = a_j\right]$——强度为 a_j 的危害作用时管道超越极限状态 i 的概率。

2. 管道易损性概率需求分析

概率易损需求分析是确定管道为维持危害作用下的安全性、经济性、适用性等必须具有的最小能力，即危害事件作用在管体上激起的最大反应或在给定的危害强度水平下超过给定值的概率。管道易损概率需求模型可以表示为地震动强度参数 IM 与工程需求参数 EDP 之间的概率统计关系，表示如下：

$$P_{EDP|IM}(edp) = P(edp|IM = im) \qquad (6\text{-}51)$$

管道易损性概率需求分析与管道易损性分析的区别在于需求分析只研究不同危害强度水平下管道的反应（位移反应或强度反应等），而易损性分析还包括研究管道易损性能力，可以发现管道需求分析是管道易损性分析的基础和研究前提。

6.3.1 需求模型

结构地震需求模型表征的是 IM 和 EDP 之间的概率统计关系，概率地震需求分析就是为了建立概率地震需求模型。文献[62]假定结构需求参数在指定的地震动强度水平服从对数正态分布，并将结构地震需求参数与地震动强度参数的关系用如下指数关系表示：

$$EDP = \gamma_0 (IM)^{\gamma_1} e \qquad\qquad (6\text{-}52)$$

式中，e——对数正态随机误差；

　　　γ_0, γ_1——表示待定系数。

将上式两边取对数，得对数线性回归模型：

$$\ln(EDP) = a\ln(IM) + b + \varepsilon \qquad\qquad (6\text{-}53)$$

式中，a, b——待定常数，可以通过对数值模拟所得的结构反应数据进行统计回归分析得到。

　　　ε——与 e 对应的随机误差，并假定 ε 服从正态分布 $N(0, \sigma^2)$。

这样，经过多次分析和一元正态线性回归，就可以得出式中参数的 a, b 值并确定结构地震需求参数的条件概率分布。

6.3.2　需求分析过程

即考虑地震动和管道本身的随机性，生成 100 个地震动—管道样本，对每一个样本进行动力时程分析，得管道反应—地震动强度参数的样本，根据需求模型对所有的样本值进行回归分析后可得到管道的地震概率需求模型，步骤如下：

（1）输入管道参数及必要数据及地震波预处理，建立力学分析模型。

（2）对随机参数进行分类，按给定分布产生符合要求的目标随机变量样本值。

（3）由各参数的样本值形成随机的地震动—管道样本。

（4）对每一个样本进行动力时程分析。

（5）对管道反应数据进行统计分析，得到式（6-53）中的待定常数 a, b，建立概率地震需求模型，完成概率地震需求分析。

在本章中的具体的分析流程如图 6-8 所示：

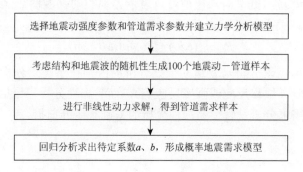

图 6-8　概率地震需求分析的流程图

6.3.3　结构非线性地震反应

在整个概率地震需求分析过程中，对模拟样本反应的求解是整个需求分析的核心，直接决定着模拟结果合理与否。而现行规范允许结构在设防水准地震作用下进入弹塑性状态，这时的结构的弹性承载力已充分发挥，只有依靠延性和耗能能力来抗震。对于管道来说，在地震作用下由于管材的屈服、管身或管壁的屈曲、焊缝的裂纹，同样会进入明显的非线性状态。因此概率地震需求分析和性能设计的一个首要问题就是计算结构进入弹塑性状态后的非线性反应。

6.3.3.1　非线性

非线性是指两个现象或现象抽象出的两个量之间，一个量的变化值与它对应的另一个量变化值的不保持恒定比例。

引起结构非线性的原因很多，可以分成三种主要类型。

（1）状态变化（包括接触）。许多普通结构表现出一种与状态相关的非线性行为，例如，一根缆索在受拉时是绷紧的，而在受压时是松散的。轴承套在工作时可能是接触的，也可能是不接触的。这些系统的刚度由于系统状态的改变在不同的值之间突然变化，就会导致结构的非线性。

（2）几何非线性。如果结构经受大变形，也可能会引起结构的非线性响应。例如钓鱼杆在轻微的荷载作用下，会产生很大的变形。随着垂向载荷的增加，杆不断弯曲导致力臂明显减少，致使杆在较高载荷下刚度不断增长。

（3）材料非线性。非线性的应力-应变关系是结构非线性的常见原因。许多因素可以影响材料的应力-应变性质，包括加载历史，环境状况，加载的时间总量（如在蠕变响应状况下）等。

弹性力学中有三组基本方程，即本构方程（物理方程）、几何方程和平衡方程。经典线性理论基于三个基本假定，即线弹性、小变形、理想约束，这些假定使得三组基本方程成为线性。基本假定中任何一个不能满足时，就转化为各种非线性问题。

6.3.3.2　地震反应

结构的非线性地震反应分析方法主要有：简化方法、非线性静力分析方法、非线性反应谱方法和非线性动力分析方法。现行抗震设计规范主要采用简化方法计算结构在大震作用下的弹塑性位移反应。而非线性反应谱方法目前还不成熟，仍处于发展过程中。由于有限元方法的发展和计算机技术的进步，出现了很多成熟的大型通用非线性有限元分析程序如 ANSYS、ABAQUS、MSC. MARC、MSC. NASTRAN 等，这些程序都可以进行非线性静力分析和非线性动力分析。

（1）非线性静力分析方法，是进行结构静力弹塑性分析的主要方法。因为它较弹塑性时程分析简便，易于操作，现在在基于抗震性能设计中应用很广。

非线性静力分析方法主要是指 Push-over 方法。Push-over 方法是对结构进行静力单调加载下的弹塑性分析，即在结构分析模型上施加按某种方式模拟地震水平惯性力的侧向力，并逐渐单调加大，构件如有开裂或屈服，修改其刚度，下一步计算，直到结构的位移或内力等达到预定状态。Push-over 方法不仅能够很好地反映结构的变形，还能够很清晰地反映结构局部的塑性变形发生、发展机制；它可以检验出静力线性方法所不能检验到的结构缺陷变形、强度的不均匀分布和潜在易破坏部位等问题，一些国家抗震规范逐渐接受 Push-over 方法。

Push-over 方法本身只能获得结构在逐步增加的静力荷载作用下的性能，要据此对结构在地震作用下的反应进行评估，还要其他方法，如能力谱法。与时程分析法相比，Push-over 方法概念清晰，实施相对简单，同样能使设计人员在一定程度上了解结构在强震作用下的反应，迅速找到结构的薄弱环节。

尽管 Push-over 方法为结构抗震性能设计提供了一种简单实用的计算工具，但是它只是一种近似的分析方法，本质上只适合于以第一阶振型为主的结构。因为结构在强震作用下的动力反应性能十分复杂，不同的地震可能会使结构反应显著不同。想用 Push-over 分析方法准确确定复杂动力系统的最大值和相应的破坏模式是不可能的。但问题是将来发生的地震不可预测，因此用 Push-over 分析方法来估计结构在将来可能发生的各种地震作用下的一种平均表现性能却是可行的。

（2）非线性动力分析方法就是指弹塑性时程分析。非线性动力时程分析始于 20 世纪 50 年代，它是一种直接动力法，它将地震记录作为地面运动输入到结构的振动方程里，将地震持续时间分为很多小的时间段（约为 0.02s 左右），在每个时间段内，假定结构的刚度不变，通过对结构物的运动微分方程进行逐步积分，可得到各质点随时间变化的位移、速度和加速度动力反应. 并进而可计算出构件内力的时程变化关系。这种方法能够充分反映结构构件的非线性动力响应特性，获取详尽的结构构件反应时程曲线，体现结构与地震动的相关性，这些优点是非线性静力分析方法所不具有的。

由于 Push-over 等非线性静力分析方法主要是用静力模拟以一阶振型反应为主结构的惯性力的分布，难以合理的模拟管道在土中地震时的受力和变形特点，因此本章采用非线性时程分析法在 Ansys 软件中计算管道的地震响应。

6.3.3.3　时程分析

图 6-9 为非线性动力时程分析流程图，管道的动力时程分析，一般可以分为以下几个步骤：

（1）按照管道所在场地的地震危险性、设防水平等因素，选取不同的地震记录。

（2）根据管道的受力特点和力学特性，建立合理的模型。

（3）根据管道材料特性、构件类型，选择适当的恢复力模型。

（4）建立管道在地震作用下的微分方程。

（5）求解方程，得管道的反应随时间变化的全过程。

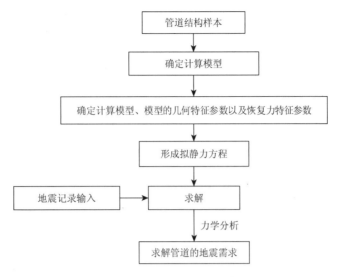

图 6-9 非线性动力时程分析流程图

6.3.4 分析结果

6.3.4.1 反应数据统计量估计

对一百个随机样本进行非线性时程反应分析后,将得到一百个"地震动强度参数——工程需求参数"样本,样本的均值及标准差分别利用如下的两个公式得到

$$\overline{X} = \frac{1}{n}\sum_{i=1}^{n}X_i \tag{6-54}$$

$$S = \sqrt{\frac{1}{n-1}\sum_{i=1}^{n}(X_i - \overline{X})^2} \tag{6-55}$$

式中, $\overline{X}$ ——样本均值;

S ——样本标准差;

X_i ——样本值;

n ——样本数目。

可利用最小二乘法估计式(6-53)中待定系数 a, b, c:

$$b = \frac{\sum\limits_{i=1}^{n}\left[\ln(IM_i) - \overline{\ln(IM)}\right]\left[\ln(EDP_i) - \overline{\ln(EDP)}\right]}{\sum\limits_{i=1}^{n}\left[\ln(IM_i) - \overline{\ln(IM)}\right]^2} \tag{6-56}$$

$$a = \overline{\ln(EDP)} - b\overline{\ln(IM)} \tag{6-57}$$

$$c = \sqrt{\frac{1}{n-2}\sum_{i=1}^{n}[\ln(EDP_i) - a - b\ln(IM_i)]^2} \tag{6-58}$$

6.3.4.2 概率需求模型建立和运用

由式（6-53）可得

$$\overline{\ln(EDP)} = a\ln(IM) + b \tag{6-59}$$

这样，对特定 IM，EDP 的条件概率分布可表示为

$$P_{EDP|IM}(edp) = \Phi\left(\frac{\ln(EDP) - a\ln(IM) - b}{c}\right) \tag{6-60}$$

于是就得到了概率需求模型，通过这个模型可以清楚地把握强度参数和需求参数之间的概率关系，可以得出对特定 IM，EDP 处于不同大小的概率。

通常情况下，EDP 的变异性主要是由地震动的变异性引起的，结构本身的变异性影响相对较小。这样可以假定结构是确定性的，则决定性能水平的能力参数限值也是固定的，就可以直接得出结构的地震易损性，也叫作需求易损性，表示一定强度地震作用下结构的最大反应超过某性能限值的概率。

$$G_{LS}(edp) = \Phi\left(\frac{a\ln(IM) + b - \ln(c^{LS})}{c}\right) \tag{6-61}$$

式中，c^{LS}——对应某极限状态的结构能力参数界限值，在这里视为确定的；

$G_{LS}(\cdot)$——超越状态 ls 的概率。

同样的，如果已存在地震危险性分析结果，将之与概率地震需求模型相结合，就可以得出结构最大反应对各个不同限值的年超越概率，也叫作需求危险性。

$$\lambda(EDP) = \int G(EDP|IM)|\mathrm{d}\lambda(IM)| \tag{6-62}$$

6.4 管道的概率抗震能力分析法

结构或构件的抗震能力（seismic capacity）是指结构本身具有的能够抵抗地震作用的一种属性，根据结构破坏机理的不同，可分为承载能力、变形能力、耗能能力等。

结构的抗震能力就是结构超越某个特定破坏极限状态或性能水平的界限值。由于结构自身的随机性，这些界限值也是随机的。结构的概率抗震能力分析（probabilistic seismic capacity analysis，PSCA）就是确定结构超越某个特定破坏极限状态或性能水平的极限值的概率统计特性，这需要对大量的试验数据以及震害资料进行统计和分析。当结构的震害资料和试验数据缺乏时，可以采用蒙特卡洛模拟法结合非线性 Push-over 分析等方法计算结构的抗震能力曲线，并确定相应于不同破坏状态或性能水平的以位移或位移延性表示的界限值及其概率统计特性。

概率抗震能力模型在"基于性能的地震工程概率决策框架中"表征的是结构在每一地震需求的水平下，结构发生每一破坏等级破坏，即超过每一能力等级的概率，即：$G(DM|EDP)$ 部分，如果可以知道结构整体每一破坏等级能力参数限值的概率分布情况，就可以建立结构的整体概率抗震能力模型，其表达形式如下所示：

$$G_{DM|EDP}(dm|edp) = P(edp > C^{LS}|EDP = edp) \tag{6-63}$$

式中，C^{LS}——管道破坏状态下能力参数的界限值。

不同的管道处于同样的破坏状态或性能水平下能抵御最大的反应可能是不同的，即不同的管道如果产生了同样反应可能会进入不同的状态。对于某一极限状态，一旦了解了能力参数限值 C^{LS} 的概率分布就可以确定管道的概率抗破坏能力即求解出超越概率。

6.4.1 管道抗震能力分析准备

管道的"抗震"能力分析确定针对某个特定破坏极限状态或性能水平的极限值的概率统计特性，这通常需要对大量的试验数据以及破坏资料进行统计分析。这一小节包括管道参数随机性，管道极限状态和失效模式，基于应力的管道失效判断准则，基于应变的管道失效判断准则。

6.4.1.1 管道参数随机性

管道重要设计参数包括直径 $d_。$、壁厚 δ、材料屈服强度 σ_y、弹性模量 E、操作压力 P 等。这些参数值是描述实际值不确定性的统计分布的代表值。例如，管道在出厂进行抽样调查，能使确定出的最小屈服应力值代表小于5%的实际分布。这种应力的抽样调查是保证管道总体结构完整性的多参数控制方法之一。其他参数控制技术包括：水力测试检验，极限操作压力、管道的工厂焊接检验和在线检测等，每一种都可以给可靠性评估提供相关数据的信息，从而了解管道可靠性分析中的相关参数分布情况。通常通过管道出厂进行水力测试技术和抽样调查，分析减低屈服应力和壁厚参数的不确定性。以保证管道可靠性计算的准确性。

6.4.1.2 极限状态和失效模式

根据工程结构可靠性的一般理论分析，为了正确描述结构的工作状态，必须明确规定结构安全、适用和失效的界限，这样的界限称为结构的极限状态。在国家标准（GB50153—2008）中对结构极限状态的定义为："整个结构或结构的一部分超过某一特定状态就不能满足结构的某一功能要求，则此特定状态为该功能的极限状态"

挪威船级社标准 DNV-OS-F101（2013）和加拿大标准协会《油气管线系统》CSA Z662.15—2015 等管道设计标准中使用了极限状态设计方法。它们对于管道极限状态的分类略有不同，其中挪威船级社标准 DNV-OS-F101（2013）将其分为正常使用极限状态、承载能力极限状态、疲劳极限状态以及事故极限状态 4 种，具体分类如下。

（1）正常适用极限状态定义了管道的正常使用能力，涉及以下几个方面设计检验：①屈服极限，超过材料屈服强度的过量应力；②椭圆度，妨碍清管器通过的过量椭圆度；③应变积累，过量的塑性变形；④竖向变形，管道竖向变形超过正常使用表现。

（2）承载能力极限状态定义了管道的最大承载能力。①爆管，管壁由于过大的内压、腐蚀等引起的破裂；②断裂，在拉伸载荷下缺陷的不稳定断裂和塑性蠕变；③屈曲，在压缩载荷下，平衡状态或稳定性的丧失；④蠕变，超过极限承载能力。

（3）疲劳极限状态：管壁由于循环载荷作用下的疲劳裂纹扩展或损伤造成的泄漏。

（4）事故极限状态：事故载荷或非正常条件下的最终承载能力。

管道失效模式是管道失效的表现形式，表 6-2 列出了管道在设计、施工过程中由于外部荷载作用达到的极限状态，其是对挪威船级社标准 DNV-OS-F101（2013）的补充。

表 6-2　管道可能的失效模式

类别	加载情况	失效模式（极限状态）	材料性能控制指标	载荷类型	
				应力控制	应变控制
管道运输	意外冲击	凹陷	σ_y	★	
	局部堆重	塑性变形	σ_y	★	
	循环弯曲	疲劳裂纹增长	-	★	
管道铺设	现场冷弯	局部屈曲	σ_y		★
	铺设中弯曲	环向缺陷破裂	σ_f，K_{mat}		★
静水试压	内压	塑性变形	σ_y	★	
		无缺陷管破裂	σ_f	★	
		凹槽缺陷破裂	σ_f，K_{mat}	★	
		轴向缺陷破裂	σ_f，K_{mat}	★	
运行操作	内压	无缺陷管破裂	σ_f	★	
		腐蚀点缺陷破裂	σ_f	★	
		凹槽缺陷破裂	σ_f，K_{mat}	★	
		轴向缺陷破裂	σ_f，K_{mat}	★	
	第三方破坏	穿孔	σ_y，σ_u	★	
		施工维修破裂	σ_f，K_{mat}	★	
	地表交通荷载	疲劳裂纹增长	σ_y	★	
		局部屈曲	σ_y	★	
	悬跨段自重弯曲	环向缺陷破裂	σ_f，K_{mat}	★	
		塑性变形	σ_y	★	
	地表运动引起弯曲	局部屈曲	σ_y		★
		环向缺陷破裂	σ_f，K_{mat}		★
	热膨胀引起弯曲	局部屈曲	σ_y		★
		整体弯曲	σ_y	★	
	延性断裂扩展	沿壁厚方向扩展	CVN	★	

备注：σ_y 为屈服强度，σ_u 为抗拉强度，σ_f 为流变应力，K_{mat} 为材料断裂韧性，CVN 夏比冲击功。

6.4.1.3 基于应力的管道失效准则

1. 管道应力指标

管道承受荷载后，将沿圆周方向产生环向应力 σ_φ，沿管线轴向（纵向）产生轴向应力 σ_x，同时还会产生沿管线直径方向（径向）应力 σ_r，但是由于径向应力 σ_r 相对较小，一般均不予考虑，故对于管道受外荷载作用下的应力指标是环向应力 σ_φ 和轴向应力 σ_x。

1）管道环向应力

管线内的压力 P 是作用在管道上的主要荷载，埋地管道受上部土压力的作用也能够产生环向应力，当管道直径在 1400mm 以内且埋设在稳定的土壤中同时埋深不是太大的情况下管道管壁不会因为外部土壤压力产生相对较大的环向应力。

$$\sigma_\varphi = \frac{Pd_i}{2\delta} = \frac{P(d_o - 2\delta)}{2\delta} = \frac{Pd_o}{2\delta} - P \approx \frac{Pd_o}{2\delta} \tag{6-64}$$

式中，δ ——管道壁厚；

$\quad\quad \sigma_\varphi$ ——内压作用下管壁环向应力；

$\quad\quad d_o$ ——管道外径；

$\quad\quad d_i$ ——管道内径。

2）管道轴向应力

管线的管壁的轴向应力 σ_x 可以由内压引起，也可以由温度变化产生，还有可能是在地震以及弯曲弯矩的作用下生成，对此逐项分析如下。

（1）管线内压力引起的管壁轴向应力。

对于直埋管道，在进入土壤一定距离后就因为土壤摩擦力的积累而不能产生轴向位移，可视为完全崁固，在内压作用下轴向因不能自由伸缩而产生泊松应力。

$$\sigma_{xa} = \nu \frac{Pd_o}{2\delta} \approx \frac{Pd_o}{4\delta} \tag{6-65}$$

式中，ν ——泊松系数，对于钢管约等于 0.3。

（2）管线由于温度变化引起的管壁轴向应力。

管线温度变化而引起的管壁应力是由管线金属的"热胀冷缩"的物性决定，管线在埋设在地下受到周围土压力和其他约束条件使得管线在温度变化的情况下不能自由的伸长和缩短，于是管线轴向就受力。

$$\sigma_{xt} = E\alpha(T_2 - T_1) \tag{6-66}$$

式中，E ——管线材料的弹性模量，$E = 2.1 \times 10^5\,\text{MPa}$；

$\quad\quad \alpha$ ——管线钢材的线膨胀系数，$\alpha = 1.2 \times 10^{-5}\,1/\text{℃}$；

$\quad\quad T_2$ ——管线投入运行后的温度；

$\quad\quad T_1$ ——管线施工管理时的温度。

当 $T_2 > T_1$，此变形为拉伸变形，轴向应力为正，管线受轴向拉应力；否则，$T_2 < T_1$，轴向应力为负，管线受轴向压应力。

（3）管线由于地震冲击波引起轴向应力。

地震发生时，管线地基土壤以及覆盖层土壤的变形将使管线承受轴向的拉应力，苏联设计规范中规定管道在地震荷载作用下承受的轴向拉应力可按如下公式计算：

$$\sigma_{xe} = \frac{g}{2\pi} K_c \frac{E}{C_V} T \tag{6-67}$$

式中，g ——重力加速度，$g = 9.8 \mathrm{m/s}^2$；

　　　T ——土壤质点的地震振动周期，$T = 0.5\mathrm{s}$；

　　　K_c ——地震系数，参照我国规范，地震烈度 7 度取 1/40，8 度取 1/20，9 度取 1/10；

　　　C_V ——地震纵波在土壤中的传播速度，取值参考表 6-3。

表 6-3　地震纵波的传播速度

密实的粒状土壤	$C_V = 30000 \times 10^{-2}$ m/s
密实淤沙	$C_V = 15000 \times 10^{-2}$ m/s
中等密实黏土	$C_V = 6000 \times 10^{-2}$ m/s
软黏土	$C_V = 3000 \times 10^{-2}$ m/s

（4）弯矩引起的轴向应力。

埋地管道穿越以及裸置管道出现管跨结构，管道将承受弯矩，从而引起管壁的轴向应力，由弯矩引起的弯曲应力在管壁的凸凹两个侧面分布引起轴向拉应力和轴向压应力，其计算公式如下：

$$\sigma_{xw} = \frac{G_s L_s^2 d_o}{2nI} \tag{6-68}$$

式中，G_s ——管跨单位长度的重量；

　　　I ——圆管截面的惯性矩 $I = \dfrac{\delta^3}{12}$；

　　　n ——管跨两端端点的固定方式系数，两端完全固定 $n = 12$，一端固定一端铰支和两端均为铰接 $n = 8$。

另外，对于埋地弯曲管道，如果弯管段埋设在非常坚固而且很少变形的土壤中如（石质土中），回填土又夯实得很严密，弯曲管道既不能作轴向位移又不能作横向位移，此时，弯曲管道中的轴向应力表达式如下：

$$\sigma_{xR} = \frac{E d_o}{2r} \tag{6-69}$$

式中，r ——管线的曲率半径。

综上所述，管线由于环向应力泊松效应、温度变化、地震以及弯曲弯矩的作用下产生轴向力的总和。

$$\sigma_x = \frac{P d_o}{4\delta} + \frac{g}{2\pi} K_c \frac{E}{C_V} T \pm E\alpha(T_2 - T_1) \pm \frac{G_s L_s^2 d_o}{2nI} \pm \frac{E d_o}{2r} \tag{6-70}$$

基于弹性屈服极限法的管道极限应力的确定方法基于不考虑管道上存在各种缺陷管道计算承受的各种内外荷载计算出引起的管线轴线和环向应力，然后，按照材料的屈服极限及安全系数，确定管道的许用强度或许用操作压力。

2. 含体积型缺陷管道极限应力分析

管道在生产、运输和运行的过程中不可避免受到各种内外作用，在管道的内外表面或多或少的存在缺陷（见表 6-4），其中尤以体积型腐蚀缺陷和平面型裂纹缺陷为主。对于腐蚀管道而言，根据腐蚀缺陷的形状和特征，还可以将其简单分为裂纹缺陷（以强度损失为特征，如应力腐蚀裂纹、疲劳裂纹、蠕变等）和腐蚀缺陷（以质量损失为特征，如均匀腐蚀、局部腐蚀、槽沟腐蚀等）。前者对应于平面型裂纹缺陷，后者对应于体积型腐蚀缺陷。含缺陷管道适用性评估是以现代断裂力学、弹塑性力学、损伤理论和可靠性理论为基础的关于腐蚀管道是否适合继续使用以及如何继续使用的一种工程定量评价技术。管道的腐蚀原因多种多样，影响管道腐蚀的因素非常复杂，关于腐蚀后缺陷的剩余强度计算模型则可利用各种强度理论，采用应力分析的方法来处理，如基于断裂力学的分析方法能得到其极限应力。

表 6-4　管道剩余强度评价对象类型及方法

缺陷类型	缺陷形成原因	评价方法
体积型腐蚀缺陷	主要是腐蚀造成的点、槽、片等缺陷	
平面型裂纹缺陷	应力腐蚀缺陷、氢致宏观裂纹、疲劳裂纹	1. 实物评价的半经验公式 2. 基于断裂力学理论分析
弥散型缺陷	氢鼓泡和氢致诱发微裂纹	3. 有限元分析
几何不完整型缺陷	凹坑、鼓包、错边、厚度不均匀	

1）轴向缺陷下环向应力极限值的确定

轴向缺陷如图 6-10 所示。20 世纪 60 年代末 70 年代初，得克萨斯州东部运输公司和 AGA 的管道设计委员会提出了 B31G 准则，该准则源于 Maxey 提出的半经验所谓断裂力学关系式，该关系式基于 Dugdale 塑性核尺寸模型，受压圆柱轴向断裂的 Folias 分析和经验的缺陷深度与管子壁厚的关系式。管子含有轴向缺陷时的最大环向应力 $\sigma_{\varphi max}$ 为

$$\sigma_{\varphi max} = \sigma_f C_f \tag{6-71}$$

$$C_f = \left[\frac{1 - A/A_0}{1 - (A/A_0)M^{-1}} \right]$$

式中，C_f ——轴向缺陷流变应力折减系数；

　　　M ——Folias 系数；

　　　σ_f ——管材的流变应力；

　　　A ——腐蚀区域断面面积；

　　　A_0 ——腐蚀区域投影长度和壁厚的乘积，$L\delta$。

公式（6-71）在如下两种情况要考虑重新进行修正：①最大环向应力 $\sigma_{\varphi max}$ 不能超过

管材的屈服强度 σ_y；②相对短的腐蚀区在投影的时候要考虑为抛物线型；而对于相对较长的腐蚀区投影的时候要考虑为矩形型。

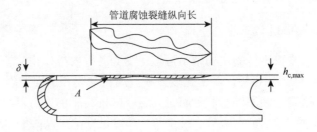

图 6-10　管道腐蚀表面裂缝简化图

对于抛物线型如图 6-11（a）：

$$\sigma_{\varphi max} = 1.1\sigma_y \left[\frac{1-(2/3)(h_{c,max}/\delta)}{1-(2/3)(h_{c,max}/\delta)M^{-1}} \right], \quad \left(\sqrt{0.8(L_L/d_o)^2(D/t)} \leqslant 4 \right) \qquad (6\text{-}72)$$

式中，$h_{c,max}$——腐蚀区域最大腐蚀深度；

L_L——腐蚀区域长度。

对于矩形型如图 6-11（b）：

$$\sigma_{\varphi max} = 1.1\sigma_y [1-(h_{c,max}/\delta)], \quad \left(\sqrt{0.8(L_L/d_o)^2(d_o/\delta)} > 4 \right) \qquad (6\text{-}73)$$

Folias（M）系数：

$$M = \sqrt{1+0.8\left(\frac{L_L}{d_o}\right)^2\left(\frac{d_o}{\delta}\right)}, \quad \left(\sqrt{0.8(L_L/d_o)^2(d_o/\delta)} \leqslant 4 \right) \qquad (6\text{-}74)$$

$$M = \infty, \quad \left(\sqrt{0.8(L_L/d_o)^2(d_o/\delta)} > 4 \right) \qquad (6\text{-}75)$$

试验及实际应用表明，B31G 准则可以用于评价带有轴向裂纹或腐蚀缺陷的管线，但结果存在一定的保守性。尤其对环向尺寸很大的腐蚀缺陷、环向腐蚀缺陷、螺旋腐蚀和焊缝腐蚀等，所得评价结果不太理想。同时它没有考虑轴向载荷及弯曲载荷的影响，没有考虑腐蚀间的相互作用。MB31G（Modified B31G）Code 中推荐流变应力 $\bar{\sigma} = 1.1\sigma_y + 69$，同时 Folias（）系数 M 的也被改变，失效工作压力计算公式如下：

$$\sigma_{\varphi max} = (1.1\sigma_y + 69) \left[\frac{1-0.85h_{c,max}/\delta}{1-(h_{c,max}/\delta)M^{-1}} \right] \qquad (6\text{-}76)$$

新的 Folias（M）系数计算公式如下：

$$M = \sqrt{1+0.8\left(\frac{L_L}{d_o}\right)^2\left(\frac{d_o}{\delta}\right) - 0.003375\left(\frac{L_L}{d_o}\right)^4\left(\frac{d_o}{\delta}\right)^2}, \quad ((L_L/d_o)^2(d_o/\delta) \leqslant 50) \qquad (6\text{-}77)$$

$$M = \sqrt{3.3+0.032\left(\frac{L_L}{d_o}\right)^2\left(\frac{d_o}{\delta}\right)}, \quad ((L_L/d_o)^2(d_o/\delta) > 50) \qquad (6\text{-}78)$$

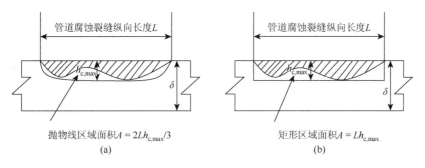

抛物线区域面积$A=2Lh_{c,max}/3$

(a)

矩形区域面积$A=Lh_{c,max}$

(b)

图6-11 管道腐蚀缺陷理想化模型

总的来说，虽然 ASME B31G 方法简单易行，但由于其给出的安全系数较大，所计算的管道剩余强度比其实际剩余强度要小，因此其保守性经常造成现场不必要的修理和更换。

2）环向缺陷下轴向应力极限值的确定

前文对管道承受环向应力泊松效应、温度变化、地震以及弯曲弯矩的作用下产生轴向力计算公式进行了介绍，但是对于存在环向腐蚀缺陷的扩展主要受纵向应力而不是环向应力决定。管道其破坏极限应力值取决于管道材料的应力 $\bar{\sigma}$ 和基于断裂力学理论的流变应力折减系数 C_f'。

$$\sigma_{xmax}=\sigma_f C_f' \tag{6-79}$$

式中，$C_f'=\left[\dfrac{1-A/A_0}{1-(A/A_0)M_C^{-1}}\right]$。

M_c 与 Folias 系数的定义相同，只不过它是用于环向腐蚀缺陷，应以环向腐蚀缺陷的尺寸表示，它是环向腐蚀缺陷的圆弧半角 θ 的函数，如图6-12所示。

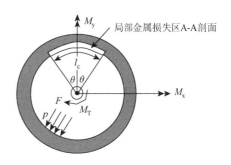

图6-12 环向腐蚀缺陷的力学分析

设环向腐蚀为均匀腐蚀，其平均腐蚀深度为 $h_{c,a}$；腐蚀缺陷的圆弧长为 l_c；缺陷的圆弧半角为 θ，通常可按照下式计算求得

$$M_c=\sqrt{1+0.26\frac{\theta}{\pi}+47\left(\frac{\theta}{\pi}\right)^2-59\left(\frac{\theta}{\pi}\right)^3} \tag{6-80}$$

式中，$\theta=\dfrac{l_c}{d_o}$。

事实上当环向缺陷足够浅时，即使整个圆周存在腐蚀缺陷，管道仍是安全的，所以上式也只是半经验公式。

3. 含平面裂纹型缺陷管道极限应力分析

1）管道裂纹缺陷分类

裂纹的产生是由于输气管道的母材或焊缝中原子结合遭到破坏，形成新的界面而产生缝隙。不论是哪种类型的裂纹,它的出现将显著减少承载面积,更严重的是裂纹端部形成尖锐缺口,应力高度集中,很容易扩展导致破坏。裂纹的危害极大,尤其是冷裂纹,由于其延迟特性和快速脆断特性,带来的危害往往是灾难性的。管道在使用过程中最可能出现的裂纹:疲劳裂纹、应力腐蚀裂纹(中度或高 pH 应力腐蚀裂纹)、氢致开裂、硫化物应力腐蚀裂纹、热影响区焊缝裂纹。这些裂纹可根据管道金属、和热影响区判断。

(1)氢鼓泡。是指过饱和的氢原子在缺陷位置析出后,形成氢分子,在局部区域造成高氢压。引起表面鼓泡或形成内部裂纹,使钢材撕裂开来的现象。图 6-13 和图 6-14 为氢鼓泡的示意图和实例图。

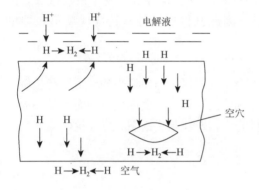

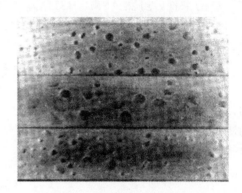

图 6-13　氢鼓泡的示意图　　　　　　　　图 6-14　管道表面氢鼓泡实例图

(2)氢致开裂(hydrogen induced cracking, HIC)。在氢气压力的作用下,不同层面上的相邻氢鼓泡裂纹相互连接,形成阶梯状特征的内部裂纹称为氢致开裂。HIC 的发生也无须外加应力,一般与钢中高密度的大平面夹杂物或合金元素在钢中偏析产生的不规则微观组织有关,图 6-15 和图 6-16 所示为氢致开裂示意图和实例图。

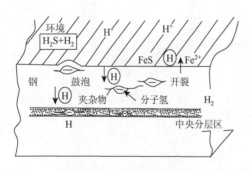

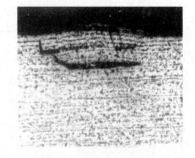

图 6-15　氢致开裂示意图　　　　　　　　图 6-16　管道 HIC 实例图

(3)硫化物应力腐蚀开裂(sulfide stress corrosion cracking, SSCC)。湿 H_2S 环境中腐蚀产生的氢原子渗入钢的内部,固溶于晶格中,使钢的脆性增加,在外加拉应力或残余应力作用下形成的开裂,叫作硫化物应力腐蚀开裂。工程上有时也把受拉应力的钢及合金在湿 H_2S 及其他硫化物腐蚀环境中产生的脆性开裂统称为硫化物应力腐蚀开裂。SSCC 通常发生在中高强度钢中或焊缝及其热影响区等硬度较高的区域。图 6-17 和图 6-18 为硫化氢应力腐蚀开裂的示意图和实例图。

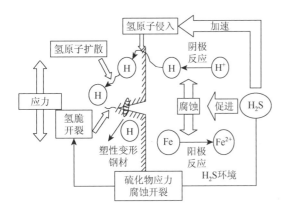

图 6-17 硫化物应力腐蚀开裂示意图

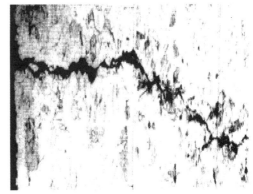

图 6-18 硫化物应力腐蚀开裂实例图

（4）疲劳裂纹断裂。结构材料经过反复荷载而出现的渐进裂化，最终可能导致结构失效。疲劳裂纹随着循环荷载的增加而逐渐增大直至达到临界状态度，此时应力使裂纹不稳定性增大并最终导致结构破裂。材料中的任何微小裂纹或薄弱部位都有可能生成疲劳裂纹。一旦生成裂纹，裂纹会随着应力变大，而所需的应力相对于材料的屈服强度要低得多。如图 6-19 所示

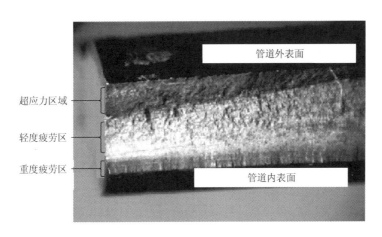

图 6-19 管道疲劳裂纹断裂面实例图

按照几何特征可以将裂纹分为：穿透裂纹（贯穿构件壁厚的裂纹称为穿透裂纹，但是在一般的实际工程评价中，当裂纹延伸到管道壁厚的一半以上的都视为穿透裂纹，如图 6-20 所示）；表面裂纹（裂纹位于管道表面，或裂纹的深度相对于管道壁厚较小的裂纹，对于表面裂纹常简化为半椭圆形裂纹）；深埋裂纹（裂纹位于管道内部，其常规控制指标包括裂纹距离管道外表面的距离，裂纹常简化为椭圆片状裂纹或圆片裂纹，如图 6-21 所示）。

图 6-20　管道表面裂纹实例图　　　　　　　图 6-21　管道深埋裂纹实例图

2）管道平面裂纹剩余强度评价

含裂纹管道剩余强度评价是管道适应性评价的主要内容之一,这些标准制定的理论依据均是弹塑性力学和断裂力学,因为断裂力学为评价含裂纹输气管道的安全评价提供了科学依据。英国含缺陷结构完整性评定标准 R6 是目前国际上较为先进的标准,能够判别含裂纹缺陷管道的潜在失效模式,并能对结构进行脆性断裂、弹塑性断裂和塑性失稳分析,所以被广泛用于管道的断裂评定。表 6-5 列出了管道缺陷分类和评价量化指标。

表 6-5　体积型和平面型缺陷管线的缺陷分类与量化

分类	相应标准	量化原则	具体类型	计算参数
平面（裂纹）	BS7910—2005	用缺陷所包含矩形的长度、高度表示	穿透裂纹	长度、壁厚
			表面裂纹	长度、高度、壁厚
			深埋裂纹	长度、高度、壁厚、离表面距离
			多缺陷共存	根据标准要求考虑位置
体积（腐蚀）	API 579 SY/T 6477—2017	采用最危险厚度截面（CTP）为门槛值	轴向 CTP	缺陷轴向投影面最小壁厚、长度
			环向 CTP	缺陷环向投影面最小壁厚、长度

R6 对结构的安全评定是通过失效评定图进行的。失效评定曲线的建立则是失效评定图技术的关键技术之一。R6 失效评定曲线的一般形式如图 6-22 所示,是以一条连续的曲线和一条截断线所描绘,定义失效评定曲线为 $K_r = f(L_r)$。图 6-22 中截断线 L_{rmax} 表示缺陷尺寸很小时,结构塑性失稳载荷与屈服载荷之比,在 $L_r > L_{rmax}$ 时,$K_r = f(L_r) = 0$。为建立失效评定图,R6 提出了难易程度不同的制作失效评定曲线的三种选择方法。本章从便于工程计算和符合材料特性的角度出发,选用了通用失效评定曲线,通用失效评定曲线对于应力应变特性曲线上无明显的屈服不连续点（屈服平台）的所有材料都是适用的。对于管材为 L245A 级的输气管道,其应力-应变曲线为一光滑曲线,没有明显流动阶段,符合此种曲线的适用条件。该曲线方程可由下式给出:

$$K_r = (1 - 0.14L_r^2)[0.3 + 0.7\exp(-0.65L_r^6)] \tag{6-81}$$

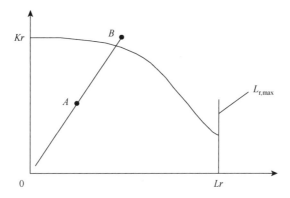

图 6-22　新 R6 失效评定曲线的一般形式

选择通用曲线的方法最为简单，只要知道材料的屈服应力 σ_y 和抗拉强度 σ_u 就可以得到一条失效评定曲线。该曲线较合理地估计了结构的允许裂纹尺寸，偏于保守。通用曲线截断点的定义如下：

$$L_{r\max} = \frac{\sigma_f}{\sigma_y} \qquad (6\text{-}82)$$

式中，σ_f ——单轴流变应力，$\sigma_f = (\sigma_y + \sigma_u)/2$，MPa；

　　　　σ_y ——单轴屈服应力，MPa；

　　　　σ_u ——单轴抗拉强度，MPa。

（1）评定点的计算。

对于通用曲线待评定点的坐标用（L_r，K_r）表示。在失效评定方法中考虑了塑性的影响，这项影响是用参数 L_r 表达的。L_r 是失效评定图的横坐标，它表示有裂纹的结构接近塑性屈服程度的度量。L_r 的定义是所评定的受载条件与引起结构塑性屈服的载荷之比，即：

$$L_r = \frac{q}{P_0} \qquad (6\text{-}83)$$

式中，q ——总外加载荷，对于管道来说为管道内压和其他外部荷载，MPa；

　　　　P_0 ——完全塑性状态下构件的极限压力，其下限值为：

$$P_0 = \frac{2\sigma_y}{\sqrt{3}} \frac{\delta}{d_o} \frac{(1 - a/\delta)}{(1 + a/d_o)} \qquad (6\text{-}84)$$

式中，a ——管壁上轴向裂纹深度，m；

　　　　d_o ——管道外半径，m；

　　　　δ ——管道壁厚，m。

失效评定图的纵坐标 K_r 值表示接近断裂失效程度的度量，定义为应力强度因子与材料断裂韧性的比值，即：

$$K_r = \frac{K_I}{K_{IC}} \tag{6-85}$$

式中，K_{IC}——材料的断裂韧性，可由试验得出，MPa；

$\quad\quad K_I$——对于裂纹尺寸 a 的线弹性应力强度因子，对于含轴向裂纹的内压管道其值为：

$$K_I = \frac{2PD_o^2\sqrt{\pi a}}{d_o^2 - d_i^2} F(a/\delta, d_i/d_o) \tag{6-86}$$

$\quad\quad F$——可由表 6-6 外推得出。

$\quad\quad d_i$——管道内半径

表 6-6　轴向裂纹的内压管道线弹性应力强度因子 F 值

a/t	t/R_i			
	1/8	1/4	1/2	3/4
1/5	1.19	1.38	2.10	3.20
1/10	1.20	1.44	2.36	4.23
1/20	1.20	1.45	2.51	5.25

注：R_i—管道半径。

（2）安全性评价。

将上文所计算出的评定点标到适合的失效评定图上，例如图 6-22 所示的 A 点，如果该点在曲线以外，则表明所评定结构是不安全的；如果该点在曲线以内，就表明所评定结构是安全的，其安全系数（$F.S.$）由一直线来确定，该直线从原点出发通过 A 点且与失效评定曲线交于 B 点。因此，安全系数为

$$(F.S.) = OB / OA \tag{6-87}$$

而安全裕度（$M.S.$）由下式给出：

$$(M.S.) = (F.S.) - 1 \tag{6-88}$$

4. 含弥散型腐蚀缺陷管道极限应力分析

"弥散"在汉语词典里的解释是：弥漫消散，它是一个常用于气体、核燃料及医学上的术语，弥散作用是一种被动进行的物理现象，不需要额外的能量。管道受到杂质腐蚀时，在管道内表面会形成一个个大小不等、形状各异弥散分布的腐蚀缺陷，这些缺陷密集分散的分布在管道的内表面，对管道产生腐蚀，影响其使用寿命，具有极大的破坏性，当同时存在应力和介质时，腐蚀将会加速，腐蚀范围扩大，在缺陷底部导致应力集中，易萌生微裂纹。从剖面看，微裂纹根部粗，与缺陷相连，尖端较细，微裂纹伸向深处。在长期应力载荷和腐蚀环境的共同作用下，管道表面上的不连续性导致裂纹的形成和扩展，最终导致管道破裂失效。

目前，对于弥散型损伤管道的研究很少，在管道的剩余工作能力研究中，常将弥散型腐蚀损伤划分为三种：氢致微裂纹和氢鼓泡、蠕变损伤微裂纹、疲劳萌生微裂纹，其损伤表现如图 6-23 和图 6-24 所示。对于此类腐蚀损伤，主要是借用体积型腐蚀损伤的评价方法，但其评价结果往往偏于保守。

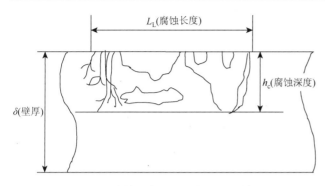

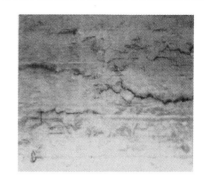

图 6-23　弥散型腐蚀损伤管道分析模型　　　　图 6-24　弥散型氢致微裂纹实例图

对于弥散型腐蚀损伤管道的剩余强度评价,现在多基于 API 579 评价标准,API 579 按照缺陷类型分别进行评价,它考虑了相邻缺陷的相互影响和附加荷载的影响,为腐蚀缺陷的剩余强度评价提供了更为准确的方法。对于弥散型腐蚀缺陷建立基于 API 579 中局部缺陷剩余强度评价模型,从而确定在弥散型腐蚀缺陷条件下管道的极限应力。

研究表明,管道发生腐蚀损伤后,管道的强度和承载能力会降低。用剩余强度因子 RSF 作为评价腐蚀管道剩余强度的参量。API 579 按以下公式计算管道矩形缺陷或近似矩形缺陷的剩余强度因子 RSF:

$$\sigma_{\varphi max} = \sigma_f RSF \tag{6-89}$$

$$RSF = \frac{1 - h_c/\delta}{1 - h_c/(\delta M_n)} \tag{6-90}$$

$$M_n = (1 + 0.48\lambda^2)^{0.5} \tag{6-91}$$

$$\lambda = 1.285L/\sqrt{d_o\delta} \tag{6-92}$$

式中,　M_n ——傅立叶系数或鼓胀系数;

　　　　λ ——壳体参数。

弥散型腐蚀损伤管道的剩余强度理论和极限应力求解模型并不成熟,结果是否偏于保守需进行实验验证,本章的研究重点并不在此,因此仅仅通过 API 579 标准进行含弥散型腐蚀缺陷的极限应力值的求解以求建立含弥散型缺陷极限状态函数。

5. 基于应力的含缺陷管道失效判断准则

在前文中我们分析了不含缺陷管道在内压和外部荷载作用环向应力和轴向应力,基于 B31G 和 MB31G 带体积型缺陷的轴向腐蚀极限环向应力和环向腐蚀极限轴向应力,基于 R6 标准的含平面裂纹的剩余强度评价,以及基于 API 579 局部腐蚀评价准则的含弥散型缺陷管道极限应力水平求解模型。针对上述分析可以清楚地认识到含缺陷管道在管道中虽然数目不一定较多,但是其是管道上的相对弱点,是管道安全运行的最为重要的安全隐患,管道的失效通常也源于此类缺陷。综合上述分析可以发现,含缺陷管道的环向应力相对于轴向应力通常较大,而管道的失效破坏破裂面通常也在轴向上,而控制轴向开裂的应力主要是环向应力,因此针对不同的缺陷形式,采用相应的评价标准建立起环向应力判断准则是基于应力失效准则的重点内容之一,同时针对含缺陷管道建立其基于应力的失效判断准则对于管道安全评价具有重要意义。

6.4.1.4　基于应变的管道失效准则

随着中亚、中哈、中俄、西气东输二线等大型管道工程的规划和建设,管道通过引起变形过大的复杂地区的机会势必增多。以往国内外管道设计规范采用的都是强度设计准则(应力控制水准),但对一些特殊地段,如滑坡段、多年冻土区、强震区和活动断裂带穿越段以及湿陷性黄土、软土区等容易引起管道大变形的地段,在设计中考虑不多。目前,国内现有的设计规范中由于没有明确的应变设计和应变技术要求,造成这些地段的设计缺乏科学、合理的依据,存在安全过度或安全欠缺的现象。因此,在这些地段除采用现行的强度准则设计外,需要引进应变设计的理念和方法进行,因此研究基于管道应变极限状态对于分析管道危害作用下易损性概率能力具有重要作用。

1. 基于位移控制载荷的管道失效模式

1)拉伸破坏

当管内的轴向拉伸应变超过管道的屈服值,管道易发生应力集中现象,导致管道发生瓶颈式大变形拉伸直至断裂。即使是在管线与断层交角为90°的情况下,随着断层错动位移的增大管线最后仍可能被拉断。以上情况假设了管子周围土质不太硬,如果周围土很硬,在断层垂直管轴的位错作用下,管子将被剪断如图6-25(a)所示。

2)屈曲破坏

管道受压缩、弯矩等载荷作用时,其截面的全部或部分受到压应力,当最大压应变达到一个临界水平时便会发生局部屈曲。随着压力的增加,屈曲继续发展,局部产生较大的变形,导致管道的局部褶皱。管道的局部屈曲或褶皱通常被认为是一种失效,被认为是管道发生更大变形的起点。管道中大的变形将导致管道内的介质流动困难,检测工具无法在管道内正常工作,进而会导致其他更严重的失效,因此临界屈曲应变被认为是管道极限设计中的一个重要指标。在压缩荷载作用下,比如管线与断层交角大于90°的情况,管道容易发生此类破坏。根据埋设条件的不同、管子的厚度不同和断层错位的方式不同,屈曲破坏又可分为以下三类。

(1)梁式屈曲。在纯压缩荷载的情况下(管线与断层的交角为180°),小口径的管道敷设在地面上或者埋深很浅时容易发生这种破坏模式。管线被挤压出埋设沟,在地面上弯曲成Ω字形。对于这种屈曲模式,管线仍然能够保持完整,不会漏水、漏气,管子的服务功能基本不受到影响,随着压缩荷载的继续增加,露出地面的管段在顶点会出现弯曲屈曲的现象,Yun 和 Kyriakides[63]假设管线为一弹性地基上的梁提出了分析此类屈曲的方法,如图6-25(b)和6-25(c)所示。

(2)壳式屈曲。在纯压缩荷载下,对于大管径的薄管,容易发生这种屈曲破坏模式,这种屈曲为一强失稳问题,它常导致管内的大变形乃至管子的破裂及其服务功能的中断。这类屈曲为壳体的失稳问题,许多学者利用壳体理论对此问题做过详细的研究。如图6-25(d)和6-25(e)所示。

（3）铰式屈曲。管子除了受压缩荷载外，还有弯曲荷载的作用，在这种情况下管子容易发生铰式破坏，这种屈曲破坏模式为管子斜跨断层时破坏的最常见模式，如图6-25（f）所示。

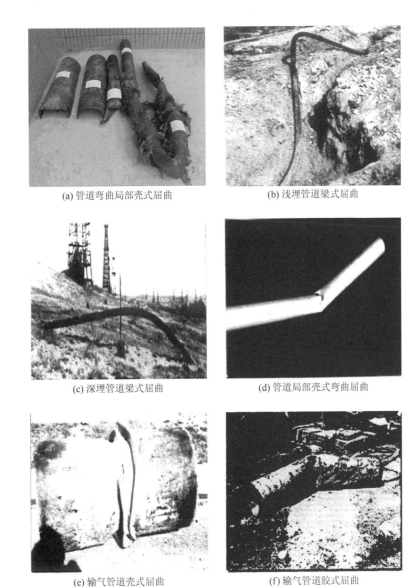

(a) 管道弯曲局部壳式屈曲　　　　　　　　　(b) 浅埋管道梁式屈曲

(c) 深埋管道梁式屈曲　　　　　　　　　　(d) 管道局部壳式弯曲屈曲

(e) 输气管道壳式屈曲　　　　　　　　　　(f) 输气管道胶式屈曲

图6-25　输气管道拉伸及屈曲破坏

2. 管道极限应变控制准则

1）椭圆度极限

椭圆度（不圆度或失圆度）在圆形钢管的横截面上存在着外径不等的现象，即存在着不一定互相垂直的最大外径和最小外径，则最大外径与最小外径之差即为椭圆度。基于应变的椭圆度设计准则的对比如表 6-7 所示，椭圆度极限一般使用固定的上界或以通常的完整性和操作需要来确定（如清管等检修要求）。

表 6-7　不考虑径厚比和弯曲应变条件下管道极限椭圆度

规范和标准	管道极限椭圆度
加拿大标准协会《油气管线系统》CSA Z662—2015	3.0%（6.0%）#
挪威船级社标准 DNV-OS-F101（2013）	3.0%
API 1111—2015	5.5%～6.2%

注：#——括号内数字表示在确认不会影响管道操作或维护，也不会引起其他可能的失效时管道椭圆度上限。

在不考虑其他因素，特别是管道径厚比 d_o / δ 比率较小的情况下，仅仅使用固定的百分比上界来限定椭圆度是比较保守的。当管道径厚比 d_o / δ 并不较小且存在一定的弯曲应变的条件下应该借鉴如下公式进行计算管道椭圆度极限 f。

$$f = 0.06\left(1 + \frac{d_o}{120\delta}\right)\left(\frac{d_o \varepsilon_b}{\delta}\right) \tag{6-93}$$

式中，f ——管道允许最大椭圆度；

ε_b ——管道弯曲应变。

2）拉应变极限准则

以应变为基础的拉应变设计准则参见如表 6-8 所示，拉应变极限一般使用弹性和塑性相结合的方法，给出塑性应变的相应规定。挪威船级社标准 DNV-OS-F101（2013）规定累积塑性应变超过 0.3%时需要进行工程临界评价（ECA）等操作；当累积塑性应变超过 2%时不仅需要进行工程临界评价等操作，还需要满足材料等其他附加要求。CSA，DNV 和 ASCE 中这些应变规定都是针对无缺陷管道的参考数值。

表 6-8　无缺陷管道拉裂设计准则对比

规范和标准	极限拉应变
加拿大标准协会《油气管线系统》CSA Z662—2015	2.5%#
挪威船级社标准 DNV-OS-F101（2013）	累计塑性应变可以超过 2.0%*
美国国家工程师协会《埋地管道设计指导》ASCE	2.0%@

注：#——海底管道安装极限应变；

　　*——针对不同情况需满足安装和材料等的附加要求；

　　@——大地变形运行的极限拉应变。

3）压应变极限准则

加拿大标准协会《油气管线系统》CSA Z662—2015 关于局部屈曲纵向临界压应变采用如下公式进行计算：

$$\varepsilon_c^{\text{crit}} = 0.5\frac{\delta}{d_o} - 0.0025 + 3000\left[\frac{(P_i - P_e)d_o}{2\delta E_s}\right]^2 \tag{6-94}$$

式中，ε_c^{crit} ——管道所能承受极限压应变能力；

$\quad\quad P_i$ ——管道最大设计内压力，MP；

$\quad\quad P_e$ ——管道外部最小静水压力，MP；

$\quad\quad E_s$ ——钢材弹性模量。

挪威船级社标准 DNV-OS-F101（2013）中综合应用组合载荷、外压引起的破裂等准则分别来确定不同载荷状况下局部屈曲的设计准则。如存在纵向压应变和内部压力时局部屈曲的设计准则为

$$\varepsilon_c = 0.78\left(\frac{\delta_2}{d_o} - 0.01\right)\left(1 + 5 \times \frac{\sigma_\varphi}{\sigma_y}\right)\alpha_h^{-1.5}\alpha_{gw} \quad\quad (6\text{-}95)$$

$$\frac{D}{\delta} \leqslant 45, \quad p_i \geqslant p_e, \quad \delta_2 = \delta - \delta_{coor}$$

式中，ε_c ——管道所能承受极限压应变能力；

$\quad\quad \delta_{coor}$ ——管道壁厚的腐蚀裕量，mm；

$\quad\quad \delta_2$ ——去掉腐蚀裕量的管道壁厚，mm；

$\quad\quad \alpha_h$ ——最小应变硬化系数 $\alpha_h = \sigma_y / \sigma_u$；

$\quad\quad \alpha_{gw}$ ——焊缝因子，无因次。

6.4.2 能力模型

概率抗震能力模型在"基于性能的地震工程概率决策框架中"表征的是结构在每一地震需求的水平下，结构发生每一破坏等级破坏，即超过每一能力等级的概率，即 $G(DM|EDP)$ 部分。如果可以知道结构整体每一破坏等级能力参数限值的概率分布情况就可以建立结构的整体概率抗震能力模型，其表达形式如下所示

$$G_{DM|EDP}(dm|edp) = P(edp > c^{LS}|EDP = edp) \quad\quad (6\text{-}96)$$

式中，c^{LS} —— dm 定义的破坏状态下能力参数的界限值，也就是我们说的"能力"。

对于某一极限状态，如果掌握了其能力参数限值 c^{LS} 的概率分布实际上也就确定了概率抗震能力模型（6-96），可以解出超越概率。

在 PEER 的理论框架下，国外大量学者对结构整体概率抗震能力进行了研究[64-66]，并建立了服从对数正态分布的结构整体概率抗震能力模型。

李刚和程耿东等通过对钢框架在四种荷载分布模式下整体抗力模型参数的 K-S 检验，得出了钢框架基于 Push-over 分析的双线性整体抗力模型参数（弹性刚度、屈服后刚度荷载比和屈服强度）均较好的服从对数正态分布的结论[67]。

温增平收集了 1976 年唐山地震时唐山市区、唐山东矿区、滦县、昌黎、秦皇岛市、天津市的一些多层砖房抗震能力的层间抗震强度系数，在此基础上统计了实际多层砖房层间抗震强度系数，给出了其抗力分布函数。研究表明，多层砖房的层间抗震强度系数服从对数正态分布[68]。

参考上述成果的同时，也可直接将结构整体抗震能力看作是结构若干随机因素乘积的形式，所以本章也假设结构抗震能力服从对数正态分布。

6.4.3　分析过程

（1）选择表征管道地震破坏程度的能力参数，这个量必须能标志结构的抗震能力。
（2）建立力学分析模型，模拟管道在地震时的受力状态。
（3）对随机参数进行分类，按给定分布产生目标随机变量样本值，形成随机样本。
（4）得出样本对应各极限状态的能力参数界限值，可采用静力弹塑性分析等方法。
（5）对结果进行分析，确定所求各状态对应抗震能力参数的概率分布，在本章中即假定的对数正态分布的均值和标准差。

6.4.4　分析结果

6.4.4.1　概率抗震能力确定

得到对每一极限状态的能力参数界限值样本后，对其分别进行对数正态分布的参数估计和假设检验。

1. 参数估计

对数正态分布的极大似然函数为

$$L = \prod_{i=1}^{N} \frac{1}{\sqrt{2\pi} S_c' x_i} \exp\left[-\frac{(\ln x_i - \mu_c')^2}{2 S_c'^2} \right] \tag{6-97}$$

式中　　n——为样本总数，本节为 100；

　　　　μ_c'——能力参数样本的对数均值；

　　　　S_c'——能力参数样本的对数标准差。

两边取对数得：

$$\ln L = -\frac{1}{2}\ln(2\pi S_c'^2) - \ln \prod_{i=1}^{n} x_i - \frac{1}{2 S_c'^2}\sum_{i=1}^{n}(\ln x_i - \mu_c')^2 \tag{6-98}$$

根据极大似然原理，参数 μ_c' 和 S_c' 可由式（6-98）的极值，由极大似然方法求导 $\frac{\mathrm{d}\mathrm{Ln}L}{\mathrm{d}\mu_c'} = \frac{\mathrm{d}\mathrm{Ln}L}{\mathrm{d}S_c'} = 0$，得

$$\mu_c' = \frac{1}{n}\sum_{i=1}^{n}\ln x_i, \quad S_c'^2 = \frac{1}{n}\sum_{i=1}^{n}\left(\ln x_i - \frac{1}{n}\sum_{i=1}^{n}\ln x_i \right)^2 \tag{6-99}$$

2. 假设检验

K-S 检验是一种非参数假设检验方法，是对总体的分布类型进行假设检验[69]。对如下假设进行检验，即

$$H_0: \quad F(x) = F_0(x)$$

$$H_1: \quad F(x) \neq F_0(x)$$

式中，$F_0(x)$——某个指定的一维连续型分布函数；

$F(x)$——总体分布函数。

K-S 检验步骤如下：

（1）从总体中抽取容量为 $n(n \geqslant 50)$ 的样本，并将样本观察值由小到大的次序排列。

（2）计算出经验分布函数 $F_n^*(x)$ 和理论分布函数 $F_0(x)$ 在每个 x_i 的值，以及：

$$
\begin{aligned}
D_n &= \sup_{x \in \mathbb{R}} \{| F_n^*(x) - F_0(x)|\} \\
&= \max_i \{\max[| F_n^*(x_i) - F_0(x_i)|, | F_n^*(x_{i+1}) - F_0(x_i)|]\}
\end{aligned}
\tag{6-100}
$$

式中，$F_n^*(x_{n+1}) = 1$。

（3）给定检验的分位数 α，查表得到 $D_{n,\alpha}$ 的临界值。

（4）若 $D_n \leqslant D_{n,\alpha}$，则接受假设 H_0：$F(x) = F_0(x)$；否则接受假设 H_1：$F(x) \neq F_0(x)$。K-S 检验的 $D_{n,\alpha}$ 的临界值见表 6-9。

表 6-9　K-S 检验的 $D_{n,\alpha}$ 的临界值

α	$D_{n,\alpha}$	$D_{n,\alpha}(n=500)$	$D_{n,\alpha}(n=1000)$
0.20	$1.07/\sqrt{n}$	0.04785	0.03384
0.10	$1.23/\sqrt{n}$	0.05456	0.03858
0.05	$1.36/\sqrt{n}$	0.06082	0.04301
0.01	$1.63/\sqrt{n}$	0.07290	0.05155

6.4.4.2　模型建立和运用

结构的概率抗震能力模型为

$$G_{DM|EDP}(dm|edp) = P(DM > dm|EDP = edp) \tag{6-101}$$

通过分析得到了服从对数正态分布的能力参数的对数均值和对数标准差后，结构的概率抗震能力模型可表达为

$$
\begin{aligned}
G_{DM|EDP}(dm|edp) &= P(DM > dm|EDP = edp) \\
&= \Phi\left(\frac{\ln(edp) - S_c}{\beta_c}\right)
\end{aligned}
\tag{6-102}
$$

同时结合概率地震需求模型（6-60）所得的需求参数与地震动强度参数的概率关系可以算出管道的地震易损性，即 $P(edp > c^{LS}|IM = im)$。

$$G(im) = \Phi\left(\frac{a\ln(im) + b - S_c}{\sqrt{\beta_c^2 + c^2}}\right) \tag{6-103}$$

括号内参数均为需求分析和能力分析得到的结果,至此就得出了结构地震易损性分析的结果,可以作出易损性曲线或破坏概率矩阵,对管道的抗震性能和地震风险进行分析。

6.4.5　抗震能力与地震需求离散程度相对关系对易损性分析影响

通常情况下, EDP 的变异性主要是由地震动的变异性引起的,结构本身的变异性相对较小。若假定结构是确定性的,则决定性能水平的能力参数限值也是固定的,就可以直接求结构地震需求大于此限值的概率而得出结构的地震易损性,也叫作需求易损性。可见管道的抗震能力和地震需求离散程度对易损性分析的结果具有一定影响。进行管道地震易损性分析时,有时利用这种关系可以简化分析过程。在这里可以借用结构可靠度理论中荷载粗糙度指标与可靠指标关系的概念。

6.4.5.1　荷载粗糙度指标

荷载粗糙度指标 LRI 是衡量结构抗力与荷载作用效应离散程度的相对关系的一个无量纲指标,定义为:

$$LRI = S_s \bigg/ \sqrt{S_S^2 + S_R^2} \tag{6-104}$$

式中　S_R ——结构抗力标准差;

　　　S_S ——结构荷载作用效应的标准差。

当 $S_R \gg S_S$ 时, LRI 的值很小,称为光滑荷载,当 $S_R \ll S_S$ 时, LRI 的值很大,称为粗糙荷载,当 S_R , S_S 为同一量级时,称为一般粗糙荷载。特别地,对于两种极限情况, $LRI = 0$ 时,称为无限光滑荷载; $LRI = 1$ 时,称为无限粗糙荷载。

由于一般的文献资料中所给出的荷载和抗力的统计参数主要为变异系数,为便于讨论将前面式子转化为形式:

$$LRI = 1\bigg/ \sqrt{\sqrt{1 + \left(\frac{\mu_R}{\mu_S}\right)^2 \left(\frac{\delta_R}{\delta_S}\right)^2}} \tag{6-105}$$

式中, μ_R , μ_S ——抗力和荷载效应的均值;

　　　δ_R , δ_S ——抗力和荷载效应的变异系数。

对于抗力与荷载效应的均值之比 $\dfrac{\mu_R}{\mu_S}$,可按下面的方法确定。抗力与荷载效应的功能函数可写为:

$$f(R,S) = R - S \tag{6-106}$$

设抗力与荷载效应均服从正态分布,则相应的可靠度指标为

$$\beta = \frac{\mu_R - \mu_S}{\sqrt{\delta_R^2 + \delta_S^2}} = \left(\frac{\mu_R}{\mu_S} - 1\right) \Bigg/ \left[\delta_S \sqrt{1 + \left(\frac{\mu_R}{\mu_S}\right)^2 \left(\frac{\delta_R}{\delta_S}\right)^2}\right] \qquad (6\text{-}107)$$

由上式可得方程：

$$(\beta^2 \delta_R^2 - 1)\left(\frac{\mu_R}{\mu_S}\right)^2 + 2\left(\frac{\mu_R}{\mu_S}\right) + (\beta^2 \delta_S^2 - 1) = 0 \qquad (6\text{-}108)$$

解这个方程得

$$\frac{\mu_R}{\mu_S} = \frac{1 \pm \sqrt{1 - (1 - \beta^2 \delta_R^2)(1 - \beta^2 \delta_S^2)}}{1 - \beta^2 \delta_R^2} \qquad (6\text{-}109)$$

一般情况下，$\beta \geq 0$，从而有 $\mu_R \geq \mu_S$，这样就可确定两个解中的一个。

6.4.5.2 荷载粗糙度指标与可靠指标关系

荷载粗糙度指标反映了结构抗力和荷载效应的相对关系，其大小必然对结构的可靠指标产生影响。下面推导荷载粗糙度指标与结构可靠指标之间的关系式。仍然假设结构抗力 R 与效应 S 均服从正态分布，相应的功能函数为（6-110）式。

（1）对于一般粗糙荷载，S_R，S_S 为同一数量级，$0 < LRI < 1$ 则结构可靠指标为

$$\begin{aligned}
\beta &= \frac{\mu_R - \mu_S}{\sqrt{\delta_R^2 + \delta_S^2}} = \frac{\delta_S}{\sqrt{\delta_R^2 + \delta_S^2}} \frac{\mu_R - \mu_S}{\delta_S} \\
&= LRI\left(\frac{\mu_R}{\delta_R}\frac{\delta_R}{\delta_S} - \frac{\mu_S}{\delta_S}\right) = \frac{\sqrt{1 - LRI^2}}{\delta_R} - \frac{LRI}{\delta_S}
\end{aligned} \qquad (6\text{-}110)$$

即在一般粗糙荷载作用下，结构的可靠指标由荷载粗糙度指标以及结构抗力和荷载效应的变异系数决定的。

（2）对于无限光滑荷载，$LRI = 0$，荷载效应成为一个确定性的量 $S(S_S = 0)$，则可靠指标的表达式为

$$\beta = \sqrt{1 - LRI^2} \frac{\mu_R - \mu_S}{\delta_S} = \frac{\mu_R - S}{\delta_S} \qquad (6\text{-}111)$$

即在无限光滑荷载作用下，结构的可靠指标主要由结构抗力的概率统计特性决定。

在地震易损性分析中，对于结构地震需求离散性相对抗震能力离散性较小的情况，可设需求为一定值（类似于荷载标准值或设计值），利用概率抗震能力模型直接得出易损性结果，也称能力易损性。

（3）对于无限粗糙荷载 $LRI = 1$，结构抗力成为一个确定性的量 $R(S_R = 0)$，则可靠指标的表达式为

$$\beta = LRI \frac{\mu_R - \mu_S}{\delta_S} = \frac{R - \mu_S}{\delta_S} \qquad (6\text{-}112)$$

即在无限粗糙荷载作用下,结构的可靠指标主要由荷载效应概率统计特性决定。灾害荷载可近似处理为无限粗糙荷载,这样在灾害荷载作用下结构的可靠度主要由灾害荷载的特性决定,结构的失效主要是由灾害荷载的过大引起。这种情况对应于结构的地震易损性分析,就是前面所讲的需求易损性。

6.5　地震易损性分析实际应用

6.5.1　基本情况

利用上两节的方法对某埋地管道进行易损性分析。某服役 20 年直埋低压管道,管材为 Q235,管径 $d_0 = 150\text{mm}$,初始壁厚为 5mm,现平均壁厚 $\delta = 4\text{mm}$,埋深 $h = 1\text{m}$,回填介质为中砂,钢材弹性模量 $2.06 \times 10^5 \text{MPa}$,屈服强度标准值 $f_k = 235\text{MPa}$,屈服后刚度比为 0,泊松比 $\nu = 0.3$,密度 $\rho = 7800 \text{kg/m}^3$。当地基本烈度为八度,场地条件为Ⅲ类场地。不计气体内压及静土压力在地震中的影响。取计算管道长度 200m,假设地震波速 $c = 100\text{m/s}$。现考虑该管道本身和场地未来地震的不确定性,对其进行易损性分析。

6.5.2　管道模型和地震动随机性

6.5.2.1　管道自身随机性

一般而言,在结构系统的模型中,可能遇到的随机性包括几类:

(1) 材料特性的随机性。工程材料的弹性模量、泊松比、质量密度、线胀系数、强度和疲劳极限等具有随机性。

(2) 几何参数的随机性。由于制作尺寸偏差和安装误差等导致结构构件的几何参数,如长度、跨度、惯性矩、壁厚等具有的随机性。

(3) 边界条件的随机性。结构与结构的连接、构件与构件的连接等的力学性质具有随机性。

(4) 结构物理性质的随机性。由于系统本身物理机理的复杂性而引起阻尼特性、摩擦系数等具有随机性。

(5) 荷载的随机性。结构服役期内载荷也常具有随机性,如风荷载、地震等。

结构物理参数和几何参数的随机性必然会导致结构动力特性的随机性,而结构动力特性的随机性以及结构所受荷载的随机性又必然导致结构动力响应的随机性。随机性可由随机变量的数字特征体现,故在研究结构动力响应随机变量的随机性时必须研究结构物理参数、几何参数及作用荷载随机变量的数字特征与结构动力响应的数字特征之间的关系。

在本节中,对管道模型的地震需求与抗震能力有较大影响的主要随机参数考虑为以下 4 个:土弹簧屈服力、钢材屈服应力、钢材弹性模量、管壁厚度。

(1) 土弹簧屈服力的随机性来自两个方面。第一个方面是土的强烈非线性特征,在动力作用下土体进入较大的变形状态，其力学性质是十分复杂的，现在采用的力学模型难以全面准确地代表不同的土不同的受力状态体现出来的力学特征；第二个方面，从工程地质的经验来说，土的参数往往在场地不同位置内有较大的变化，即使是认为土质比较均匀的场地，其实际土质也不是不变的。

（2）钢材的屈服应力。钢材的屈服应力是一个极其关键的指标，它决定了管道是否进入塑性状态，它的不确定性就极大影响了结构反应和结构状态的不确定性。由于生产、储存等多方面的因素，钢材的屈服强度也存在着随机性。为了达到一定的安全保证，钢材的强度标准值通常取有 97.73%保证率的值，即我们计算中常采用的钢材的标准值并不是其实际屈服强度的均值。

（3）同样的钢材弹性模量也具有随机性，它对管道在地震作用下的反应也有着至关重要的影响。

（4）管壁厚度。金属材质的埋地管道在工作过程中，由于工作环境土壤、输送物质的作用，会出现不同程度的腐蚀现象。随着管道使用年限的增加，管道腐蚀现象日益严重，造成壁厚减薄，管道承压能力下降，自然也会影响到管道抵御地震荷载的能力。土壤及输送介质对管线的腐蚀作用具有明显随机性特点，故管线的腐蚀状态也必然呈现出随机性的特点。本节主要考虑腐蚀造成管道壁厚均匀减薄，降低了管道的截面积，从而对强度和刚度造成的影响，不考虑腐蚀造成应力集中等影响。

6.5.2.2 随机变量分布

在很多种对土弹簧参数的简化计算公式[70, 71]中，土的三个方向弹簧常数均与土的动态剪切模量 G 成正比，可用同一参数 k_1—$N(1, \delta^2)$ 反映其随机性（δ 为 G 的变异系数），$f = f_0 k_1$，取 $\delta = 0.15$。

对于钢材的屈服应力、钢材弹性模量设其均服从对数正态分布。设 Q235 钢材实际屈服应力与其标准值的比值为 k_2 即 $f_y = 235 k_2$MPa，k_2 的均值为 1.27，标准差为 0.1[72]。钢材弹性模量均值 2.06×10^5MPa，变异系数 0.01。

对于管道的平均壁厚 δ，文献利用带吸收壁的齐次马尔可夫链理论，提出了管线腐蚀发生的离散状态模型，并根据管线腐蚀线性发展模型，推导给出了管线截面面积随时间变化的概率模型。本章根据该文献的算例，假定壁厚 δ 的均值为 4mm，标准差为 0.2mm。分布类型服从对数正态分布。

本章假设有关随机变量均各自独立，其概率分布类型及统计参数如表 6-10 所示。

表 6-10　有关随机变量的概率分布类型及统计参数

参数类型	k_1	弹性模量/MPa	壁厚/mm	k_2
分布类型	正态	对数正态	对数正态	对数正态
均值	1	206000	4	1.27
标准差	0.15	2060	0.2	0.1

6.5.2.3 地震动随机性

地震地面运动是一个频带较宽的非平稳随机振动，受发震断层位置、地震强度、震中距、地震波传播路径、场地土性质等多种因素影响，无法准确预测场地在未来地震时的地面运动，甚至同一次地震在同一场地得到的强震记录也不相同，这给抗震设计中地震波的选择带来了困难。

研究表明，不可能准确地预测某场地未来的地震运动，但只要正确把握地震动的主要参数，选择基本符合这些主要参数的地震波，则时程分析结果可以较可靠地体现在未来地震作用下的结构反应，满足工程的需要。

当今国际公认地震动三要素为：

（1）地震动强度。

（2）地震动谱特性。

（3）地震动持时。

地震动输入可以直接采用地面运动加速度时程，如结构所在场地历史上的实际地震记录、同类型场地上的实测地震记录或者人工生成地震记录。目前人造地震地面加速度时程主要有两种方法，一种方法是直接拟合加速度反应谱而得到地震地面加速度时程，一种方法是先将反应谱转换为功率谱，以功率谱为目标来拟合地震地面加速度时程。

这两种方法都希望生成地震波能体现场地未来地震波的特点，尽可能地与规范的设计参数相符。通过反应谱与功率谱的关系，合成人工地震波，在多次迭代之后可以使生成的人工地震波的反应谱接近标准反应谱。但标准反应谱主要体现的是地震动反应谱的具有一定保证率的均值特性，而由于地震动的随机性，反应谱也应具有随机性。那么采用拟合标准反应谱生成人工地震波的方法，就忽略了反应谱的变异特性，生成的人工地震波可能不能充分体现地震动的某些随机特性。而另一方面，由于地震台网的迅速发展和地震观测仪的改进，获得了上个世纪末全球范围内大量的地震记录，极大地丰富了地震数据库，为采用实际地震记录提供了条件。

为充分地体现地震动的随机性，本节采用从美国太平洋地震研究中心强震数据库和欧洲强震数据库中收集到的 40 条地震记录，并通过其中典型记录调幅再生成 60 条记录，PGA 范围为 $0.0588 \sim 10.805\text{m/s}^2$。这些地震记录包括不同的震级、震中距、地震带，为了与本算例的Ⅲ类场地条件接近，以 USGS 标准 C 类场地上的地震记录为主。四十条地震记录信息如表 6-11。

表 6-11　选用的 40 条实际地震记录信息

地震波名称或编号	站点名称	震级	震中距/km	$PGA/(\text{m/s}^2)$
Imperial Valley 1940	117 El Centro Array #9	7.2	8.3	3.0674
Borrego Mtn 1968	135 LA-Hollywood Stor PE Lot	6.5	217.4	0.1176
P0039	130 LB-Terminal Island		195	0.098
San Fernando 1971	1013 Cholame-Shandon Array #2	6.6	219	0.0392

续表

地震波名称或编号	站点名称	震级	震中距/km	PGA/(m/s²)
P0069	1015 Cholame-Shandon Array #8		223	0.0588
Kern County 1952	135 LA-Hollywood Stor FF	7.7	120.5	0.5586
Loma Prieta 1989	1601 Palo Alto-SLAC Lab	7.1	36.3	2.7244
Imperial Valley 1979	931 El Centro Array #12	6.9	18.2	1.4014
Tabas	Tabas	7.41	57	10.805
Firuzabad	Zanjiran	5.8	7	10.444
Duzce 1	IRIGM Station No. 496	7.3	23	10.191
Duzce 1（aftershock）	IRIGM Station No. 496		15	10.163
Ardal	Naghan 1	5.89	7	8.907
Duzce 1	LDEO Station No. C0375 VO	7.3	23	9.019
South Iceland（aftershock）	Thjorsarbru	6.6	5	8.218
Kojur-Firoozabad	Hasan Keyf	6.3	47	8.414
Gazli	Karakyr Point	7.05	11	7.065
Duzce 1	Bolu-Bayindirlik ve Iskan Mudurlugu	7.3	39	7.85
Duzce 1（aftershock）	IRIGM Station No. 496		18	7.329
South Iceland（aftershock）	Solheimar	6.6	11	7.07
Bam	Bam-Governor's Office	6.8	11	7.885
South Iceland	Kaldarholt	6.6	7	6.136
Olfus	Hveragerdi-Retirement House	6.2	9	6.511
Friuli（aftershock）	Breginj-Fabrika IGLI	6.06	21	4.956
Friuli（aftershock）	Breginj-Fabrika IGLI	5.98	25	4.136
Montenegro	Petrovac-Hotel Oliva	7.03	25	4.453
NE of Banja Luka	Banja Luka-Institut za Ispitivanje Materijala	5.5	7	4.34
Racha（aftershock）	Ambrolauri	5.36	11	4.989
Pyrgos	Pyrgos-Agriculture Bank	5.08	10	4.256
Firuzabad	Maymand	5.8	19	4.776
Umbria Marche（aftershock）	Nocera Umbra		15	4.41
Faial	Horta	6.1	11	4.12
South Iceland	Hella	6.6	15	4.677
Ancona	Genio-Civile	4.55	8	2.624
Denizli	Denizli-Bayindirlik ve Iskan Mudurlugu	5.11	15	2.838
Alkion	Korinthos-OTE Building	6.68	20	2.369
Dinar	Dinar-Meteoroloji Mudurlugu	6.04	8	2.013
Umbria Marche	Colfiorito	5.5	3	2.183
Izmit	Duzce-Meteoroloji Mudurlugu	7.8	100	2.644
South Iceland（aftershock）	Kaldarholt	6.6	12	2.58

注：空格表示无该项信息。

6.5.2.4　"管道-地震"样本

采用拉丁超立方抽样方法，对表 6-12 中的变量进行抽样，并利用该节的方法减小统计相关。再算出其对应的模型中需要的参数，组合成为随机的管道样本，与地震记录结合，形成"管道-地震"样本对。

表 6-12　"管道-地震"样本对

样本序号	屈服强度/MPa	弹性模量/MPa	壁厚/mm	f_u/N	p_u/N	q_u/N	q_{u1}/N	PGA/(m/s²)
1	314.853	205860	4.1025	7106.4	15792	7896	25267.2	3.0674
2	308.155	206120	4.0694	8454.6	18788	9394	30060.8	0.1176
3	291.4	205930	4.3834	12349.8	27444	13722	43910.4	0.098
4	312.409	206170	4.1559	9317.7	20706	10353	33129.6	0.0392
5	293.703	205880	4.0064	9282.6	20628	10314	33004.8	0.0588
6	273.728	206200	4.5513	10796.4	23992	11996	38387.2	0.5586
7	278.945	206100	4.1217	10530.9	23402	11701	37443.2	2.7244
8	287.804	205820	3.6178	8633.61	19185.8	9592.9	30697.2	1.4014
9	286.606	206090	3.8835	9961.2	22136	11068	35417.6	10.805
10	331.796	205690	4.2976	9251.1	20558	10279	32892.8	10.444
11	271.66	205800	3.9239	10098.9	22442	11221	35907.2	10.191
12	310.834	206520	3.9582	7484.76	16632.8	8316.4	26612.4	10.163
13	347.001	205970	3.8121	7773.57	17274.6	8637.3	27639.3	8.907
14	302.186	205980	4.1786	8069.4	17932	8966	28691.2	9.019
15	277.276	205990	4.1626	8229.42	18287.6	9143.8	29260.1	8.218
16	275.514	206100	3.8586	9996.3	22214	11107	35542.4	8.414
17	317.602	205940	3.9297	8342.1	18538	9269	29660.8	7.065
18	278.052	206040	4.052	5558.22	12351.6	6175.8	19762.5	7.85
19	270.673	205980	4.1955	6938.19	15418.2	7709.1	24669.1	7.329
20	318.542	206010	4.0978	9455.4	21012	10506	33619.2	7.07
21	280.378	205880	3.6663	7671.24	17047.2	8523.6	27275.5	7.885
22	296.946	205640	3.9053	7929.99	17622.2	8811.1	28195.5	6.136
23	314.148	206390	3.7633	8738.46	19418.8	9709.4	31070.0	6.511
24	308.813	205860	3.9769	8912.34	19805.2	9902.6	31688.3	4.956
25	352.664	205940	4.2231	7276.05	16169	8084.5	25870.4	4.136
26	297.557	206000	3.8948	10656.9	23682	11841	37891.2	4.453
27	281.882	205460	3.7815	9837.9	21862	10931	34979.2	4.34
28	289.05	206290	4.17	11089.8	24644	12322	39430.4	4.989
29	288.462	206140	3.5023	11766.6	26148	13074	41836.8	4.256
30	290.742	206130	4.1409	8304.39	18454.2	9227.1	29526.7	4.776
31	282.587	206060	3.9172	10476.9	23282	11641	37251.2	4.41
32	254.293	205540	4.0114	6047.73	13439.4	6719.7	21503.0	4.12

续表

样本序号	屈服强度/MPa	弹性模量/MPa	壁厚/mm	f_u/N	p_u/N	q_u/N	q_{u1}/N	PGA/(m/s²)
33	299.719	205960	4.1481	10198.8	22664	11332	36262.4	4.677
34	304.09	205960	3.8055	9642.6	21428	10714	34284.8	2.624
35	306.886	206080	3.996	8602.38	19116.4	9558.2	30586.2	2.838
36	326.062	206110	3.8334	7725.06	17166.8	8583.4	27466.8	2.369
37	289.661	205930	3.9487	8482.32	18849.6	9424.8	30159.3	2.013
38	302.774	206020	4.3339	9760.5	21690	10845	34704	2.183
39	337.648	206030	4.021	7827.57	17394.6	8697.3	27831.3	2.644
40	274.644	206440	3.8526	7359.39	16354.2	8177.1	26166.7	2.58
41	285.995	206250	4.0915	9211.5	20470	10235	32752	2.495
42	298.074	205950	4.4124	9425.7	20946	10473	33513.6	0.649
43	276.454	205910	3.8654	8417.7	18706	9353	29929.6	1.235
44	335.368	206210	4.2334	11535.3	25634	12817	41014.4	0.732
45	295.371	206260	3.8995	9571.5	21270	10635	34032	1.65
46	283.175	206150	3.8268	8809.29	19576.2	9788.1	31321.9	0.504
47	265.691	205590	4.0254	6566.67	14592.6	7296.3	23348.1	1.125
48	316.733	206220	3.7724	8773.47	19496.6	9748.3	31194.5	8.743
49	304.771	206040	3.8721	8951.49	19892.2	9946.1	31827.5	8.134
50	284.538	206010	3.9815	10355.4	23012	11506	36819.2	0.316
51	294.243	206000	4.3148	7012.71	15583.8	7791.9	24934.0	9.002
52	260.051	205920	4.0016	9878.4	21952	10976	35123.2	8.226
53	242.285	205780	4.1349	10146.6	22548	11274	36076.8	9.738
54	320.563	206090	3.9536	9918	22040	11020	35264	0.355
55	257.372	205840	4.0636	8185.5	18190	9095	29104	8.125
56	322.255	206160	3.7408	9090	20200	10100	32320	6.413
57	315.746	205730	3.8893	10051.2	22336	11168	35737.6	6.432
58	311.680	206190	3.7542	8528.58	18952.4	9476.2	30323.8	6.564
59	268.417	205770	4.0801	9799.2	21776	10888	34841.6	6.007
60	303.502	205740	4.2048	7421.31	16491.8	8245.9	26386.8	7.862
61	281.177	205760	4.0304	8147.43	18105.4	9052.7	28968.6	7.955
62	269.615	205870	3.5772	9724.5	21610	10805	34576	7.284
63	295.912	206270	4.0854	8708.76	19352.8	9676.4	30964.4	6.78
64	287.240	205680	3.84	11348.1	25218	12609	40348.8	6.476
65	262.307	205710	4.0466	10300.5	22890	11445	36624	6.211
66	313.372	206190	4.0748	8377.65	18617	9308.5	29787.2	7.065
67	296.405	205990	3.9861	7978.95	17731	8865.5	28369.6	7.383
68	310.2	205770	3.9114	10869.3	24154	12077	38646.4	7.915
69	300.306	205910	3.9441	8841.51	19647.8	9823.9	31436.4	7.565
70	307.544	206230	4.2523	9389.7	20866	10433	33385.6	4.3
71	343.499	206120	4.1273	9177.3	20394	10197	32630.4	4.1

样本序号	屈服强度/MPa	弹性模量/MPa	壁厚/mm	f_u/N	p_u/N	q_u/N	q_{u1}/N	PGA/(m/s²)
72	300.894	206050	4.0156	11200.5	24890	12445	39824	4.035
73	299.225	206340	4.0419	10725.3	23834	11917	38134.4	0.734
74	264.281	206030	3.6996	6365.52	14145.6	7072.8	22632.9	4.286
75	285.243	205810	3.9721	7548.48	16774.4	8387.2	26839.0	0.257
76	319.482	206360	4.2428	8031.69	17848.2	8924.1	28557.1	4.05
77	321.339	206050	4.2665	8265.51	18367.8	9183.9	29388.4	0.298
78	301.599	206180	3.7129	6838.11	15195.8	7597.9	24313.2	5.876
79	327.496	205950	4.3584	9121.5	20270	10135	32432	5.983
80	305.476	205840	4.1149	7190.55	15979	7989.5	25566.4	0.613
81	330.339	205970	3.7986	10416.6	23148	11574	37036.8	5.106
82	298.685	206140	4.1864	6705.27	14900.6	7450.3	23840.9	1.13
83	306.205	206300	3.9624	8562.78	19028.4	9514.2	30445.4	5.901
84	290.248	205900	4.4536	9677.7	21506	10753	34409.6	2.425
85	340.186	205660	4.0364	9054.9	20122	10061	32195.2	2.098
86	283.809	205790	4.0576	9489.6	21088	10544	33740.8	2.376
87	329.047	206070	4.2134	9352.8	20784	10392	33254.4	2.876
88	279.720	205810	3.9911	10249.2	22776	11388	36441.6	2.704
89	363.733	205620	4.1083	9020.7	20046	10023	32073.6	2.019
90	249.946	206060	3.9342	8984.52	19965.6	9982.8	31944.9	3.569
91	267.312	205720	3.9676	7616.52	16925.6	8462.8	27080.9	3.18
92	309.565	205850	3.8193	9526.5	21170	10585	33872	3.907
93	272.764	205890	3.9393	9603.9	21342	10671	34147.2	3.237
94	324.911	206020	3.6826	8111.16	18024.8	9012.4	28839.6	3.876
95	293.186	205890	3.8464	10600.2	23556	11778	37689.6	0.175
96	333.465	206160	3.8774	10990.8	24424	12212	39078.4	0.8445
97	323.571	206320	3.6426	8876.52	19725.6	9862.8	31560.9	1.236
98	292.128	205920	3.7909	8672.85	19273	9636.5	30836.8	1.573
99	294.807	206070	4.2822	7884.99	17522.2	8761.1	28035.5	1.721
100	292.669	205830	3.7271	9147.6	20328	10164	32524.8	0.934

6.5.3　需求分析

6.5.3.1　相对位移

　　应用 ANSYS 软件对每一个"管道-地震"样本进行非线性时程分析，可得到每个样本管道中点的轴向相对位移反应时程，管道中点相对位移最大值记为 Ud。经过 100 次有限元分析，所有样本相对位移见表 6-13。

表 6-13 相对位移样本

序号	相对位移/m	序号	相对位移/m	序号	相对位移/m	序号	相对位移/m
1	0.0344	26	0.048354	51	0.027574	76	0.010631
2	0.011875	27	0.055089	52	0.045881	77	0.022688
3	0.11056	28	0.04116	53	0.056727	78	0.016778
4	0.059971	29	0.02861	54	0.049311	79	0.026753
5	0.045987	30	0.052413	55	0.043196	80	0.011704
6	0.124456	31	0.064842	56	0.025609	81	0.013455
7	0.109821	32	0.081455	57	0.040616	82	0.018787
8	0.039831	33	0.049658	58	0.052006	83	0.02246
9	0.04795	34	0.132642	59	0.024763	84	0.027133
10	0.057481	35	0.10648	60	0.017349	85	0.00631
11	0.033353	36	0.135701	61	0.036854	86	0.006603
12	0.052776	37	0.146871	62	0.017872	87	0.013815
13	0.091109	38	0.021847	63	0.040353	88	0.00688
14	0.166827	39	0.028221	64	0.012214	89	0.005534
15	0.033107	40	0.041895	65	0.040397	90	0.00919
16	0.062281	41	0.019145	66	0.046565	91	0.015958
17	0.05849	42	0.034962	67	0.031114	92	0.007753
18	0.033591	43	0.0345	68	0.012583	93	0.011006
19	0.051047	44	0.16146	69	0.028013	94	0.00549
20	0.063247	45	0.022976	70	0.06437	95	0.010253
21	0.07114	46	0.036327	71	0.048007	96	0.002098
22	0.042771	47	0.040934	72	0.01091	97	0.001208
23	0.047175	48	0.036633	73	0.020032	98	0.00141
24	0.097325	49	0.010526	74	0.015183	99	0.001005
25	0.036942	50	0.023165	75	0.009113	100	0.000795

对以 PGA 为变量的所有最大相对位移数据进行对数线性回归分析，如图 6-26 所示，可得

$$\overline{\ln(Ud)} = 0.7579\ln(PGA) - 4.3967 \qquad (6\text{-}113)$$

其中，$\sigma = 0.55$ 是 $\ln（Ud）$ 标准差的无偏估计。

这样根据式（6-60），就得到了管道中点最大相对位移的概率地震需求模型。管道中点最大相对位移对地面最大加速度的条件分布概率函数可表示为

$$P_{x|PGA}(x) = \Phi\left(\frac{\ln(x) - 0.7579\ln(PGA) + 4.3967}{0.55}\right) \qquad (6\text{-}114)$$

根据（6-61）管道在不同强度地震作用下，轴向相对位移超越反应限值 Ud_i 概率：

$$G_i(PGA) = \Phi\left(\frac{0.7579\ln(PGA) - \ln(Ud_i) - 4.3967}{0.55}\right) \qquad (6\text{-}115)$$

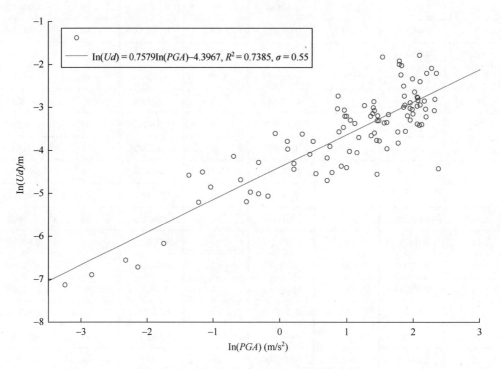

图 6-26　$\ln$（Ud）与 $\ln$（PGA）的回归分析

由于在地震中某处埋地管道的损坏后果比较严重，对整个管网继续供气的能力和人员安全性影响较大，建议只将其极限状态（损伤水平）分为三级。

（1）基本完好：管道可能轻度变形，但无破损，无渗漏，无须修复即可继续运行。

（2）一般破坏：管道发生较大变形或屈曲，或有轻度破坏，有渗漏，影响供气但紧急修复后可以恢复运行。

（3）严重破坏：管道破裂，接口拉脱，可能造成次生灾害，需更换。

而这些极限状态对应的管道性能指标界限值可以由使用者根据历史数据或数值分析结果，参照管道的重要性和工作环境来确定。

根据 6.3.4.2 的内容，若假定管道参数是确定性的，则决定性能水平的相对位移限值也是固定的，就可以直接得出结构的地震易损性，也叫作需求易损性。

现以 $Ud_1 = 0.03\text{m}$，$Ud_2 = 0.07\text{m}$ 作为管道基本完好、一般破坏、严重破坏的界限值，可以作出管道的概率地震需求易损性曲线，即随 PGA 变化，管道位移超过相应极限状态的概率曲线，如图 6-27 所示：

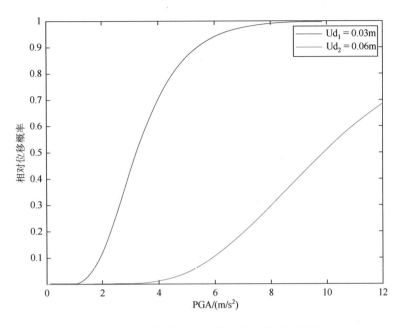

图 6-27 相对位移的概率地震需求易损性曲线

6.5.3.2 应变

在对管道进行时程分析后，记录下每个样本管道中部 10m 长管段的最大应变，见表 6-14。

对以 PGA 为变量的所有最大应变数据进行对数线性回归分析，如图 6-28 所示，可得

$$\overline{\ln(\varepsilon)} = 1.0563\ln(PGA) - 7.8615 \tag{6-116}$$

图中 $c = 0.945$ 是 $\ln(\varepsilon)$ 标准差的无偏估计。

这样根据式（6-60），可得到了最大应力的概率地震需求模型。管道中段最大应力对地面最大加速度的条件分布概率函数可表示为

$$P_{x|PGA}(x) = \Phi\left(\frac{\ln(x) - 1.0563\ln(PGA) + 7.8615}{0.945}\right) \tag{6-117}$$

根据（6-61）管道在不同强度地震作用下，管段最大应变超越反应限值 ε_i 概率：

$$G_i(PGA) = \Phi\left(\frac{1.0563\ln(PGA) - \ln(\varepsilon_i) - 7.8615}{0.945}\right) \tag{6-118}$$

表 6-14　中部管段最大应变样本

序号	最大应变	序号	最大应变	序号	最大应变	序号	最大应变
1	0.001411	26	0.00034	51	0.001324	76	0.003987
2	1.44E-05	27	0.002493	52	0.001065	77	4.66E-05
3	8.35E-06	28	0.001412	53	0.007089	78	0.005363
4	4.68E-05	29	0.002721	54	2.3E-05	79	0.002467
5	4.1E-05	30	0.001245	55	0.002168	80	0.000109
6	0.00017	31	0.004076	56	0.001722	81	0.000474
7	0.004448	32	0.002574	57	0.002018	82	0.000374
8	9.45E-05	33	0.001251	58	0.006737	83	0.003129
9	0.005133	34	0.002638	59	0.001515	84	0.001841
10	0.003541	35	0.002457	60	0.000416	85	0.000637
11	0.002212	36	0.000667	61	0.00528	86	0.002652
12	0.005709	37	0.000862	62	0.004685	87	0.002454
13	0.006938	38	0.000228	63	0.001778	88	0.000577
14	0.003838	39	0.003329	64	0.003527	89	0.005226
15	0.009773	40	0.000143	65	0.00135	90	0.001379
16	0.001689	41	0.006688	66	0.001021	91	0.002536
17	0.005111	42	0.000277	67	0.003197	92	0.004194
18	0.002398	43	0.001101	68	0.004679	93	0.006018
19	0.007506	44	0.000898	69	0.006553	94	0.000587
20	0.001631	45	0.000747	70	0.003677	95	0.000431
21	0.007223	46	0.000108	71	0.00718	96	9.96E-05
22	0.006217	47	0.000118	72	0.001159	97	0.00127
23	0.004061	48	0.002225	73	3.94E-05	98	0.000928
24	0.000458	49	0.002781	74	0.00084	99	0.000622
25	0.003689	50	7.39E-05	75	6.54E-05	100	0.002357

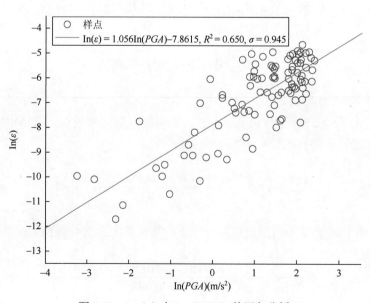

图 6-28　$\ln(\varepsilon)$ 与 $\ln(PGA)$ 的回归分析

由钢材屈服强度和弹性模量的均值相除估计屈服应变的均值约为 $\varepsilon_y = 0.00145$，现以 $\varepsilon_1 = 0.003$、$\varepsilon_2 = 0.007$ 作为管道基本完好、一般破坏、严重破坏的界限值，由式（6-118）可以作出管道的概率地震需求易损性曲线，即随 PGA 变化，管道位移超过相应极限状态的概率曲线。

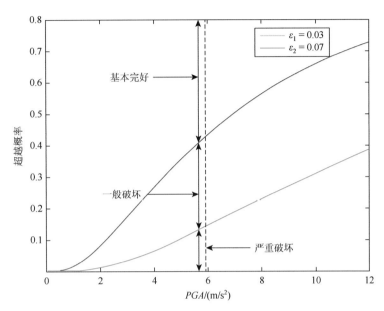

图 6-29　最大应变的概率地震需求易损性曲线

6.5.4　能力分析

前面已经提到过结构或构件的抗震能力（seismic capacity）是指结构本身具有的能够抵抗地震作用的一种属性，根据结构破坏机理的不同，可分为承载能力、变形能力、耗能能力等。结构的抗震能力就是结构超越某个特定破坏极限状态或性能水平的界限值。由于结构自身的随机性，这些界限值也是随机的。结构的概率抗震能力分析就是确定结构超越某个特定破坏极限状态或性能水平的极限值的概率统计特性。

概率抗震能力模型在"基于性能的地震工程概率决策框架中"表征的是结构在每一地震需求的水平下，结构发生每一破坏等级破坏，即超过每一能力等级的概率，即 $G(DM|EDP)$ 部分。

对于某一极限状态，如果掌握了其能力参数限值 c^{LS} 的概率分布实际上也就确定了概率抗震能力模型，可以解出超越概率。

因此选择能力参数类型并找到其与极限状态或性能水平的关系是概率抗震能力分析首先要解决的问题。

6.5.4.1　能力参数选择

在 6.5.3 节中，本章分别以管道中点与土的相对位移和中部管段的最大应变为需求参数进行了需求分析，建立了需求模型。为了确定管道的破坏状态，还需要选择对应的能力参数进行能力分析。

管道中点与土的相对位移虽然可以较好的代表管道在地震作用下的响应程度，可以反映地震对管道的影响大小。但作为相对位移更多的是衡量管道的工作状态或者说工作环境，是一个反映工作性能的指标，而不能直接判断管道破坏与否。而最大应变则直接与管材的失效挂钩，因此本章选择中部管段的最大应变为能力参数。

6.5.4.2　最大应变与极限状态关系

在 6.5.3.1 节中定义了管道在地震作用下的三种状态：基本完好、中等破坏、严重破坏。针对管道的应变反应，根据钢材本身的特点和一些相关的规范，确定三个状态的量化指标，如表 6-15 所示。

表 6-15　管道震害程度的划分

震害等级	描述	量化指标
基本完好	管道可能轻度变形，但无破损，无渗漏，无须修复即可继续运行。	$\varepsilon < 2\varepsilon_Y$
中等破坏	管道发生较大变形或屈曲，或有轻度破坏，有渗漏，影响供气但紧急修复后可以恢复运行。	$2\varepsilon_Y < \varepsilon < 5\varepsilon_Y$
严重破坏	管道破裂，接口拉脱，可能造成次生灾害，需更换。	$5\varepsilon_Y < \varepsilon$

6.5.4.3　能力参数限值概率分布

显然管道的抗震能力分析就是要找到 $2\varepsilon_Y$ 和 $5\varepsilon_Y$ 这两个能力参数限值的概率分布特性。

对于某个具体的管道，有

$$\varepsilon_Y = \frac{f_y}{E} \tag{6-119}$$

式中，f_y ——管材的屈服强度，MPa；

E ——管材的弹性模量，MPa。

在本节的研究中，f_y 和 E 都是服从对数正态分布的随机变量，因此 ε_Y 也服从对数正态分布。设 μ'_{f_y} 和 μ'_E 为 f_y 和 E 的对数均值，S'_{f_y} 和 S'_E 为 f_y 和 E 的对数标准差，则有：$\ln(\varepsilon_Y) - N(\mu'_{f_y} - u'_E, S'^2_{f_y} + S'^2_E)$，即 ε_Y 的对数均值为 $\mu'_{f_y} - \mu'_E$，对数标准差为 $\sqrt{S'^2_{f_y} + S'^2_E}$。

易知 $2\varepsilon_Y$ 的对数均值为 $\mu'_{f_y} - \mu'_E + \ln(2)$，对数标准差仍为 $\sqrt{S'^2_{f_y} + S'^2_E}$。$5\varepsilon_Y$ 的对数均值为 $\mu'_{f_y} - \mu'_E + \ln(5)$，对数标准差仍为 $\sqrt{S'^2_{f_y} + S'^2_E}$。

f_y 和 E 的均值 μ 和标准差 S 为已知，由以下关系可解出对数均值和对数标准差：

$$\mu' = \ln\left[\frac{\mu}{\sqrt{1+\delta^2}}\right] \qquad (6\text{-}120)$$

$$S' = \sqrt{\ln(1+\delta^2)} \qquad （6\text{-}121）$$

式中，δ ——对数正态随机变量的变异系数，$\delta = \dfrac{S}{\mu}$。

由式（6-120）和式（6-121），可得 $\mu'_{f_y} = 5.69551$，$S'_{f_y} = 0.0786184$，$\mu'_E = 12.23558$，$S'_E = 0.01$。

令 $\varepsilon_1 = 2\varepsilon_Y$，$\varepsilon_2 = 5\varepsilon_Y$，则 $\mu'_{\varepsilon_1} = -5.846933$，$S'_{\varepsilon_1} = 0.07925$；$\mu'_{\varepsilon_2} = -4.930642$，$S'_{\varepsilon_2} = S'_{\varepsilon_1} = 0.07925$。

即 $\ln(\varepsilon_1)$—N(-5.846933，0.07925^2)，$\ln(\varepsilon_2)$—N(-4.930642，0.07925^2)。

可以作出 ε_1、ε_2 的概率密度函数曲线。

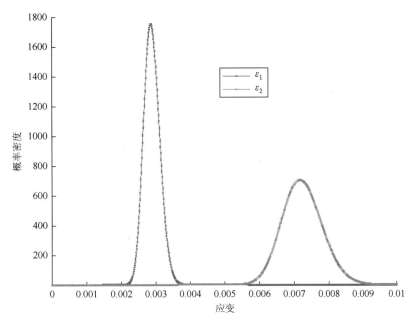

图 6-30 对应不同极限状态的能力参数限值概率密度图

6.5.5 易损性

6.5.5.1 易损性曲线

结合需求与能力分析的结果，根据式（6-103），管道的易损性，即超越极限状态的概率为

$$G_1(im) = \varPhi\left(\frac{a\ln(im) + b - S_{\varepsilon_1}}{\sqrt{\beta_{\varepsilon_1}^2 + c^2}}\right)$$

$$= \varPhi\left(\frac{1.0563\ln(PGA) - 7.8615 + 5.846933}{\sqrt{0.07925^2 + 0.945^2}}\right) \qquad (6\text{-}122)$$

$$= \varPhi\left(\frac{1.0563\ln(PGA) - 2.014567}{0.94832}\right)$$

式（6-122）表示当 PGA 取不同值时管道超越基本完好状态的概率，同理，管道超越中等破坏状态的概率为

$$G_2(im) = \varPhi\left(\frac{a\ln(im) + b - S_{\varepsilon_2}}{\sqrt{\beta_{\varepsilon_2}^2 + c^2}}\right)$$

$$= \varPhi\left(\frac{1.0563\ln(PGA) - 2.930858}{0.94832}\right) \qquad (6\text{-}123)$$

由式（6-122）、式（6-123）可作结构的易损性曲线如图 6-31 所示：

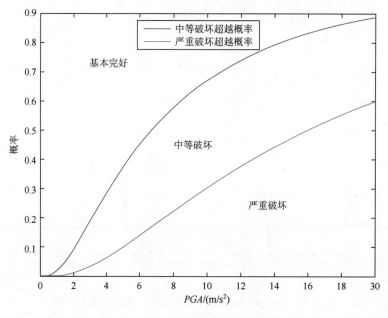

图 6-31　算例管道的地震易损性曲线

6.5.5.2　管道处于不同状态概率

前面已经给出了建立易损性曲线的方法，易损性曲线表示的是不同强度地震作用下管道的反应超过破坏状态所定义的结构整体能力的条件概率。所以管道在不同强度地震作用下遭受某一级破坏的概率根据式（6-124）求得：

$$P(DS = ds_i \mid IDR = idr) = \begin{cases} 1 - P(DS \geqslant ds_{i+1} \mid IDR = idr) & i = 0 \\ P(DS \geqslant ds_i \mid IDR = idr) - P(DS \geqslant ds_{i+1} \mid IDR = idr) & 1 \leqslant i < n \\ P(DS < ds_i \mid IDR = idr) & i = n \end{cases}$$

（6-124）

式中，$i = 0$ 对应管网基本完好状态；

n ——破坏状态的数量，在本章中取 $n = 3$；

$P(DS \geqslant ds_i \mid IDR = idr)$ 对应于管网第 i 级破坏状态的易损性概率函数，利用前面给出的公式计算，如图 6-32 所示。

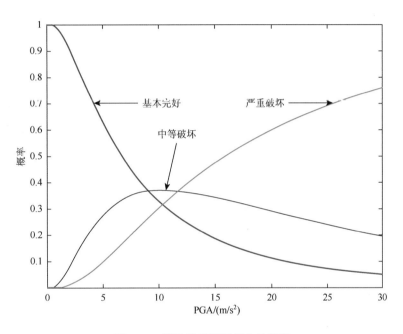

图 6-32 管道处于不同状态的概率

6.5.5.3 离散化管道地震易损性

易损性分析有两种表达方式：易损性曲线和易损性矩阵，本章采用的是易损性曲线的方式。要将易损性曲线变为易损性矩阵。首先，将连续的峰值地震动加速度离散化。地面运动最大水平加速度与中震烈度即设防烈度之间的换算关系为[73]

$$A_{\max} = 10^{(I \lg 2 - 0.1047575)}$$

（6-125）

式中，$A_{\max}$ ——地面运动最大水平加速度；

I ——中震烈度即设防烈度。

由于地震烈度是对地震灾害的综合评定，烈度与峰值加速度之间并没有一一对应的关系，式（6-125）所用的对应关系只是一种统计的结果。根据式（6-125）即可求得对应于不同烈度的峰值加速度，再根据地震易损性曲线或图 6-40 即可确定相应的不同状态的超越破坏概率，从而建立起结构的地震易损性矩阵如表 6-16 所示。

表 6-16　管道的地震易损性矩阵

烈度	6	7	8	9	10
地震加速度	0.0503g	0.1006g	0.2011g	0.4023g	0.8045g
基本完好	0.9982	0.9838	0.9144	0.7245	0.4303
中等破坏	0.0017	0.0152	0.0758	0.2164	0.3551
严重破坏	0.0001	0.0009	0.0098	0.0591	0.2136

6.5.5.4　管道概率损伤

管道的概率损伤分析是指所研究的地区内管网产生某种程度破坏和管网能受到某种程度损失的概率。它与地震危险性和管道的易损性有关。把上述内容用数学式表示，则可写为

$$P[DS_j] = \sum_i P[DS_j \mid I_i] P[I_i] \tag{6-126}$$

式中，$P[DS_j]$——在确定时期内管道受到地震影响发生状态 j 的概率；

　　　　$P[DS_j \mid I_i]$——强度为 I 时管道发生状态 j 的概率，表示管道的易损性；

　　　　$P[I_i]$——在确定时期内地震发生强度为 I 的概率，表示该地区地震危险性。

公式（6-126）中的参数是地震强度，如取连续变量，则公式（6-126）应写为

$$P[S_i] = \int P[S_i \mid I] f(I) dI \tag{6-127}$$

式中，$f(I)$——地震参数 I 的概率密度分布函数；

　　　　$P[S_i \mid I]$——地震易损性分析得到的在给定地震作用结构发生第 i 级破坏的概率；

　　　　$P(S_i)$——地震危险分析得到的在确定时期内发生某一地震的概率。

本节目前已经求得了管道的易损性，为了对管道在未来一定时间内处于某状态的概率给出合理的估计，需要取得场地地震危险性分析的结果。

高小旺等人根据对 45 个城镇地震危险性分析的结果，对地震烈度和地震作用的概率分布类型进行了分析，结果表明地震烈度符合极值Ⅲ型，地震作用符合极值Ⅱ型分布[56]。

对于一个给定的一个场地，若已知基本烈度 I_0 和形状参数 k 的值，即可求出任意给定烈度 k 所对应的超越概率：

$$P(I \geqslant i) = 1 - \exp\left\{ -\left(\frac{\omega - i}{\omega - I_0} \right)^k \middle/ 10^{0.9773} \right\} \tag{6-128}$$

式中，ω——地震烈度上限，取 12；

　　　　I_0——当地的基本烈度（50 年超越概率 10%），本章算例为 8 度；

　　　　k——形状系数，8 度时取 6.8713。

这样就可得出本节算例所在场地各烈度等级 50 年的超越概率，然后据此计算出每个烈度等级出现的概率如表 6-17 所示。

表 6-17 50 年内地震烈度的概率分布

地震烈度	6	7	8	9	10
概率	0.3544	0.4188	0.1629	0.0330	0.0030

又根据已知的管道地震易损性矩阵（表 6-16）就可以得出管道在五十年内在地震作用下处于不同状态的损伤概率如表 6-18 所示。

表 6-18 50 年管网不同状态的损伤概率

破坏状态	基本完好	中等破坏	严重破坏
概率	0.9399	0.0275	0.0046

参 考 文 献

[1] Steinbrugge K V. Studies of seismology and earthquake damage statistics[J]. Washington，D C：U S Department of Housing and Urban Department，1969，1-100.

[2] Whitman R V，Reed J W，Hong S T. Earthquake damage probability matrices[C]//Proceeding of the 5th World Conference on Earthquake Engineering，June 12-14，1973，Italy：Palazzo Dei Congresi，C1973：2531-2540.

[3] National Oceanic. A Study of Earthquake Losses in The San Francisco Bay Area：Data and Analysis[M]. NOAA，1972.

[4] ATC-13. Earthquake Damage Evaluation data for California[R]. Applied Technology Council，Redwood City，California，1985.

[5] Ghiocel D M，Wilson P R，Thomas G G，et al. Seismic response and fragility evaluation for an Eastern USNPP including soil-structure interaction effects[J]. Reliability Engineering& System Safety，1998，62（3）：197-214.

[6] Ozaki M，et al. Improved response factor methods for seismic fragility of reactor building[J]. Nuclear Engineering and Design，1998，185（2）：277-291.

[7] Bhargava K，Ghosh A K，Ramanujama S. Seismic response and fragility analysis of a water storage structure[J]. Nuclear Engineering and Design，2005，235（14）：1481-1501.

[8] Cho S G，Joe Y H. Seismic fragility analysis of nuclear power plant structures based on the recorded earthquake data in Korea[J]. Nuclear Engineering and Design，2005，235（17）：1867-1874.

[9] Hwang H M，Low Y K. Seismic reliability analysis of plane frame structures[J]. Probabilistic Engineering Mechanics，1989，4（2）：74-84.

[10] Hwang H M，Low Y K，Hsu H M. Seismic reliability analysis of flat-plate structures[J]. Probabilistic Engineering Mechanics，1990，5（1）：2-8.

[11] Hwang H M，Jaw J W. Probabilistic damage analysis of structures[J]. Journal of Structural Engineering，1990，116（7）：1992-2007.

[12] Seya H，Talbott M，Hwang H M. Probabilistic seismic analysis of a steel frame structure[J]. Probabilistic Engineering Mechanics，1993，8（2）：127-136.

[13] Hwang H M，Huo J R. Generation of hazard-consistent fragility curves[J]. Soil Dynamics and Earthquake Engineering，1994，13（5）：345-354.

[14] Ellingwood B R. Earthquake risk assessment of building structures[J]. Reliability Engineering and System Safety，2001，74（3）：251-262.

[15]　Song J L，Ellingwood B R. Seismic reliability of special moment steel frames with welded connections[J]. Journal of Structural Engineering，ASCE，1999，125（4）：372-384.

[16]　Rosowsky D V，Ellingwood B R. Performance-based engineering of wood frame housing：Fragility analysis methodology[J]. Journal of Structural Engineering，ASCE，2002，128（1）：32-38.

[17]　Kim J H，Rosowsky D V. Fragility analysis for performance-based seismic design of engineered wood shearwalls[J]. Journal of Structural Engineering，ASCE，2005，131（11）：1764-1773.

[18]　Wen Y K，Ellingwood B R. The role of fragility assessment in consequence-based engineering[J]. Earthquake Spectra，2005，21，861-877.

[19]　Sasani M，Der Kiureghian A. Seismic fragility of RC structural walls：Displacement approach[J]. Journal of Structural Engineering，ASCE，2001，127（2）：219-228.

[20]　Sasani M，Der Kiureghian A，Bertero V V. Seismic fragility of short period reinforced concrete structural walls under near-source ground motions[J]. Structural Safety，2002，24（2-4）：123-138.

[21]　Gardoni P，Der Kiureghian A，Mosalam K M. Probabilistic capacity models and fragility estimates for reinforced concrete columns based on experimental observations[J]. Journal of Engineering Mechanics，ASCE，2002，128（10）：1024-1038.

[22]　Heintz J A，　Hamburger R O，　Mahoney M. Performance-based Seismic Design of Buildings[R]. FEMA Report，1996.

[23]　F. E. M. A HAZUS99. Earthquake Loss Estimation Methodology[S]. Federal Emergency Management Agency，Washington DC，1999.

[24]　Kiremidjian A S，Basoz N. Evaluation of bridge damage data from recent earthquakes[J]. NCEER Bulletin，1997，11（2）：1-7.

[25]　Basoz N，Kiremidjian A S. Risk assessment of bridges and highway systems from the Northridge earthquake[C]//National Seismic Conference on Bridge & Highway，June 8-11，1997，Sacnamento，California，C1997：65-79.

[26]　Mander J B，Basoz N. Seismic fragility curve theory for highway bridges[J]. Optimizing Post-Earthquake Lifeline System Reliability，1999：31-40.

[27]　Singhal A，Kiremidjian A S. Bayesian Updating of Fragilities with Application to RC Frames[J]. Journal of Structural Engineering，1998，124（8）：922-929.

[28]　Shinozuka M，Feng M Q，Lee J，et al. Statistical analysis of fragility curves[J]. Journal of Engineering Mechanics，ASCE，2000，126（12）：1224-1231.

[29]　Kiyoshi T，Hideo W. Study of earthquake strengthning method of highway bridges concret pier[J]. Journal of civil engineering，1995.

[30]　Hwang H M，Huo J R. Generation of hazard-consistent fragility curves[J]. Soil Dynamics & Earthquake Engineering，1994，13（5）：345-354.

[31]　Kai Y，Fukushima S. Study on the fragility of system part 2：system with ductile elements in its stories[A]. Proceedings of the 11th World Conference on Earthquake Engineering[C]. Pergamon，1996.

[32]　Shinozuka M，Feng M Q，Kirn H，et al. Nonlinear static procedure for fragility curve development[J]. Journal of Engineering Mechanics，ASCE，2000，126（12）：1287-1295.

[33]　尹之潜. 地震灾害与损失预测方法[M]. 北京：地震出版社，1995.

[34]　尹之潜. 地震损失分析与设防标准[M]. 北京：地震出版社，2004.

[35]　杨玉成，杨柳，高大学. 现有多层砖房震害预测的方法及其可靠度[J]. 地震工程与工程震动，1982，2（3）：75-84.

[36]　杨玉成，李大华，杨雅玲，等. 投入使用的多层砌体房屋震害预测专家系统 PDMSMB-1[J]. 地震工程与工程震动，1990，10（3）：83-89.

[37]　高小旺，钟益村，陈德彬. 钢筋混凝土框架房屋震害预测方法[J]. 建筑科学，1989（1）：18-25.

[38]　高小旺，钟益村. 底层全框架砖房震害预测方法[J]. 建筑科学，1990（2）：47-53.

[39]　温增平. 建筑物地震易损性分析研究[D]. 北京：中国地震局地球物理研究所，1999.

[40]　温增平，等. 统一考虑地震环境和局部场地影响的建筑物易损性研究[J]. 地震学报，2006，28（3）：277-283.

[41]　张令心，江近仁，刘洁平. 多层住宅砖房地震易损性分析[J]. 地震工程与工程振动，2002，22（1）：49-55.

[42]　于德湖，王焕定. 配筋砌体结构地震易损性评价方法初探[J]. 地震工程与工程振动，2002，22（4）：97-101.

[43]　成小平，胡聿贤. 基于神经网络模型的房屋震害易损性估计方法[J]. 自然灾害学报，2005，9（2）：68-73.

[44]　Wang H H，刘晶波. 地震作用下钢筋混凝土桥梁结构易损性分析[J]. 土木工程学报，2004（6）：47-52.

[45]　张海燕. 基于位移的概率地震需求分析与结构抗震设计研究[D]. 长沙：湖南大学，2005.

[46]　楼思展，叶志明，陈玲俐. 框架结构房屋地震灾害风险评估[J]. 自然灾害学报，2005，14（5）：99-105.

[47]　乔亚玲，闫维明，郭小东. 建筑物易损性分析计算系统[J]. 工程抗震与加固改造，2005，27（4）：75-79.

[48]　郭小东，马东辉，苏经宇，等. 城市抗震防灾规划中建筑物易损性评价方法的研究[J]. 世界地震工程，2005，21（2）：129-135.

[49]　姜淑珍，柳春光. 城市交通系统易损性分析[J]. 工程抗震与加固改造，2005，27（S1）：237-241.

[50]　陶正如，陶夏新. 基于地震动参数的建筑物震害预测[J]. 地震工程与工程振动，2005，24（2）：88-94.

[51]　吕大刚，王光远. 基于可靠度和灵敏度的结构局部地震易损性分析[J]. 自然灾害学报，2006，15（4）：157-162.

[52]　程斌，薛伟辰. 基于性能的框架结构抗震设计研究[J]. 地震工程与工程振动，2003，23（4）：50-55.

[53]　贾明明. 钢框架结构基于变形可靠度的抗震性能设计[D]. 哈尔滨：哈尔滨工业大学，2003.

[54]　Cornell C A. Progress and challenges in seismic performance assessment[J]. Peer Center News，2000，20（2）：130–139.

[55]　Hamburger R O，Hooper J D，Sabol T，et al. Recommended specifications and quality assurance guidelines for steel moment-frame on struction for seismic applications[J]. FEMA，2000.

[56]　高小旺，鲍霭斌等. 地震作用的概率模型及其统计参数[J]. 地震工程与工程振动，1985，（1）：13-22.

[57]　Algermissen S T. A Probabilistic estimate of maximum acceleration in rock in the contiguous united states[J]. U. S geological Survey Open File Report，1982，82-162.

[58]　Macgregor J G. Development of a probability based load criterion for american national standard a58：building code requirements for minimum design loads in buildings and other structures[J]. Journal of civil engineering，1980.

[59]　Karim K R，Yamazak F. A simplified method of constructing fragility curves for highway bridges[J]. Earthquake Engineering and Structural Dynamics，2010，32（10）：1603-1626.

[60]　Singhal A，Kiremidjian A S. Method for probabilistic evaluation of seismic structural damage[J]. Journal of Structural Engineering，1996，122（12）：1459-1467.

[61]　王丹. 钢框架结构的地震易损性及概率风险分析[D]. 哈尔滨：哈尔滨工业大学，2006.

[62]　潘峰. 钢筋混凝土框架结构的整体概率地震需求分析[D]. 哈尔滨：哈尔滨工业大学，2007.

[63]　Yun H D，Kyriakides S. A model for beam-mode buckling of buried pipeline[J]，Journal of the Engineering Mechanics，ASCE，1985，111（2）：235-253.

[64]　Mackie K R. Fragility-Based Seismic Decision Making for Highway Overpass Bridges [D]. Berkeley，CA：University of California，2004.

[65]　Benjamin J R，Cornell C A. Probability，Statistics and Decision for Civil Engineers[M]. McGraw-Hill，1970.

[66]　Ramamoorthy S K，Gardoni P，Bracci J M. Seismic fragility estimates for reinforced concrete buildings[D]. Texas：Texas A ＆ M university，2006.

[67]　李刚，陈耿东. 基于性能的结构抗震设计—理论方法与应用[M]. 北京：科学出版社，2004.

[68]　温增平. 建筑物地震易损性分析研究[D]. 北京：中国地震局地球物理研究所，1999.

[69]　刘恢先. 唐山大地震震害. 第三册[M]. 北京：地震出版社，1986.

[70]　国家地震局工程力学研究所. 核电厂抗震设计规范：GB50267-97[S]. 北京，建设部标准定额研究所，1998.

[71]　李忠献，李忠诚，梁万顺. 考虑土-结构相互作用和岩土参数不确定性的核电厂结构地震响应分析[J]. 地震工程与工程振动，2006，26（2）：143-148.

[72]　牟再明. 薄钢结构抗力变异性的初步分析[J]. 冶金建筑，1981，（7）：30-36.

[73]　王光远. 工程结构与系统抗震优化设计的实用方法[M]. 北京：中国建筑工业出版社，1999.

7 管道耐久性

耐久性的定义是"在规定的使用和维修条件下寿命的一种度量,它是管道可靠性的一种表现形式"。耐久性分析的目标是预测经济寿命,使之达到规定的设计使用寿命。耐久性损伤主要是影响管道功能失效的损伤,在耐久性/损伤容限体系中主要用耐久性经济寿命准则确定使用寿命,而管道的安全性则主要由损伤容限来保证。

耐久性研究目前主要集中于钢筋混凝土结构的耐久性研究上,而对于混凝土结构耐久性的研究主要集中于结构材料老化机理和构件耐久性鉴定,尤以结构材料、构件层次研究较多,也较深入。主要提出了混凝土碳化与钢筋锈蚀理论[1, 2]、氯离子侵蚀与钢筋锈蚀理论、碱-集料反应理论、混凝土冻融破坏理论[3]以及其他盐类腐蚀理论[4]等;构件耐久性鉴定主要根据材料老化机理对结构现状做出合理的耐久性评价,主要有实用鉴定法[5, 6]和剩余寿命预测法[7]。

研究结构耐久性研究内容包含:结构耐久性评定、结构耐久性寿命预测、结构耐久性设计三个方面。

1. 结构耐久性的评定

目前提出的结构耐久性评定方法主要包括:基于构件耐久性损伤加权的耐久性评定、基于模糊综合评判的耐久性评定和基于可靠度的耐久性评定、多层次灰色评判等方法。

我国《工业建筑物可靠性鉴定标准》(GB50144—2008)曾给出各种结构耐久性评定等级标准,按构件剩余寿命和目标使用年限之比分级。1986年日本建筑学会的《建筑物设计、施工、维护耐久性指南》中,为不同类型建筑物和结构制定了目标耐久性年限等级[7]。

赵鹏飞、王娴明曾提出对应于构件的剩余寿命将构件耐久性分为4级,借助模糊数学方法,基于构件剩余寿命,用多元隶属度函数评定结构耐久性等级[8]。

清华大学卢木、王娴明提出按影响结构构件的各种因素(混凝土强度、保护层厚度、环境条件、碳化深度、沿筋裂缝)及结构各部位(基础、柱、梁、板、节点)形成一种多层次分析模型,采用层次分析法确定各指标相对最优指标关联系数,用专家评分和指标水平的熵确定各指标实用权重,以灰色关联度作为评判尺度[9,10]。

文献[11]推荐了一种结构耐久性综合评估的方法,该方法考虑影响耐久性的各种因素,通过对构件的耐久性检测,确定耐久性损伤指标,从而对整个结构进行耐久性评估。

2. 结构耐久性寿命预测

近些年来,人们采用经验法、类比法、概率分析法、快速试验法、网络法、动态分析法等来预测结构构件的寿命,并取得了一定的成果。

Chan 和 Melchers 考虑钢筋锈蚀引起的抗力退化,将结构抗力看作高斯(Gauss)随机变量,将荷载看作 Gauss 随机过程,给出了结构体系的可靠度时变模型[11]。Val 等[12, 13]、Enright 和 Frangopol[14,15]研究了锈后钢筋混凝土桥的时变可靠度;Mori 和 Ellingwood[16]用泊松过程考虑维修或灾害的突变,建立了考虑钢筋锈蚀影响的简单结构体系的失效概率模型。

3. 结构的耐久性设计

如何建立耐久性极限状态方程是目前耐久性设计研究主要内容。通过运用环境指数和结构耐久性指数建立了结构构件耐久性极限状态方程[17];文献指出耐久性设计包括计算和构造部分[18]。计算部分与我国现行混凝土结构设计规范、设计方法协调,仅在承载能力极限状态方程的右端项乘以耐久性设计系数,文中还给出了耐久性设计系数的计算方法。

对于管道结构来说,耐久性经济寿命准则的直接形式可以是修理/更换费用比准则。由修理后管道的寿命和新结构寿命的比较可以指定修理/更换费用比的许用值,而当管道进行修理时的修理/更换费用比超过许用值时,就认为管道的经济寿命终止。然而修理费用除取决于修理部位的多少及修理方法外,还涉及修理体制、经费支付形式和管理等多方面因素,因而不是一个纯技术问题。因此,从耐久性分析方法而言,其经济寿命准则上要采用"裂纹超越数准则",也就是用需要进行修理的细节数量作为经济寿命是否终止的控制指标。

综上所述,耐久性分析的目的就是进行管道的损伤度评估,损伤度通常用给定可靠度下的裂纹超越数表示,并根据指定的允许损伤度要求评定管道的经济寿命。由于管道允许进行经济修理,因此,管道的经济寿命是修理前、后经济寿命的总和,不同的修理方案有不同的经济寿命。耐久性分析给出的经济寿命必须对应于指定的修理大纲(修理次数、修理范围、修理量和修理工艺等)。

国内外建立和发展的耐久性分析方法主要有概率断裂力学方法、裂纹萌生方法和确定性裂纹增长方法。

目前耐久性方法主要还是应用在结构方面,主要的研究工作都集中在混凝土结构和复杂金属结构方面,如钢筋混凝土地下工程、桥梁、飞机等。对于管道来说,管道同样可以看成是为了完成一定功能的结构。因此,对于埋地管道也可以用耐久性方法进行分析。

7.1　管道耐久性分析

7.1.1　耐久性

7.1.1.1　性能衰退过程

使用寿命的定义是与时间相关的。在管道使用过程中,性能不断退化。对于腐蚀环境下的管道,分析腐蚀断裂的发生和发展过程,其性能退化过程可以由图 7-1 表示。则按照其相应的材料劣化过程,依次可以选择不同的劣化过程作为极限状态:

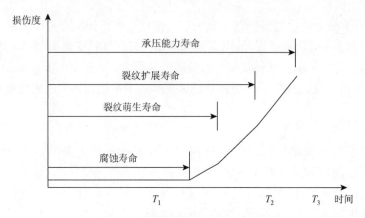

图 7-1 管道性能的衰退过程示意图

（1）T_1——从管道开始建成使用到管道的 $K_I = K_{ICC}$ 或 $\delta = \delta_{CC}$ 或 $J = J_{ICC}$，即管道开始发生腐蚀疲劳开裂破坏。其中，$K_{ICC}, \delta_{CC}, J_{ICC}$ 分别为保证在腐蚀和疲劳环境中，不发生裂纹的最大应力强度因子、最大裂纹尖端张开位移（CTOD）和最大积分。

（2）T_2——从管道开始产生腐蚀疲劳开裂发展到管道因腐蚀疲劳破坏而出现开裂且裂纹的宽度达到某一设定的限值，与其相对应的时间又可分为两个过程：$t_2 + t_3$。其中，t_2 为管道裂纹萌生阶段；t_3 为管道裂纹扩展阶段。

（3）T_3——从管道裂纹扩展发展到管道的承压能力降低，致使管道不能安全使用。

从图 7-1 中可以看出，在管道使用过程中存在几个关键的时间点，即管道开始发生腐蚀疲劳开裂的时间、管道裂纹萌生和扩展的时间以及承压能力不满足安全性要求的时间。T_1、T_2、T_3 为与适用性失效相应的耐久性极限状态，T_3 相对应的状态则与安全性极限状态有关。

7.1.1.2 寿命预测

随着管道使用年限的增加，管材性能的劣化与腐蚀问题日益突出，寿命作为管道安全使用的一个重要特征，在现有管道技术评估中就显得十分必要。如何对现有管道的剩余寿命进行预测已成为一个迫切需要解决的问题。

对管道的寿命预测可以分为两个层次：从管道缺陷考虑出发的管道使用的寿命预测和管道体系的寿命预测。

1. 管道使用的寿命预测

对管道使用的寿命预测，国内外进行了不少研究。要准确预测管道使用寿命，必须根据环境和经济等实际情况选择合适的寿命终结标准和采用恰当的预测模型。总的来说，从寿命终结的角度，使用寿命可以分为：功能性使用寿命、技术性使用寿命、经济性使用寿命等；从管道寿命的终结标准分析，可以分为承压能力使用寿命、正常使用寿命，但是这些寿命终结的标准以及寿命预测的方法还需要不断地补充和完善。

1）正常使用寿命

管道的正常使用寿命，可归纳为如下类型：

（1）管道的腐蚀埋地管道腐蚀的主要因素为土壤腐蚀，因而可以把土壤腐蚀缺陷尺寸达到临界值作为管道的寿命。

（2）管道开裂将管道腐蚀疲劳开裂裂纹萌生的时间作为达到耐久性极限的标准。确定管道腐蚀、疲劳开裂的裂纹长度并建立开裂裂纹的预测模型，即可预测管道发生开裂破坏的时间。

（3）管道的腐蚀、疲劳开裂裂纹宽度达到规定值随着腐蚀程度的加深和载荷作用的进一步影响，裂纹不断扩大。当裂纹宽度达到规范规定的限值时，即认为管道耐久性失效。

2）承压能力寿命

管壁材料力学性能的退化，管壁有效截面的减少是管道承压能力降低的主要原因。承压能力寿命理论以管壁的承压能力下降到某一程度的时间作为耐久性使用寿命的终点。

2. 管道体系的寿命预测

将管道的整体结构性能作为时变随机变量，将压力载荷视为随机变量或随机过程，以正常使用极限状态或承压能力极限状态的失效概率作为判断准则，从而得到管道的寿命，但准确估计管道的寿命关键在于如何建立较为理想的性能衰减模型。总之，管道剩余寿命预测应根据管道评估时的可靠度等级，后续服役期的使用状况（包括使用环境、压力载荷）以及耐久性终结标准等因素进行。

7.1.1.3 耐久性终结标准

管道寿命（设计寿命或使用寿命）的长短是耐久性在时间上的体现。管道的使用寿命或耐久年限的定义为管道在正常使用和正常维护条件下，仍然具有其预定使用功能的时间。因此，在进行管道寿命预测之前，首先明确管道的设计功能和失效准则。

利用上述的几种寿命理论对管道进行剩余寿命预测，可得到不同的结果。如果采用管道腐蚀寿命准则，则主要是考虑管道开始腐蚀，在一定的腐蚀量和腐蚀时间下会产生多种腐蚀缺陷，并且缺陷会继续受到多个随机因素的影响，很难做出较为准确的估计。而管道开裂寿命是以管壁表面出现裂纹所需时间作为管道的使用寿命。这是因为当管道发生腐蚀、疲劳开裂后，还允许管道有一定的工作能力，还不至于影响管道的安全运行。但是，当裂纹扩展后，在腐蚀和管道内压载荷波动的共同作用下，裂纹将继续扩展，最终达到临界长度。而当管道的承压能力下降到不足以抵抗管道压力的荷载作用效应时，管道就达到了承载力失效的状态。

以上几种寿命准则基本上属于管道的技术性使用寿命，主要是从管道的安全性和适用性方面给出了判断耐久性终结的标准，而未能考虑经济因素的作用。将经济理论引入到耐久性寿命预测分析中，是一个较为新颖的思路，但具体操作起来还有很大的局限性和困难。

7.1.2　应力载荷-时间历程

7.1.2.1　内压变化分析与管壁应力计算

此外以城市燃气管道为例。管道由于城市燃气供需变化较为明显，管内压力随之出现波动，并且压力波动幅度依赖于燃气需用工况的变化。

城市燃气用户主要包括四大类：城镇居民用户、商业用户、工业用户和其他扩展用途。他们各有各的用气特点。

（1）城镇居民用户。主要用于炊事和生活用水的加热。燃具主要为民用燃气灶以及快速燃气热水器。一般单户用气量都不大，用气随机性较强。

（2）商业用户。包括居民区配套的公共建筑设施（如宾馆、旅馆、饭店、学校、医院等）、机关、科研机构等的生产和生活用气，用气量不是很大，但用气比较有规律。

（3）工业用户。主要是将燃气用于生产工艺的热加工。用气比较有规律，用气量较大，而且用气比较均衡。在供气不能完全满足需要时，还可以根据供气情况要求工业用户在规定的时间内停气或用气。

（4）其他扩展用途。随着燃气气源的不断开发和利用，燃气用户也在逐渐发展，出现了燃气采暖及空调和燃气汽车等应用。其用气规律较为复杂，也存在季节性、周期性的变化，而且用气量的变动幅度也较明显。

对于管道来说，城镇燃气的供应是基本均匀的，然而从上面的分析来看，由于用户的用气不均匀性，导致管道内压的波动。当处于用气低峰时，管道内压力将升高；处于用气高峰时，管道内压力就下降。这样周而复始的循环变化对管道产生疲劳损伤，最终导致管道因疲劳破坏而失效，影响整个管道的使用寿命。

管道内压力可以由管道中的各种压力传感器收集，并且能够实时监控和采集压力变化数据。由管内压力随时间变化历程的数据就能够得出管壁中的应力载荷随时间变化的数据。对于管道，有 $d_o/d_i < 1.2$（d_o 和 d_i 分别为管道外径和内径），我们可以把它看作是薄壁圆筒结构，其内压和应力分布的关系可以由内压作用下薄壁圆筒的应力分布来分析。

管道应力分布如下假设：

（1）由于管壁厚很薄，认为应力沿壁厚均匀分布。

（2）径向应力 σ_r 与环向应力 σ_θ 和纵向应力 σ_L 相比很小，可以忽略不计，即认为 $\sigma_r = 0$。

根据上述假设，由材料力学可知，内压作用下管道壁的应力计算公式：

纵向应力

$$\sigma_L = \frac{Pd_a}{4\delta} \tag{7-1}$$

式中，P ——内压力（MPa）；

　　　d_a ——平均直径，等于 $(d_o + d_i)/2$（mm）；

　　　δ ——壁厚（mm）。

环向应力

$$\sigma_{\theta} = \frac{d_{a}}{2\delta} \qquad (7\text{-}2)$$

从上两式可以看出，内压作用下，管壁的环向应力与纵向应力具有以下关系：

$$\frac{\sigma_{\theta}}{\sigma_{L}} = 2 \qquad (7\text{-}3)$$

也就是说，在内压作用下，管壁中的径向应力为零，环向应力和纵向应力大于零，并且环向应力是纵向应力的 2 倍。因此在考虑管道疲劳破坏时主要分析管壁的环向应力。根据前面的公式就可以在已知管道壁厚和管内压力的情况下得出管壁的应力-时间历程分布数据。考虑到管道一般埋设深度浅，管径不大，可将管壁应力看作是管壁结构的主要载荷，将应力-时间历程看作是载荷-时间历程。

7.1.2.2 应力载荷-时间历程分析

对管道载荷-时间历程的处理方法可以分为两类：一类是循环计数法，一类是功率谱法。功率谱法是借助富氏变换，将连续变化的随机载荷分解为无限多个具有各种频率的简单变化，以得到功率谱密度函数。对于管道的疲劳问题，以循环计数法应用最广。

用循环计数法对载荷-时间历程进行统计处理分两步进行。第一步是实测载荷谱的压缩处理，第二步是循环计数。

1. 实测载荷-时间历程压缩处理

在实测得到的载荷-时间历程中，包括很多小幅载荷，这些小幅载荷比重一般都很小，不会引起损伤。将这些小幅载荷删除后，简化的载荷-时间历程与原来的历程的损伤是等效的，但是疲劳试验时间可以大大缩短。随机载荷-时间历程的压缩处理包括四个方面：确定采样间距，伪读数的排除，峰谷值的检测和无效幅值的删去。

1）确定采样间距

等间距采样是一个离散过程。将一个连续的随机载荷变化曲线离散成一系列的数字值。进行等间距采样时，应该考虑到采样的频率和子样的容量。采样时间间距 Δt 的选择，直接影响载荷-时间历程的压缩处理精度。将一个连续的载荷-时间历程用一系列离散数字来表示，必然会带来误差。减少或消除误差的最有效办法是缩短采样间距 Δt，增大采样频率，但频率过高又会影响到子样的规模。一般频率限制在 500Hz 以下。对于一个具体的载荷-时间历程，究竟选择什么样的频率最佳，要看载荷历程曲线的形状和激励频率而定。

2）伪读数的排除

伪读数是指那些不能真实反映管道受载后的幅值大小，一般是由操作系统本身引起的，有的来源不易搞清楚。它往往夸大载荷的幅值，因此伪读数的排除是随机载荷压缩处理的重要一环。在计数程序中要把大于真实载荷-时间历程最大值的读数去掉，保留历程中对疲劳损伤有影响的真实信息。

3）峰谷值的检测

峰谷值检测是指把经过离散后的数字序列，经过排除伪读数后的采样值，按每个循环值中组成相同斜率的最高点和组成相反斜率的最低点保留下来，如图 7-2（a）所示，保留了 $1, 3, 5, \cdots,$ 等奇数点的全部值，去掉了 $2, 4, 6, \cdots,$ 等偶数点。在实际数据处理中，保留的峰（谷）点不一定恰巧是真实曲线上的峰（谷）点，一般存在一个很小的误差 ΔP，如图 7-2（b）所示。减小误差可以用插值的办法或乘上一个相应的系数。当采样频率不大于 10 倍激励频率时，误差 ΔP 并不显著。

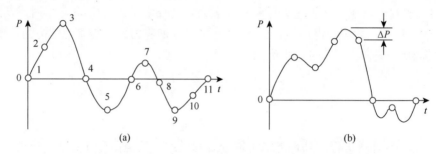

图 7-2　峰（谷）值点的取舍

4）无效幅值的删去

在实际工作过程中，管道除承受主要的工作载荷外，还常常受到一些偶然性载荷的作用。这些载荷表现为二级波、三级波以及一些不能产生疲劳损伤的高阶小幅循环。对于这些不产生疲劳损伤的小幅循环，一般称为无效幅值。

无效幅值是影响缩短疲劳试验时间的一个重要因素。根据经验，如果无效幅值按循环载荷历程最大值的 10%进行删去，至少可以减少 60%的循环次数。因此，无效幅值的删去，在一般情况下是不能忽略的。

关于无效幅值的删去标准，目前尚无统一标准。较为流行的办法，是按照压缩处理后依次的峰谷值，由下式计算无效幅值

$$\Delta SA = (X_{\max} - X_{\min})\Delta\% \tag{7-4}$$

式中，ΔSA——删去无效幅值的大小；

$X_{\max}$ 和 $X_{\min}$——分别为随机载荷波形中的最大值和最小值；

$\Delta\%$——任意给定值，一般推荐为 10%。

也有将无效幅值删去门槛值推荐为随机载荷波形中最大值的 10%或 12.5%。或者将无效幅值删去门槛值定为疲劳极限的 50%。

2. 循环计数法

对于给定的随机载荷历程，用不同的计数方法处理所得的寿命估算值会产生一个数量级的误差。例如，图 7-3（a）中的载荷-时间历程，可以分解为图 7-3（b）中的循环形式，它由 5 个循环组成：$100/200, 100/300, -200/+200, -200/-100, -300/-100$。

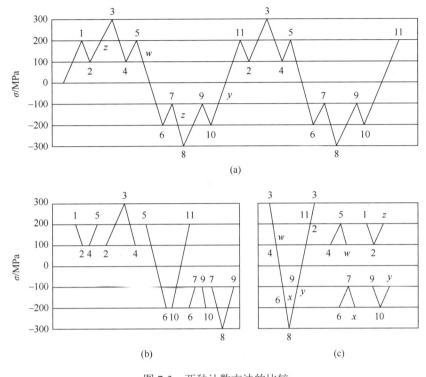

图 7-3　两种计数方法的比较

另一种计数法得到的为图 7-3（c）中所示的 5 个配对循环：−300/300，100/200（2 个），−200/−100（2 个）。

假设损伤与应力幅度的 6 次方成正比，则对于图 7-3（b）中

$$2 \times 1^6 + 2 \times 2^6 + 4^6 = 4226 \tag{7-5}$$

图 7-3（c）中的损伤为

$$6^6 + 2 \times 1^6 + 2 \times 1^6 = 46660 \tag{7-6}$$

从图 7-3（c）中所计算出的损伤为图 7-3（b）中的 11 倍。试验证明，用图 7-3（c）的计数法所得结果与实测值较为吻合。因此，一种好的计数法，应该把载荷-时间历程中从最高峰值到最低谷值记为一个循环，在对其他循环计数时，能够最大限度地加大已经记过的幅度。这种规则可以从两个方面加以解释：①可以假设损伤是滞后回线幅值的函数；②可以认为在疲劳过程中，中间的载荷波动与最高和最低点差值相比并不重要。

在循环计数法中常用的有：穿级、峰值和幅值三种计数法。

1）穿级计数法

限制穿级计数法的计数原则是载荷历程以正的（或负的）斜率穿过预定级值时是计数的必要条件，但不是充分条件。只有载荷变量以相反的方向穿过相应的较低的级（或较高的级）值时，即满足了计数的充分条件，计数一次。常用的疲劳计数法为图 7-4 所示的限制穿级计数法。这种方法在英国得到了应用。

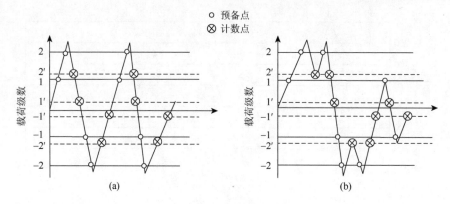

图 7-4　限制穿级计数法

穿级计数法在描述载荷历程中有不确定性。例如图 7-5 中，载荷变化的图形相差很大，但计数结果却相同。

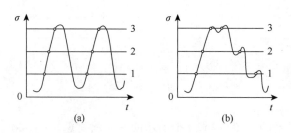

图 7-5　穿级计数法的不确定性

2）峰值计数法

这种方法对载荷变量达到极大（峰顶）或极小（谷底）值的次数进行计数。有跨均峰值计数法和穿越某一起数级的峰值计数法等。

跨均峰值计数法的原则是跨过相邻两个均值间只计一个最大峰顶或最小谷底，如图 7-6 所示。采用这种方法，载荷的中间变化全部被忽略。这种方法原理如图 7-7。

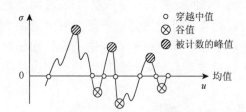

图 7-6　跨均峰值计数法

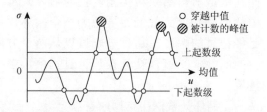

图 7-7　穿越某一起数级的峰值计数法

3）幅值计数法（又称幅度计数法）

这种方法对相邻的谷底 $\sigma_{\min}$（或峰顶 $\sigma_{\max}$）与峰顶（或谷底）之差的个数进行计数，并定义幅值 $\sigma_a = (\sigma_{\max} - \sigma_{\min})/2$，幅度为（$\sigma_{\max} - \sigma_{\min}$）。从极小值上升到极大值时，幅值是正

的，从极大值下降到极小值时，幅值是负的。例如图 7-8 中的幅度 r_1, r_3, r_5, r_7, r_9 是正值，而 $r_2, r_4, r_6, r_8, r_{10}$ 是负值。幅值计数法虽然记录了载荷幅值，但把载荷平均值忽略了。疲劳破坏虽然是载荷幅起主要作用，但平均载荷对疲劳损伤也是有影响的，这是幅值计数法的缺点。

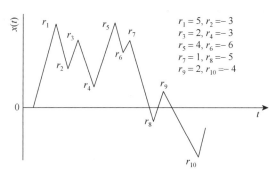

图 7-8　幅度计数法

　　为了弥补幅值计数法没有考虑平均值对疲劳的影响，而发展了幅度对均值计数法（又称全波法）。这种计数法分两步进行（图 7-9）。第一步，如图 7-9（a），记下了幅度对 1 的幅度值 r_1 及其均值 u_1，在计数以后，将这个已记下的载荷循环从载荷-时间历程中消去。此后，再记下幅度对 r_2 及其均值 u_2（图 7-9（b））。在计数以后，将这个载荷循环也从载荷-时间历程中消去。依此类推，直到余下的载荷-时间历程，成为如图 7-9（c）所示的一个循环为止。第二步，对这种载荷-时间历程按照幅度对均值计数法记下幅度值 r_3 及其均值 u_3。

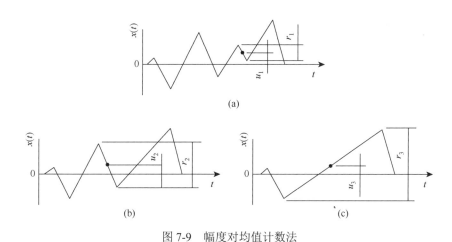

图 7-9　幅度对均值计数法

　　幅度对均值计数法，不仅记下了幅度对值，同时也记下了均值，所以这种计数法，较好地反映了载荷变化对疲劳损伤的效应。

3. 雨流计数法

　　雨流计数法也叫塔顶法，在计数法中属于全波法的一种。提出这个方法的目的，主要是考虑到计数方法与材料的应力-应变行为相一致。雨流法认为塑性的存在是疲劳损伤的必要条件，并且塑性特征表现为应力-应变的迟滞回线。在一般情况下，虽然名义应力处于弹性范围内，但从局部微观的角度来看，塑性变形仍然存在。这种方法就是建立在对封闭的应力-应变迟滞回线进行逐个计数的基础上，可以认为这种计数法比较能够反映随机载荷的全过程，而由载荷-时间历程得到的应力-应变迟滞回线，又与造成疲劳损伤的概念是一致的，并且是等效的。因此，它是目前最常用的一种计数方法。

例如，图 7-10（a）所示的载荷-时间历程，其对应的应力-应变曲线示于图 7-10（b）中，两个小循环 2-3-2′、5-6-5′和一个大的循环 1-4-7 分别构成两个小的和一个大的迟滞回线。

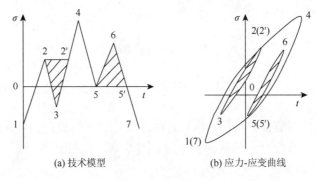

(a) 技术模型　　　　　　　　　　(b) 应力-应变曲线

图 7-10　计数模型

假设一个大的幅度所引起的损伤，不受为完成一个小的迟滞回线所截断的影响，则可逐次将构成较小迟滞回线的较小循环从整个载荷-时间历程中提取出来，重新加以组合。这样，图 7-10（a）的载荷-时间历程将简化成图 7-11 的形式，而二者对材料引起的疲劳损伤是一致的。

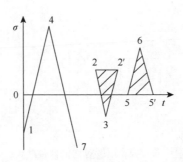

图 7-11　当量计数模型

雨流法的计数原理如图 7-12 和图 7-13 所示。这种方法画载荷-时间历程时，使其垂直向下，想象有一系列宝塔屋顶，雨流从峰的内侧或谷的内侧开始向下流，根据雨流迹线来确定载荷循环。其计数规则如下：①雨流的起点依次在每个峰值（谷值）的内侧；②雨流在下一个峰值（谷值）处落下，直到对面的峰值（谷值）比开始时更大（更小）

为止；③当雨流遇到上面屋顶流下的雨时就停止；④取出所有的全循环，并记下各自的幅度［图 7-12（a）］，当剩下的波形成为发散收敛波时［图 7-12（b）］，完成第一计数阶段。因按雨流计数法则，一个发散收敛波无法再形成全循环，所以第二计数阶段，先得将这个剩下的发散收敛型载荷-时间历程，变换成与之疲劳损伤等效的收敛发散型［图 7-13（a）］。再用雨流法取出全循环［图 7-13（b）］，雨流法的全部计数，等于这两部分之和。

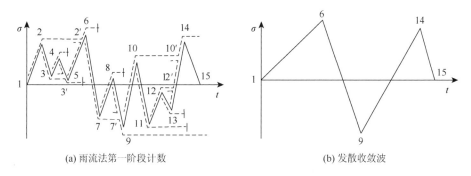

(a) 雨流法第一阶段计数　　　　　　　　　(b) 发散收敛波

图 7-12　雨流法第一计数阶段

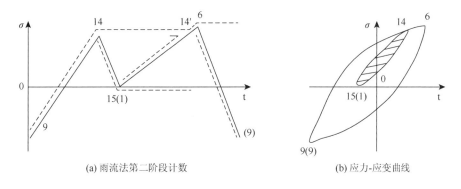

(a) 雨流法第二阶段计数　　　　　　　　　(b) 应力-应变曲线

图 7-13　雨流法第二计数阶段

根据上述雨流法的计数原理，编制出雨流计数法及其对随机载荷-时间历程的统计程序。该程序是根据图 7-10 和图 7-11 所示的载荷-时间历程所造成的损伤当量等效原理，对该载荷-时间历程经压缩处理后的载荷-时间历程，可以看作大循环上叠加一系列小循环复合而成。因此，用计算机进行处理时，首先把雨滴流过的较小循环全部分离出来，剩下的发散收敛波，从最大峰值处截开，首尾相接，再把雨滴流过的小循环分离出来。直到载荷-时间历程结束为止。

假设载荷-时间历程是由 T 个峰谷值 $X_1, X_2, X_3, \cdots, X_T$ 所组成，首先对依次相邻的峰谷值进行判断和处理。

（1）若 $X_i < X_{i+1}$。如果 $X_i \leqslant X_{i+2}$ 和 $X_{i+1} \leqslant X_{i+3}$，则 $SA = |X_{i+2} - X_{i+1}|$，$SM = 0.5(X_{i+2} + X_{i+1})$，$N = 1$；如果 $X_i \leqslant X_{i+2}$ 和 $X_{i+1} > X_{i+3}$，暂存 X_i；否则 $i = i+1$。其中，SA 为幅度循环值；SM 为幅度均值；N 为幅度循环次数。

（2）若 $X_i > X_{i+1}$。如果 $X_i \geqslant X_{i+2}$ 和 $X_{i+1} \geqslant X_{i+3}$，则 $SA = |X_{i+2} - X_{i+1}|$；$SM = 0.5(X_{i+2} + X_{i+1})$，$N=1$；如果 $X_i \geqslant X_{i+2}$ 和 $X_{i+1} < X_{i+3}$，暂存 X_i；否则 $i = i+1$。

计完一次循环后，从计算机内存中抹去 X_{i+1} 和 X_{i+2} 二点，暂存 X_i 是指暂时去掉 X_i 点，由后面的一点来递补，判断后马上恢复 X_i 点，直到第一阶段计数完毕。

（3）第二阶段计数，对剩余发散收敛的载荷-时间历程进行处理。如果 $X_i > X_{i+1}$ 和 $X_i > X_{i-1}$ 或 $X_i < X_{i+1}$ 和 $X_{i-1} < X_i$，抹去 X_i 和 X_{i+1} 二点。如果 $i \leqslant 3$，抹去 i 点。如果不满足以上两条件，简单抹去 X_{i+1} 点。

无论去掉 X_i 还是去掉 X_{i+1}，都要把剩余的峰谷值重新依次排列。重新排列的峰谷点一定为偶数，奇偶分开，峰值从小到大，谷值从大到小依次排列，如果峰和谷各为 U，则

$$SA = |X_{iF} - X_{iG}|；\quad SM = 0.5(X_{iF} + X_{iG})；\quad N=1$$

式中：X_{iF} 为第 i 点的峰值；X_{iG} 为第 i 点的谷值。

综上所述，便得到具有二维随机变量的载荷循环次数 $N(SA, SM)$，图 7-14 为计算机计数模型。图 7-15 为雨流法计数步骤框图。

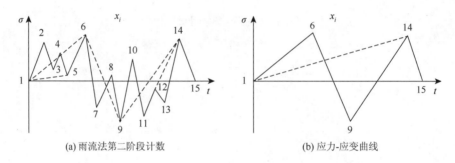

(a) 雨流法第二阶段计数　　　　　　　　　(b) 应力-应变曲线

图 7-14　计算机技术模型

应当指出，现有的各种循环计数法包括功率谱法在内都有其局限性和不可克服的缺点。例如，上面提到的计数法中均不能给出有关载荷顺序的信息，而仅能给出载荷量值（如穿级值、峰值或幅值）统计频率的数据。各种计数方法在统计过程中不可避免地由于人为规定的一些条件（如规定的被忽略的载荷波动值、起数级值以及第二计数限制条件等），而会有不同程度的失真。如果这些条件规定得不合理，有可能使最终的计数结果严重失真而失效。因此，对各种计数法要能给出切合实际的一些条件和规定。

上面介绍了管道由于内压引起的疲劳载荷变化规律的分析，根据材料力学将管道内压-时间历程转化为管壁应力载荷-时间历程之后，对数据进行压缩处理，其中包括伪读数的排除、峰谷值的检测以及无效幅值的删去。接下来采用循环统计方法（穿级类型计数法、峰值计数法、幅值计数法、雨流计数法）对应力载荷-时间历程进行分析，为后面的耐久性分析以及寿命预测提供真实可用的依据。

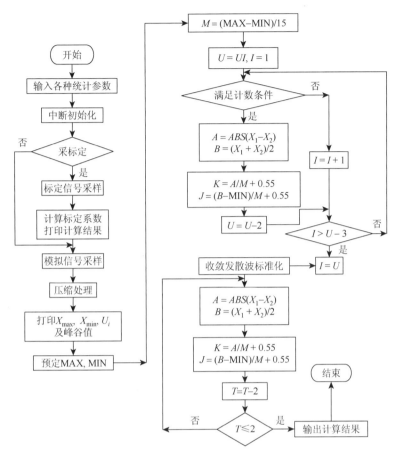

图 7-15 雨流法计数步骤框图

7.1.2.3 原始疲劳质量确定

相同的管道细节有不同的原始制造状态，如管道的几何精度、工艺状态和材料内部缺陷等，因此相同的管道细节在相同的循环应力作用下也会有不同的疲劳寿命。在耐久性分析中，用结构细节的原始疲劳质量（initial fatigue quality，IFQ）来表征其原始制造状态，它代表了管道细节的抗疲劳品质。由于管道细节的原始制造状态是随机的，有的甚至是不稳定的和不可测的，所以要确定每一个细节的 IFQ 实际上是不可能的。通常，将所有原始制造缺陷当量成裂纹，并通过断口数据反推当量初始缺陷尺寸（equivalent initial flaw size，EIFS）分布来描述结构细节群的 IFQ。

合理地表示并确定管道细节群的 IFQ 在耐久性分析中具有举足轻重的作用，它是管道进行耐久性分析、损伤度评估、经济寿命预测的基础和重要前提。下面介绍原始疲劳质量描述和确定方法。

1. 原始疲劳质量的表示形式

管道细节的 IFQ 通常用裂纹形成时间（time to crack initiation，TTCI）或 EIFS 表示。

TTCI 是在给定应力谱下达到指定参考裂纹尺寸所经历的时间（寿命）。由于管道细节群的 TTCI 分布与应力谱和参考裂纹尺寸有关，因此，它具有相对性，不能作为 IFQ 的定量描述。EIFS 是由细节的 TTCI 分布通过裂纹扩展率曲线反推而得的，在理论上仅依赖于管道细节，与应力水平和环境等无关，因而常用作细节 IFQ 的定量描述。

2. EIFS 控制曲线

EIFS 控制曲线表征了每个细节的当量裂纹尺寸 a 与其裂纹萌生时间 t 之间的关系，它是由 TTCI 分布建立 EIFS 分布的媒介。由于管道耐久性是抗疲劳开裂能力的度量，因此耐久性分析研究的主要范围是管道细节由微小的初始缺陷扩展至一个相对而言仍然较小的宏观裂纹尺寸所经历的过程。故在耐久性分析中，可采用 Gallagher 推导的裂纹扩展速率方程式（7-7），并取 $b = 1$。

$$da / dt = Qa^b(t) \tag{7-7}$$

为了获得准确合理的裂纹扩展参数 Q，通常要根据耐久性试验的裂纹扩展数据进行拟合。假定在第 i 种应力水平下进行耐久性试验，获得 L 个有效断口，所有 L 个有效断口的 (a, t) 数据对组成一个数据集，称为第 i 个数据集。若第 i 个数据集中的第 k 个断口有 m 对 (a, t) 数据，且 $a < (a_{ik})_u$，其中，$(a_{ik})_u$ 为第 i 个数据集中第 k 断口所观察到的裂纹尺寸上界，则用最小二乘法可得到第 k 个断口的裂纹扩展速率参数

$$Q_{ik} = \frac{m\sum_{j=1}^{m}t_j \ln a_j - \sum_{j=1}^{m}\ln a_j \sum_{j=1}^{m}tj}{m\sum_{j=1}^{m}t_j^2 - \left(\sum_{j=1}^{m}t_j\right)^2} \tag{7-8}$$

对式（7-7）积分得

$$a(t_1) = a(t_2)\exp[-Q_{ik}(t_2 - t_1)] \tag{7-9}$$

令上式中 $a(t_2) = a(t) = a_r$，$t_1 = 0$，$t_2 = t$（即 TTCI 值），可得第 i 个数据集第 k 个断口的 EIFS 控制曲线的方程

$$X_{ik} = a_{ik}(0) = a_r \exp(-Q_{ik}t) \tag{7-10}$$

其中，X_{ik} 和 $a_{ik}(0)$ 表示当量初始缺陷尺寸。

3. TTCI 分布参数估计

TTCI 是管道细节在给定载荷谱作用下达到某一参考裂纹尺寸 a_r 所经历的时间，用随机变量 T 表示，它随载荷谱及 a_r 值的不同而不同。当管道裂纹尺寸到达 a_r 时，可用三参数 Weibull 分布来描述 TTCI 分布。若用 t 表示随机变量 T 的取值，则其概率密度函数和累积分布函数分别为

$$f_T(t) = \frac{\alpha}{\beta}\left(\frac{t - t_L}{\beta}\right)^{\alpha-1}\exp\left[-\left(\frac{t - t_L}{\beta}\right)^{\alpha}\right], t \geq t_L \tag{7-11}$$

$$F_T(t) = 1 - \exp\left[-\left(\frac{t - t_L}{\beta}\right)^{\alpha}\right], t \geq t_L \tag{7-12}$$

式中：α——形状参数；

β——比例参数；

t_L——TTCI 分布的下限。

1）TTCI 插值

当指定的裂纹尺寸 a_r 不落在断口数据点上时，就需要利用插值算法近似估计与 a_r 对应的 TTCI 值。用 $(a_r)_v$ 表示第 v 个参考裂纹尺寸，$(t_{ik})_v$ 表示第 i 个数据集中第 k 个断口与 $(a_r)_v$ 对应的 TTCI 值，文献[19]给出的一种 TTCI 插值算法如下。

（1）当 $(a_r)_v < (a_{ik})_L$ 时，$(t_{ik})_v$ 由式（7-13）外推确定

$$(t_{ik})_v = (t_{ik})_L - \frac{1}{Q_{ik}}\ln\frac{(a_{ik})_L}{(a_r)_v} \tag{7-13}$$

其中，$((a_{ik})_L, (t_{ik})_L)$ 为最小的断口观测数据，Q_{ik} 由式（7-8）求出。

（2）当 $(a_r)_v > (t_{ik})_L$ 时，取邻近 $(a_r)_v$ 的 3 对 (a, t) 数据。由拉格朗日内插法确定 $(t_{ik})_v$

$$(t_{ik})_v = \sum_{p-1}^{3}\sum_{\substack{j-1 \\ j\neq p}}^{3}\frac{[(a_r)_v - (a_{ik})_j](t_{ik})_p}{(a_{ik})_p - (a_{ik})_J} \tag{7-14}$$

（3）当 $(a_r)_v = a_j$ 时，即参考裂纹尺寸恰好等于某个断口观测到的裂纹长度时，则

$$(t_{ik})_v = (t_{ik})_j \tag{7-15}$$

2）确定第 i 个数据集的平均裂纹扩展参数 Q_i

由于每个数据集中各断口的 Q_{ik} 值各不相同，所以它仅能用于该断口的 TTCI 插值，不能代表给定应力水平下的裂纹扩展规律。为了由 TTCI 分布反推出 EIFS 分布，需要确定每个数据集的裂纹扩展参数 Q_i。工程上先对与 $(a_r)_v$ 对应的 TTCI 值 $(t_{ik})_v$ 求平均，得到第 i 个数据集平均 TTCI 值 $(t_i)_v$（为简单起见，将 $(t_i)_v$ 简记为 t_{iv}，下同）

$$t_{iv} = \frac{1}{L}\sum_{k=1}^{L}(t_{ik})_v \tag{7-16}$$

在此基础上，将数据组 $((a_r)_v, t_{iv})$ 代入式（7-8）即可计算第 i 个数据集的裂纹扩展速率参数 Q_i。

3）给定 a_r, x_u 的选取范围及选定 x_u 对应的 t_{Li}

指定 a_r，则当量初始裂纹尺寸上界 x_u 的取值应当满足

$$a_r\exp(-Q_it_i) \leqslant x_u \leqslant \begin{cases} a_r \\ a_e \end{cases} \tag{7-17}$$

同时 x_u 的取值还必须能为用户所接受。

适当地选定 a_r 和 x_u 后，可根据式（7-18）确定第 i 个数据集的 TTCI 下界 t_{Li}

$$t_{Li} = \frac{1}{Q_i}\ln\frac{a_r}{x_u} \tag{7-18}$$

4）α_i 和 β_i 的确定

（1）将在给定 a_r 对应的第 i 个数据集中 L 个断口的 t_{iv} 按从小到大的次序排列，即 $t_{i1} < t_{i2} < \cdots < t_{iv} < \cdots < t_{iL}$，则 t_{iv} 的累积分布概率 $F_T(t_{iv})$ 的均秩估计量为

$$F_T(t_{iv}) = \frac{m}{L+1} \tag{7-19}$$

式中，m 为 t_{iv} 值重新排列后的序号。

（2）令

$$\begin{cases} Z_{iv} = \ln\ln[1 - F_T(t_{iv})]^{-2} \\ Y_{iv} = \ln(t_{iv} - t_{Li}) \\ U_i = -\alpha_i \ln \beta_i \end{cases} \tag{7-20}$$

由最小二乘线性回归得

$$\alpha_i = \frac{L\sum_{k=1}^{L} Y_{iv} Z_{iv} - \sum_{k=1}^{L} Y_{iv} \sum_{k=1}^{L} Z_{iv}}{L\sum_{v=1}^{L} Y_{iv}^2 - \left(\sum_{v=1}^{L} Y_{iv}\right)^2} \tag{7-21}$$

$$\beta_i = \exp\frac{\alpha_i \sum_{v=1}^{L} Y_{iv} - \sum_{v=1}^{L} Z_{iv}}{\alpha_i L} \tag{7-22}$$

至此，可根据任意一个数据集的 L 个断口数据反推出在给定 a_r 下的 TTCI 值，并在此基础上，根据选定的 a_r 和 x_u 确定出此数据集所对应 TTCI 分布参数 α_i、β_i 及 t_{Li}。

4. 通用 EIFS 分布

当每个数据集的 TTCI 分布参数估计出来后，单个数据集的 EIFS 分布实际上也已经估计出来，但是它缺乏通用性，即不能保证每个数据集的 EIFS 分布特性一样。为此，必须对每个数据集的 EIFS 分布进行通用化处理，以获得通用的 EIFS 分布。

1）EIFS 分布通用性条件的理论推导

对于相同的管道细节，要保证 EIFS 分布是相同的，首先必须使得其取值范围相同，也即其上限 x_u 必须相等。另外，由于管道细节是相同的，则 EIFS 概率密度函数 $f_x(x)$ 和累积分布函数 $F_x(x)$ 也必然相同。

$$f_x(x) = \frac{\alpha}{Q\beta x}\left[\frac{\ln(x_u/x)}{Q\beta}\right]^{\alpha-1} \exp\left\{-\left[\frac{\ln(x_u/x)}{Q\beta}\right]^{\alpha}\right\}, 0 < x < x_u \tag{7-23}$$

$$F_x(x) = \exp\left\{-\left[\frac{\ln(x_u/x)}{Q\beta}\right]^{\alpha}\right\}, 0 < x < x_u \tag{7-24}$$

由于指数函数是单调函数，故为了使得两累积分布函数［式（7-10）］相同，只需存在两组参数 $(\alpha_1, Q_1\beta_1)$，$(\alpha_2, Q_2\beta_2)$ 使得

$$\left[\frac{\ln(x_u/x)}{Q_1\beta_1}\right]^{\alpha_1} = \left[\frac{\ln(x_u/x)}{Q_2\beta_2}\right]^{\alpha_2} \tag{7-25}$$

令 $X = \ln(x_u/x), \gamma_i = Q_i\beta_i(i=1,2)$，则

$$\left(\frac{X}{\gamma_1}\right)^{\alpha_1} = \left(\frac{X}{\gamma_2}\right)^{\alpha_2}, X > 0 \tag{7-26}$$

即

$$\left(\frac{X}{\gamma_1}\right)^{\alpha_1-1} = \left(\frac{X}{\gamma_2}\right)^{\alpha_2}\frac{\gamma_1}{X} \tag{7-27}$$

式（7-26）对 X 求导得

$$\frac{\alpha_1}{\gamma_1}\left(\frac{X}{\gamma_1}\right)^{\alpha_1-1} = \frac{\alpha_2}{\gamma_2}\left(\frac{X}{\gamma_2}\right)^{\alpha_2-1} \tag{7-28}$$

将式（7-27）代入式（7-28），得

$$\frac{\alpha_1}{\gamma_2^{\alpha_2}} = \frac{\alpha_2}{\gamma_2^{\alpha_2}} \Rightarrow \alpha_1 = \alpha_2 \tag{7-29}$$

将式（7-29）代入式（7-26），得

$$\gamma_1 = \gamma_2 \tag{7-30}$$

故不同 TTCI 分布下，具有相同 EIFS 分布的充要条件是

$$\begin{cases} x_{u1} = x_{u2} = \cdots = x_{un} \\ Q_1\beta_1 = Q_2\beta_2 = \cdots = Q_n\beta_n \\ \alpha_1 = \alpha_2 = \cdots = \alpha_n \end{cases} \tag{7-31}$$

2）通用 TTCI 分布参数的确定

（1）参数 x_u。x_u 是当量初始裂纹尺寸 EIFS 的上界。管道制造完毕后总有某一个细节处的初始损伤是最严重的，其当量裂纹尺寸即为 x_u。理论上，x_u 是不依赖于使用条件的、客观存在的通用参数；实际计算时，它的取值范围应满足式（7-25）。调整 a_r 会使 x_u 的取值范围发生变化，故要通过参数优化得到。

（2）参数 $Q\beta$。Q 是疲劳裂纹扩展速率参数，β 为 TTCI 分布中的比例参数，Q 和 β 取值均与应力水平密切相关，而理论推导结果表明 Q 和 β 的乘积与应力水平无关，因此取

$$Q\beta = \frac{1}{n}\sum_{i=1}^{n} Q_i\beta_i \tag{7-32}$$

但实际求得的 $Q_i\beta_i$ 值并不等于 $Q\beta$ 值。为了保证 $Q_i\beta_i$ 的值满足通用条件，定义

$$\hat{Q}_i = Q\beta / \beta_i \tag{7-33}$$

$\hat{Q}_i$ 称为第 i 个数据集的名义裂纹扩展率参数，用 $\hat{Q}_i$ 代替 Q_i，则有

$$\hat{Q}_1\beta_1 = \hat{Q}_2\beta_2 = \cdots = \hat{Q}_n\beta_n = Q\beta \tag{7-34}$$

（3）参数 Q。令 $t = (t_{ik})$，则

$$\frac{t - t_{Li}}{\beta_i} = \frac{\hat{Q}_i(t_{ik})_v - \hat{Q}_i\varepsilon_{Li}}{Q\beta} \tag{7-35}$$

由于 $\hat{Q}_i t_{Li} = \ln(a_r / x_u)$，再令

$$w = \hat{Q}_i(t_{ik})_v - \ln(a_r / x_u) \tag{7-36}$$

可得

$$F_W(w) = 1 - \exp\left[-\left(\frac{w}{Q\beta}\right)^{\alpha}\right] \tag{7-37}$$

式中，W——新的统计量，且服从以 α 和 $Q\beta$ 参数的双参数 Weibull 分布。

由于 α、$Q\beta$ 与应力大小无关，因此不同数据集中的 TTCI 值可用式（7-34）和式（7-35）进行规一化处理。

设第 i 个数据集包含的有效断口为 L_i 个，则值共有 $N = \sum L_i$ 个，将其组合成一个数据样本，并将 W 按从小到大的次序排列，求出对应于 w_j 的累积分布概率 $F_W(w_j)$ 的均秩估计量为

$$F_W(w_j) = \frac{j}{N+1}, j = 1, \cdots, N, \tag{7-38}$$

式中，j——重排后的 w 序号。

将式（7-37）两边取二次对数，得

$$Z = \alpha X - \alpha \ln(Q\beta) \tag{7-39}$$

其中，$Z = \ln\{-\ln[1 - F_W(w)]\}, X = \ln w = \ln[\hat{Q}_i(t_{ik})_v - \ln(a_r / x_u)]$。

因此给定 a_r 和 x_u 值时，先由断口金相数据反推 TTCI 值 $(t_{ik})_v$ 和名义裂纹扩展率参数 $\hat{Q}_i$，并计算出 w，然后利用最小二乘法，根据式（7-38）和式（7-39）即可得形状参数

$$\alpha = \frac{\sum Z}{\sum X - N\ln(Q\beta)} \tag{7-40}$$

3）EIFS 参数优化

参数 α 和 $Q\beta$ 会因 a_r、x_u 的不同而不同，为得到最佳的 EIFS 分布参数，需要对 EIFS 进行参数优化。

进行参数优化的准则是使综合各应力水平的统计量 w 的全部样本值所对应的累积分布函数理论值与试验值之间偏差的平方和最小。当给定 a_r 时，计算相应的 w_j 并将其代入式（7-36）和式（7-37），计算 $F_W(w)$ 的理论值，再由式（7-38）计算其试验值 $F'_W(w)$，两者的平方和即为 EIFS 分布的拟合优度。整个参数优化问题可写为

$$\min SSE = \sum_{j=1}^{N}[F_W(w_j) - F'_W(w_j)]^2$$

$$\text{s.t.} \begin{cases} (a_L + a_u) / 2 \leqslant a_r \leqslant a_u \\ a_r \exp(-Q_i(t_{ik})_v) \leqslant x_u \leqslant a_r \\ x_u \leqslant a_e \end{cases} \tag{7-41}$$

其中，SSE——表示累积分布函数理论值与试验值之间偏差的平方和。

至此，利用数值计算方法，可求出最优的 EIFS 分布参数 x_u、α 和 $Q\beta$。

7.1.2.4　原始疲劳质量的评价

根据管道的运行特点，一天有三个用气高峰，用气高峰时管壁应力随着管内压力降低，该时刻管壁应力最低。上下午主要考虑工业用气压力相对早中晚较高。最后考虑夜晚用气量最低，因此管内压力为一天中最高的时期。据此，将一天应力变化定为 3 块载荷谱，一年就有 $3 \times 365 = 1095$ 块载荷谱，假设管道应力幅最大值分别为 175MPa、195MPa 和 209MPa。据此对管道进行耐久性寿命分析。

　　为了确定管道的 IFQ，假设管道在铺设安装过程中没有受到机械损伤，利用管道所用钢材的实验来评价。

　　采用文献中的试验来评价管道的 IFQ，模拟件如图 7-16，材料为 Q235，试件工作段尺寸为 20mm×3mm，试验最大载荷分别为 175MPa，195MPa，209MPa，每种应力水平下有 7 个断口，试件数据如图 7-17 所示。

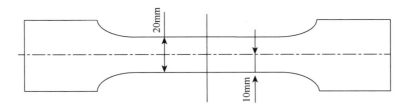

图 7-16　耐久性模拟试件

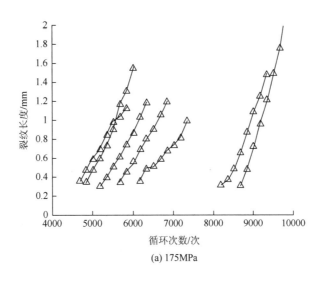

(a) 175MPa

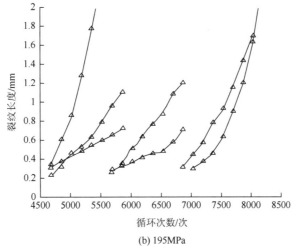

(b) 195MPa

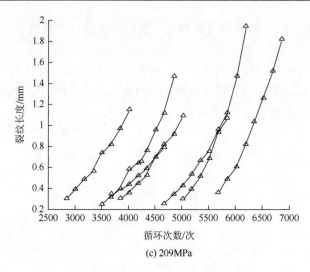

(c) 209MPa

图 7-17　三种应力水平下的试件数据

利用 EIFS 分布确定方法对上述模拟试件进行 IFQ 分析，表 7-1～表 7-5 和图 7-18～图 7-21 为分析结果。

表 7-1　断口的裂纹扩展率参数

应力水平/MPa	断口的裂纹扩展率参数/($\times 10^{-3}$)						
	1	2	3	4	5	6	7
175	1.254	1.380	1.612	0.776	1.021	0.973	1.133
195	2.026	0.724	1.289	1.305	0.711	1.777	1.408
209	1.097	1.561	0.919	1.200	1.107	1.236	1.381

表 7-2　平均裂纹扩展参数

应力水平/MPa	175	195	209
平均扩展率/($\times 10^{-3}$)	1.067	1.131	1.132

表 7-3　TTCI 分布参数估计（$a_r = 0.9\text{mm}$）

应力水平/MPa	参数估计方法	分布参数		
		α	β	t_L
175	均秩估计	4.068	7557.2	110.4
	极大似然估计	1.163	1556.3	5307.6
195	均秩估计	5.768	6920.7	104.2
	极大似然估计	1.041	1478.2	5024.7
209	均秩估计	5.343	5346.9	104.1
	极大似然估计	1.327	1160.2	3701.4

表 7-4 通用 EIFS 分布估计

方法	均秩估计	极大似然估计
α	5.872	1.229
β	7548.5	1580.6
	6916.9	1473.9
	5336.4	1081.7
t_{L}	320.7	5375.9
	293.9	5013.2
	226.7	3679
x_{u}	0.785	7.623×10^{-3}
a_{r}	1.07	0.90
$Q/(\times 10^{-3})$	0.968	0.888
	1.056	0.952
	1.369	1.297

表 7-5 不同方法对裂纹萌生时间的影响

应力水平/MPa	可靠度/%	均秩估计法	极大似然法
175	95	4693.8	5516.9
	90	5287.4	5629.2
	85	5681.6	5736.3
195	95	4301	5144.7
	90	4845	5249.4
	85	4845	5249.4
209	95	3318.2	3775.5
	90	3737.9	3852.3
	85	4016.5	3925.6

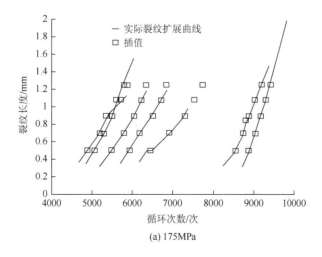

(a) 175MPa

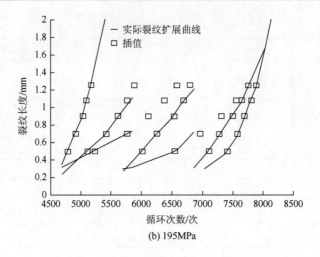

(b) 195MPa

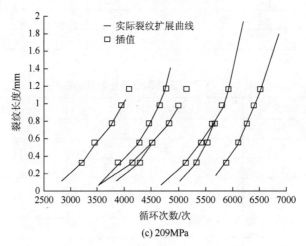

(c) 209MPa

图 7-18　TTCI 插值结果

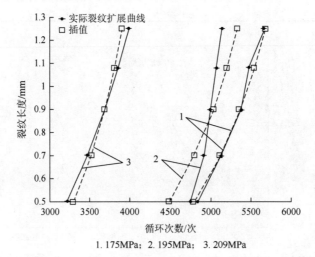

1. 175MPa；2. 195MPa；3. 209MPa

图 7-19　最小二乘法确定的通用 EIFS 分布参数

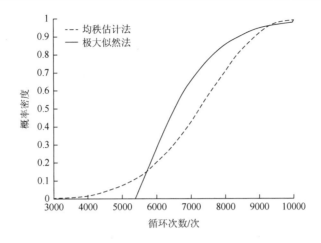

图 7-20　TTCI 分布估计法对累积分布函数的影响（175MPa）

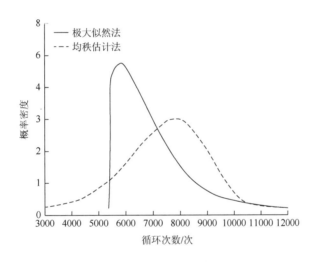

图 7-21　TTCI 概率密度函数比较（175MPa）

7.1.2.5　变幅载荷下裂纹扩展率确定

到目前为止，变幅载荷的裂纹扩展率的确定主要是利用修正的 Paris 公式［即 $\mathrm{d}a/\mathrm{d}N = f(\Delta K)$[20]，其中，$\Delta K$ 为应力强度因子变化范围］，对试验数据拟合得到当量的裂纹扩展率和扩展曲线（如图 7-22）。事实上，载荷不同，裂纹扩展率也不同。因此，变幅载荷下 $\ln a$ 与时间 N 不再是线性关系，载荷大小及次序对裂纹扩展率和扩展曲线有重要影响（如图 7-22 和图 7-23）。如果载荷幅值相差不大，则裂纹扩展的随机性和不确定性可能淹没掉载荷幅值的差异，但是如果载荷相差较大，则用修正的 Paris 公式预测裂纹扩展寿命就不够准确、合理。故变幅载荷下，用等幅载荷的方法可能会有比较大的误差。此时应该分别预测每一级载荷的裂纹扩展率，并逐级累加，从而确定裂纹的扩展寿命。

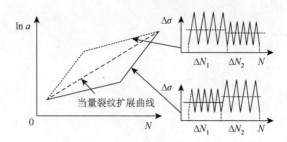

图 7-22　次序对裂纹扩展的影响

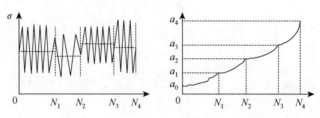

图 7-23　多级载荷下的疲劳裂纹扩展曲线

1. 基于 da/dN-ΔK 曲线的裂纹扩展率确定方法

对于一个具有 n 级的载荷谱，分别令 $\Delta\sigma_i$、N_i、N_{fi} 和 a_{fi} 为第 i 级载荷幅值、循环次数、疲劳寿命和断裂时的裂纹尺寸，则在第 i 级载荷下，结构的 S-N 方程和 Paris 方程分别可写为

$$\Delta\sigma_i^{m_i} N_{fi} = C_{1i} \tag{7-42}$$

$$\frac{\mathrm{d}a}{\mathrm{d}N} - C_{2i}(\Delta K_i)^{n_i} = C_{2i}\left[\Delta\sigma_i\beta(a)\sqrt{\pi a}\right]^{n_i} \tag{7-43}$$

其中 m_i、n_i、C_{1i} 和 C_{2i} ——是材料常数。

根据等幅载荷下的 $\mathrm{d}a/\mathrm{d}N - \Delta K$ 曲线与 S-N 曲线之间的关系式

$$\begin{cases} C = \dfrac{1}{C_1}\displaystyle\int_{a_0}^{a_f}\dfrac{\mathrm{d}a}{\left[\beta(a)\sqrt{\pi a}\right]^n} \\ m = n \end{cases}$$

得

$$\begin{cases} C_{2i} = \dfrac{1}{C_{1i}}\displaystyle\int_{a_0}^{a_{fi}}\dfrac{\mathrm{d}a}{\left[\beta(a)\sqrt{\pi a}\right]^{n_i}} \\ n_i = m_i \end{cases} \tag{7-44}$$

令

$$G(a_1, a_2, n) = \int_{a_1}^{a_2}\frac{1}{\left[\beta(a)\sqrt{\pi a}\right]^n}\mathrm{d}a \tag{7-45}$$

则 C_{2i} 可进一步写成

$$C_{2i} = \frac{1}{C_{1i}}\int_{a_0}^{a_{fi}}\frac{\mathrm{d}a}{\left[\beta(a)\sqrt{\pi a}\right]^{n_i}} = \frac{1}{C_{1i}}G(a_0, a_{fi}, n_i) \tag{7-46}$$

设在第 i 级载荷作用下（时间从 N_{i-1} 到 N_i），裂纹从 a_{i-1} 扩展到 a_i（如图 7-3 所示），对式（7-43）积分得

$$\int_{a_{i-1}}^{a_i} \frac{\mathrm{d}a}{[\beta(a)\sqrt{\pi a}]^{n_i}} = \int_{N_{i-1}}^{N_i} C_{2i}\Delta\sigma_i^{n_i}\mathrm{d}N \tag{7-47}$$

$$G(a_{i-1}, a_i, m_i) = \frac{\Delta\sigma_i^{m_i}}{C_{1i}} G(a_0, a_{fi}, m_i)(N_i - N_{i-1}) \tag{7-48}$$

将式（7-42）代入式（7-48）得

$$G(a_{i-1}, a_i, m_i) = G(a_0, a_{fi}, m_i)\frac{N_i - N_{i-1}}{N_{fi}} \tag{7-49}$$

$$a_i = G^{-1}(a_{i-1}, a_i, m_i) \tag{7-50}$$

由上述推导可看出，对于一个给定的多级载荷谱，可根据常规的疲劳分析方法计算各级载荷下的疲劳损伤 $(N_i - N_{i-1})/N_{fi}$，并通过材料的断裂韧性计算各级载荷下的极限裂纹尺寸 a_{fi}，然后通过式（7-48）计算每级循环载荷作用后结构相应的裂纹长度 a_i，从而进行裂纹的扩展分析。

2. 基于 da/dN-a 曲线的裂纹扩展率确定方法

对于多级载荷，在每一级载荷下结构的 $S-N$ 曲线和裂纹扩展曲线可分别写为

$$\sigma_{\max,i}^{m_i} N_{fi} = C_{1i}' \tag{7-51}$$

$$\frac{\mathrm{d}a}{\mathrm{d}N} = Q_i a = \xi_i \sigma_{\max,i}^{\gamma_i} a \tag{7-52}$$

其中，C_{1i}' 是材料常数；ξ', ξ_i 是系数；γ, γ_i 是系数

根据 da/dN-a 曲线与 S-N 曲线之间的关系式可知：

$$\xi' = \begin{cases} \dfrac{a_f^{1-b} - a_0^{1-b}}{C_1(1-b)} & b \neq 1 \\ \dfrac{1}{C_1}\ln\dfrac{a_f}{a_0} & b = 1 \end{cases}$$

$$\gamma = n$$

得出两曲线控制参数之间的关系为

$$\begin{cases} \gamma_i = m_i \\ \xi_i = \dfrac{1}{C_{1i}'}\ln\dfrac{a_{fi}}{a_0} \end{cases} \tag{7-53}$$

令在第 i 级载荷作用下（时间从 N_{i-1} 到 N_i），裂纹从 a_{i-1} 扩展到 a_i，对式（7-38）积分得

$$\ln\frac{a_i}{a_{i-1}} = \xi_i \sigma_{\max,i}^{\gamma_i}(N_i - N_{i-1}) \tag{7-54}$$

$$\ln\frac{a_i}{a_{i-1}} = \frac{1}{C'_{1i}}\sigma_{\max,i}^{m_i}(N_i - N_{i-1})\ln\frac{a_{fi}}{a_0} \tag{7-55}$$

$$\ln\frac{a_i}{a_{i-1}} = \frac{(N_i - N_{i-1})}{N_{fi}}\ln\frac{a_{fi}}{a_0} \tag{7-56}$$

令 $k_i = \ln(a_{fi}/a_0)$，则式（7-42）可进一步表示为

$$\ln\frac{a_i}{a_{i-1}} = \frac{k_i}{N_{fi}}(N_i - N_{i-1}) \tag{7-57}$$

利用递推关系，可得到第 i 级载荷下裂纹扩展尺寸 a_i 的通用表达式

$$\ln\frac{a_i}{a_0} = \sum_{j=1}^{i}\frac{k_j}{N_{fj}}(N_j - N_{j-1}) \tag{7-58}$$

$$a_i = a_0\exp\left[\sum_{j=1}^{i}\frac{k_j}{N_{fj}}(N_j - N_{j-1})\right] \tag{7-59}$$

式（7-59）中 $(N_j - N_{j-1})/N_{fj}$ 是各级载荷下管道疲劳损伤，可用疲劳损伤理论确定，而 k_j 是一个与结构有关的常数，可通过断裂韧性和 IFQ 确定。对于一个给定的多级载荷和缺陷形式，a_0、k_j、N_{fj} 均可估计出来，从而通过式（7-59）就可以得到多级载荷作用下的裂纹扩展曲线。

3. 随机载荷裂纹扩展率确定方法

由于随机载荷的幅值是无规律变化的，它往往存在一些不规则循环，如果按照累积损伤的思想，逐步计算每个循环对应的裂纹扩展率和裂纹扩展长度，则很难计算不规则循环部分的裂纹扩展率。因此，尚不能像确定载荷块谱那样根据 S-N 曲线确定随机载荷的裂纹扩展率。若用雨流计数法对随机载荷进行计数，将不能考虑载荷次序对裂纹扩展率和裂纹扩展尺寸的影响。

作为一种近似的办法，可将整个随机载荷谱分成若干段（如图 7-24 所示，将载荷谱分成 $t < T_1$、$T_1 < t < t_2$、$t_2 < t < T_2$ 和 $t > T_2$ 四段），并对每一段进行雨流计数，使得每一段都近似为一个块谱。在此基础上，按照载荷段的先后顺序，逐段计算裂纹扩展率和裂纹扩展长度，从而得到近似预测裂纹扩展率和扩展寿命的目的。显然，该方法中载荷段分得越短，裂纹扩展长度计算得越精确。当然太短的载荷段，计算就越来越复杂，因此可在工程许可的范围内，尽可能将载荷段分得长一点，以简化计算。

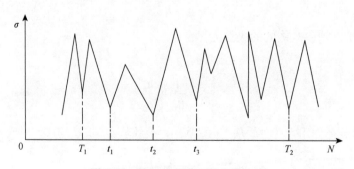

图 7-24　随即载荷谱及其分段方法

7.1.2.6 基于材料原始疲劳质量耐久性分析

1. 分析对象

耐久性分析的重点对象是对疲劳寿命和强度有重要影响的关键部位，分析的目标是在给定损伤度和可靠度的情况下计算它们的经济寿命。耐久性分析的对象可以是整个管道系统，也可以是某个部位或指定缺陷处。一般地，耐久性关键部位在耐久性分析中所涉及的细节通常是管道壁上包含的制造缺陷、腐蚀缺陷、管道安装时的擦痕、划痕、压痕以及焊缝等几何不连续处，必须考虑那些应力水平较高、应力集中较严重的细节。

对于情况复杂的部位，可以采用有限元计算软件分析其各部分的应力和应变，获取应力区的载荷谱。一般地，若一个耐久性关键部位中含有一定数量的某种细节，且每个细节所处的应力水平不同，则应进行应力区划分。划分应力区的原则是由应力分析计算或应力实测所给出的该缺陷部位各细节处的名义应力。一般将应力大致相同的细节划入一个应力区。若细节水平较高，对耐久性影响较大，则该应力区内细节应力水平应相差较小。

2. 材料参数

材料的参数，如 EIFS 分布、断裂韧性、S-N 曲线以及尺寸系数、表面粗糙度系数等是基于概率断裂力学的耐久性分析方法必需的参数。这些材料参数均可以通过试验得到。对于一般的材料而言，目前已经具备了较为丰富的参数数据库，如 S-N 曲线、断裂韧性、尺寸系数、表面粗糙度系数等。对于材料原始疲劳质量（material initial fatigue quality，MIFQ），可在试验获得断口金相数据的基础上进行评估以获得其 EIFS 分布参数。

3. 使用期裂纹扩展控制曲线

对于给定的应力区，描述其细节的当量缺陷尺寸会随时间 t 增加而扩展，如图 7-25 所示。应力区不同，裂纹扩展率也不同。各应力区的使用期裂纹扩展控制曲线可在材料的 $S-N$ 曲线等基础上利用前面的方法计算得到。

为使预测的裂纹超越数概率 $p(i,t)$ 可靠，使用期裂纹扩展控制曲线须与所用的 EIFS 分布相容，这就要求使用期裂纹扩展方程的形式必须与建立通用 EIFS 分布时导出 EIFS 控制曲线所用的裂纹扩展方程形式一致，取 $b=1$，则使用期裂纹扩展率方程为

$$\frac{\mathrm{d}a}{\mathrm{d}t} = Q_i a \qquad (7-60)$$

相应地，使用期裂纹扩展控制曲线为

$$y_{li}(t) = a_r \exp(-Q_i t) \qquad (7-61)$$

事实上，在进行耐久性分析时，为计算管道缺陷细节的经济寿命，上式选定的参考裂纹尺寸 a_r 应为细节的经济修理极限 a_e。

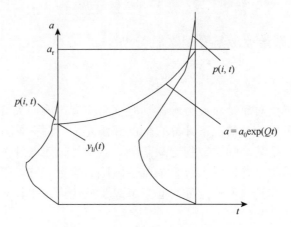

图 7-25　EIFS 分布随时间的扩展

4. 裂纹超越数

给定应力区 i 的裂纹超越数是指该应力区在指定时间 t 时结构细节群中裂纹尺寸超过 a_r（或 a_e）的细节数量，用 $N(i,t)$ 表示，它是一个离散型随机变量，随时间 t 变化。在假定应力区中每个细节的相对小裂纹尺寸的扩展互相独立的条件下，每个细节在时间 t 时的裂纹尺寸达到 a_r（或 a_e）的概率为 $p(i,t)$。若应力区 i 中包含的细节数为 N_i，在 t 时裂纹尺寸超过 a_r 的细节数 $N(i,t)$ 服从参数为 N_i 和 $p(i,t)$ 的二项式分布。其数学期望（平均裂纹超越数）为

$$\overline{N}(i,t) = N_i p(i,t) \tag{7-62}$$

而标准差为

$$\sigma_N(i,t) = \{N_i p(i,t)[1 - p(i,t)]\}^{\frac{1}{2}} \tag{7-63}$$

指定细节群包含若干个应力区，细节群中裂纹尺寸超过 a_r（或 a_e）的细节数量，一般用 $L(t)$ 表示，它也随时间 t 而变化，是一个随机变量。当每个应力区的细节数 N 较大时，$N(i,t)$ 对应的二项式分布依据中心极限定理趋近于数学期望为 $\overline{N}(i,t)$、方差为 $\sigma_N^2(i,t)$ 的正态分布，即近似有 $N(i,t) \sim N(\overline{N}(i,t), \sigma_N^2(i,t))$。在此前提下，细节群的裂纹超越数为

$$L(t) = \sum_{i=1}^{m} N(i,t) \tag{7-64}$$

并且 $L(t)$ 也是一个正态变量，其数学期望（细节群的平均裂纹超越数）$\overline{L}(t)$ 与标准差 $\sigma_L(t)$ 分别为

$$\overline{L}(t) = \sum_{i=1}^{m} \overline{N}(i,t) \tag{7-65}$$

$$\sigma_L t = \left[\sum_{i=1}^{m} \sigma_N^2(i,t) \right]^{\frac{1}{2}} \tag{7-66}$$

5. 损伤度计算

损伤度是管道在达到指定时间 t 时所产生的耐久性损伤的定量度量。它通常用管道细节群的裂纹超越数或裂纹超越百分数表示，裂纹超越百分数等于裂纹超越数除以细节总数。损伤度是时间 t 的函数，其平均值为

$$D_a = \begin{cases} \overline{L}(t) \\ \dfrac{\overline{L}(t)}{N} \end{cases} \tag{7-67}$$

式中，$N = \sum N_i$，为细节总数。

可靠度为 R 的裂纹超越数为

$$L_R(t) = L(t) + u_R \sigma_L(t) \tag{7-68}$$

式中，u_R——分布函数取值为 R 对应的标准正态变量值。

则损伤度上界为

$$D_m = \begin{cases} L_R(t) \\ \dfrac{L_{R(t)}}{N} \end{cases} \tag{7-69}$$

6. 经济维修性剩余寿命

当由于疲劳、意外损伤或环境作用引起的管道的损伤状况，使得管道工作状态的目标不能通过可接受的经济维修方式予以保持时，所对应的使用时间即为经济寿命。即管道细节出现疲劳裂纹或其他损伤时允许通过经济修理保持其正常功能，直至修理已是不经济的或者经济修理已无法实施时，结构达到其经济寿命。

管道的经济寿命是其修理前经济寿命与各次修理后经济寿命的总和。修理后的经济寿命与所采用的修理工艺、部位和方法密切相关，其取决于经济修理极限相对损伤度的要求，这一要求通常用"许用裂纹超越（百分）数和可靠度"描述。工程上，修理后的经济寿命预测方法为

（1）采用 EIFS 分布对修理后细节群各应力区进行损伤度评估，给出每个应力区在若干时间 t 下的 $p(i,t)$。修理后时间 t 对应的未修理细节各应力区的裂纹超越数概率应取为时间 $t' = t + t_0$。对应的 $p(i,t')$。

（2）修理后时间 t 所对应的管道损伤度应依据修理后细节各应力区的 $p(i,t)$ 和未修理细节各应力区的 $p(i,t')$ 加以评估。经济寿命预测则可依据损伤度曲线或表格完成。

7.2 寿命预测方法

7.2.1 腐蚀缺陷寿命预测

埋地管道的外腐蚀绝大部分是由电化学腐蚀引起的，应针对产生腐蚀的原因对腐蚀速率进行评估。由于电化学腐蚀的原理比较简单，可操作性比较好，因此在进行寿命预测时

就可以采用电化学腐蚀模型。其主要原理就是根据腐蚀电流与金属损失之间的当量关系，采用一定的腐蚀缺陷形态发展模型，就可建立腐蚀速率电化学模型，根据该模型可确定腐蚀速率与时间的关系。

7.2.1.1 均匀腐蚀

根据管道剩余强度分析，当管子壁厚 δ 小于或等于管道最小要求壁厚 $\delta_{\min}$ 时，失效破坏将发生。即：$\delta \leqslant \delta_{\min}$ 时，管道发生失效。

则当 $\delta \leqslant \delta_{\min}$，管道壁厚达到临界状态，此时所对应的管道运行时间 T 为管道的使用寿命。而从最近一次（T_0 时刻）检测到管道壁厚达到临界状态的时间就为管道的剩余寿命 T_r，在此期间管道将安全运行。

对于均匀腐蚀，根据管壁厚度得到的管道剩余寿命预测模型较为简单，其思路为：在已知具体工作环境下的腐蚀速率情况下，用管道最近一次检测的平均壁厚 δ_a 减去维持管道安全运行的最小壁厚 $\delta_{\min}$ 再除以腐蚀速率 R_{av}，就可以求出管子剩余寿命 T_r，即

$$T_r = \frac{\delta_a - \delta_{\min}}{R_{av}} \tag{7-70}$$

对于均匀腐蚀来说，可将腐蚀形貌假设为柱体，整个损失金属表面积 A_s 可看成是柱体的底面积。此时，腐蚀速率：

$$R_{av} = \frac{m}{\rho A_s T} \times 10^{-4} = \frac{KIT}{\rho A_s T} \times 10^{-4} \tag{7-71}$$

式中，R_{av}——平均腐蚀速率；

m——金属损失的质量；

T——时间；

I——流过金属的电流；

K——金属的电化学系数。

$$I = 2\frac{\Delta V}{R_h}, \; R_h = \frac{\xi \cdot H}{A_s}$$

式中，ξ——材料的电阻率。

因此：

$$R_{av}(H) = \frac{2K\Delta V}{H\xi\rho} \times 10^{-6} (\text{m}/\text{h}) \tag{7-72}$$

7.2.1.2 点蚀

1. 管道首次泄漏时间（寿命）

管道首次发生泄漏的时间取决于极限点蚀率（mm/a），而不是平均点蚀率。经验表明，极限点蚀率总是平均点蚀率的 2～5 倍。由于随机性，可以假定极限点蚀率为平均点蚀率的 3 倍，这样计算出来的在役管线系统的总泄漏次数误差不会超过 30%。

管道首次泄漏时间可按下式计算：

$$T_F = \frac{\delta_0 + C_{Aa}}{R_{lim}} \tag{7-73}$$

式中，T_F——管道首次泄漏时间；

δ_0——初始壁原；

C_{Aa}——允许腐蚀裕量；

R_{lim}——极限点蚀率，一般取 $R_{lim} = 3R_{av}^*$；

R_{av}^*——平均点蚀率。

因此：

$$T_F = \frac{\delta_0 + C_{Aa}}{3R_{av}^*} \tag{7-74}$$

在缺乏精确统计数据情况下，平均点蚀率可估计为大面积均匀腐蚀总腐蚀率 R_{av} 的 10 倍，即

$$R_{av}^* = 10R_{av} \tag{7-75}$$

如果 R_{av} 也是未知的，那么它可以用试件（取样管或挂片）的腐蚀率来代替。

运用式（7-74）的计算模型，关键是要确定管道的平均点蚀率或极限点蚀率，为此，大量的管线检测工作必不可少，并以此为依据进行数据统计。

2. 管道的总泄漏次数

上面的模型所计算的是首次发生泄漏的时间 T_F，也就是说，当管线的运行年龄 T 达到 T_F 时（即 $T = T_F$），管线将发生第一次泄漏，这实际上是一种统计意义的第一次，并不能指出第一次泄漏所发生的部位，当运行年龄 T 不断增长时，管线还将不断地发生泄漏，泄漏总次数也是具有统计意义的，也无法指出泄漏的具体部位，这是由具有统计特征的平均点蚀率 R_{av}^* 所引起的，也是该模型的主要特点。尽管如此管道管理者也非常想了解管线在运行年龄中的统计总泄漏次数 n，因为这可为管理者提供管线维护更换决策的依据。

由统计规律，管线的总泄漏次数按下式估计：

$$n = A e^{mT} \tag{7-76}$$

式中，n——在管线运行年龄 t 时累积总泄漏次数；

A, m——经验常数，且有：

$$m = \frac{R_{av}^*}{\delta_0 + C_{Aa}}$$

$$A = e^{-R_{av}^* T_F / (\delta_0 + C_A)}$$

因此：

$$n = \exp\left[\frac{-R_{av}^* T_F}{\delta_0 + C_{Aa}}\right] \exp\left[\frac{R_{av}^* T}{\delta_0 + C_{Aa}}\right] \tag{7-77}$$

如果考虑管道的极限点蚀率为平均点蚀率的 3 倍，由式（7-75）代入 A 的计算式，即得 $A = 0.72$，这时：

$$n = 0.72 \exp\left(\frac{RT}{\delta_0 + C_{\text{Aa}}}\right) \tag{7-78}$$

上述计算模型满足初始条件：当 $T = T_{\text{F}}$ 时，$n = 1$。

值得一提的是，管线运行年龄 T 可以是大于 0 的任意实数（包括整数），按式（7-78）计算的泄漏总数 n 也可以是实数（包括整数），实际上泄漏总次数为 $[n]$，即如果 n 的计算值为 $n = 2.3$，则泄漏总次数为 $[n] = 2$ 次。

3. 管线的年度泄漏次数

对于管理者来说，管线在每个年度中的统计泄漏次数的预测值将更具直接作用，它可以为规划年度的管线维护强度提供依据。

根据美国各主要老管线泄漏报告的数据分析，可以得到一个统计规律：任何老管线的每年泄漏次数随年代呈指数增长趋势，其指数增长规律可按如下拟合公式计算：

$$N = N_1 e^{AT} \tag{7-79}$$

式中，N ——任意年度中管道的泄漏次数；

N_1 ——具有泄漏数据的第一年度中管段的泄漏次数；

T ——需要预测泄漏次数的年度数（以 N_1 所在的年度作为起始年度）；

A ——泄漏增长率系数。系数 A 可从研究期间的泄漏数据的增长规律（线图）中求得，研究期间最好是 5～10 年，如果研究期间太短，所计算的系数 A 则会具有较大的误差。

式（7-79）的实际操作过程见下例。

例：如果具有泄漏数据的第一年度中（如 1989 年）管道的泄漏次数 $N_1 = 140$ 次，而 1996 年度该管道的泄漏次数为 $N = 310$ 次，此时，$T = 1996 - 1989 = 7$ 年，由：

$$310 = 140 e^{7A}$$

可算得泄漏增长率系数 $A = 0.113$。因此该管段任意年度泄漏次数的拟合公式已确定，即

$$N = 140 e^{0.113T}$$

若要预测 2000 年度该管段的泄漏次数，则为

$$N = 140 e^{0.113(2000-1989)} = 485$$

进一步讨论可见，式（7-79）不仅可以用于计算 T 年度的泄漏次数，而且还可以推导出从有泄漏纪录的第一年度至 T 年度时管段的累积泄漏总次数：

$$n = \sum_{t=0}^{T} N_t e^{At}$$

这是一个等比级数的求和式，因此：

$$N = \frac{N_1}{e^A - 1}[e^{A(T+1)} - 1] \tag{7-80}$$

式（7-78）和式（7-80）具有类似的（注意：并不相同）计算功能，都可以计算出累积总泄漏次数，但两式的推导途径不同，可谓殊途同归。有意义的是，两式共同使用后，

可以：①根据两个年度的泄漏次数，计算出管道的平均点蚀率 R_{av}^*。这样就解决了用统计方法确定 R_{av}^* 时，必需大量检测数据的难题，为剩余寿命计算创造了良好的前景；②如果已知管道的平均点蚀率 R_{av}^*，或者有足够现成的检测数据得以计算出 R_{av}，那么就只需有一个年度的泄漏次数数据，即可预测出各年度的泄漏次数。使收集管道运行状况的工作尽量减少到最低限度，以节省经费。

7.2.2　疲劳开裂寿命预测

具有初始裂纹或缺陷的构件，即使这些初始裂纹或缺陷未达到失稳扩展的临界尺寸，但在交变应力作用下，将会逐渐扩展，导致疲劳破坏。管道在压缩机启动或泵站开启，以及调峰过程中，运行压力时刻变化，一天之内压力变化的幅度有大有小，一个月内压力的变化幅度也不同，这些因素影响着管道的使用寿命，特别是考虑管道存在缺陷时，可允许的疲劳次数大大减少。因此，需考虑管道的疲劳影响。

疲劳之所以难以预测，是由于以下三个方面的原因造成的：①管道钢材内部原始疲劳缺陷，主要是由于钢材冶炼过程中产生的夹杂、气孔、晶格缺陷、不纯原子和化学成分的随机性等；②制造质量的随机性，包括形状精度、尺寸精度、残余应力、热处理等的随机性；③使用环境的随机性，主要是指工作环境，如载荷历程、湿度、温度和腐蚀等。因此，研究管材内部的原始疲劳缺陷的分布及统计规律，分析制造质量和服役环境对疲劳寿命和强度的影响是结构抗疲劳设计技术的主要研究内容。耐久性设计方法正是从上述三个方面来研究疲劳裂纹的萌生、扩展直至断裂的整个过程的。

对于管道来说失效不外乎即发型和累积损伤型两种模式。对于即发型的失效，仅需进行静强度一类的静态设计，就可以避免。对于累积损伤型失效，则需要知道其寿命，管道的寿命是其重要的质量指标之一。而累积损伤一般来说是以管壁开裂的形式出现。目前一般认为，管道的开裂是由于其使用过程中产生的缺陷（裂纹）又伸长扩展的缘故。因此，这类失效的寿命 N_f 可以分为缺陷（裂纹）形成时间 N_0 与裂纹扩展时间 N_c 两部分，即 $N_f = N_0 + N_c$

7.2.2.1　裂纹萌生寿命

1. 寿命曲线（S-N 曲线）

管道材料的抗疲劳破坏特性通常是用经验规律来表示的，这些经验规律包括 S-N 曲线、疲劳寿命曲线、载荷-寿命曲线、应力-寿命曲线、应变-寿命曲线等。

图 7-26 是两种基本类型的 S-N 曲线，即材料的疲劳强度（S）与寿命（N）的曲线。N 是应力循环次数。S 可以是应力幅、应变幅或载荷幅值，通称为应力幅。由图 7-26 可以看出，随着 S 的下降，所有材料的破坏寿命都增大。不过，对于软钢一类的材料，存在一个疲劳极限，低于疲劳极限的应力值，疲劳绝不会发生。而对于另一类材料，S-N 曲线一直随 S 递降，所以人为地规定 10^7 寿命周次为疲劳极限。

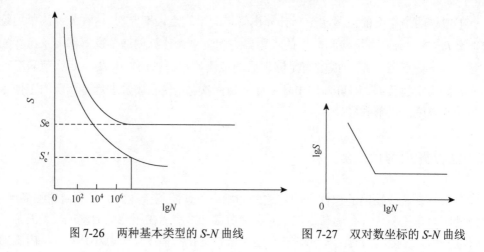

图 7-26　两种基本类型的 S-N 曲线　　　图 7-27　双对数坐标的 S-N 曲线

由图 7-26 可以看出，最重要的一点是每一个应力幅值（S）都有相应的破坏循环次数对应，亦即相应的疲劳寿命。

如果将图 7-26 的 S-N 曲线的两个坐标都取成对数，则图中的 S-N 曲线变成为一条斜直线和一条水平线（如图 7-27）。斜直线的方程为

$$S^a N_f = \text{Const} \qquad (7\text{-}81)$$

指数 $a = 8 \sim 20$ ，或写成

$$S(2N_f)^c = \sigma_F \qquad (7\text{-}82)$$

指数 $c = 0.05 \sim 0.12$ ，其中 N_f 是至破坏的寿命，σ_F 是拉伸断裂真应力。式（7-81），式（7-82）称为 Basquin 公式。

载荷-寿命曲线（q-N）、应力-寿命曲线（σ-N）与应变-寿命曲线（ε-N）都有图 7-26和图 7-27 的形式，q-N、σ-N、ε-N 曲线是管道循环到破坏的寿命分别与载荷幅值、应力幅值、应变幅值之间的关系曲线，它们在寿命估算中都是十分有用的。

2. 累积损伤理论

损伤是指在疲劳载荷下管道的改变或损坏程度，即管道在循环载荷下，微观裂纹（或缺陷）不断扩展和深化，从而使管道有效工作面不断减少的程度。它是一个抽象的概念，不能直接度量，常用参数 D 来表示。

疲劳累积损伤理论有很多个，可以概括为二种，即线性累积损伤理论和修正线性理论。线性理论概念简单，但精度较差，实用中可用修正线性理论。

线性累积损伤理论认为，在循环载荷作用下，疲劳损伤是可以线性累加的，各个应力之间相互独立、各不相干，当累加的数值达到某一数值时，管道就会发生疲劳破坏。其中最具代表性且应用最广的就是 Miner 理论。

修正线性理论认为载荷历程和损伤之间存在着相互作用，即某一载荷值产生的损伤与前面作用的载荷量值及次数有关，其代表是 Corten-Dolan 理论。

1）Miner 理论

设应力 S_1 作用 n_1 次，S_2 作用 n_2 次，……，等等。根据 S-N 曲线，可以找出仅有 S_1 作用下使材料发生疲劳破坏的应力循环次数 N_1。则在整个过程中管材所受的损伤线性地分配给各个循环，也就是每一循环材料的损伤为 $D_1 = D / N_1$，式中 D 为材料最终断裂时的损伤临界值。显然，若 S_1 作用 n_1 次，则材料损伤 $n_1 D_1 = \dfrac{n_1 D}{N_1}$。

同样，在 S_2，S_3，$\cdots$，下，各损伤分别为 $D_2 n_2 = D n_2 / N_2$，$D_3 n_3 = D n_3 / N_3$，$\cdots$，当各级应力对材料的损伤总和达到最终断裂时损伤临界值 D 时，材料即发生破坏，则 $D \sum \dfrac{n_i}{N_i} = D$，即

$$\sum \frac{n_i}{N_i} = 1 \qquad (7\text{-}83)$$

式（7-83）即称为 Miner 定理。

试验表明，Miner 理论与试验结果并不完全符合，其一是疲劳损伤的积累，不但决定于当前的应力状况，而且还与过去的应力历程有关。材料以前的应力历程对以后循环的损伤有干涉效应，使得 $\sum \dfrac{n_i}{N_i}$ 实际上并不等于 1。其二是该理论没有考虑载荷顺序的影响。

对于二级程序加载，可以用以下的修正 Miner 定理进行寿命估算

$$\sum \frac{n_i}{N_i} = D_c \qquad (7\text{-}84)$$

式中，D_c 取值 0.7[21]。

2）Corten-Dolan 定理

Corten-Dolan 在研究了二级加载疲劳寿命之后，推出多级加载下疲劳寿命 N_f 的计算公式为

$$N_f = \frac{N_1}{\sum \alpha_i (S_i / S_1)^d} \qquad (7\text{-}85)$$

式中，N_1——最高应力 S_1 下的常幅疲劳寿命；

　　　　i——应力 S_i 下的应力周次在总周次中所占的比例；

　　　　d——由二级载荷试验确定的材料常数。几种国产材料的 d 值范围为 1.88～8。

按照式（7-85），只要知道最高的应力 S_1 相对应的寿命 N_1 和材料常数 d，就能较准确估算多级程序载下的疲劳寿命。N_1 可以从通常的 S-N 曲线得到，d 从二级载荷试验中得到，而且已经证明 d 值不受应力历程的影响。因此，确定实际碰到的随机载荷下的疲劳寿命，就不需要进行高阶的大量的随机载荷试验，只要进行常幅和二级载荷试验就行了。

3. 疲劳裂纹萌生寿命估算的主要步骤

疲劳寿命估算的步骤如下：

（1）确定管道所受的载荷谱，并把载荷谱转化为管壁所受的应力谱。载荷谱可以采用

实测的办法确定，也可以比照类似管道的结构、相似工作条件下的情况确定，在初次设计时，可以应用理论分析的办法近似给出。

（2）确定管壁的 S-N 曲线。S-N 曲线由实验确定，当无法进行管壁的 S-N 曲线测定时，可以用标准试件的材料 S-N 曲线代替，并进行适当的修正。

（3）根据管道所受应力谱和构件的 S-N 曲线，按照累积损伤理论计算疲劳损伤，从而给出管道的疲劳寿命。

（4）考虑疲劳寿命的分散性，根据统计分析确定分散系数，则可给出具有一定破坏概率的安全寿命。分散系数的影响因素多且复杂，必须通过长期经验的积累才能使分散系数的取得合理些。

在上述疲劳寿命的估算过程中，如何将管道的载荷谱转化为其应力谱，进而与损伤累积理论联系起来，有多种理论方法，从而构成了不同的疲劳寿命估算方法。

4. 疲劳裂纹萌生寿命估算方法

常幅载荷下的疲劳寿命一般可用 S-N 曲线估算。变幅载荷下的疲劳寿命，可用下述几种方法估算：

（1）靠实测资料或参考有关资料，确定管道的载荷谱，然后利用成熟的静强度基本理论，求出相应的应力水平，将载荷谱转化为管道的应力谱，最后应用累积损伤理论及构件的 S-N 曲线，确定管道的疲劳寿命。

（2）利用原型试验或模拟试验，实测得到管道的疲劳寿命。

（3）引用方法（1）进行疲劳寿命初估，然后选取管道危险部位在实验室进行试验，用来检验和修正初估的寿命。最后做全尺寸管道试验，根据试验结果确定管道的疲劳寿命。

（4）用雨流计数法估算管道的疲劳寿命。根据所研究管材的应力-应变行为进行计数，取出的循环与等幅试验的循环一致。利用累积损伤理论，由等幅试验数据确定疲劳寿命。

（5）用局部应力-应变法确定管道的疲劳寿命。

可行的办法是要借助所研究材料的抗疲劳性能数据，因为相对来说，材料疲劳试验要比管道的疲劳试验简单、方便、经济得多。

上述五种方法中，方法（1）需要管道的载荷谱，是最容易实施的一种方法，但精度不高。方法（3）的精度肯定要高些，但需全尺寸试验，一般是不能做到的，但若结合已有管道的运行记录，则有可能得到很好的寿命估计。除了方法（2）和方法（3），其余三种方法都比较偏重于分析计算，试验比较简单，实践中都可以实施。

下面具体介绍疲劳寿命估算的方法。

1）常幅载荷疲劳寿命估算方法

所谓常幅载荷是指载荷幅永远不变的载荷。这种管道的寿命可用 S-N 曲线。将光滑试样的 S-N 曲线直接引用即可。如果试验结果（S-N 曲线）是带切口的，则应用应力集中系数 K_t 将切口处的局部应力 σ 转换成名义应力，即 $S = \sigma / K_t$，再根据 S-N 曲线估算管道的疲劳寿命。

2）变幅载荷疲劳寿命估算方法

变幅载荷是指载荷幅值随时间而变化的载荷。实际使用中，常幅载荷是少数，绝大多数情况都是变幅或随机载荷。

（1）名义应力法。

这种方法是根据材料力学或弹性力学的方法来计算管壁上危险点的名义应力，以名义应力为参数，考虑应力集中、尺寸、表面状况、平均应力等因素的影响，得到当量应力 S^*，利用管材的 S-N 曲线与 Miner 定理，来估算寿命的。该方法需要建立对应于各应力谱的 S-N 曲线，这一点是非常麻烦的。

名义应力法估算寿命的步骤是：

①确定管道的危险部位。

②确定载荷谱和试验应力谱。

③建立对应于各应力谱的 S-N 曲线。

④选取合适的累积损伤理论（Miner 理论或 Corten-Dolan 理论）。

⑤选取疲劳寿命的分散系数。国产材料一般取值 4。

（2）局部-应变法。

该方法把疲劳寿命的估算建立在最危险的管壁缺陷处或其他应力集中部位的应力和应变的局部估算上。本方法用分析的方法代替各种试验程序，减少试验工作量，节省试验费用。

具体步骤是：

①从分析载荷的最大峰值开始，根据载荷-应变标定曲线和循环应力-应变曲线，计算初始的缺陷处的应力和应变。

②用下述公式计算后面加载历史缺陷处的应力应变：

$$\frac{\varepsilon - \varepsilon_r}{2} = \frac{\sigma - \sigma_r}{2E} + \left(\frac{\sigma - \sigma_r}{2A} \right)^{1/S} \quad 加载时 \tag{7-86}$$

$$\frac{\varepsilon_r - \varepsilon}{2} = \frac{\sigma_r - \sigma}{2E} + \left(\frac{\sigma_r - \sigma}{2A} \right)^{1/S} \quad 卸载时 \tag{7-87}$$

式中，（σ, ε）——瞬时应力和应变；

（σ_r, ε_r）——应变循环前一点的坐标值；

E——弹性模量；

A——迟滞回线的面积；

s——硬化指数。

或者用下述公式计算应变：

$$\frac{\varepsilon - \varepsilon_r}{2} = f \left(\frac{q - q_r}{2} \right) \quad 加载时 \tag{7-88}$$

$$\frac{\varepsilon_r - \varepsilon}{2} = f \left(\frac{q_r - q_r}{2} \right) \quad 卸载时 \tag{7-89}$$

式中，（q, ε）——q 和缺陷处应变的瞬时值；

（q_r, ε_r）——迟滞回线端点的坐标值。

③对于每一闭合的应力-应变迟滞回线，用下面公式计算：

$$N = \frac{1}{2}\left(\frac{\sigma_a}{\sigma_f' - \sigma_a}\right)^{1/b}\left(\frac{\sigma_a}{E} > \varepsilon_{pa}\right) \text{（弹性应力-寿命曲线）} \tag{7-90}$$

$$N = \frac{1}{2}\left(\frac{\varepsilon_{pa}}{\varepsilon_f'}\right)^{1/c}\left(\frac{\sigma_a}{E} < \varepsilon_{pa}\right) \text{（塑性应变-寿命曲线）} \tag{7-91}$$

式中，σ_f'，ε_f'——材料常数；

　　　σ_a——平均应力；

　　　$\varepsilon_{pa} = \frac{\Delta\varepsilon_p}{2}$，$\Delta\varepsilon_p$ 是塑性应变范围；

　　　b，c——硬化指数。

对于一个循环块，将这些数值的倒数累加起来，即 $\sum \frac{n_i}{N_i}$，其中 n_i 是一个循环中同一应力幅 S_i 的个数，N_i 是对应于应力幅 S_i 的疲劳寿命（由 S-N 曲线求得）。$\sum \frac{n_i}{N_i}$ 是一个循环块的累积损伤量，因此，管道的疲劳寿命 N_L 由 Miner 定理得

$$N_L\left(\sum \frac{n_i}{N_i}\right) = 1$$

即

$$N_L = 1 / \sum \frac{n_i}{N_i} \tag{7-92}$$

（3）局部应力-应变法。

该方法基于这样的假定：如果管道在危险部位处的应力和应变能够与实验室中光滑试件的循环应力和应变联系起来，那么管道的疲劳寿命将和试件的疲劳寿命是相同的。因此，其做法是将管壁上的名义载荷（或应力）谱，通过弹塑性分析和其他计算方法结合管材的循环应力-应变曲线，转换成管道危险部位的局部应力应变，然后根据危险部位的应力-应变历程进行各种修正和处理，同时根据相同应变条件下"损伤相等"的原则，用光滑试件的应变-寿命曲线估算危险部位的损伤，得到管道的疲劳寿命。

其具体步骤是：

①输入一系列现场载荷或名义应变。

②利用循环载荷-应变曲线将载荷-时间历程转换为应变-时间历程。

③借用 Wetzel "有效矩阵"法结合循环应力-应变曲线，把应变-时间历程转换为应力-时间历程。

④利用 Neuber 公式将名义应力应变转换为缺口根部的应力应变。

⑤利用 Miner 定理估算出疲劳寿命。

对于复杂载荷历史下疲劳寿命的估算，还有三种简化的局部应力-应变法。

7.2.2.2　裂纹扩展寿命预测

下面用断裂力学估算疲劳裂纹扩展寿命 N_c 的方法。在讨论 N_c 的估算方法之前，先介绍断裂力学的几个基本概念。

1. 断裂力学的有关概念

1）应力强度因子与断裂判据

断裂力学认为材料或构件存在着缺陷（称为裂纹）。当有载荷作用时，裂纹尖端附近，将产生弹性应力场，它可用应力强度因子 K 来描述。应力强度因子的大小由物体的几何形状与尺寸、裂纹的尺寸与位置以及作用于物体上的应力分布与大小决定。根据应力与裂纹的位置不同而将裂纹分为三种类型。工程中常见的张开型裂纹称为 I 型，记其应力强度因子为 K_{I}。下面以此类裂纹为例论述。

对于 I 型裂纹，其 K_{I} 表达式通常写成

$$K_{\mathrm{I}} = F\sigma\sqrt{2\pi a} \qquad (7\text{-}93)$$

式中，F——称为形状因子，与裂纹体及裂纹大小、位置等因素有关；

σ——名义应力，指裂纹位置上按无裂纹计算出的应力；

a——裂纹尺寸。

当应力强度因子达到临界值 K_{IC} 时，构件就会发生断裂。因此，I 型裂纹的断裂判据为

$$K_{\mathrm{I}} \leqslant K_{\mathrm{IC}} \qquad (7\text{-}94)$$

式中：K_{IC}——材料的平面应变断裂韧性，由实验确定。

2）疲劳裂纹扩展速率

裂纹在循环应力作用下，由初始裂纹 a_i 扩展到临界值 a_c 的过程，称为疲劳裂纹的亚临界扩展。疲劳裂纹扩展速率用 $\dfrac{\mathrm{d}a}{\mathrm{d}N}$ 表示，即载荷（应力）循环一次的裂纹增长量。

研究表明，疲劳裂纹的扩展速率与应力强度因子的波动范围（幅值）ΔK 有关，在双对数坐标系中，有如图 7-28 所示的曲线关系。

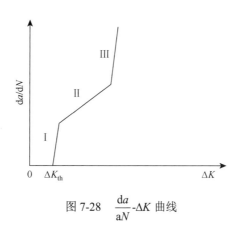

图 7-28 $\dfrac{\mathrm{d}a}{\mathrm{a}N}$-$\Delta K$ 曲线

由图 7-28 中可以看出，当 ΔK 低于 ΔK_{th} 时，裂纹不扩展；当 ΔK 高于此值时，裂纹就发生亚临界扩展，因此称 ΔK_{th} 为应力强度因子的门槛值。

一般情况下，疲劳裂纹扩展以Ⅱ阶段为主，这一阶段的裂纹扩展速率可用 Paris 公式描述：

$$\frac{\mathrm{d}a}{\mathrm{d}N} = C(\Delta K)^m \tag{7-95}$$

式中，$\Delta K = K_{\max} - K_{\min}$；

C, m——材料参数，有疲劳试验测定，它们之间存在着如下的关系[22]：

$$C = \begin{cases} 3.82 \times 1.02^m \times m^{-20.7} & (m \leqslant 3) \\ 1.38 \times 10^{-5} \times 1.02^m \times m^{-10.2} & (m > 3) \end{cases} \tag{7-96}$$

式中，C 的单位 $N \cdot mm$；常用材料的 $C, m, \Delta K_{\mathrm{th}}$ 值可查有关的资料。

影响裂纹扩展速率的因素较多，如平均应力、超载、加载频率、材料组织、环境等，因此，提出了许多修正的 $\frac{\mathrm{d}a}{\mathrm{d}N}$ 表达式。如果考虑平均应力的影响，则可用 Forman 公式：

$$\frac{\mathrm{d}a}{\mathrm{d}N} = \frac{c(\Delta K)^m}{K_\mathrm{C}(1-R) - \Delta K} \tag{7-97}$$

式中：$R = K_{\min}/K_{\max} = \sigma_{\min}/\sigma_{\max}$ 称为应力比或载荷比；

K_C——是平面应力断裂韧性（即临界应力强度因子）。

2. 疲劳裂纹扩展寿命的估算

1）估算步骤

有了裂纹扩展速率及相关参数之后，就可以进行裂纹扩展寿命的估算，其具体步骤如下：

（1）确定构件上的初始裂纹尺寸 a_0。

（2）确定应力强度因子 K_0，当采用式（7-93）时，应根据具体情况，确定形状因子 F。一般 F 与裂纹尺寸有关。

（3）通过失效判据确定临界裂纹尺寸 a_C。

（4）确定裂纹从 a_0 扩展到 a_C 所需要的循环次数，即疲劳寿命 N_C。这里只需要对式（7-95）或式（7-97）积分，便可得到 N_C 即

$$N_\mathrm{C} = \int_{a_0}^{a_\mathrm{C}} \frac{\mathrm{d}a}{C(\Delta K)^m} \tag{7-98}$$

或

$$N_\mathrm{C} = \int_{a_0}^{a_\mathrm{C}} \frac{(1-R)K_\mathrm{C} - \Delta K}{C(\Delta K)^m} \mathrm{d}a \tag{7-99}$$

如果考虑到 $\frac{\mathrm{d}a}{\mathrm{d}N} - \Delta K$ 曲线是由Ⅰ，Ⅱ，Ⅲ三段组成的，则可以分段积分然后求和得到 N_C，不过，一般只要考虑Ⅱ段，Ⅰ，Ⅱ两段的时间可以忽略不计。

若将 $\Delta K = K_{\max} - K_{\min} = F\sqrt{2\pi a}(\sigma_{\max} - \sigma_{\min}) = F\Delta\sigma\sqrt{2\pi a}$ 代入式（7-98）及式（7-99），积分后得 N 的表达式为[23]

$$N_C = \begin{cases} \dfrac{1}{\left(1-\dfrac{m}{2}\right)C_1(\Delta\sigma)^m}\left(a_C^{1-\frac{m}{2}} - a_0^{1-\frac{m}{2}}\right) & m \neq 2 \\[3mm] \dfrac{1}{C_1(\Delta\sigma)^2}\ln\dfrac{a_C}{a_0} & m = 2 \end{cases} \qquad (7\text{-}100)$$

或

$$N_C = \begin{cases} \dfrac{2}{\pi C(\Delta\sigma)^2}\left\{\dfrac{(\Delta K)_C}{m-2}\left[\dfrac{1}{(\Delta K)_0^{m-2}} - \dfrac{1}{(\Delta K)_C^{m-2}}\right] - \dfrac{1}{m-3}\left[\dfrac{1}{(\Delta K)_0^{m-3}} - \dfrac{1}{(\Delta K)_C^{m-3}}\right]\right\} & m \neq 2,3 \\[4mm] \dfrac{2}{\pi C(\Delta\sigma)^2}\left[(\Delta K)_C \ln\dfrac{(\Delta K)_C}{(\Delta K)_0} + (\Delta K)_0 - (\Delta K)_C\right] & m = 2 \\[4mm] \dfrac{2}{\pi C(\Delta\sigma)^2}\left\{\left[\dfrac{1}{(\Delta K)_0} - \dfrac{1}{(\Delta K)_C} + \ln\dfrac{(\Delta K)_0}{(\Delta K)_C}\right](\Delta K)_C\right\} & m-3 \end{cases}$$

$$(7\text{-}101)$$

上述式中 $C_1 = CF^m\pi^{\frac{m}{2}}$，$\Delta K$ 的下标 0、C 分别表示初始时刻和临界状态时的应力强度因子幅值。上述公式（7-100），式（7-101）是在假定 F 为常数、与 a 无关的条件下得出的，而工程实际中 F 是载荷和几何尺寸的函数。因此，由 Paris 公式求 N_C 即为

$$N_C = \dfrac{1}{C(\Delta\sigma)^m\pi^{m/2}}\int_{a_0}^{a_C}[F(a)]^{-m}a^{-\frac{m}{2}}\mathrm{d}a \qquad (7\text{-}102)$$

式中：$F(a)$ ——裂纹长度 a 的函数。

2）参数的确定

在用上节的公式求 N_C 时，有几个参数需确定。

（1）初始裂纹尺寸如果是已知构件存在有较大的裂纹 a_0，例如探伤检测出来，则取此值。一般可取所用无损探伤方法（或仪器）所能探测到的最小裂纹尺寸，亦即仪器的灵敏度尺寸。对于超声波探伤，一般取为 2mm。若是采用疲劳力学估算了 N_0，此时可取 $a_0 = 0.10$mm 或由 ΔK_{th} 计算求出相应点的裂纹长度作为 a_0。

（2）临界裂纹长度 a_C 是管壁发生破坏时的裂纹尺寸。对于不同的韧性材料，应有不同的确定原则：

高韧性、低中强度材料，可以根据管壁危险断面净面积应力达到材料拉伸强度极限时的裂纹长度来确定 a_C。

低韧性、高强度材料，可根据管材的应力强度因子的临界值 K_C 或 K_{IC} 所确定的临界裂纹尺寸来确定 a_C。

（3）$\Delta\sigma(\Delta K)$ 的计算。应力幅值按 $\Delta\sigma = \sigma_{\max} - \sigma_{\min}$ 计算。但是，由于压应力作用下应力强度因子 K 无定义，因此，当 $\sigma_{\min} \leqslant 0$ 时，取 $\Delta\sigma = \sigma_{\max}$，即 $\Delta K = K_{\max}$。

（4）ΔK_{th} 门槛值应该由实验测定。当不具备实验条件时，可以参考已有的数据。如果查不到 ΔK_{th} 时，对于碳钢和碳锰钢可用下式来保守估计 ΔK_{th}：

$$\Delta K_{th} = 190 - 144R \tag{7-103}$$

式中：R——载荷比，同前。

对于未经热处理的焊接处，由于有残余应力，焊缝上实际 R 与外载的 R 无关，此时：

$$\Delta K_{th} = \frac{46}{1 - \dfrac{144}{\sigma_s \sqrt{\pi a}}} \tag{7-104}$$

式中：σ_s——材料的屈服极限。

（5）混合加载对于 K_I 和 K_{II}，相互作用的情况，可用 Weertman-Lardner 公式：

$$\frac{da}{dN} = C(Ke)^m \tag{7-105}$$

式中：Ke——有效应力强度因子：

$$Ke = (K_I^4 + 8K_{II}^4)^{1/4} \tag{7-106}$$

3. 变幅载荷下裂纹扩展寿命的估算

上面所述的都是常幅载荷条件下，对于工程中常遇到的变幅载荷条件，可应用常幅载荷条件下的一些基本公式，按下面步骤估算疲劳裂纹扩展寿命。

（1）给出裂纹扩展表达式，即常幅载荷下的 $\frac{da}{dN}$-ΔK 关系式（7-95）或式（7-97）。

（2）给出对应于特定载荷序列的变幅载荷下的 $\frac{da}{dN}$-ΔK 关系曲线，即裂纹每小时扩展速率：

$$\frac{da}{dT} = \sum_{i=1}^{k} \left[n_i \left(\frac{da}{dN} \right)_i \right] \tag{7-107}$$

式中：n_i——每小时内第 i 种交变载荷出现的数目；

k——给定载定谱中出现的各种交变载荷总数；

T——寿命（小时）。

（3）根据载荷谱下 $\frac{da}{dT}$-K 关系，利用数值积分法求出裂纹扩展寿命 T，即

$$T = \int dT = \int_{a_0}^{a_c} \frac{da}{\sum\limits_{i=1}^{k} \left[n_i \left(\dfrac{da}{dN} \right)_i \right]} \tag{7-108}$$

除了上面的方法，变幅载荷条件下的裂纹扩展寿命 N_C 还可以采用下面的方法估算。假定已知管道受变幅应力 $\pm\Delta\sigma_1, \pm\Delta\sigma_2, \cdots, \pm\Delta\sigma_j$ 的循环次数分别为 $n_1, n_2, \cdots, n_j$，则有：

$$\begin{cases} \int_{a_0}^{a_1} \dfrac{\mathrm{d}a}{(F\sqrt{\pi a})^m} = C(\Delta\sigma_1)^m n_1 \\[2mm] \int_{a_1}^{a_2} \dfrac{\mathrm{d}a}{(F\sqrt{\pi a})^m} = C(\Delta\sigma_2)^m n_1 \\[2mm] \vdots \\[2mm] \int_{a_{j-1}}^{a_c} \dfrac{\mathrm{d}a}{(F\sqrt{\pi a})^m} = C(\Delta\sigma_j)^m n_1 \end{cases} \tag{7-109}$$

因而可得 $\Delta\sigma_1 = \sigma_1 - \sigma_0$，$\Delta\sigma_2 = \sigma_2 - \sigma_1$，$\cdots$，$\Delta\sigma_{j-1} = \sigma_j - \sigma_{j-1}$ 由下式即可求出 N_C：

$$\sum a_i = a_C \tag{7-110}$$

对于随机载荷作用下的裂纹扩展寿命，原则上可以采用前述变幅载荷下的估算方法，具体计算起来则不易实现。因而目前常采用有效应力幅法，即如果作用 N_0 次随机的应力循环，则在有效恒应力幅值 $\Delta\sigma_{\mathrm{eff}}$ 下，在 N_0 次循环期间产生了相同的裂纹扩展。故而用 $\Delta\sigma_{\mathrm{eff}}$ 代入式（7-84）代替 $\Delta\sigma$，求得管道的寿命。

由于裂纹扩展速率随裂纹长度（亦即 ΔK）而增大，因此，估算变幅载荷裂纹扩展寿命时，必须考虑不同幅值的载荷的加载顺序。随机载荷条件下裂纹扩展寿命估算的困难亦在于此。

7.2.3　损伤度评估与经济寿命预测

根据裂纹扩展参数的拟合方法 $Q = \xi\sigma_{\max}^y$，对表 7-4 所给出估计裂纹扩展参数进行拟合，则可以外推出三个应力区的裂纹扩展参数，分别为 2.8×10^{-3}、2.5×10^{-3} 和 1.7×10^{-3}，此时三个应力区的使用期裂纹扩展方程分别为

$$y_{L1}(t) = a_e \exp(-2.8\times10^{-3}t),$$
$$y_{L2}(t) = a_e \exp(-2.5\times10^{-3}t),$$
$$y_{L3}(t) = a_e \exp(-1.7\times10^{-3}t)。$$

其中，a_e——表示经济修理极限，对于管道一般可取 $a_e = 0.8\mathrm{mm}$。

每个应力区的裂纹超过 a_e 的概率可以表示为

$$\begin{aligned} p(i,t) &= P(a(i,t) > a_e) \\ &= P(a(i,0) > y_{L1}(t)) \\ &= 1 - \exp\left\{ -\left[\dfrac{\ln(x_u / y_{L1}(t))}{Q\beta} \right]^{\alpha} \right\} \end{aligned}$$

图 7-29 给出了每个应力区的裂纹超越概率随时间 t 的变化关系。根据式（7-62）～式（7-68）可计算每个应力区以及整个结构的裂纹超越数和具有给定可靠度的结构损伤度，

分别如图 7-30 和图 7-31 所示。取允许损伤度为 $L_R = 1$，则根据图 7-31，可靠度为 95%时对应的裂纹扩展时间 $t \approx 3960$ 次，因此修理之前经济寿命可取为 3800 周期。

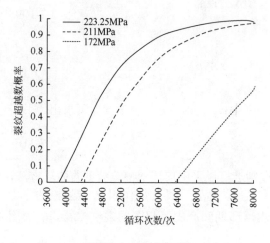

图 7-29　不同应力区裂纹超越概率曲线　　　　图 7-30　各应力区的裂纹超越数

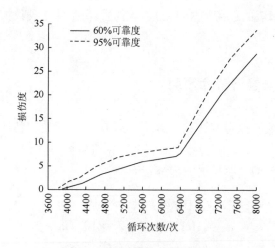

图 7-31　不同可靠度对应的结构损伤度

7.3　经济寿命评估

　　经济寿命是指管线系统修理前的使用时间与各次修理后的使用时间的总和。因为它涉及修理，就与修理的费用、修理的次数、修理周期的长短等与经济有关的问题联系到一起，所以称此寿命为经济寿命。管道系统，虽然是尽量避免修理或减少修理，但铺设管线之后直至报废一直也不进行修理，还是很难做到的。为此，对于管道系统，在服役开始后，进行经济寿命的评估，还是很有必要的。

7.3.1 影响因素

影响管网系统经济寿命的因素很多，首先必须将这些因素对经济寿命的影响趋势分析清楚，才便于应用模糊数学方法，确定管线系统的经济寿命。影响经济寿命的因素主要有下述 5 种。

7.3.1.1 经济修理极限

经济修理极限是一个尺寸的概念，即指从修理的经济角度出发，管道已存在的缺陷所允许达到的极限尺寸。一般以 a_e 来表示。

1. 经济修理极限与使用寿命的关系

图 7-32 给出了在给定应力水平 σ 和可靠度 R 时，不同经济修理极限（a_{e1}, a_{e2}, a_{e3}）下，缺陷尺寸（如腐蚀缺陷）超越数 L 随使用寿命 t 的变化规律。图 7-32 表明，在要求的使用寿命一定时，经济修理极限越大，则缺陷尺寸超越数越少；否则，反之。

2. 经济修理极限对修理次数的影响

图 7-33 给出了选取不同经济修理极限时，它对修理次数的影响。从图 7-33 可看出，确定合理的经济修理极限应从两方面考虑：一方面要考虑次数；另一方面还要考虑设计要求的使用寿命。例如按照图 7-33 若取较小的 a_{e1} 可以通过两次修理达到 t_B，使修理留有余地；但若选定较大的 a_{e2} 时，则只能进行一次修理，而且因无法再修而达不到要求的使用寿命 t_B。可是，若设计的使用寿命较短，为图中的 t_A 时，则从图 7-33 中，可明显看出，选定 a_{e2} 时，只要修理一次，即可达到 t_A；而若选取 a_{e1} 时，则需修理两次，才能达到寿命 t_A，不如选取 a_{e2} 经济。因此，a_e 的选取应从使用寿命要求及允许修理次数两个方面考虑，从管网系统的可修性、修理经济性、使用寿命要求等多方面综合考虑，以适当为宜。

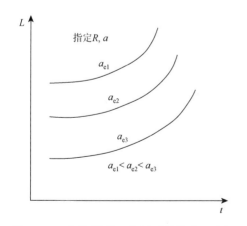

图 7-32　不同经济修理极限时的缺陷尺寸超越数曲线

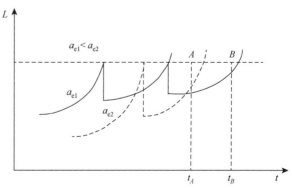

图 7-33　经济修理极限对修理次数的影响

7.3.1.2　缺陷允许超越数

缺陷允许超越数是管网系统中已存在缺陷的尺寸超过经济修理极限的允许数目,显然缺陷允许超越数的确定是个复杂的问题。因为它与可修性及修理费用等有关,而且还与缺陷的危险性、可接近程度(可达性)、可检性等有关系。图 7-34 给出了缺陷超越次数 L 与使用寿命 t 的关系,从图中可看出,当缺陷超越次数比较少时,它每增加 1 次即可以使使用寿命 t 增加较大;但当次数超过 6 次(较多)时,则每增加 1 次,使用寿命就增加得较小了。另外,若缺陷允许超越数过大,还有可能导致缺陷有的尺寸已超过经济修理极限,而无法修理。因此,总体来看,缺陷允许超越次数以较少为宜。

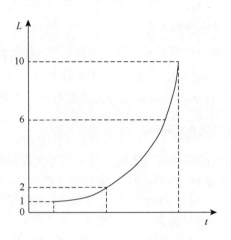

图 7-34　缺陷超越数与使用寿命的关系

7.3.1.3　可靠度

可靠度直接关系到管道的安全性,是个重要指标。对于可检性、可达性、可修性均比较小的管道来说,一般应要求有较高的可靠度。但可靠度的确定与使用寿命的要求、缺陷允许超越数以及经济修理极限等因素均有关,还需要权衡轻重,综合考虑确定。图 7-35 给出了可靠度 R 与这些因素的关系,其中图 7-35(a)是在给定经济修理极限 a_e 和应力水平 σ 之下,不同可靠度 R 时,缺陷允许超越数与使用寿命 t 的关系曲线;而图 7-35(b)则为给定使用寿命 t 及应力水平 σ 之下,不同可靠度 R 时,缺陷超越数 L 随经济修理极限 a_e 的变化规律。图 7-35 表明,当设计使用寿命 t 及应力水平 σ 给定后,可靠度较高时,缺陷超越次数可以多一些,而且经济修理极限也不会太小,对于管道系统还是比较合适的。

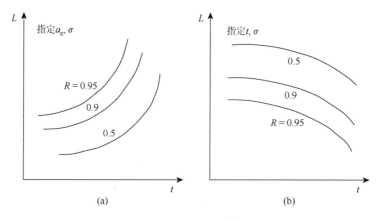

图 7-35 不同可靠度时缺陷超越数曲线

7.3.1.4 修理范围

管道系统中存在的腐蚀缺陷形成了腐蚀区，各个腐蚀区因应力集中等因素的影响，其应力水平 σ 不尽相同。这时，是修理哪个腐蚀区，修理几个腐蚀区，则构成了修理范围的确定问题。如图 7-36 所示，图（a）中应力水平接近的两个腐蚀区，即腐蚀 1 区（应力水平为 σ_1）和腐蚀 2 区（应力水平为 σ_2），若使用寿命 t_A 已给定，则在修理时应同时考虑。否则，在修理 1 区后还需要修理 2 区，这样，就要在 t_A 前需进行两次修理。但若两区应力水平相差较大时，则只对 1 区进行 1 次修理，即可达到要求的使用寿命 t_A［如图 7-36（b）］。这就是说应力水平差别越大时，修理范围越小。

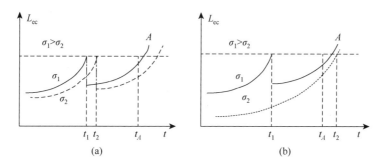

图 7-36 不同应力水平的两个腐蚀区的比较

7.3.1.5 修理方法和工艺

管道的修理工艺和方法，其适用情况、范围、施工难度及修理费用不相同，因而，应根据管线系统修理部位的具体情况，分析其可能性、必要性和经济性，来选用合理的修理方法和工艺。

（1）当管道不具备停输修理的条件时，可以不停输进行修理。但这时必须焊缝无渗漏，而且管壁环向应力不超过最小屈服强度的 20%，还需要保证焊接区经打磨后壁厚仍应在 3mm 以内。这时采用的修理工艺有：①采用全环形对开焊接套筒，将焊接缺陷处封住。②采用机械紧固件，将缺陷处加固。③管道停输后的修理方法和工艺。

（2）若管道具备停输的条件时，则可于管道停输后，进行修理。这时采用的修理方法与工艺有：①采用切换管段的方法，即将含有有害凿槽、沟纹和凹陷等缺陷的局部管段切除，然后换以壁厚、等级相同的管段，但切换管段长度应保证该局部处两相邻最小环焊缝的间距要大于 3m，而且要按规范规定进行试压。②采用缺陷焊接区打磨的方法，即将焊接部位的裂缝打磨掉的方法，但应保证打磨后的管壁厚度至少在 3mm 以上，而且要按规范规定进行无损探伤检验。③采用更换密封装置的方法，如密封填料、密封圈等均可更换，安装后要将螺栓拧紧，还应将其他法兰和联结节拧紧，保持封严，也应按规范要求进行试压。

综合上述，应根据管线缺陷的具体实际情况，尽量选择修理难度低、修理级别低的，但增加管线使用寿命效益显著的方法与工艺。

7.3.2　计算原理

经济寿命是从经济角度分析管道使用的最合理期限。因此计算管道的经济寿命可以从管道运行过程中发生的费用入手，分析其变化规律。

管道在整个寿命期内发生的费用主要有以下两项。

（1）管道设备购置、安装费用。指建设管道时投入的费用，包括设备购价、运输费和安装费、调试费用等。

（2）使用费用（成本）。指管道在使用过程中发生的费用，包括维修保养费用（保养费、修理费、停工损失费等）和运行费（人工、燃料、动力等消耗）。

当全新的管道投入使用后，使用年限越长，则年均资产消耗成本（即管道的建设费用扣除投资净残值后平均分摊到使用各年上的费用）也就越小，仅从这点而论，使用时间越长越好。而从另一方面看，管道的年使用成本却是逐年增加的（称为管道的劣化）。因为随着使用年限的增加，需要更多的维修保养费用维持其原有功能，同时管道的运行费用包括操作成本及能源耗费也会增加。年均资产消耗成本和年均使用成本都是时间的函数，那么一定存在某一年份，使年均资产消耗成本与年均使用成本之和的年均总成本达到最低值，在这一时间之前或在这一时间之后年均总成本都将增高，总成本最低值所对应的时间间隔就是设备的经济寿命。

如图 7-37 所示，在 N_0 年时，年均总成本为最低值，N_0 即为设备的经济寿命。由此可以看出，管道经济寿命亦为管道从开始投入使用到其年均总成本最小（或年盈利最高）的使用年限。当管道的使用年限低于其经济寿命时，其年均总成本（费用）是下降的，使用年限超过经济寿命时，管道的年均总成本（费用）又将上升，所以设备使用到其经济寿命时进行更新最为经济。

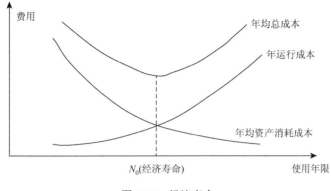

图 7-37　经济寿命

7.3.3　经济寿命计算

按照是否考虑资金时间价值,确定管道经济寿命的方法可以分为静态模式和动态模式两种。

7.3.3.1　静态计算方法

静态模式下设备经济寿命的确定方法,就是在不考虑资金时间价值的基础上计算设备年均总成本 AC_N ,使 AC_N 为最小的 N_0 就是设备的经济寿命。

1. 费用平均法

设备使用到第 N 年末的年均总成本 AC_N 为

$$AC_N = \frac{(P_0 - L_N)}{N} + \frac{1}{N_t}\sum_{t=1}^{N}C_t \qquad (7\text{-}111)$$

式中: AC_N —— N 年内管道的年均总成本;

P_0 ——管道的建设投资费用;

L_N ——管道第 N 年末的残值;

C_t ——第 t 年的管道使用费用;

$\dfrac{(P_0 - L_N)}{N}$ ——管道的年均资产消耗成本;

$\dfrac{1}{N_t}\sum_{t=1}^{N}C_t$ ——设备的年均使用成本。可通过列表计算年均总成本的方法,得出使年均总成本 AC_N 最低的使用年限,即为设备的经济寿命。

[例 1]　某管道的原始价值 10000 元,物理寿命为 9 年,各年运行费用及年末残值如表 7-6 所示,在不考虑资金时间价值的情况下计算该管道的经济寿命。

表 7-6　管道运行费用与年末残值数据　　　　（单位：元）

t, N（年限）	1	2	3	4	5	6	7	8	9
C_t（运行费用）	1000	1100	1300	1600	2000	2500	3100	3800	4700
L_N（残值）	7000	5000	3500	2200	1200	600	300	200	100

为计算方便，可采用列表的形式求解，计算过程及结果见表 7-7。

表 7-7　经济寿命的计算过程（静态）　　　　（单位：元）

t, N	$P_0 - L_N$	$\sum_{t=1}^{N} C_t$	$(P_0 - L_N) + \sum_{t=1}^{N} C_t$	AC_N
1	3000	1000	4000	4000
2	5000	2100	7100	3550
3	6500	3400	9900	3300
4	7800	5000	12800	3200
5	8800	7000	15800	3160
6	9400	9500	18900	3150
7	9700	12600	22300	3186
8	9800	16400	26200	3275
9	9900	21100	31000	3444

根据以上计算结果，管道使用到第 6 年末时，年总费用 AC_N 最小，即经济寿命为 6 年。从此例可以看出，经济寿命的确定实际上是从设备使用 1 年、2 年、3 年……的方案中选择一个最有利的方案。

2. 匀速低劣化数值法

随着使用时间的延长，管道的有形损耗和无形损耗加剧而使设备年使用成本逐年增加，这叫作管道的劣化。我们把这种逐年递增的年使用成本 ΔC_t 称为设备的低劣化值。用低劣化数值表示管道损耗的方法叫作低劣化数值法。如果每年设备的劣化呈线性增长，低劣化值保持不变，即 $\Delta C_t = \lambda$，就可以据此而简化管道经济寿命的计算，如图 7-38。

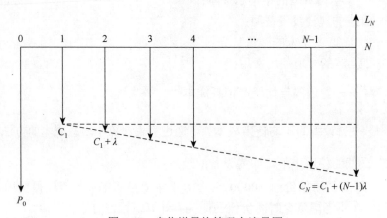

图 7-38　劣化增量均等现金流量图

由式（7-111）与图 7-39 可知，管道使用到第 N 年末的年均总成本 AC_N 为

$$AC_N = \frac{(P_0 - L_N)}{N} + C_1 + \frac{1}{2}(N-1)\lambda$$

式中：C_1——管道在第一年的使用费用。

若要使 AC_N 达最小，则需在上式中对 N 求导数，并使其等于零，即令

$$\mathrm{d}(AC_N)/\mathrm{d}N = 0$$

则可有

$$\mathrm{d}(AC_N)/\mathrm{d}N = -\frac{(P_0 - L_N)}{N_0^{\,2}} + \frac{\lambda}{2} = 0$$

故管道的经济寿命 N_0 为

$$N_0 = \sqrt{\frac{2(P_0 - L_N)}{\lambda}} \tag{7-112}$$

[例 2] 现有一管道，目前实际价值为 1000 万元，预计残值为 100 万元，第一年的总成本费用为 80 万元，每年管道的劣化增量均等，年低劣化值为 50 万元。那么该管道的经济寿命可以依照下面的方法求得。

这是设备低劣化值恒定的情况。由式（7-112）得设备的经济寿命：

$$N_0 = \sqrt{\frac{2(P_0 - L_N)}{\lambda}} = \sqrt{\frac{2(1000 - 100)}{50}} = 6\text{年}$$

可以看出，P_0 的含义不仅仅是管道的原始价值或原始投资费用，也可以是管道的现有价值，即现在新建投资该管道的费用。从管道使用维修更新的角度讲，管道现有价值的含义更为重要，由此所得到的是该已有管道从现在开始算起的剩余经济寿命，而不是管道重新投入使用开始算起的经济寿命。

7.3.3.2 动态计算方法

动态模式下管道经济寿命的确定方法，就是在考虑资金时间价值的情况下计算管道的净年值 NAV_N 或年均总成本 AC_N，通过比较年平均收益或年均总成本来确定管道的经济寿命 N_0，设基准收益率为 i，第 t 年的净收入为 R_t，管道的建设费用，即管道初始投资为 P_0，管道第 N 年末的残值为 L_N，第 t 年的设备使用费用为 C_t。

1. 根据净年值即年平均收益来确定经济寿命

NAV_N 的计算公式为

$$NAV_N = \left[\sum_{t=1}^{N} R_t(1+i)^{-t} + L_N(1+i)^{-N} - P_0\right]\frac{i(1+i)^N}{(1+i)^N - 1} \tag{7-113}$$

可通过列表计算净年值的方法，得出使净年值 NAV_N 为最大值的使用年限，即为管道的经济寿命 $N_0(0 < N_0 \leqslant N)$。

2. 根据年成本即年均总成本来确定经济寿命

年均资产消耗成本为

$$P_0(A/P,i,N) - L_N(A/F,i,N) - P_0(A/P,i,N) - L_N[(A/P,i,N) - i]$$
$$= (P_0 - L_N)(A/P,i,N) + L_N i \tag{7-114}$$
$$= (P_0 - L_N)\frac{i(1+i)^N}{(1+i)^N - 1} + L_N i$$

年均使用成本为

$$\left[\sum_{t=1}^{N} C_t(P/F,i,N)\right](A/P,i,N) = \left[\sum_{t=1}^{N} C_t(1+i)^{-t}\right]\frac{i(1+i)^N}{(1+i)^N - 1}$$

年均总成本 AC_N 的计算公式为

$$AC_N = (p_0 - L_N)\frac{i(1+i)^N}{(1+i)^N - 1} + L_N i + \left[\sum_{t=1}^{N} C_t(1+i)^{-t}\right]\frac{i(1+i)^N}{(1+i)^N - 1} \tag{7-115}$$

可通过列表计算年成本的方法，得出今年均总成本 AC_N 为最小值的使用年限，即为管道的经济寿命 $N_0(0 < N_0 \leqslant N)$。

如果对例 1 中的管道考虑资金时间价值因素，假设基准收益率 $i = 10\%$，那么该管道的经济寿命可通过列表计算，计算过程及结果见表 7-8。

根据表 7-8 中的计算数据，从表中第⑩栏可以看到，在管道使用到第 7 年年末时，年度总费用 AC_7 最小，即管道的经济寿命为 7 年。与忽略资金时间价值的例 1 相比，经济寿命增加 1 年。

表 7-8   经济寿命的计算过程（动态）   （单位：元）

使用年限 ①	年度运行费用 ②	现值系数 ③	年度运行费用现值 ④ = ②×③	累计年度运行费用现值⑤ = ∑④	资金回收系数 ⑥	等值年度运行费用 ⑦ = ⑥×⑤	年末残值 ⑧	年度资产消耗成本 ⑨ = (P₀−⑧)×⑥ + ⑧×i	年度总费用 ⑩ = ⑨ + ⑦
1	1000	0.909	909.00	909.00	1.100	999.90	7000	4000.00	4999.90
2	1100	0.836	908.60	1817.60	0.576	1046.94	5000	3380.00	4426.94
3	1300	0.757	976.30	2793.90	0.402	1123.15	3500	2963.00	4086.15
4	1600	0.683	1092.80	3886.70	0.315	1224.31	2200	2677.00	3901.31
5	2000	0.621	1242.00	5128.70	0.264	1353.98	1200	2443.20	3797.18
6	2500	0.564	1410.00	6538.70	0.230	1503.90	600	2222.00	3725.90
7	3100	0.513	1590.80	8129.00	0.205	1666.45	300	2018.50	*3684.95
8	3800	0.467	1774.60	9903.60	0.187	1851.97	200	1852.60	3704.57
9	4700	0.424	1992.80	11896.40	0.174	2069.97	100	1732.60	3802.57

7.4 未确知模型理论与指标体系分析

本章介绍了目前主要的不确定信息类型：随机信息、模糊信息、灰色信息和未确知信息以及相互间的关系与区别。介绍了管道耐久性评估指标体系的建立原则以及层次结构的划分，依据未确知数学、信息熵理论以及层次分析法等介绍了指标关于自身的"分类权重"以及指标相互间的"重要性权重"两种权重的计算方法。

7.4.1 未确知数学

当前工程中的需要处理和研究的信息可以分为确定性信息和不确定性信息。对于确定性信息，由于获取手段及方法，人们往往能够获得较完整的信息，而且根据以往丰富的经验和系统性的理论为背景，建立了较合理科学的数学经典模型，在大量的工程实际中得到了广泛的应用，随着信息处理方法的改进，模型得到了不断完善，得出的信息处理结果精度也越来越高。

随着科学技术的不断发展，人们对信息处理的可靠准确性提出了新的更高层次的要求，不仅仅停留在可测量的已知的确定性信息，对事物的不确定性不再划分到随机的信息系统中，而是用概率、统计的方法去处理，这也是不恰当的。因此研究人员从信息的不确定性出发，展开了对未知领域的探究。目前人们已经根据不同的表现情况将不确定信息分为随机的、模糊的、灰色的以及未确知的信息。

国内外对未确知具有不同的认识，我国著名学者王光远教授于 1990 年在论文《未确知信息及其数学处理》中首度提出未确知信息（Unascertained Information），在其指导下刘开第、王时标、张跃等也深入研究未确知相关理论。未确知信息不同于前面所述的任何一种不确定信息，是由于条件限制仍无法确知的信息，为建筑工程理论的研究所提出的[24]。王光远教授认为："在进行某种决策时，我们所研究和处理的某些因素和信息可能既无随机性又无模糊性，但是决策者纯粹由于条件的限制而对它认识不清，也就是说，所掌握的信息不足以确定事物的真实状态的数量关系。这种主观上、认识上的不确定性信息称为未确知信息"。未确知给出的信息是客观存在的，受制于已有的决策水平经验，不能够确定事物的真实状态和数量之间的关系。

7.4.1.1 未确知信息与其他三种不确定性信息的关系

随机信息（stochastic information）具有很大的偶然性。在确定的事件中，即使条件相同，由于环境、人为等因素的影响，致使事件的发展状态随机产生变化。条件和结果没有必然的联系，但是事件一次只能产生一种结果，要么发生，要么就不发生，属于二值 $\{0, 1\}$ 分布，不可能发生第三种情况，各种可能发生的状况的总概率为 1。在概率论中，每种可能性发生的概率用 $[0, 1]$ 中的一个数来表示。

随机信息：假设 x 是欲知元，S 是非空集合，U："x在S中"，A："x在S中"，且对于 $x,e \in S$ 的可能性是 a_e，$0 \leqslant a_e \leqslant 1$，由 A 能够推得 U，A 称为信息，其中 $\sum a_e = 1$。对于未确知信息，总可信度 $\sum a_e = a \leqslant 1$。

模糊信息（fuzzy information）是对不确定信息的模糊描述，这是因为事物本身具有很大的不明确性，自身没有明确的概念外延。事物从一种状态发展到另外一种状态，中间没有明显的边界，是连续过渡的过程，既不能判断为此，又不能判断为彼，既不能否认非此，也不能否认非彼。诸如优劣，好坏的表述，这些模糊信息引发模糊不确定性。间接性的导致不确定性模糊的事物从差异的一方到另一方存在着中间连续过渡的过程，呈现出"亦此亦彼""既此非此"的状态。它向人们提供的信息称为模糊信息。如技术经济方案的优与劣、产品质量的好与坏、合格与不合格等。由模糊信息引起的不确定性称为模糊不确定性。

美国 L. A. Zaden 教授于 1965 年建立了模糊集合理论，目前已开展了模糊数学及系统的研究[25]。模糊数学中[0, 1]之间的数表示某个模糊的对象属于其中某个模糊集合的可能性大小，是一种资格程度的表征。

模糊信息：假设对象 x，而 S 是非空集合，U："x在S中"，A 为 "x在S中"，其中 x 是 $e \in S$ 的可能性从属度：a_e，且 $0 \leqslant a_e \leqslant 1$，显然 $A \subset U$。

随机信息和未确知信息中欲知元 "x 是 $e \in S$ 的可能性为 a_e" 与模糊信息中的欲知元 "x 是 $e \in S$ 的从属度为 a_e" 在意义上是完全不同的。模糊信息中 a_e 是指 e 确实存在 a_e 部分属于 x，且不存在 $a_e \leqslant 1$，a_e 可以大于 1；而 x 是 $e \in S$ 的可能性：a_e，只是一种可能性而已，而且必须满足 $\sum a_e \leqslant 1$，并不是说 e 非得有 a_e 部分属于 x。

灰色信息（grey information）包含已知的信息和未知的信息，虽然系统概念明确，但是由于人们本身所掌握的技术手段或者事物本身的复杂性，只能够获取信息的大致范围，而不能够得到完整确切的信息，由此产生灰色不确定性[26]。

灰色理论是我国华中科技大学邓聚龙教授在 1982 年提出的应用数学学科的一大理论，是系统思想的一种深化和发展。

灰色信息：设 x 是欲知元，S 是非空集合，S_1 是 S 的非空子集，N："x在S中"，A："x在S_1中"，则 A 是 x 关于 N 的信息。

未确知测度在[0, 1]上取值，满足"可加性"和"归一性"限制，利用信息熵理论确定指标的分类权重，采用层次分析法确定系统的重要性权重，利用置信度识别准则确定评估类别，根据"评分标准"计算对象评估等级的分值，对有序的评估空间进行排序，评估结果更合理。

7.4.1.2　未确知集合概念

未确知数学建立了"未确知集合"（unascertained set），是 Cantor 集合与 Fuzzy 集合、灰集合的继承和发展。

当 $a \geqslant 0, a \leqslant b \leqslant 1$ 时，$\{[a,b], F(x)\}$ 是非负且不大于 1 的未确知数，它们构成的集合为 $I_{[0,1]}$，即

$$I_{[0,1]} = \{\{[a,b], F(x)\} \mid a \geqslant 0, a \leqslant b \leqslant 1|\} \quad (7\text{-}116)$$

未确知集合 N 是由映射 $\mu: U \to I_{[0,1]}$, $u \to \mu(u) \in I_{[0,1]}$, $u \in U$ 得到的，$\mu(u)$ 是 u 对于未确知子集 N 的隶属度，$N_{\mu(u)}$ 是隶属函数为 $\mu(u)$ 的集合 N。论域 U 上的子集 N 是 U 上取值在 $I_{[0,1]}$ 中的函数。

7.4.1.3　未确知测度的概念

设论域 U 上存在状态空间 F, $F_i(i=1,2,3,\cdots)$ 是 F 中的第 i 种具体性质，$F_i \in F$。则有[27]:

（1）F 是 U 上的性质域，E 是 F 上的拓扑，那么 (F,E) 为可测空间。

（2）若 $F_i \bigcap F_j = \varnothing, i \neq j$；且 $\bigcup\limits_{i=1} F_i = F$。其中，$\{F_1, F_2, F_3, \cdots\}$ 是 F 的一种划分形式。

令

$$E = \left\{ E_i \middle| E_i = \bigcup_{j=1}^{i} F_j, F_j \in \{\varnothing, F_1, F_2, \cdots, F_K\}, 1 \leqslant i \leqslant K \right\} \quad (7\text{-}117)$$

则 E 是 F 的拓扑。

（3）任意的 $u \in U$，$A \in E$，映射 μ，如果 $\mu_A(u)$ 满足：

$$0 \leqslant \mu_A(u) \leqslant 1, \forall u \in U, A \in E \quad (7\text{-}118)$$

$$\mu_F(U) = 1, \quad \text{"归一性"} \quad (7\text{-}119)$$

$$\mu_{\bigcup_i A_i}(u) = \sum_j \mu_{A_i}(u) \quad (7\text{-}120)$$

$$A_i \in E, A_i \bigcap A_j = \varnothing (i \neq j), \quad \text{"可加性"} \quad (7\text{-}121)$$

那么 $\mu_A(u)$ 是 (F,E) 上的未确知测度。

（4）未确知测度取决于人的主观经验和个人喜好，具有强烈的未确知性，称 $\mu_A(u)$ 为 u 关于 A 的未确知测度，(U,E,μ) 为未确知测度空间，且当 $A \in E$ 固定时，以 $\mu_A(u)$ 为隶属度函数确定的 U 上的一个不确定性集合 $\tilde{A}$，是论域 U 上关于性质 A 的未确知子集。$\tilde{A}$ 由 U 中元素构成，$\forall u \in U$，u 具有性质 A 的程度是 $\mu_A(u)$，以隶属度 $\mu_A(u)$ 属于 $\tilde{A}$，所以 A 不同于 $\tilde{A}$。

7.4.1.4　未确知测度函数构造方法

在对象属性观测值分布区间上插入点 $a_1, a_2, \cdots, a_k$，属性值从 a_i 增大到 a_{i+1} 时，属性的 i 状态程度逐渐递减为 0；与此同时，当 a_i 增至 a_{i+1} 时属性值的 $i+1$ 状态程度由 0 增至 1。考虑 $a_1, a_2, \cdots, a_k$ 附近观测值属性状态的变化情况，可采用直线、二次曲线等不同连接方式。不同函数在 $[a_i, a_{i+1}]$ 上的未确知测度函数[28]的表达式为

直线型

$$\mu_i(x) = \begin{cases} \dfrac{-x}{a_{i+1}-a_i} + \dfrac{a_{i+1}}{a_{i+1}-a_i} & a_i < x \leqslant a_{i+1} \\ 0 & x > a_{i+1} \end{cases} \tag{7-122}$$

$$\mu_{i+1}(x) = \begin{cases} 0 & x \leqslant a_i \\ \dfrac{x}{a_{i+1}-a_i} + \dfrac{a_i}{a_{i+1}-a_i} & a_i < x \leqslant a_{i+1} \end{cases} \tag{7-123}$$

抛物线型

$$\mu_i(x) = \begin{cases} 1 - \left(\dfrac{x-a_i}{a_{i+1}-a_i}\right)^2 & a_i < x \leqslant a_{i+1} \\ 0 & x > a_{i+1} \end{cases} \tag{7-124}$$

$$\mu_{i+1}(x) = \begin{cases} 0 & x \leqslant a_i \\ \left(\dfrac{x-a_i}{a_{i+1}-a_i}\right)^2 & a_i < x \leqslant a_{i+1} \end{cases} \tag{7-125}$$

Γ 分布

$$\mu_i(x) = \begin{cases} 1 - \left(\dfrac{1-e^{x-a_i}}{1-e^{a_{i+1}-a_i}}\right)^2 & a_i < x \leqslant a_{i+1} \\ 0 & x > a_{i+1} \end{cases} \tag{7-126}$$

$$\mu_{i+1}(x) = \begin{cases} 0 & x \leqslant a_i \\ \dfrac{1-e^{x-a_i}}{1-e^{a_{i+1}-a_i}} & a_i < x \leqslant a_{i+1} \end{cases} \tag{7-127}$$

正弦分布

$$\mu_i(x) = \begin{cases} \dfrac{1}{2} - \dfrac{1}{2}\sin\dfrac{\pi}{a_{i+1}-a_i}\left(x - \dfrac{a_{i+1}-a_i}{2}\right) & a_i < x \leqslant a_{i+1} \\ 0 & x > a_{i+1} \end{cases} \tag{7-128}$$

$$\mu_{i+1}(x) = \begin{cases} 0 & x \leqslant a_i \\ \dfrac{1}{2} + \dfrac{1}{2}\sin\dfrac{\pi}{a_{i+1}-a_i}\left(x - \dfrac{a_{i+1}-a_i}{2}\right) & a_i < x \leqslant a_{i+1} \end{cases} \tag{7-129}$$

以上表达式中，在点 a_i 左半区间有 $\mu_i(x)=0$，在区间 $[a_{i+1},a_{i+2}]$ 上的 $\mu_i(x)$ 与 $(a_i,a_{i+1}]$ 上的 $\mu_{i+1}(x)$ 图像相同；$\mu_{i+1}(x)$ 在 $[a_{i-1},a_i]$ 上与 $\mu_i(x)$ 在 $[a_i,a_{i+1}]$ 上的图像相同，在点 a_{i+1} 右半区间 $\mu_{i+1}(x)=0$。

x 的未确知测度函数 $\mu_i(x)(i=1,2,\cdots,k)$ 定义在 $(-\infty,+\infty)$ 上，当在相邻的两个区间上 $\mu_i(x) \neq 0$，其余均为零，则未确知测度函数将成对出现在每个非 0 值区间上，满足非负界为 1、可加性和归一性。

7.4.2　管道耐久性评估中的不确定性

城市燃气埋地钢质管道受到内部与外部诸多因素的强相互作用，在实际运行过程中，各种作用因子的作用机理和规律并不一致，彼此很难绝对分开且相互间的关系是非线性的，由某个单一影响因素对土壤腐蚀性、防腐层或者管道本体造成的破坏并不能够确切地推断管道在各种影响因素综合作用情况下的腐蚀破坏状况。实际工程中各种因素又具有高度的不确定性、随机性和未确知性，如防腐层性能、防腐层的厚度及阴极保护等参量是不确定的；现有管道材料的强度、管道的抗力、管道壁厚，管道腐蚀深度等实际上都是未确知量，同一管道的不同部位，其各因素也不同，同一施工单位在各部位的施工质量也是不确定的，土壤湿度、温度、离子浓度等随环境条件的变化，具有高度不确定性，各因素复杂的相互作用更具有高度未确知性。这里有客观不确定性也有主观不确定性，材料性能参数、外部载荷参数、几何尺寸参数、计算模型参数是管道失效计算的主要参数，这些参数中有些很难用确定性的数值去表示。

综上，管道耐久性评估是一种由人参与的认知行为，涉及错综复杂的因素，而且各种因素参数具有较大的不确定性。评估过程既含有行为因素又含有状态因素，因此评估参量至少存在两种以上的不确定性。行为因素会产生未确知性，状态因素将产生随机性、模糊性、灰色性或兼而有之。

7.4.3　管道耐久性评估指标体系

7.4.3.1　指标体系建立原则

要想对非常复杂的综合系统的结构耐久性进行评估并达到很好的效果，就需要合理完善的评估指标和体系。评估的关键是要建立能够直接影响评估对象类别的指标体系，要求能够客观反映被评估物体的基本特征。指标过多也能够给出更精确的结果，但是过程太过复杂不易于实现，而且还极有可能导致因素间的相互混淆，不能突出重点，相反指标过少能够简化评价步骤，但是很可能漏掉直接决定因素，导致评估结果失真，结果精确度不够。所以指标体系的建立应该能够较全面、客观地反映被评价物体，但是又不太过于繁复。

因此，建立结构评估指标体系必须遵循系统性、科学性、普遍性与特殊性以及可以量化的原则。要求指标根据评估对象的特质，有层次地选择评价指标，实现系统的可操作性；科学地、客观地确定评价指标，遵循结构损伤影响因素的作用规律，不可以凭个人的主观臆断，应该考虑事物发展变化的一般规律，体现事物的共性与个性。定性的指标只能确定事物的状态，应该尽量选取能够直接测量或者通过某些方法可以实现定量化的指标，消除人为的评估误差，得出结构最客观真实的评估结果。

7.4.3.2　阶梯层次结构

结构在进行耐久性评估时，需要分析各个影响因素直接的相互关联，确定结构各个因素层的递进关系，此处将结构的阶梯层次分为目标层、准则层和指标层[29]，如图 7-39 所示。

目标层是最高级的一层，是我们需要解决的问题。对于比较复杂的问题，可以根据需要对其进一步划分，如总的目标层、战略战术目标层和子战术目标层。

目标层下面一层为结构的准则层，它是要解决问题与最细部影响指标的连接中间环节，也可以称为因素约束层。同样的道理，准则层也可以根据需要分为若干的子准则层。

阶梯层次结构的最低一级就是指标层，其包含了上述的指标元素，在管道的耐久性评估中，影响耐久性的指标主要有环境条件、管道完整性、腐蚀坑深、钢管强度等方面。

基于以上耐久性评估原则，将管道的耐久性评估分为管道本体的抗腐蚀能力、土壤的腐蚀性以及防腐层的完整性等内容，三者的评估中又包含了定性和定量的指标。定性的指标可以根据专家经验对指标的不同描述给出相应的判断区间，而对于定量的评估指标值，我们可以通过现场检测或者实验室测量得到。管道耐久性评估的指标分层情况如图 7-40所示。

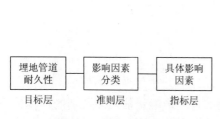

图 7-39　阶梯层次结构

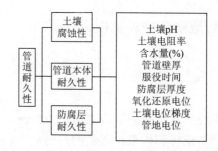

图 7-40　燃气埋地钢质管道耐久性评估指标体系图

7.4.3.3　指标层权重

管道耐久性的第一层评估指标中，即土壤 pH、土壤电阻率等因素的权重分析，各个指标值可以通过检测试验得到，属于定量指标，这类"分类权重"[30]的分析过程如下：

假设指标 j（观测值）的分值使评估对象 x_i 属于 C_k 等级的未确知测度是 μ_{ijk}：即有 μ_{ijk} 大小的可能性。但是评估一个对象的性质还包含多个指标：假设共有 m 个，那么 m 种指标对 x_i 的综合影响分析[31]如下。

（1）当 $\mu_{ij1} = \mu_{ij2} = \cdots = \mu_{ijp} = 1/p$ 时，j 指标对 x_i 属于每个评估等级的影响是一样的，有没有它不影响评估对象的分类，要根据其余的 $m-1$ 个指标来判断，j 对 x_i 重要性为 0。相反，当某个指标 $\mu_{ijk} = 1$，其余 $p-1$ 个指标的未确知测度均为零，表明评估对象 x_i 属于哪个评估类别完全由指标 j 决定，其他的指标没有做出任何的贡献，此时 j 指标对 x_i 的分类重要性最大。由此可知，各个指标相对于每个评估类别的隶属度 μ_{ijk} 越分散，j 指标对评估对象 x_i 的分类作用越微小；相反隶属度 μ_{ijk} 越集中对分类的影响就越大。测度 μ_{ijk} 的大小，即其取值的分散水平可以通过信息熵[32]理论计算。

（2）人们用信息熵来表示信息的不确定性或者普遍规律性，令

$$H(a) = -\sum_{i=1}^{n} P(A_i) \cdot \log_a P(A_i) \qquad （7-130）$$

式中，A_i ——事件可能出现的某个状态；

$P(A_i)$ —— A_i 出现的概率，a 通常取 e 或 10。

通过上式可以看出，$H(a)$ 总是大于零的，当事件只有一种状态 A_i 出现时，在这种极端情况下 $H(a)$ 为零。当事件出现所有可能发生的状态时的情况下，$H(a)$ 达到极大值。

因此，令指标分类度 $v_j^{(i)} = 1 + \dfrac{1}{\ln p} \sum_{k=1}^{p} \mu_{ijk} \cdot \ln \mu_{ijk}$，则有

$$v_j^{(i)} = 0, \mu_{ij1} = \mu_{ij2} = \cdots = \mu_{ijp} = 1/p \qquad （7-131）$$

$$v_j^{(i)} = 1, \text{有且只有一个 } \mu_{ijk} = 1 \qquad （7-132）$$

$0 \leqslant v_j^{(i)} \leqslant 1$，其大小取决于 μ_{ijk} 的分散程度。

指标分类权重：

$$w_j(x_i) = v_j^{(i)} \bigg/ \sum_{j=1}^{m} v_j^{(i)} \qquad （7-133）$$

$$0 \leqslant w_j(x_i) \leqslant 1, \text{ 且} \sum_{j=1}^{m} w_j(x_i) = 1 \qquad （7-134）$$

指标分类权重与所评估对象的指标划分有关，是根据每个指标的观察值以及相应的分级标准计算的，它所依据的标准都是专家事先根据经验等制定的，不会受到检测样本的影响，表征了样本自身性质的重要性。

7.4.3.4 准则层权重

管道耐久性评定的第二层次评估，首先要明确管道本体、土壤、防腐层对管道整体的重要程度，即需要求出三者对于管道整体耐久性的"重要性权重"。本章采用层次分析法确定"重要性权重"。

匹兹堡大学的著名运筹学家 T.L. Satty 在 20 世纪 70 年代提出了层次分析法[33]。这种方法可以将众多因素相互联系的复杂问题简化，综合专家等相关研究人员的意见及相关数据，确定事物不同层次间的相对重要程度。

1. 模型的建立

根据复杂系统问题的各个影响因素的属性特点进行划分，将系统划分为若干并列的组，而每个分组又可以继续进行细分，这样就形成了上下层次间具有一定逻辑关系的递阶结构。如上节中所描述的目标层、准则层和指标因素层的划分。

2. 构造判断矩阵

比较判断矩阵是分析同一层次并行关系的各个因素的重要性的矩阵。设指标 B_i 分为 n 个子指标，记为 $C_j(j=1,2,\cdots,n)$，表 7-9 所示的 $B-C$ 矩阵即为 n 维的判断矩阵，其中 u_{ij} 表示隶属于 B_i 的子指标系统中，指标 i 相对于指标 j 的重要性。表 7-10 是 Satty 提出的 1～9 比率标度法，因为考虑到了人的心理学极限，所以这个方法能够比较好地将人的思维判断进行量化。

表 7-9 判断矩阵的一般形式

B_i	C_1	C_2	...	C_n
C_1	u_{11}	u_{21}	...	u_{1n}
C_2	u_{21}	u_{22}	...	u_{2n}
...	...	...	...	...
C_n	u_{n1}	u_{n2}	...	u_{nn}

表 7-10 判断矩阵标度

标度值	含义（两指标间的相对重要性）
1	同等重要
3	稍微重要
5	明显重要
7	强烈重要
9	极端重要
2, 4, 6, 8	介于对应以上两个数字标度之间
倒数	若指标 i 相对于 j 的判断值为 u_{ij}，则指标 j 相对于 i 的判断值就是 $u_{ji}=1/u_{ij}$

3. 指标权重

用矩阵 A 表示判断矩阵 $B-C$，令它们对某个指标的权重为 $w_1,w_2,\cdots,w_n$，记权重向量：

$$W=(w_1,w_2,\cdots,w_n) \tag{7-135}$$

求特征根：

$$AW=\lambda_{\max}W \tag{7-136}$$

$\lambda_{\max}$ 是最大特征根，W 表示矩阵 A 特征向量，然后再将 W 归一化就可得到权重向量，这种方法为特征根法。利用几何平均法计算 $\lambda_{\max}$ 和 W。

（1）矩阵 A 中各行元素的乘积 m_i：

$$m_i = \prod_{i=1}^{n} a_{ij}, \ i = 1, 2, \cdots, n \tag{7-137}$$

（2）计算 m_i 的 n 次方根：

$$\overline{w}_i = \sqrt[n]{m_i} \tag{7-138}$$

（3）归一化向量 $\overline{W} = (\overline{w}_1, \overline{w}_2, \cdots, \overline{w}_n)^T$

$$\hat{w}_i = \frac{\overline{w}_i}{\sum\limits_{j=1}^{n} \overline{w}_j} \tag{7-139}$$

$\hat{w} = (\hat{w}_1, \hat{w}_2, \cdots, \hat{w}_n)$ 为特征向量。

（4）计算矩阵 A 的最大特征值 $\lambda_{\max}$

$$\lambda_{\max} = \frac{1}{n} \sum_{i=1}^{n} \frac{(A\hat{W})_i}{\hat{w}_i}, i = 1, 2, \cdots, n \tag{7-140}$$

4. 一致性检验

计算出权重以后，还应检验矩阵 A 的一致性。否则求得的特征向量不能作为权重。

$$CR = \frac{CI}{RI} \tag{7-141}$$

其中，CR —— A 的一致性比例系数；

　　　 CI —— A 的一致性指标。

$$CI = \frac{\lambda_{\max} - n}{n - 1} \tag{7-142}$$

RI 表示 A 的平均随机一致性，对于 1～10 阶 RI 值列于表 7-11 中。

表 7-11　RI 值

n 阶	1	2	3	4	5	6	7	8	9	10
RI	0	0	0.52	0.89	1.12	1.26	1.34	1.41	1.46	1.49

当 $CR < 0.1$ 时，A 满足一致性要求，当 $CR > 0.1$ 时，则应对 A 进行修正。

层次分析法的思路就是将复杂问题分解，根据专家意见，判断层次中各个因素的相对重要程度，最后再将分解的层次按照一定的逻辑关系综合起来，计算出指标的重要性权重，其中仅涉及简单的数学工具，但却具有深刻的数学原理，代表了人的一种思考判断方式。

"重要性权重"与前面计算的"分类权重"是不一样的。同一对象的相同指标在不同情况下对评估对象的作用是不一样的。"重要性权重"是指某个指标 j 对于样本属于哪个类别的重要性，而"分类权重"是指标 j 对区分对象 x_i 类别所做的贡献大小。两种指标存在联系，但是由于其性质、确定性等存在不同，不能互相替换。重要性权重是指标自然具有的一种属性，不会随其观察值的改变而改变，适用于所有的样本。而分类权重是在特定样本观察值的基础上，根据相关的分类标准计算得到的，不能由专家确定的重要性权重来替代，否则会造成信息的重复利用。

对管道耐久性评估准则层与指标层的重要性权重与指标分类权重是建立的未确知评估模型与其他模型的显著不同。

7.5　未确知评估模型

未确知数学是顺应不确定信息产生的，用以解决确定性数学模型所不能解决的复杂问题。因为管道耐久性分析的目的就是希望建立各个因素指标与耐久性评估结果之间的数量关系，所以采用未确知数学理论来解决这一问题，并且从管道本体、防腐层、土壤腐蚀性三个方面分析管道的耐久性。本章基于前面章节建立的管道耐久性评估层次结构、指标体系以及未确知测度理论，构造埋地钢质管道耐久性综合评估模型。

管道时刻都会受到环境的物理化学作用，或者人为的破坏等复杂因素的作用，降低了管道的刚度和强度，导致燃气管网系统中新旧管段泄漏或断裂。对管道耐久性情况的客观评估已经引起了燃气运营单位的共同关注。管道的耐久性评价是一个复杂的过程，管道信息往往具有不确定性。本章研究的问题是如何在各种不完整和不确定性信息中根据相关规范和标准，确定管道的耐久性。

7.5.1　基本思想

给定 $(X,L,\{U(f)\}_{f\in F})$ ，其中论域 X 为待评估对象；L 代表一组等级描述，即 L = {耐久性优，耐久性良，耐久性中等，耐久性差，耐久性劣}；$\{U(f)\}$ 是评估对象的状态空间，f 是管道的耐久性。映射 $f: X \rightarrow U(f)$ 是未确知的，我们还没有完全掌握它的信息。问题越复杂，影响因素越多，就越是难以解决，因此我们提出了一种解决方法，就是将复杂的问题简单化，将其分解为若干独立的、简单的元素。而这些独立单元又能够通过有效可行的方法得到处理。然后再经过某种可实现的手段将分解的细部问题重新组合成初始的复杂问题。这样，最初的复杂问题也就得到了解决。

未确知综合评价系统包含两种指标的权重，即指标权重和重要性权重。指标权重表述指标对目标的重要性的权重，它是一个物理性能指标，权重的重要性只能由指定的专家给出，具有很强的人为主观性影响，往往会因为个人喜好或决策时的不同状态给出不一样的结果。指标对样本目标的区分权重，是衡量指标对区分样本类型贡献大小的一个标准，它是由样品所提供的指标实际观测值计算得到的分类信息。由于根据未确知测度空间建立的未确知方法评价考虑了评价空间的"有序性"，采用了置信度的鉴定准则，评估结果具有很高的科学合理性和实用价值。安全是天然气企业生存的命脉，管道耐久性评价方面的信息收集，指标体系的识别和评价标准的建立在科学性和系统性方面还存在不足，这一领域还需要我们进一步的研究，使评价理论和结果更为可靠和有效。

　　未确知测度评估模型是未确知数学逻辑系统在多指标综合评价中的实现模型，它由单一指标衡量的子系统，权重计算子系统，多指标的综合评价，识别系统和分类排序五个子系统组成的综合的评价模型。

7.5.2　未确知测度评估模型

　　设 $x_1, x_2, \cdots, x_n$ 为待评估的 n 个对象，则对象空间 $X = \{x_1, x_2, \cdots, x_n\}$。对 $x_i \in X$ 有 m 个评估指标 $I_1, I_2, \cdots, I_m$，指标空间 $I = \{I_1, I_2, \cdots, I_m\}$。于是，$x_i$ 可表示为 m 维向量 $x_i = (x_{i1}, x_{i2}, \cdots, x_{im})$，$x_{ij}$ 是评估对象 x_i 的指标 I_j 的测量值。若 x_{ij} 有 p 个评估分类：$c_1, c_2, \cdots, c_p$，且评估空间 $U = \{c_1, c_2, \cdots, c_p\}$ 满足：$c_1 > c_2 > \cdots > c_p$ 或者 $c_1 < c_2 < \cdots < c_p$，则称 $\{c_1, c_2, \cdots, c_p\}$ 是 U 的一个有序分割类。

$$U = \left\{ A \,\middle|\, A = \bigcup_{i=1}^{k} a_i, a_i \in \{\varnothing, 1, c_1, c_2, \cdots, c_k\}, 1 \leqslant i \leqslant k \right\} \tag{7-143}$$

7.5.2.1　单指标测度分析

　　令 $\mu_{ijk} = \mu(x_{ij} \in c_k)$ 表示测量值 x_{ij} 属于第 k 个评估类 c_k 的程度，μ 是未确知测度，要求 μ 满足：

$$0 \leqslant \mu(x_{ij} \in c_k) \leqslant 1, \ i = 1, 2, \cdots, n, \ j = 1, 2, \cdots, m, \ k = 1, 2, \cdots, p \tag{7-144}$$

$$\mu(x_{ij} \in U) = 1, \ i = 1, 2, \cdots, n, \ j = 1, 2, \cdots, m, \ \text{“归一性”} \tag{7-145}$$

$$\mu\left(x_{ij} \in \bigcup_{i=1}^{k} c_i \right) = \sum_{i=1}^{k} \mu(x_{ij} \in c_i), \ k = 1, 2, \cdots, p, \ \text{“可加性”} \tag{7-146}$$

单指标测度评估矩阵：

$$(\mu_{ijk})_{m \times p} = \begin{bmatrix} \mu_{i11} & \mu_{i12} & \cdots & \mu_{i1p} \\ \mu_{i21} & \mu_{i22} & \cdots & \mu_{i2p} \\ \vdots & \vdots & \vdots & \vdots \\ \mu_{im1} & \mu_{im2} & \cdots & \mu_{imp} \end{bmatrix}, i = 1, 2, \cdots, n \tag{7-147}$$

7.5.2.2　指标权重

　　w_j 是指标 I_j 的权重，w_j 必须满足：

$$0 \leqslant w_j \leqslant 1, \sum_{j=1}^{m} w_j = 1 \tag{7-148}$$

向量 $w = (w_1, w_2, \cdots, w_n)$ 是 I_j 的权重向量，表示指标间的相互重要关系。

7.5.2.3　多指标综合测度评估矩阵

令 $\mu_{ik} = \mu(x_i \in c_k)$ 表示对象 x_i 属于第 k 个评估类 c_k 的程度，则

$$\mu_{ik} = \sum_{j=1}^{m} w_j \mu_{ijk},\ i = 1, 2, \cdots, n,\ k = 1, 2, \cdots, p \tag{7-149}$$

由于 $0 \leqslant \mu_{ik} \leqslant 1$，并且

$$\sum_{k=1}^{p} \mu_{ik} = \sum_{k=1}^{p} \sum_{j=1}^{m} w_j \mu_{ijk} = \sum_{j=1}^{m} \left(\sum_{k=1}^{p} \mu_{ijk} \right) w_j = \sum_{j=1}^{m} w_j = 1 \tag{7-150}$$

因此，μ_{ik} 是未确知测度。矩阵

$$(\mu_{ik})_{m \times p} = \begin{bmatrix} \mu_{11} & \mu_{12} & \cdots & \mu_{1p} \\ \mu_{21} & \mu_{22} & \cdots & \mu_{2p} \\ \vdots & \vdots & \vdots & \vdots \\ \mu_{m1} & \mu_{m2} & \cdots & \mu_{mp} \end{bmatrix} \tag{7-151}$$

叫作多指标综合测度矩阵。那么 $(\mu_{i1}, \mu_{i2}, \cdots, \mu_{ip})$ 就是 x_i 的综合测度评估向量。

7.5.2.4　识别准则

根据上述方法计算到 x_i 隶属于 p 个等级的的综合测度向量

$$\mu = (\mu_{i1}, \mu_{i2}, \cdots, \mu_{ip}) \tag{7-152}$$

对于按照一定顺序制定的分类标准，利用置信度识别准则能够（有序的分类）最终确定 x_i 究竟属于 p 个等级的哪一个。具体操作如下：

当对象的评估等级为正序划分时，也就是 c_k 等级优于 c_{k+1} 等级，假定一个置信度为 λ，（$\lambda > 0.5$，通常取为 0.6 或是 0.7），如果

$$k_0 = \min_{k} \left\{ k \left| \sum_{j=1}^{k} \mu_{ij} \geqslant \lambda, k = 1, 2, \cdots, p \right. \right\} \tag{7-153}$$

我们就认为 x_i 属于第 k_0 个评估等级 c_{k_0}，并且具有 λ 的可信度。

7.5.2.5　耐久性排序

通过上述步骤判断出评估对象 $x_i(i = 1, 2, \cdots, n)$ 属于哪个等级以后，我们还可以得出所有评估对象 x_i 的等级顺序。若 $c_1 > c_2 > \cdots > c_p$，用 $(p+1-k)$ 表示评估等级 c_k 的"分值"，所以，在此令

$$q_{x_i} = \sum_{k=1}^{p} (p+1-k) \mu_{ik}, i = 1, 2, \cdots, n \tag{7-154}$$

那么 q_{x_i} 就是评估对象的总得分值，称

$$q = (q_{x_1}, q_{x_2}, \cdots, q_{x_n}) \tag{7-155}$$

为评估对象 x_i 的总得分向量，可以按照 q_{x_i} 值的大小对评估 x_i 进行排序。

7.5.3 管道未确知评估模型

7.5.3.1 X、I、U 的建立

X 是需要评估的管道，$U = \{c_1, c_2, \cdots, c_p\}$，其中，$c_1$ 为管道耐久性优，c_2 为管道耐久性良，c_3 为管道耐久性中等，c_4 为管道耐久性差，c_5 为管道耐久性劣。由于管道的耐久性等级评估系统十分复杂，管道失效的影响因素很多，所以将管道失效的基本因素分成几类，并且利用层次分析法确定各类因素的作用权重，进而建立多层次的管道耐久性的未确知综合评估模型。

由前面的分析，将 I 分为 3 个子指标集，$I = \{I_1, I_2, I_3\}$，分别代表了土壤腐蚀性、管道本体和防腐层的耐久性。子指标集又包含了很多指标质量因子，诸如土壤 pH、土壤电阻率、含水量、管道壁厚、服役时间、防腐层厚度、氧化还原电位、土壤电位梯度、管地电位等。

7.5.3.2 一级评估

1. 管道耐久性指标等级区间

管道包含的每个具体指标都具有一定的标准，由此得出管道耐久性的等级区间，见表 7-12。

表 7-12 耐久性等级区间划分

指标	等级			
	c_1	c_2	$\cdots$	c_p
I_1	$a_{10} \sim a_{11}$	$a_{11} \sim a_{12}$	$\cdots$	$a_{1p-1} \sim a_{1p}$
I_2	$a_{20} \sim a_{21}$	$a_{21} \sim a_{22}$	$\cdots$	$a_{2p-1} \sim a_{2p}$
$\cdots$	$\cdots$	$\cdots$	$\cdots$	$\cdots$
I_m	$a_{m0} \sim a_{m1}$	$a_{m1} \sim a_{m2}$	$\cdots$	$a_{mp-1} \sim a_{mp}$

2. 未确知测度函数

合理、适用的测度函数应该满足公式（7-144）、公式（7-145）、公式（7-146）的要求。根据表 7-12 构造直线型未确知测度函数：

$$\mu_i(x) = \begin{cases} \dfrac{-x}{a_{i+1} - a_i} + \dfrac{a_{i+1}}{a_{i+1} - a_i} & a_i < x \leqslant a_{i+1} \\ 0 & x > a_{i+1} \end{cases} \tag{7-156}$$

$$\mu_{i+1}(x) = \begin{cases} 0 & x \leqslant a_i \\ \dfrac{x}{a_{i+1} - a_i} + \dfrac{a_i}{a_{i+1} - a_i} & a_i < x \leqslant a_{i+1} \end{cases} \tag{7-157}$$

3. 单指标评估矩阵

管道每个准则层都包含了多个影响因素：

$$I_i(x) = [I_1(x), I_2(x), \cdots, I_m(x)], i = 1, 2, \cdots, m \tag{7-158}$$

代入上述未确知测度函数便得到管道的单指标测度评估矩阵：

$$R_{(i)}^{(x)} = [r_{jk}(x)]_{m \times p} = \{\mu_j^{(k)}[I_j(x)]\}_{m \times p} \tag{7-159}$$

I_i 中各指标的分类权重分配为 $W_i = (w_1, w_2, \cdots, w_m)$，当然满足 $w_1 + w_2 + \cdots + w_m = 1$，则得出的一级综合评估向量为

$$D_{(i)}^{(x)} = W_i \cdot R_{(i)}^{(x)} = [d_{i1}(x), d_{i2}(x), \cdots, d_{ip}(x)] (i = 1, 2, \cdots, m) \tag{7-160}$$

7.5.3.3 二级评估

将每个 I_i 视为一个因素，记

$$I = (I_1, I_2, \cdots, I_m) \tag{7-161}$$

关于 x 的单指标测度矩阵为

$$R^{(x)} = \begin{bmatrix} R_{(1)}^{(x)} \\ R_{(2)}^{(x)} \\ \vdots \\ R_{(6)}^{(x)} \end{bmatrix} = \begin{bmatrix} d_{11}(x) & d_{12}(x) & \cdots & d_{1p}(x) \\ d_{21}(x) & d_{22}(x) & \cdots & d_{2p}(x) \\ \vdots & \vdots & \cdots & \vdots \\ d_{61}(x) & d_{62}(x) & \cdots & d_{6p}(x) \end{bmatrix} \tag{7-162}$$

若 I_i 的重要性权重分配为

$$W = (w_1, w_2, \cdots, w_6) \tag{7-163}$$

则二级综合评估向量：

$$D^{(x)} = W \cdot R^{(x)} = (D_1^{(x)}, D_2^{(x)}, \cdots, D_p^{(x)}) \tag{7-164}$$

参 考 文 献

[1] 赵文娟. 混凝土碳化引起钢筋锈蚀的试验研究[J]. 山西建筑，2010，36（16）：53-54.

[2] 紫光汀. 钢筋混凝土腐蚀机理和防腐蚀探讨[J]. 混凝土，1992，（1）：18-24.

[3] Jacobsen S, Sellevold E J. Frost testing high strength concrete: scaling and cracking [J]. Material & Strutures，1997，30（1）：33-42.

[4] 李志国. 试论盐及溶液对混凝土及钢筋混凝土的破坏[J]. 混凝土，1995（2）：10-14.

[5] Liu T C. Guide for evaluation of concrete structures prior to rehabilitation [J]. ACI Materials Journal，1993，90（5）：479-498.

[6] 卢木，王娴明. 结构耐久性多层次综合评定[J]. 工业建筑，1998，28（1）：1-4.

[7] 王娴明，赵宏延. 一般大气条件下钢筋混凝土结构构件剩余寿命的预测[J]. 建筑结构学报，1996，17（3）：58-62.

[8] 赵鹏飞，王娴明. 模糊数学在混凝土构件耐久性评定中的应用初探[J]. 工业建筑，1997，（5）：7-11.

[9] 卢木，王娴明. 结构耐久性多层次综合评定[J]. 工业建筑，1998（1）：1-5.

[10] 王娴明等. 钢筋混凝土结构耐久性检测指南[R]. 混凝土结构耐久性及耐久性设计鉴定文件，1996.

[11] Chan H Y，Melchers R E. ime-Dependent Resistance Deterioration In Probabilistic Structural System[J]. Civil Engineering Systems，1995，12（2）：115-132.

[12] Dimitri V V，Robert E. Melchers. Melchers. Reliability of Deteriorating RC Slab Bridges[J]. Journal of Structural Engineering，1997，123（12）：1638-1644.

[13] Dimitri V V，Stewarta M G，Melchersa R E. Effect of reinforcement corrosion on reliability of highway bridges[J]. Engineering Structures，1998，20（11）：1010-1019.

[14] Enright M P，Frangopol D M. Service-Life Prediction of Deteriorating Concrete Bridges[J]. Journal of Structures Engineering，1998，124（3）：309-317.

[15] Enright M P，Frangopol D M. Failure Time Prediction of Deteriorating Fail-safe[J]. Journal of Structural Engineering，1998，124（12）：1448-1457.

[16] Mori Y，Ellingwood B R. Reliability-Based Service-Life Assessment of Aging Concrete Structures[J]. Journal of Structural Engineering，1993，119（5）：1600-1621.

[17] 邸小坛，周燕. 混凝土结构的耐久性设计方法[J]. 福州大学学报（自然科学版），1996，24（A1）：89-94.

[18] 李田，刘西拉. 砼结构的耐久性设计[J]. 土木工程学报，1994（2）：47-55.

[19] 王正，王俊杨，刘文挺等. 近代飞机耐久性设计技术[M]. 北京：北京航空航天，1989.

[20] Petit J，Davidson D L，Suresh S，et al. Fatigue crack growth under variable amplitude loading.[C]//In NASA，September，1994，Langley Research Center，c1994：755-770.

[21] 赵少朴，王忠保. 抗疲劳设计手册[M]. 北京：机械工业出版社，2015.

[22] 吴清可. 防断裂设计[M]. 北京：机械工业出版社，1991，11.

[23] 王德俊. 疲劳强度设计理论与方法[M]. 沈阳：东北工学院出版社，1992.

[24] 刘开第，吴和琴，王念鹏，等. 未确知数学[M]. 武汉：华中理工大学出版社，1997.

[25] 杨伦标，高英仪. 模糊数学原理及应用[M]. 广州：华南理工大学出版社，2011.

[26] 邓聚龙. 灰色系统理论教程[M]. 武汉：华中理工大学出版社，1990.

[27] 刘开第，曹庆奎，庞彦军. 基于未确知集合的故障诊断方法[J]. 自动化学报，2004，30(5).

[28] 吴春花. 基于未确知测度的房地产投资环境综合评价[D]. 河北工程大学，2007.

[29] 刘云涛. 基于未确知性的混凝土结构耐久性评估研究[D]. 西安建筑科技大学，2007.

[30] 刘开第，曹庆奎，庞彦军. 基于未确知集合的故障诊断方法[J]. 自动化学报，2004，30（5）：747-756.

[31] 仲伟秋. 既有钢筋混凝土结构的耐久性评估方法研究[D]. 大连理工大学，2003.

[32] 王玉忠. 管道腐蚀信息熵与寿命[J]. 管道技术与设备，1999（1）：42-43.

[33] 庄锁法. 基于层次分析法的综合评估模型[J]. 合肥工业大学学报（自然学报版），2000，23（4）：582-585.